이해하기 쉬운
생애주기영양학
NUTRITION THROUGH THE LIFE CYCLE

머리말

현대는 경제사회의 변화와 산업의 발달로 식생활 환경이 크게 달라지고 있다. 인구구성을 보면 저출산으로 연소 인구는 감소하고 노인 인구는 증가하고 있으며, 이에 따라 질병의 구조도 변화하고 있다. 따라서 새로운 시대 환경과 인구구성 변화에 대응하기 위하여 생애주기영양학의 중요성이 증대되고 있다.

생애주기영양학이란 기초영양학의 원리를 생애주기의 각 단계, 즉 임신기, 수유기, 영아기, 유아기, 학동기, 청소년기, 성인기 및 노인기에 적용하고, 운동 등에서 일어나는 여러 가지 특수성을 응용하여 체계적으로 다루는 학문이다. 생애주기영양학은 생애주기에 따른 생리적 특성과 영양소 대사 및 영양문제와 식생활관리 등의 특성을 이해하고 이에 적절히 대응하는 영양관리 능력을 기르는 것을 목적으로 한다.

이 교재는 이러한 생애주기영양학의 목적을 달성하기 위하여 총 10장으로 구성하였다. 제1장은 '생애주기영양학의 개요'로서 생애주기의 분류 및 각 조직의 성장·발달과 이에 영향을 주는 요인을 설명하고, 생애주기에 관련된 건강과 영양증진 목표를 제시하였다.

제2장은 '임신부 영양'으로서 임신과정과 불임요인, 임신생리와 모체변화, 모자영양의 상관관계, 임신기 질병과 환경의 영향, 임신 시의 영양문제와 올바른 영양관리 방안을 제시하였다.

제3장은 '수유부 영양'과 모유분비로서 모유수유의 생리와 저해요인 등 모유분비에 영향을 주는 요인을 소개하고 모유수유 증진을 위한 영양관리를 다루었다.

제4장은 '영아 영양'으로 영아의 성장·발달과 모유영양의 영양적·생리적 장점을 제시하여 모유가 영아의 최상의 영양원임을 강조하였으며, 모유·조제유 수유법과 이유식의 단계와 영아의 영양관리를 제시하였다.

제5장은 '유아 영양'으로 유아의 성장·발달 특성에 맞는 영양관리와 식습관 형성, 식행동 관련 문제 예방과 유아원 급식을 서술하였다.

제6장 '아동 영양'과 제7장 '청소년 영양'은 성장과 성적 성숙에 따른 영양필요량과 식행동, 빈혈, 비만의 영양문제와 섭식장애, 식생활관리를 다루었다.

제8장은 '성인 영양'으로 성인기의 건강 생활습관, 건강 위해요소와 영양의 관계, 만성질환, 성인의 건강을 위한 식생활 관리방안을 제시하였다.

제9장은 '노인 영양'으로 노화의 생리적 변화, 영양과 노화, 수명, 질병, 노인의 영양 저해요소와 식사, 퇴행성 질환을 살펴보았다.

제10장은 '운동과 영양'으로서 운동이 건강에 주는 이점과 운동능력 향상을 위한 영양공급에 대하여 다루었다.

이 교재가 식품영양학을 전공하는 학생뿐만 아니라 생애주기에 따른 문제를 다루는 아동학, 보육학, 보건학, 간호학, 노인학 등 다양한 분야에서 공부하는 학생들이나 관련 부서에서 일하는 분들에게 유익한 지도서가 될 수 있기를 바란다.

그동안 이 교재가 출간되기까지 애써 주신 파워북 관계자분들에게 감사드린다.

대표 저자

차례

CHAPTER 6 아동 영양

CHAPTER 7 청소년 영양

CHAPTER 8
성인 영양

CHAPTER 9
노인 영양

CHAPTER 10

운동과 영양

CHAPTER

1

생애주기영양학의 개요

1. 생애주기영양학의 의의

2. 성장과 발달

3. 생애주기별 건강과 영양증진 목표

인간의 일생은 세상에 태어나서 죽음에 이르기까지 대단히 흥미로운 사건의 연속이다. 수정된 순간부터 시작하여 성장과 발달, 성숙, 그리고 노화에 걸친 모든 생애 과정에 유전과 환경이 상호 작용하여 영향을 미친다. 환경적 요인은 유전적 기초가 최대한 잘 발현되어 최적의 성장발달과 건강한 삶을 누릴 수 있도록 하는 데 중요한 역할을 한다. 환경적 요인 중에서도 영양이 성장발달에 기여하는 바가 매우 크다.

1. 생애주기영양학의 의의

1) 생애주기영양학의 목적

인간은 수정된 순간부터 죽음에 이르기까지 계속적인 신체적, 정신적, 사회심리적 변화를 겪는다. 이러한 여러 변화의 양상과 속도는 생애주기에 따라 다르게 나타난다. 생애주기별 체내 영양소 대사와 영양소 필요량이 각각 다르며, 특정 영양소의 중요성 또한 달라진다. 즉, 성장기에는 충분한 성장·발달이 이루어지기 위한 영양소가 필요하고, 성장기 이후에는 체조직을 유지·보수하며 노화의 진행을 억제하기 위한 영양소의 역할이 중요하다.

현대사회의 환경이 크게 변하면서 생활수준 및 보건의료수준의 향상으로 평균수명이 길어지고, 저출산·고령화 추세가 빠른 속도로 진행되고 있다. 또한 비만과 여러 만성질환 등 영양과잉으로 인한 건강문제가 증가하고 있는 반면, 일부에서는 영양결핍으로 인한 문제가 여전히 남아 있어서, 소위 영양결핍과 영양과잉이 공존하는 영양불량의 양극화 현상이 나타나고 있다. 건강한 삶을 누리는 데는 식생활의 역할이 매우 중요하며, 건강한 식생활의 실천 여부는 그 당시 및 이후의 건강에 영향을 미치게 된다. 그러므로 일생을 통해 건강한 삶을 영위하려면 생애주기의 각 특성에 맞는 맞춤형 영양관리가 실시되어야 한다.

생애주기영양학이란 영양학의 원리를 생애주기의 각 단계, 즉 임신기, 수유기, 영아기, 유아기, 아동기, 청소년기, 성인기 및 노인기에 적용하고, 각 생애주기에서 일어나는 여러 가지 특수성을 체계적으로 다루는 학문이다. 그러므로 생애주기영양학은 생애주기에 따른 생리적 특성과 영양소대사 및 영양문제 등의 특수성을 이해하고 이에 적절히 대응하는 영양관리 능력을 기르는 것을 목적으로 한다. 나아가 건강에 영향을 미치는 개개인의 특성, 가족, 문화, 지역사회 등 여러 환경요인을 함께 고려함으로써 건강한 사회일원으로 활동할 수 있도록 하는 데 그 의의가 있다.

2) 생애주기 분류와 특성

(1) 생애주기의 분류

생애주기는 일반적으로 연령에 따라 분류하며 태아기·영아기·유아기·아동기·청소년기·성인기와 노인기로 나눈다. 모성 측에서 보면 태아기는 임신기이며, 영아기는 수유기이다**표 1-1**. 이러한 분류는 학자에 따라 다소 차이가 있다.

2022년도 우리나라 생애주기별 인구 구성을 보면, 전체 인구 약 5,167만 명 중 유소년 인구(0~14세)는 11.5%(595만 명)이며, 생산연령인구(15~64세)는 71.1%(3,674만 명), 65

표 1-1 생애주기의 분류

구분		시기
태아기(임신기)		
영아기(수유기)	신생아기	생후 1개월
	영아기	생후 12개월 미만
유아기		1~5세
아동기		6~11세
청소년기		12~18세
성인기		19~64세
노인기		65세 이상

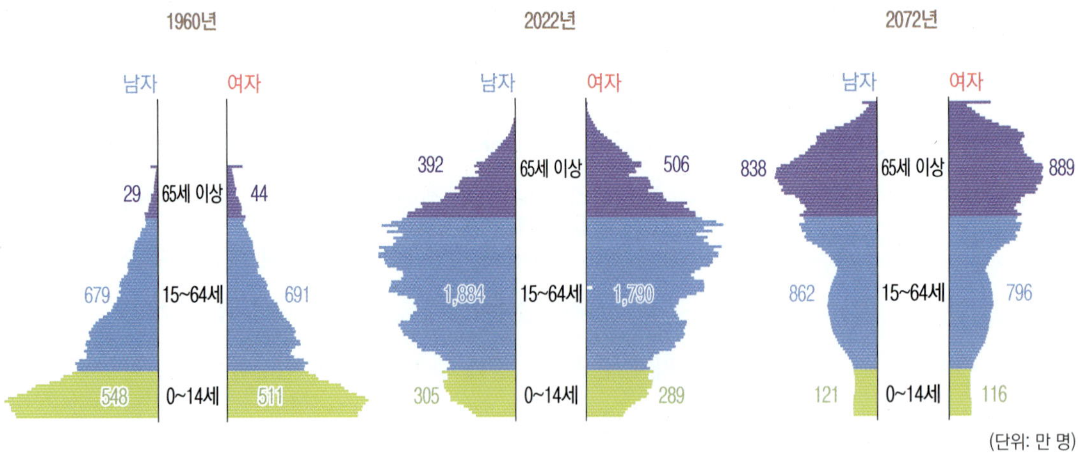

그림 1-1 인구피라미드의 변화

자료 : 통계청, 2023

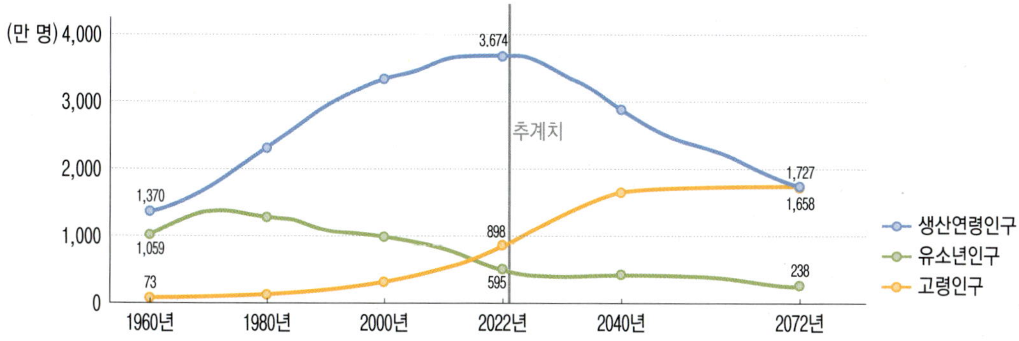

그림 1-2 생애주기별 인구구조의 변화

자료 : 통계청, 2023

세 이상 노인이 17.4%(898만 명)를 차지하고 있다**그림 1-1**. 연차적 추이를 보면 유소년 인구(0~14세)의 감소가 두드러지며 노인 인구가 증가하고 있다**그림 1-2**. 미혼, 사별, 이혼 등으로 인한 1인 가구 비율도 1980년 4.8%에서 1990년 9.0%, 2000년 15.5%, 2010년 23.9%, 2020년 31.7%, 2022년 34.5%로 꾸준히 증가하고 있다.

(2) 생애주기별 특성

① 태아기

단세포인 수정란에서 시작한 태아는 세포분열과 분화 과정을 거치면서 아홉 달 동안 모체의 자궁 안에서 빠르게 성장·발달한다. 태아는 온전히 모체를 통해 영양을 공급받으며, 건강의 기초도 이때부터 형성되기 시작한다. 임신기 영양은 태어날 생명에게 평생 건강의 근원이 되므로 임신 기간 동안 충분한 영양공급과 올바른 영양관리가 중요하다.

② 영아기

출생 후의 영아는 성장·발달이 일생을 통하여 태아기 다음으로 가장 빠르게 진행된다. 신장과 체중이 크게 증가하며, 골격의 크기와 수도 증가하고 점차 단단해진다. 특히 뇌세포를 포함한 신경조직이 급격히 발달한다. 이와 같은 신경, 골격 및 근육의 발달에 따라 영아는 기고, 앉고, 서는 등의 운동기능이 점차 발달하고 운동기술도 정교해진다. 또한 섭식기능이 발달하여 여러 음식에 대한 수용성이 증가한다.

영아기는 식생활에 가장 큰 변화가 나타나는 시기로서, 영아 전반기에는 유즙을 통해 성장에 필요한 영양을 공급받다가 후반기에는 반고형식, 고형식 등의 다른 음식을 섭취하는 이유기로 이행한다. 수유형태와 이유방법에 따라 발육이 많은 영향을 받게 되므로 영아를 위한 영양관리가 중요하다.

③ 유아기

유아기의 성장은 지속적이지만 그 속도는 영아기에 비해 느리게 나타난다. 완만한 성장으로 인해 식욕이 다소 감소하는 경향이 나타나기도 한다. 두뇌는 거의 성인 수준으로 발달하며, 사회성과 인지적 능력이 발달한다. 언어발달이 빠르게 이루어져서 언어표현이 확장되고 정교화된다. 기본적인 생활습관이 형성되고 음식에 대한 기호가 형성되는 시기이므로 올바른 식습관을 형성할 수 있도록 각별한 식사지도가 필요하다.

④ 아동기

활동이 급증하는 아동기는 유아기와 함께 비교적 완만한 성장을 계속하는 시기이다. 독립성이 발달하고 식습관이 확립되며 성장 및 활동 정도, 영양소 필요량 등에서 개인차가 더욱 뚜렷해진다. 아동기의 잘못된 식습관과 생활습관은 비만, 심혈관계질환, 고혈압 등과 같은 만성질환으로 이어질 위험이 높으므로 학교와 가정이 연계된 식생활지도가 필요하다.

⑤ 청소년기

청소년기는 급격한 성장과 성적 성숙이 일어나는 시기이다. 따라서 그 어느 시기보다 영양소 필요량이 증가한다. 자신의 신체 이미지에 민감해지며 또래와의 관계가 중요해진다. 또한 정서적으로 불안정하며 자아정체감을 형성하고 확립해 가는 시기이다. 청소년은 불규칙한 식사와 결식, 패스트푸드 섭취 등의 영양문제를 가지고 있으며, 특히 이 시기에 형성된 식습관은 성인기까지 지속되어 건강에 영향을 미칠 수 있으므로 올바른 식습관을 습득하기 위한 적절한 영양관리가 중요하다.

⑥ 성인기

성인기는 생애주기 중에서 가장 길며 신체적으로 안정된 기간으로 왕성하게 사회활동을 하는 시기이다. 만성적인 스트레스에 노출되어 있고 특히 암, 뇌혈관질환 등의 발병률이 급격히 증가하므로 균형 잡힌 식생활과 함께 평소 건강한 생활습관을 실천하는 것이 매우 중요하다. 우리나라 중년의 사망률이 세계적으로 가장 높은 것으로 나타나고 있으며, 성인기의 영양관리 여부가 향후 노년기의 건강을 결정한다는 점에서 건강관리에 특별한 관심이 요구된다.

⑦ 노인기

지속적인 출산율 저하와 기대수명의 연장 등으로 우리나라의 인구 고령화는 매우 빠르게 진행되어 2000년 고령화사회(노인인구비율 7%)에 진입한 이래 2026년에는 초고령사회(노인인구비율 20%)로 진입할 것으로 전망되고 있다. 노화에 따른 생리기능의 감소, 만성질환 및 사회경제적 위축 등으로 인해 노인의 삶의 질이 저하되기 쉽다. 노인의 건강과 장수를 위한 적절한 영양관리가 요구되며, 특히 평생 질병을 예방하고 건강을 증진시키기 위해서는 어려서부터 지속적으로 바람직한 식생활을 통한 건강관리가 이루어져야 한다.

생애주기 외에 운동영양관리가 생애주기영양학의 내용에 포함되는데, 그 이유는 각 생애주기의 성장·발달과 건강은 영양, 운동, 휴식의 세 가지가 잘 조화됨으로써 기대할 수 있기 때문이다. 건강에 대한 관심이 높아지면서 운동영양에 관한 연구가 활발해지고 있으며, 이는 올림픽이나 월드컵에서의 운동능력이 국력으로 과시된 것과도 무관하지 않다.

2. 성장과 발달

1) 성장·발달의 개념

성장·발달은 수정에서 사망에 이르기까지 인간에게 나타나는 복합적인 양적, 질적 변화를 일컫는다. 성장growth이란 신체의 길이와 크기가 형태적으로 커지는 것을 말하며, 이것은 단백질의 증가에 기인한다. 체중의 증가 중 단순히 지방의 축적에 의하거나 수분의 체내 저류에 기인한 것은 성장이라 할 수 없다. 성장에는 체중 또는 신장과 같은 형태학적 성장과 대사평형, 즉 질소, 칼슘 등의 체내 축적을 뜻하는 화학적 성장의 두 가지 의미가 내포되어 있다.

발달development은 주로 신체의 기능이 점점 복잡해지면서 성숙되는 과정을 말한다. 발달은 가능성과 능력을 의미하는데 흔히 호흡기능, 소화기능, 운동기능 등의 기능적 발달과 정신발달을 포함한다.

실제로 성장·발달의 모든 면은 연속적·동시적으로 일어나며 밀접하고도 복잡하게 관련되어 있다. 신체 각 조직의 성장과 발달은 나머지 부분과 완벽한 조화를 이루며 각 연령에 맞게 체내 기능을 수행하도록 진행된다. 성장·발달의 특성을 이해하는 것은 생애주기의 영양관리에서 매우 중요하다.

2) 성장·발달 과정

성장·발달의 원리

- 성장·발달은 순서대로 진행된다.
  - 성장·발달은 대부분 유전에 의해 정해진 일정한 순서대로 질서 있게 진행된다.
- 성장·발달은 방향성을 가진다.
  - 성장·발달은 머리에서 다리 쪽으로, 중심부에서 말단부 방향으로 진행된다.
- 성장·발달은 연속적이다.
  - 성장·발달은 일생에 걸쳐 꾸준히 지속적으로 진행되며, 그 속도는 항상 일정하지 않다.
- 성장·발달의 시기와 속도는 기관에 따라 다르다.
  - 기관과 조직에 따라 성장·발달 패턴이 다르게 나타난다.
- 성장·발달은 개인차가 매우 크다.
  - 사람은 각자 자신의 성장 패턴을 가진다. 느리게 성장하는 사람, 빨리 성장하고 일찍 성장이 완료되는 사람 등 개인에 따라 성장 특성에 차이가 나타난다.

(1) 세포의 성장

신체 성장은 두 가지 방법, 즉 세포의 수가 증가하거나 세포의 크기가 증가함으로써 이루어진다. 세포의 성장과정은 우선 세포분열에 의해서 세포수가 증가하고, 다음으로 세

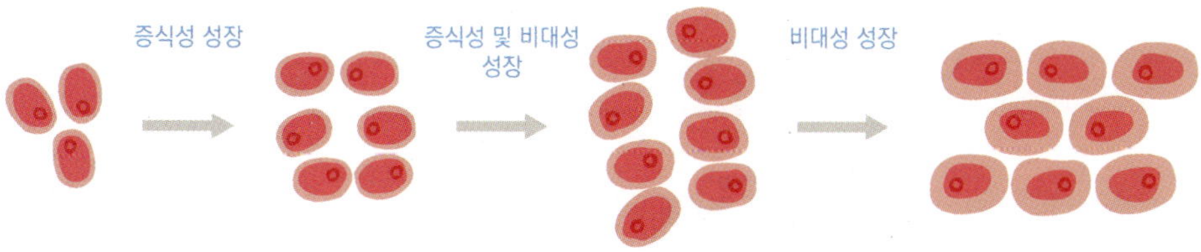

그림 1-3 세포의 성장 단계

세포 성장의 세 단계

① 세포분열에 따른 세포수의 증가에 의한 증식성 성장(hyperplasia)
② 세포수와 세포크기 증가에 따른 증식성 및 비대성 성장(hyperplasia & hypertrophy)
③ 세포크기의 증가에 따른 비대성 성장(hypertrophy)

포크기가 커지는 과정을 거친다**그림 1-3**.

수정란은 수정 후 2일에 4개의 세포로 분열되고, 4일째에 세포크기는 수정란과 같으나 세포수가 크게 증가하며, 수정 후 23일에는 머리·심장·신경관·장·꼬리 등의 다른 세포로 분화하여 각각의 특수한 기능을 수행하기에 알맞은 구조와 형태로 된다**그림 1-4, 그림 1-5**.

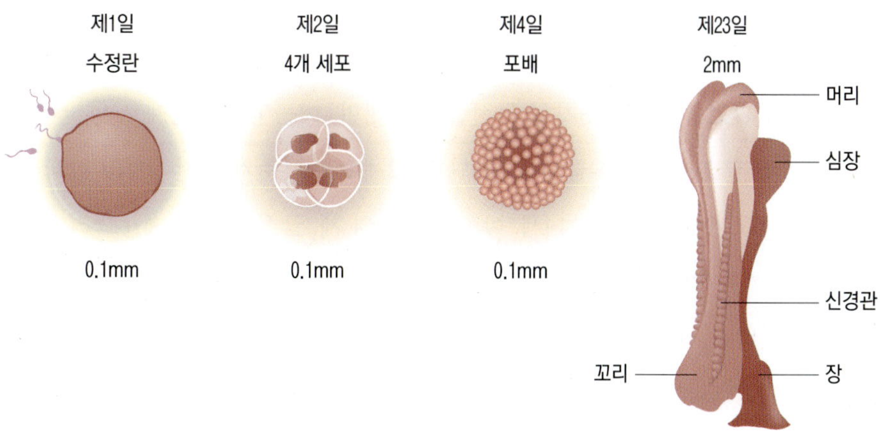

그림 1-4 수정란의 세포분열과 성장

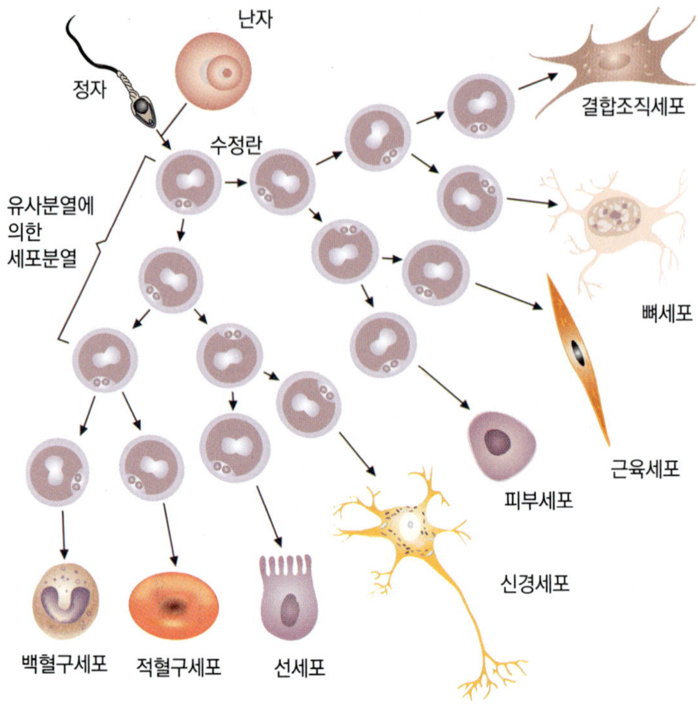

그림 1-5 세포분화 과정

(2) 기관과 조직의 발달

연령별 각 기관과 조직의 성장·발달은 스카몬Scammon이 제시한 성장패턴에 따라 4가지로 분류할 수 있다**그림 1-6**. 키, 체중, 근육, 골격, 내장기관 등의 일반적 신체 성장은 출생부터 성장이 완료될 때까지 S자형 곡선을 나타내며, 이는 다시 4단계로 나눌 수 있다. 즉, 출생에서 생후 2년 동안의 급성장기(1단계), 2세에서 사춘기 이전까지의 비교적 완만한 성장기(2단계), 사춘기(남 12~14세, 여 10~12세)의 제2급성장기(3단계), 그리고 사춘기 이후부터 성숙기까지의 성장둔화기(4단계)로 구분할 수 있다. 대체로 여아의 성장과 성숙이 남아보다 빨라서, 여아는 남아보다 2~3년 일찍 성장의 정점에 이르며 성장도 일찍 완료된다**그림 1-7**.

뇌와 척수, 감각기관 등의 신경계는 영유아기 초기에 급속히 성장하여 6세에 성인의 90%가 되며 10세경에 성인과 유사해진다. 고환, 부고환, 난소, 자궁 등의 생식기관은 사

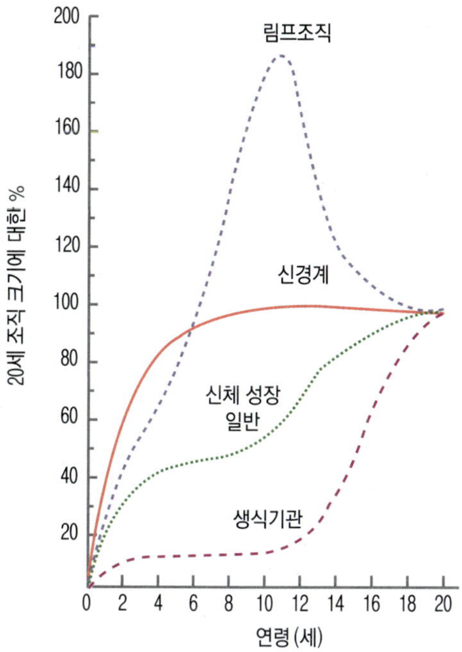

그림 1-6 신체기관별 성장발달곡선

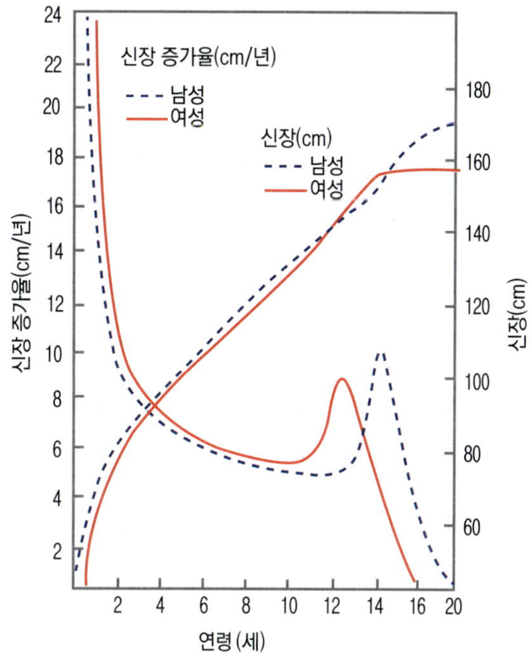

그림 1-7 여성과 남성의 신장 성장속도와 누적곡선

춘기에 급격히 성장하는 반면 흉선, 편도선, 림프절 등의 림프조직은 출생 후 급속히 성장하여 10~12세경에 성인의 약 2배로 정점에 달했다가 다시 감소하는 특징을 보인다.

각 기관의 성장·발달이 이루어지는 결정적 시기의 영양과 환경이 성장·발달의 속도를 결정하게 된다. 결정적 시기critical period란 세포분열이 빠르게 일어나는 때를 말한다. 만약 이 시기에 영양결핍 등 정상적인 성장·발달에 지장을 초래하는 어떤 장애요소가 있으면 기관의 세포수가 비가역적으로 감소하여 정상 성장으로의 완전 회복이 불가능해져서 영구적 결함이 생기거나 기능장애가 생길 수 있다. 반면 결정적 시기가 아닌 때의 영양결핍에 의한 일시적인 성장장애는 회복이 가능하다그림 1-8.

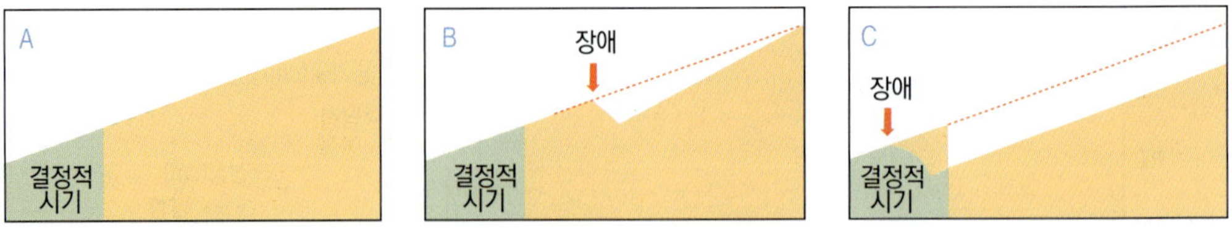

A : 정상적인 발달

B : 결정적 발달 시기 이후, 영양결핍 등의 영향에 의한 일시적 발달장애

C : 결정적 발달 시기에 장애 발생 시 완전 회복 불가능

그림 1-8 결정적 시기(critical period)와 성장발달

(3) 신체 비율

신체 성장과 함께 신체 비율이 달라진다. 태아기와 영아기 초기에는 머리가 급속히 자라며, 그 이후에는 몸체가 급격히 자란다. 그러므로 갓 출생한 신생아는 머리 부분의 비율이 커서 4등신이고, 생후 1년부터 사춘기까지는 다리 부위가 다른 부분보다 급격히 자라면서, 점차 머리 부분의 비율이 상대적으로 낮아져서 성인이 되면 7.5~8등신이 된다**그림 1-9**.

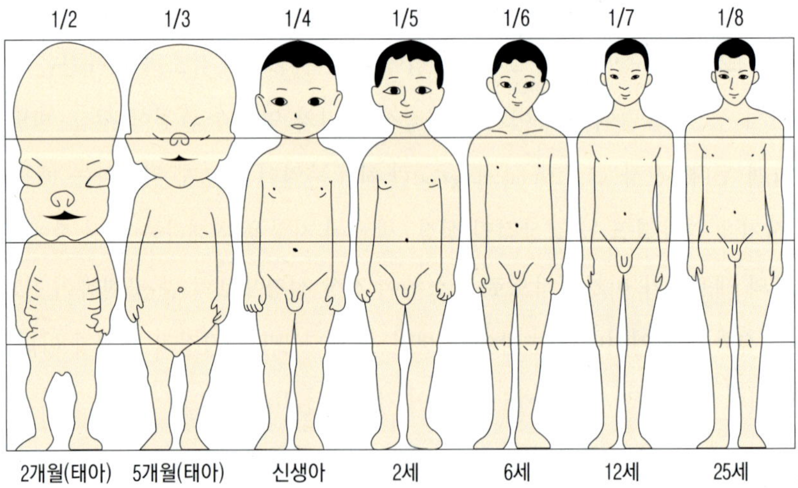

그림 1-9 연령별 체형의 비율 변화

(4) 골격

골격의 성장은 주로 팔다리가 길어지는 것으로 알 수 있다. 장골 끝에 있는 성장판(골단판) 내 연골세포가 분열 증식 및 석회화(칼슘 침착) 과정을 거쳐 점차 단단한 뼈로 변하면서(골화과정) 길이와 폭이 커진다. 장골 골단은 이러한 방식으로 계속 성장하다가 여자 약 15세, 남자 약 17세가 되면 성장판이 닫히면서 뼈의 길이 성장이 끝난다. 골격 성숙(골격 나이)과 성적 성숙은 총체적 신체 성장과 높은 상관관계를 나타낸다.

골격의 발달은 인종이나 성에 따라 차이가 나타나며, 또한 개인차가 매우 크다. 골격 발달에 가장 큰 영향을 미치는 요인은 유전이며, 그 외 성장 관련 영양소, 호르몬 및 적당한 운동 등이 중요한 요인으로 작용한다.

(5) 근육과 지방조직

근육은 성장호르몬과 갑상샘호르몬, 인슐린, 안드로겐 및 성호르몬의 영향을 받아 성장기 동안 꾸준히 증가한다. 근육량은 생후 계속 증가하다가 10세를 전후하여 남성은 급성장하는 데 비하여, 여성은 그 증가폭이 훨씬 적다. 20세 이후에는 남녀 모두에서 근육량이 감소하는 경향을 보인다.

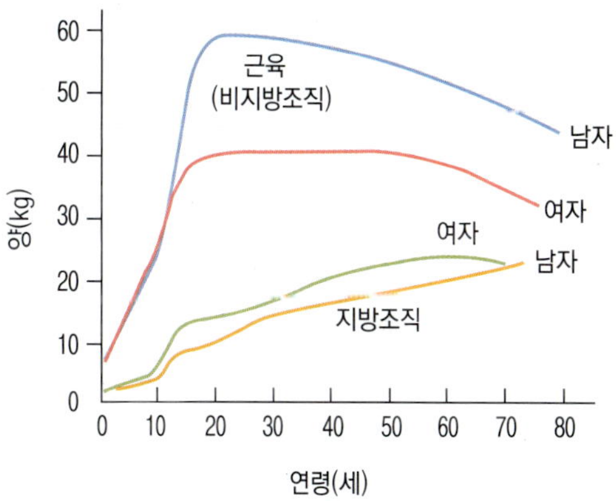

그림 1-10 연령별 근육량과 지방조직의 변화

지방조직은 생후 1년간 급격히 축적된다. 그 이후 6세부터 사춘기 전까지는 지방조직이 남녀 모두에서 서서히 증가하며, 여성은 사춘기 이후 급격히 증가하고, 이후로도 축적량이 남성보다 더 많은 것을 볼 수 있다**그림 1-10**.

3) 성장·발달과 호르몬

성장은 유전, 영양, 환경적인 요인에 의해 영향을 받으며 이들의 변화를 직접적으로 조절하는 물질이 호르몬이다. 성장기에 주로 작용하는 호르몬은 성장호르몬growth hormone, 갑상샘호르몬thyroxine, 인슐린insulin, 안드로겐androgen, 성호르몬sex hormone 등이다. 출생

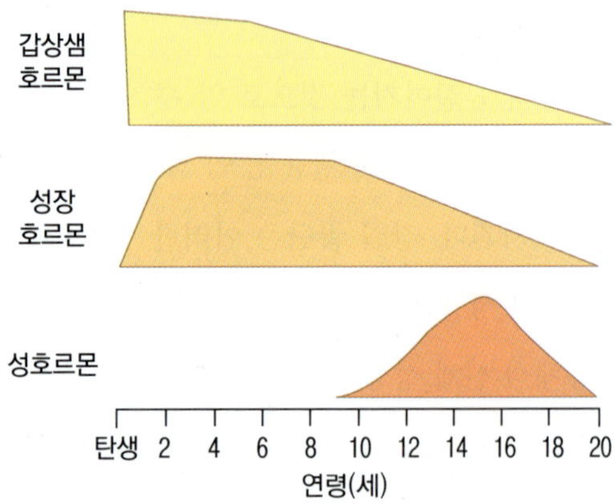

그림 1-11 연령별 성장에 영향을 주는 호르몬의 상대적 중요성

후 성장에 영향을 미치는 호르몬의 중요성은 그림 1-11과 같다. 태아기에는 성장호르몬의 작용이 거의 없으며, 출생 후부터 아동기까지는 갑상샘호르몬과 성장호르몬이 중요한 역할을 한다. 사춘기 이후에는 안드로겐과 성호르몬이 주로 성장과 성의 성숙에 관여한다.

(1) 성장호르몬

성장호르몬은 뇌하수체 전엽에서 분비되며 모든 조직과 기관에서 단백질을 합성하고 세포를 증식시켜서 뼈와 각 조직의 성장을 촉진한다. 성장호르몬은 대부분 수면하는 동안, 특히 취침 후 1~4시간 사이의 깊은 숙면 중에 분비되어 작용한다. 따라서 영유아기와 아동기에는 성장을 위해 충분한 수면이 필요하다. 낮 동안에는 운동할 때 성장호르몬의 분비가 증가한다.

(2) 갑상샘호르몬

갑상샘호르몬은 연골의 골화와 치아 성장, 안면 윤곽, 신체 비율 등에 다양하게 영향을 미친다. 따라서 갑상샘호르몬의 분비가 부족한 경우에는 저신장증(왜소증)과 유아적인 체형이 발생하게 되고, 정신발달이 저지되는 지적장애 현상이 일어난다그림 1-12.

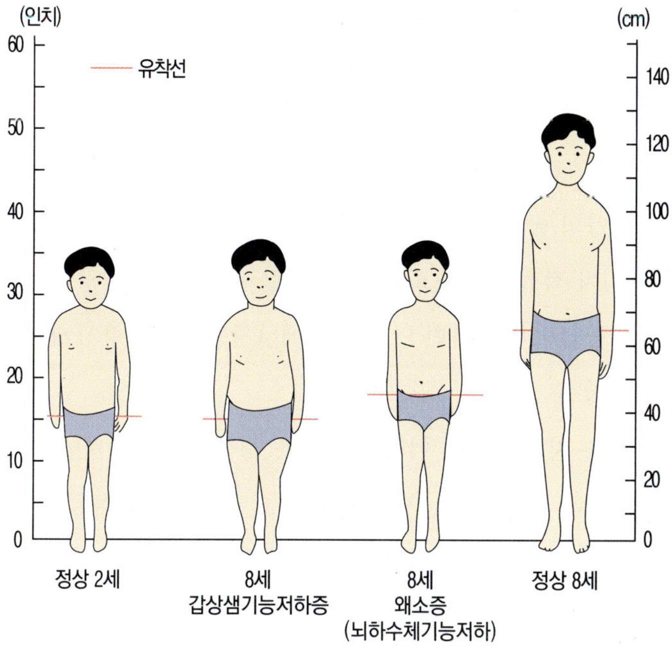

그림 1-12 정상과 호르몬 분비 이상 시 신장발육

(3) 안드로겐과 성호르몬

안드로겐과 성호르몬은 청소년기의 성장과 생식기관의 발달을 주도하며 신체적 성장과 성적 성숙을 완성하는 작용을 한다.

4) 성장·발달에 영향을 주는 요인

성장·발달은 유전적인 기반 위에 후천적 요인인 환경과 영양, 운동, 질병, 스트레스, 사회·경제적 여건 등의 영향을 받아 진행되며, 이들 요인 중 영양과 유전이 가장 크게 작용한다.

성장·발달에 영향을 주는 요인
- 유전
- 영양
- 운동
- 질병
- 스트레스
- 사회심리적 여건
- 호르몬
- 성
- 수면

(1) 유전

개인의 성장능력은 유전적으로 결정되지만 그 최대능력이 모두 다 발휘된다고 보장할 수는 없다. 북한 주민은 유전적으로는 남한 사람과 같은데도 장기간의 영양부족에 의해 신장이 남한 사람보다 작아진 것을 볼 수 있다. 즉, 영양을 적절하게 섭취하는 것이 유전적 형질을 최대로 보장하는 길이다.

(2) 영양

식품 공급, 즉 영양의 공급은 성장에 영향을 주는 가장 중요한 환경적 요인이다. 식사는 에너지와 단백질이 적절해야 하고 지질, 무기질, 수분, 비타민 등의 필요량을 충족시켜야 한다. 에너지 공급이 부족하면 단백질을 에너지원으로 이용하게 되므로 정상적인 성장에 지장을 초래할 수 있다.

영양불량은 성장을 지연시키며, 이러한 현상은 성장의 초기단계에 일어난다. 때문에 영유아기의 영양불량은 신체성장을 저해하며, 이는 정상으로 회복할 수 없는 원인이 된다. 특히 태아기에서부터 생후 2~3년간 지질, 단백질 및 에너지의 섭취가 극도로 불량하면 성장·발달에 치명적인 영향을 받게 되며, 그 후에 영양 공급이 충분해도 완전 회복이 어렵다.

반면, 과잉의 영양섭취는 유전적 소인 이상으로 신체를 성장시키지 않는다. 과잉의 에너지 섭취로 영유아기에 지방세포의 수가 많아지고 크기가 커지면 비만을 초래할 가능성이 높다.

(3) 질병

만성질환에 걸리면 이차적으로 성장이 지연되거나 정상적인 성장곡선보다 느리게 성장한다. 질병을 극복한 후에는 지연되었던 성장을 만회하기 위해 성장속도가 급격히 증가하며, 이러한 증가는 질병 전의 성장곡선에 도달할 때까지 계속된다. 그러므로 회복기의 영양이 매우 중요하며, 이때 영양공급이 부족하면 성장이 급속화하지 못하여 성장이 지연되거나 허약한 체격을 나타내게 된다.

(4) 운동

적당한 운동은 성장판을 자극하고 성장호르몬의 분비를 증가시켜 성장을 촉진한다. 스트레칭, 걷기, 줄넘기, 수영, 자전거타기, 농구 등과 같은 운동을 자신의 체력에 알맞게 규칙적으로 하는 것이 중요하다.

(5) 스트레스

학업에 대한 과중한 스트레스나 애정결핍은 아동의 성장·발육을 억제한다. 감정적 장애가 심해지면 식욕이 감소하면서 음식 섭취가 줄어들며 뇌하수체 기능이 저하되어 발육장애를 초래한다. 어린이뿐만 아니라 청소년과 노인의 경우에도 심리상태가 발육이나 건강에 영향을 미친다. 그러므로 성장기를 비롯한 모든 연령에서 일상생활로 인한 스트레스를 적절히 해소하는 것이 매우 중요하다.

(6) 연대별 추이

어린이 성장발육치의 연대별 추이를 보면 세계 각국에서 점차 향상되고 있으며 우리나라도 예외는 아니다. 우리나라는 경제성장에 따른 생활수준의 향상과 영양개선 등으로 어린이의 성장발육이 좋아지고 있다.

이와 같은 체위(신장, 체중 등) 향상에도 불구하고 우리나라 아동 및 청소년의 체력은 과거에 비해 전반적으로 저하된 것으로 나타났는데, 이는 신체활동량을 감소시키는 생활환경과 영양과잉의 문제에 기인한 것으로 파악된다. 즉, 체위향상이 바로 건강개선의 지표가 되지는 못하고 있으며, 따라서 체력을 증진시키기 위한 다각도의 방안 마련이 요구된다.

3. 생애주기별 건강과 영양증진 목표

우리나라는 경제·사회 발전이 급속히 이루어지면서 생애주기에 따른 건강과 영양에 대한 관심이 크게 증가하였고, 이에 따라 정부에서도 국민 건강증진을 위한 여러 가지 목표를 정하여 정책을 펴나가고 있다. 특히 만성질환의 발생률이 증가함에 따라 개인은 물론 가정과 국가에서의 건강과 영양관리가 더욱 중요하게 되었다.

보건복지부와 관계부처에서는 제5차 국민건강증진종합계획Health Plan 2030, 2021~2030

을 수립하여 만성퇴행성 질환인 심뇌혈관질환, 암, 당뇨병, 비만 등을 감소시키는 것을 2030년 주요 건강증진 목표로 제시하였고, 이를 달성하기 위한 영양목표에는 지금까지 부족하거나 결핍증상을 나타내는 칼슘, 비타민 A, 과일/채소 섭취의 증가뿐만 아니라 과다 섭취하는 포화지방과 나트륨의 섭취를 감소시키는 것도 포함하였다. 또한 식품 안정

표 1-2 2030년 한국인의 주요 건강 및 영양 목표

1. 주요 건강관련 목표	기준치(2018)	목표치(2030)
성인(20~74세) 암 발생률 감소(명/인구 10만명)	344.7*	319.6
고혈압 유병률 감소	28.3	27.3
당뇨병 유병률 감소	10.4	9.4
고콜레스테롤혈증 유병률 감소	21.4	20.4
급성심근경색증 환자의 발병후 3시간 미만 응급실 도착비율 증가	45.2	50.4
뇌혈관질환 환자의 사망률 감소(명/인구 10만명)	44.7	37.1
성인 남성 비만 유병률을 현 수준으로 유지	42.8	≤42.8
성인 여성 비만 유병률을 현 수준으로 유지	25.5	≤25.5
성인 남성 현재 흡연율 감소	36.7	25.0
성인 여성 현재 흡연율 감소	7.5	4.0
성인 남성 고위험 음주율 감소	20.8	17.8
성인 여성 고위험 음주율 감소	8.4	7.3
성인 유산소 신체활동 실천율 증가	47.6	53.0
2. 주요 영양관련 목표		
식품 안정성 확보 가구분율 증가	96.9	97.0
포화지방을 적정수준으로 섭취하는 인구비율 증가(만3세 이상)	56.5	74.0
나트륨을 1일 2,300mg 이하로 섭취하는 인구비율 증가(만9세 이상)	33.2	42.0
과일/채소를 1일 500g 이상 섭취하는 인구비율 증가(만6세 이상)	29.3	41.0
가공식품의 영양표시 이용률 증가(만7세 이상)	26.4	31.7
건강 식생활 실천율 증가(만6세 이상)	41.5	50.6
칼슘을 적정수준 섭취하는 인구비율 증가(만1세 이상)	16.5	21.0
비타민 A를 적정수준 섭취하는 인구비율 증가(만1세 이상)	11.4	24.0
영양섭취 부족 노인 인구비율 감소(75세 이상)	18.5	12.0
가임기 여성의 빈혈 유병률 감소	13.1	11.0

* 2017

자료 : 관계부처 합동, 2021

성 확보, 영양섭취 부족 노인 인구비율 감소, 가임기 여성의 빈혈 유병률 감소 등도 중요한 영양목표로 제시하였다. 생애주기에 따른 취약 부문의 건강과 영양증진을 위한 목표를 국가적 차원에서 설정한 것을 요약하면 **표 1-2**와 같다.

CHAPTER

2

임신부 영양

1. 임신부 영양의 특성
2. 임신생리와 임신장애
3. 임신 시 모체의 변화
4. 태아의 성장과 발달
5. 분만
6. 임신부의 영양소 섭취기준
7. 임신 결과에 영향을 미치는 요인
8. 임신부의 식생활관리

임신부 영양은 건강한 임신을 위해서 아주 중요하다. 임신과 분만에 대한 기본지식은 성공적인 임신을 할 수 있게 도우며 태아의 성장 · 발육을 순조롭게 진행시키는 데 도움이 된다. 따라서 임신부 영양과 임신 시의 위해요인을 파악하고, 충분한 영양 공급과 올바른 영양관리를 하는 것이 중요하다.

1. 임신부 영양의 특성

임신부 영양은 임신 준비기부터 시작하여 임신기와 분만기를 대상으로 하는 영양으로서 임신부인 모성, 태아의 성장·발육, 건강한 아기 분만에 이르는 전 과정이 대상이 된다. 따라서 임신부 영양은 건강한 임신과 순산, 그리고 태아 성장을 위하여 아주 중요하다. 임신부의 건강은 태아 성장과 직결되며, 유전적 요인과 환경적 요인인 영양, 질병, 생활습관, 환경오염 등에 의하여 영향을 받는다. 임신 기간의 영양 공급은 건강한 임신, 정상적인 태아 발육, 순산, 산욕 및 수유 등에 크게 영향을 준다. 임신기의 영양 공급 부족은 임신부의 질병 발생뿐만 아니라 태아의 성장 지연, 선천성 기형, 유산, 조산, 사산 등을 유발할 수 있다. 임신부의 과잉영양도 태아에게 좋지 못한 영향을 주므로 적절한 영양 공급이 중요하다.

우리나라 임산부의 영양소 섭취 실태를 보면 비교적 양호한 편이나 아직도 단백질, 칼슘, 철 등은 권장섭취량에 비해 부족한 것으로 나타나고 있다. 이와 함께 임산부의 빈혈 발생률이 높으며, 저체중아 출산율이 선진국들에 비해 높다.

산업의 발달과 경제성장으로 식생활이 풍요로워지고 영양상태는 좋아졌으나 음주, 흡연, 약물 등의 영향이 더욱 커지고 있다. 이러한 요소들이 임신 중 산과적 합병증, 태아의 유산, 조산, 사망, 형태적 기형, 정신지체, 정신박약 등을 일으키는 것으로 알려져 문제가 되고 있다. 또한 가임기 여성의 음주와 흡연이 급격히 증가하고 있으며, 산업발달에 따른 자동차 매연, 핵물질, 공장 폐수 및 대기오염 등 환경문제도 심각해지고 있다. 이러한 요소들은 불임과 관련이 있으며 임신 중에 발생하는 질병, 감염, 음주와 흡연, 환경오염물질이 임신부의 건강과 태아에 미치는 영향이 크므로 이를 바로 알도록 하는 것이 중요하다. 따라서 임신부 건강에 위해한 요소를 차단하는 것은 건강한 임신 유지, 태아의 성장, 건강한 아기의 출산에 도움이 된다. 그리고 임신부 합병증이나 조산아, 기형아 등 영아 치료를 위한 의료비를 줄일 수 있으며, 건강한 아기의 출산은 사회와 국가의 발전에 기여하게 된다.

2. 임신생리와 임신장애

1) 여성 월경주기와 생식기능

여성이 사춘기에 도달하면 신체구조나 성적으로 여러 변화가 생긴다. 신체적으로는 지방이 많아지고 골반과 유방이 커지며 겨드랑이에는 털이 나기 시작하고 음모도 생긴다. 자궁·질·난소가 발육되고, 특히 난소에서 난자가 성숙되어 배란현상이 일어나며 월경이 나타난다.

초경은 첫 월경을 의미하며 기후·토지·인종·생활환경·건강상태에 따라 시작하는 시기에 다소 차이가 있다. 우리나라의 경우 과거에는 12~15세였다가, 최근에는 이보다 훨씬 빨라지고 있다. 초경이 시작된 후부터 월경이 자연적으로 소실되는 폐경기인 45~55세까지 월경은 계속된다.

(1) 호르몬과 난소의 주기적 변화

월경주기는 뇌의 시상하부, 뇌하수체 전엽과 난소에서 분비되는 여성호르몬의 상호작용에 의해서 나타난다그림 2-1.

여성이 성숙하면 시상하부에서 생식인자방출호르몬GnRH을 분비한다. 이 호르몬은 뇌하수체 전엽에서 생식샘자극호르몬인 난포자극호르몬FSH을 분비시켜 난소를 자극하고 원시난포세포를 성숙난포세포로 발육시킨다. 성숙난포세포는 난포에서 에스트로겐을 분비하고 자궁내막에 작용하며 자궁내막을 증식시킨다. 한편 혈액 내 에스트로겐이 일정량이 되면 뇌하수체 전엽을 자극하여 난포자극호르몬의 분비를 억제한다. 이처럼 난포자극호르몬과 에스트로겐은 서로가 자동조절작용을 한다.

난포자극호르몬의 분비가 억제되면 뇌하수체 전엽에서 황체형성호르몬LH이 분비되어 성숙난포세포를 파열시켜서 난자를 배출시키고 난포강을 자극하여 황체를 형성한다. 황체에서는 프로게스테론이 분비되어 자궁내막을 분비기형으로 변화시킨 후 뇌하수체를 자극하여 황체형성호르몬의 분비를 억제한다. 그 후 황체는 퇴화하여 프로게스테론 분비가 중단되고, 자궁내막이 수축되면서 박탈되어 체외로 나오는데 이것이 월경이다.

혈액 내 프로게스테론과 에스트로겐의 농도가 저하되면, 뇌하수체 전엽은 다시 자극을 받아 난포자극호르몬을 분비하여 반대쪽 난소의 난포 발육을 촉진한다. 이처럼 난소에서 '난포 성숙 → 배란 → 황체 형성 → 황체 퇴화'의 과정이 매달 한 번씩 되풀이되는 난소의 주기적 변화가 나타나 월경주기를 형성한다**그림 2-1**.

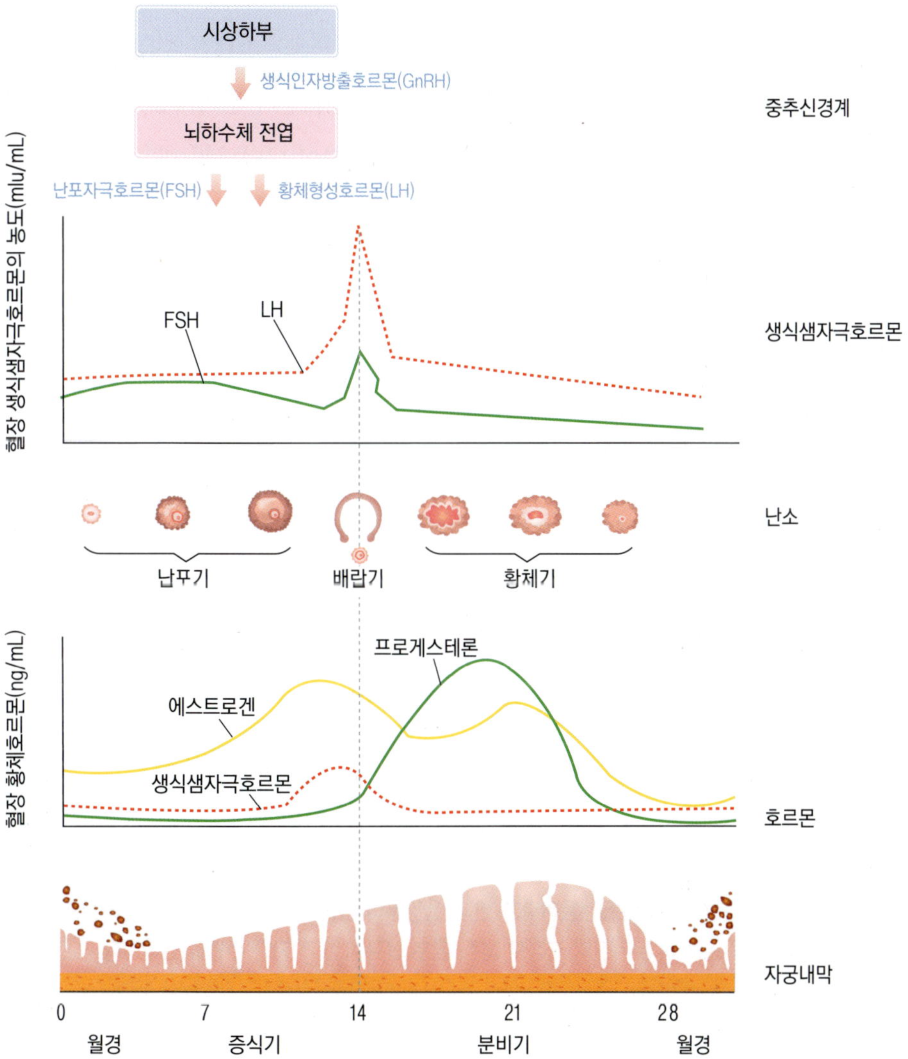

그림 2-1 여성의 월경 주기와 호르몬, 난소와 자궁내막의 변화

(2) 자궁내막의 변화

자궁내막의 변화는 **그림 2-1**과 같이 증식기, 분비기, 박탈 및 재생기가 주기적으로 나타난다. 자궁내막은 초기에는 얇으나 월경이 시작된 날부터 14일이 되면 에스트로겐의 작용에 의해서 비후해지는 증식기로, 자궁내막이 처음의 2~3배가 된다. 자궁샘도 짧고 직선 형태에서 내막이 증식되면서 길어지고 굴곡이 생긴다.

월경주기의 후반기인 15~28일은 분비기로, 배란 후 프로게스테론의 영향으로 자궁내막은 더욱 두꺼워지고 자궁분비샘이 더욱 커지며 골곡이 생겨 분비기능이 시작된다. 분비기는 수정란 착상에 가장 적합한 시기이다. 월경 출혈이 나타나면 비후한 자궁내막의 4/5 정도가 탈락되고 자궁내막의 기저층이 노출된다. 이때 자궁내막 탈락에 의한 출혈과 내막조직이 섞여 몸 밖으로 배출되는 월경이 일어난다.

(3) 월경주기

월경은 보통 한 달(28~30일)의 주기를 가지며 3~7일간 지속된다. 월경 출혈량은 연령에 따라 차이가 많아서 젊은 여성은 약 110mL, 35세 이상의 여성은 35~60mL 정도이다. 월경혈은 약 50~60%가 혈액이고 그밖에 경관점액, 질점액, 자궁내막의 붕괴에 의한 조직단편 세포와 질 상피세포 및 세균이 섞여 있어서 암적색을 띤다. 여성의 연령이 45~55세가 되면 난소 기능의 약화로 여성호르몬이 급격히 감소하면서 폐경이 된다. 월경은 여성 건강의 지표이며 임신이 성립되기 위한 전제조건이다.

월경통

월경이 있기 전이나 월경 중에 하복통, 두통, 권태, 우울증, 흥분, 유방의 긴장 등의 증세를 월경전증후군 PMS이라고 하고, 하복부 통증을 월경통이라고 한다. 월경통이 심한 경우에는 치료를 받아야 한다. 월경전증후군을 예방하기 위하여 무기질의 적정량 섭취, 염분 섭취 제한, 적당한 수면을 권장한다.

2) 남성호르몬 작용과 생식기능

(1) 남성호르몬 작용

남성호르몬인 테스토스테론은 고환의 간질세포에서 생산된다. 사춘기가 되면 난포자극호르몬FSH은 정세관에서 정자를 생산하도록 자극하고 뇌하수체 전엽에서 방출되는 황체형성호르몬LH(간질세포자극호르몬ICSH)이 간질세포를 활성화한다.

표 2-1 남성호르몬 테스토스테론의 작용

- 정자 생성과 분비
- 남성의 부속 생식기관의 분화를 유도하고 그 기능 유지
- 단백질 동화작용과 뼈의 성장 촉진 및 뼈의 성장 중지
- 발기와 성적 능력 유지, 공격적 행동 강화
- 신장에서 적혈구 생성 촉진 호르몬 분비 자극
- 남성의 2차성징 유도

(2) 남성 생식기의 기능

남성 생식기의 기능은 주로 고환에서 정자 생성과 남성호르몬인 테스토스테론을 생성·분비하는 것이다. 정자는 고환의 정세관에서 정원세포가 사춘기 이후 급격히 분화되어 생성된다. 미성숙 정자는 연동운동에 의하여 이동하는 동안 성숙되고, 부고환으로 이동한 후 정관에 가서 사정될 때까지 보관된다. 음경에서 사정될 때 정자도 정액에 섞여서 요도로 배출된다. 정자는 사정 시 1억 개 이상이 배출된다.

3) 임신 단계

(1) 정자와 난자의 이동

임신은 난자와 정자가 결합하는 수정으로 시작된다. 질에 사정된 정자는 4~5분이면 자궁경관에 도달하고, 30분 후에는 자궁강에 이르게 된다. 따라서 건강하고 운동성이 좋은 정자가 임신 가능성이 높다. 난소에서 배란된 난자는 나팔관 벽의 운동과 섬모상피세

포의 운동에 의해서 수동적으로 나팔관으로 이동한다.

(2) 수정

수정은 나팔관 팽대부에서 일어나며 정자와 난자의 핵은 서로 합해져 세포분열을 할 수 있는 수정란이 된다**그림 2-2**. 이때 수정란 주변에는 난황막이 형성되어 더 이상 다른 정자가 들어가지 못하는데, 쌍생아는 한 개의 수정란이 분열하는 과정에서 두 개로 갈라져서 생겨난 경우이다. 임신 가능 기간은 월경 시작일부터 12~16일로 약 5일간이며, 자궁 내에서 정자의 생존기간 3일을 합하여 8일 정도이다.

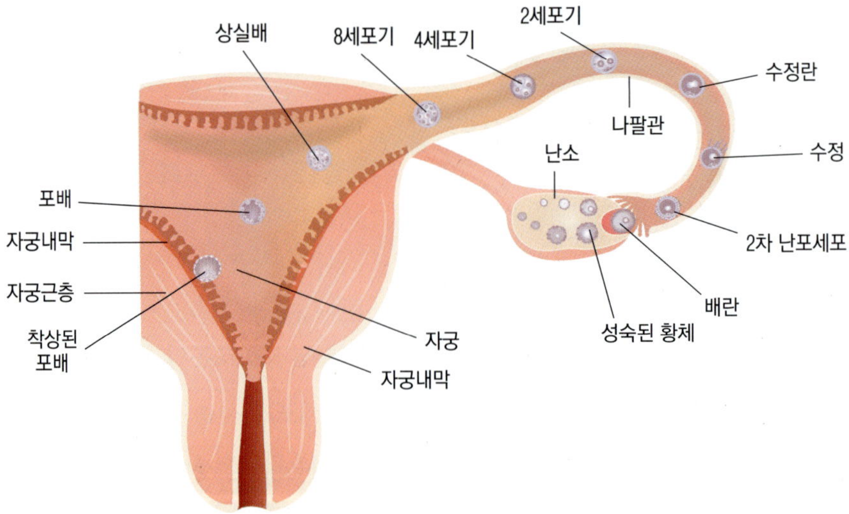

그림 2-2 수정과 착상

(3) 착상

수정란은 나팔관 내 섬모운동과 나팔관의 수축작용으로 약 6일 후 자궁 내에 도달한 다음, 자궁내막에 단백질 분해효소인 트립신을 분비하여 자궁내막을 녹이고, 자궁상피 안으로 침투하여 매몰된다. 이를 착상implantation이라고 한다. 착상은 수정 후 11~12일경에 일어나며 수정란이 자궁내막에서 모체로부터 영양물질을 흡수하기 시작하는 단계이다. 수정란이 자궁체부가 아닌 난관 내에 착상되는 것을 자궁외임신이라 한다.

⌛ 자궁외임신

수정란이 자궁체부가 아닌 난관 내에 착상되는 것을 자궁외임신이라 하며, 이 경우 태아가 자라지 못하고 모체도 위험하게 된다.

⌛ 태아의 성 결정

태아의 성 결정은 수정 시 여성의 XX 염색체와 남성의 XY 염색체가 결합하는 데 따라 결정된다. 수정 후 남녀의 성을 바꾸게 할 방법은 없다. 이 염색체의 분화과정에서 생식샘의 변화 및 남녀 생식기관의 발달이 이루어진다.

⌛ 시험관아기

자연적으로 임신이 되지 않거나 유산으로 임신이 되지 않는 경우, 난자를 채취하여 체외에서 수정한 후 그 배아를 자궁경부에 이식하여 임신시키시는 시험관 시술이다. 철저한 사전준비를 하여 양질의 배아와 자궁내막의 준비를 한 후 시도하는 것이 성공률을 높이는 방법이다. 결혼 연령이 높아지고 각종 스트레스로 인하여 임신장애가 고조되어 시험관아기 시술이 점차 증가되고 있다. 국민건강보험에서도 출산율 장려를 위해 시험관 시술에 보험을 적용하고 있다.

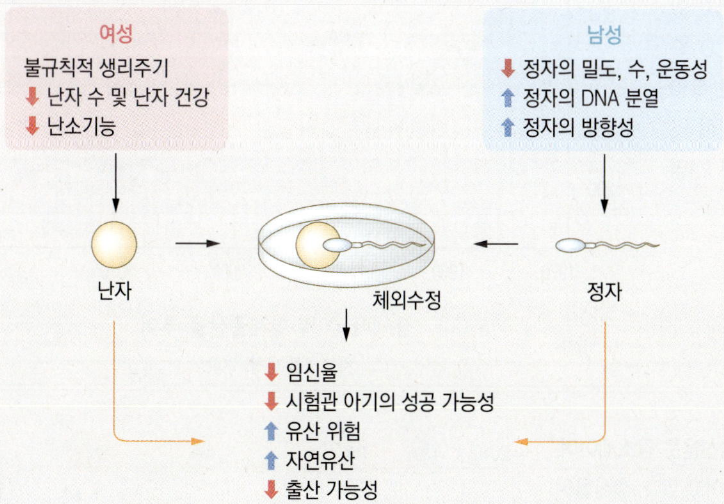

4) 임신장애 요인

임신을 계획해도 임신이 안 되는 경우가 많은데, 우리나라의 출산율이 낮은 현실에서

표 2-2 임신장애 요인

여성		남성	
• 유전 이상	• 체중감소 > 15%	• 유전 이상	• 불량한 아연 영양상태
• 비만	• 심한 운동	• 항산화 영양소 부족(셀레늄, 비타민 C, 비타민 E, 카로티노이드)	
• 과도한 알코올 섭취		• 과다 음주, 알코올 중독자	
• 내분비장애(갑상샘기능저하, 쿠싱질환)		• 중금속이온 노출(납, 수은, 카드뮴, 망간)	
• 생식기관의 구조적 이상	• 심한 스트레스	• 할로겐(살충제), 글리콜(냉동 억제제)	
• 성병	• 당뇨	• 정자의 염색체이상	• 정자의 손상
• 경구피임약 복용	• 거식증, 폭식증	• 스테로이드 남용	• 성병
• 채식, 고섬유소 섭취	• 연령 > 35세	• 심한 스트레스	• 당뇨병
• 골반 염증성 질환(PID)	• 자궁내막증		

출산율 및 연령별 출산비율

합계출산율은 1970년 4.53명에서 감소하여 2002년부터 초저출산 수준(1.3명 미만)이 지속되고 있으며, 2018년(0.98명) 이후 1명 미만 수준을 유지하고 있다. 2022년은 0.78명으로 OECD 국가 중 프랑스 1.76명, 미국 1.70명, 독일 1.46명, 일본 1.26명에 비하여 가장 낮은 수준이며, 인구의 대체수준인 2.1명에도 미치지 못하는 수준이다.

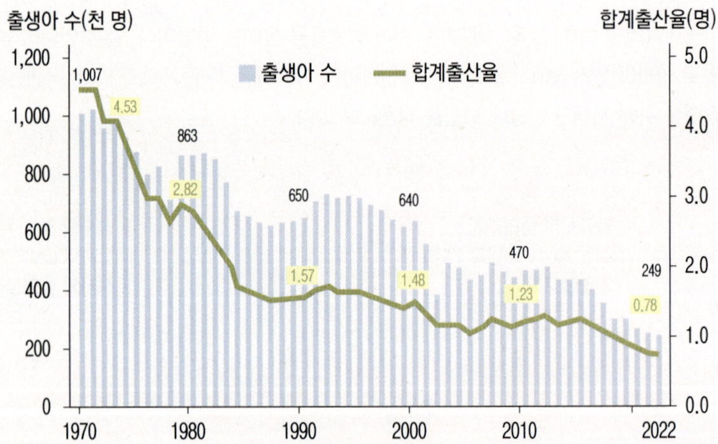

출생아 수 및 합계출산율 추이

자료 : 통계청, 2023

연령별 출산율을 보면, 20대의 출산율은 감소세이며, 30대 후반과 40대는 증가세를 보이고 있다. 출산율이 낮아진 이유는 사회적 · 경제적 환경 및 가치관 변화에 따라 결혼연령이 상승하고 출산을 기피하는 현상 때문이다.

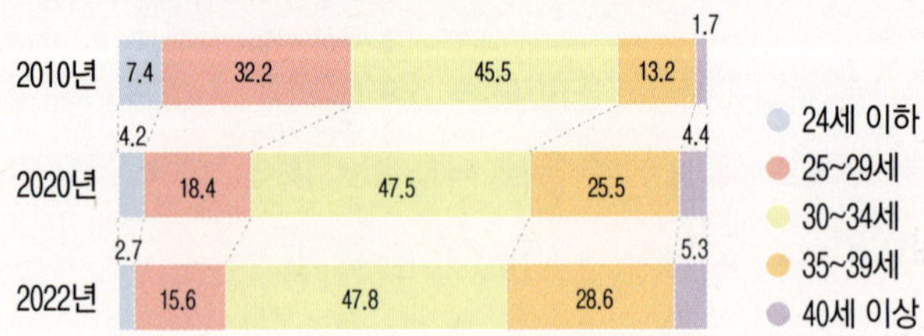

산모의 연령별 출생아 구성비 추이(%)

자료 : 통계청, 2023

임신장애 요인을 잘 알고 대처하는 것은 매우 중요한 과제이다.

남녀가 정상적인 생리기능을 가진 경우에도 임신이 되지 않는 경우가 많다. 임신에 장애를 주는 요인에는 염색체이상 같은 유전적 요인이나 불량한 영양상태, 경구피임약 복용, 심한 스트레스, 감염, 경관 손상, 비만이나 당뇨병 같은 질병 등이 있으며, 남녀에 따라 약간 차이가 있다표 2-2. 이러한 요인들은 여성의 배란을 조절하는 호르몬에도 영향을 미치며 정자 생성, 난자와 정자가 수정되는 경관 내 환경에도 영향을 줄 수 있다.

(1) 여성의 임신장애 요인

① 질병

성 접촉에 의한 감염은 골반 감염질환을 유발하며 나팔관을 막거나 또는 손상을 줄 수도 있다. 자궁내막염도 임신력을 감소시키는 흔한 원인 중 하나이다. 여성의 월경주기 이상과 관련된 장애들은 불임의 첫 번째 요인이 된다.

② 영양부족

기근에 의한 만성적인 영양부족이나 급격한 다이어트에 의한 단기간의 영양부족도 임신력을 떨어뜨린다. 영양상태가 양호했던 여성이 영양부족이 되면 임신력이 현저히 감소하게 된다.

③ 저체중과 비만 및 체중감량

일반적으로 BMI가 18.5 미만인 저체중의 경우 에스트로겐 이용성이 떨어지며, 비만인 여성은 에스트로겐 과다로 불임이 올 수 있다. 정상 체중인 여성도 체중이 15% 이상 감소할 경우 에스트로겐 수준이 저하되어 무월경·무배란 주기와 짧은 황체기 혹은 황체기 소멸 등이 나타난다. 임신장애의 원인 중 30%가량은 단순한 체중감소 또는 '체중과 연관되는 무월경'에서 비롯된다.

④ 심한 운동

강도가 높은 운동은 임신에 좋지 못한 영향을 준다. 고강도 운동을 하는 여자 운동선수들은 흔히 월경이 더디게 나타나고, 심하면 무월경 상태가 지속된다. 고강도 운동이나 체중감소에 의한 호르몬 변화는 정상적인 월경주기를 지연시키거나 방해하기 때문이다.

⑤ 카페인과 알코올 및 채식

카페인, 알코올, 채식 위주의 식사, 저지방 식사, 식이섬유의 과다섭취 등도 임신장애의 원인이 될 수 있다. 채식주의 여성들은 저체중인 경우가 많고 혈액 내 에스트로겐 수준이 낮으며, 다양한 식사를 하는 그룹보다 월경생리가 불규칙하다. 알코올도 여성에서 에스트로겐 수준을 감소시킴으로써 정상적인 월경주기를 방해하며, 남성에서 테스토스테론 수준을 낮추어 정자의 생성과 운동성을 약화시켜 임신장애를 일으킨다.

⑥ 경구피임약

1960년대 고단위 에스트로겐이 함유된 피임약이 사용되면서 피임혁명이 도래했다. 에스트로겐과 프로게스테론이 함유된 경구피임약OCA은 전 세계적으로 이용되고 있다. 경구피임약에는 프로게스테론과 에스트로겐이 소량 함유된 여러 종류가 있다. 임신계획을 세웠다면 적어도 3개월 전에 경구피임약 사용을 중단하는 것이 좋다.

경구피임약의 부작용

- 혈중 HDL-콜레스테롤 농도 상승
- 정맥 혈전증(혈액 응고) 증가
- 혈중 구리 농도 증가
- 혈중 중성지방, LDL-콜레스테롤 상승
- 혈중 비타민 B_{12} 농도 감소
- 유방암 발생 위험 증가

여성을 위한 최신 임신 조절방법에는 피임도구 삽입, 패치 및 주사(주입)법이 있으나 이들 역시 부작용을 일으킬 수 있다. 남성의 경우 임신 조절을 위한 호르몬제 피임방법은 현재 개발 중이다.

(2) 남성불임 요인

남성불임의 원인은 정자의 수와 농도 저하, 운동성 및 형태의 이상 등에 기인한다. 정자 생성은 영양이나 환경인자에 의해 예민하게 반응한다. 정자 발달이 70~80일에 걸쳐 일어나므로 이러한 장애요인에 노출된다면 3개월 이후에야 정자장애가 발생한다.

① 질병

고혈압이나 암, 당뇨, 동맥경화증, 내분비질환을 치료하는 의약품들이 테스토스테론 생성을 방해하고 남성 생식기능에 영향을 준다.

② 체중감소

남성의 경우에도 체중감소는 정자에 영향을 미친다. 정상 체중의 25% 이상 체중이 감소했을 때에는 정자 생성이 거의 중단된다. 체중이 다시 증가하면 정자 생성과 성욕도 정상으로 회복된다.

③ 아연 섭취 부족

하루 5mg 이하의 아연을 섭취한 경우 정액 양이 줄어들고 테스토스테론이 감소한다. 아연은 정자를 박테리아나 염색체 손상으로부터 보호하는 기능을 한다. 정액 내 아연이 농축되어 있어서 정액 사출 시 많은 양의 아연이 손실된다.

④ 항산화 영양소의 부족과 알코올 섭취

정자는 세포 내에 다가불포화지방산 함량이 높아서 산화적 손상을 받기 쉽다. 셀레늄, 비타민 C, 비타민 E, β-카로틴 등의 항산화 영양소는 정자의 산화적 손상을 막아주며 정상적인 정자의 운동성과 기능을 유지하게 한다.

알코올의존자인 남성에서 성기능부전이 초래되는데, 이는 고환에 미치는 알코올의 직접적인 독성효과로 보인다. 가벼운 음주는 큰 문제가 없다.

⑤ 중금속 이온

납, 수은 등 중금속을 다루는 작업환경의 남성은 생식기관에 이러한 중금속이 축적되기 쉬우며 정자 생성이 감소한다. 호흡을 통한 중금속의 흡입은 뇌하수체에 영향을 주어서 정상적인 고환과 중추신경과의 연락을 어렵게 만든다. 그 결과 테스토스테론 수준이 저하되어 정자 생성이 감소하고 정자의 운동성도 약화된다.

5) 건강한 임신을 위한 준비

(1) 건강한 생활습관과 질병치료

건강한 임신 결과를 얻기 위해서는 임신하기 전 양호한 영양상태를 유지하는 것이 중요하다. 여러 요인이 임신 이전의 적절한 영양상태 유지에 영향을 준다. 따라서 좋지 못한 임신 결과나 저체중아 출산과 관련된 위험요인들을 임신 전에 확인하고 이를 최소화할 수 있도록 노력해야 한다. 흡연 여성은 금연을 시도하고 술과 약물남용을 금해야 한다. 질병을 치료 중이거나 임상문제가 있는 경우에는 전문가와 상담해야 한다. 임신하기 전의 건강과 영양상태를 점검함으로써 임신 기간에 모체건강과 태아발달에 관련된 위험요인을 줄일 수 있다**표 2-3**.

표 2-3 좋지 못한 임신 결과를 유발하는 위해요인

위해요인	임신 전 고려사항
• 당뇨, 고혈압 등 만성적 질환 • 흡연과 음주 • 약물 남용 • 저체중, 과다체중, 영양불량 • 감염 : 매독, AIDS • 연령(20세 이하, 34세 이상)	• 적당한 신체활동으로 건강체중을 유지한다. • 체중을 증가 또는 감소시키고자 할 때는 점진적으로 한다. • 임신하고자 한다면 음주량을 줄이고, 과도한 음주는 삼간다. • 의약품이나 보충제 이용은 의사와 상의한다. • 흡연과 알코올음료, 약물 남용을 피한다.

(2) 건강한 영양상태 유지

임신하기 전에 가임여성은 체내에 미리 영양소를 저장해 두는 것이 좋다. 그러나 비타민과 무기질의 과잉섭취 또는 과잉축적은 해로울 수 있다. 특히 비타민 A의 과잉복용은 기형 발생의 원인으로 알려졌다. 따라서 임신하기 전에 평소 식생활과 제반 생활습관의 균형을 유지하며, 임신 시 모체는 양호한 영양상태를 갖춰야 한다.

(3) 적정체중 유지

임신 전의 체중이 출산과 태아 성장에 중요한 영향을 미치기 때문에 가임기 여성이 적정체중을 유지하는 것은 매우 중요하다. 저체중 상태에서 임신할 경우 조산이나 저체중

아 출산의 위험이 크며, 빈혈 등의 임신부 합병증도 많이 나타난다. 과체중인 경우도 좋지 못한 임신 결과를 가져오는데, 흔히 당뇨나 고혈압 같은 임신부 합병증이 나타난다.

임신을 계획하게 되면 우선 자신의 체중을 점검하여 신장에 맞는 적절한 체중을 유지해야 한다. 저체중인 여성은 영양밀도가 높은 식품을 선택하고 균형 잡힌 식생활을 하여 체중을 증가시키도록 한다.

3. 임신 시 모체의 변화

임신을 하면 모체 내 호르몬의 변화와 함께 신체적·생리적 변화가 일어나면서 유방과 자궁이 커지고 태아가 성장하게 된다.

1) 호르몬 분비의 변화

(1) 호르몬 분비와 태반성 호르몬 분비

수정란이 착상된 후 모체 내 호르몬 분비가 달라지고 생리적인 변화가 일어나며 월경이 중지된다. 태반이 형성되면 태반성 호르몬이 분비되며, 이 호르몬에 의해 여러 변화가 일어난다. **그림 2-3**에서 보면 임신 초기에 생식샘자극호르몬이 급격히 증가한 후 2~3개월 후에는 감소하나, 그 후 에스트로겐과 프로게스테론이 임신 말기까지 계속 증가한다. 체조직 중 가장 호르몬의 작용을 많이 받는 곳은 자궁이며, 특히 자궁체부는 조직학적·기능적으로 현저한 변화가 일어난다.

임신 진단

임신의 진단은 혈액 및 소변 검사, 초음파검사로 할 수 있다. 임신하면 소변과 혈액에 임신호르몬(인간 융모성 생식샘자극호르몬human chorionic gonadotropin, HCG)이 증가하므로 이를 이용해 진단한다.

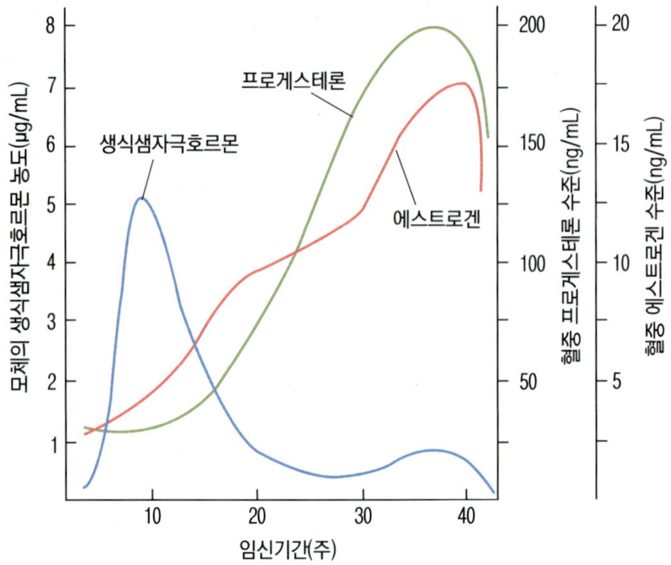

그림 2-3 임신 시의 호르몬의 변화

(2) 여성호르몬의 임신 관련 작용

여성호르몬이 임신 시 자궁, 난관, 질 등에 관여하는 작용을 요약하면 **표 2-4**와 같다.

표 2-4 여성호르몬의 생식기와 임신 관련 작용

작용 부위	에스트로겐	프로게스테론
자궁	• 자궁내막의 비후 • 자궁근의 흥분성 상승 • 자궁점막층 내 혈관의 분기 촉진 • 자궁점막 상피세포의 원주화 • 자궁경관 점액 분비 촉진 • 점액의 알칼리화 • 수정 여건 도움	• 자궁근의 흥분성 저하, 특히 옥시토신(oxytocin)의 감수성 저하 • 자궁내막을 증식시키며 착상 도움 • 착상 후 수정란에 영양을 공급하기 위해 자궁 내막 조직 조정
난관	• 흥분성 및 운동성 촉진 • 수정란 이동 도움	• 분비기능에 영향
기타	• 질 상피세포층 비후 또는 각화 • 글리코겐 침착 • 질 내용의 산성화 • 유선 발육 촉진 • 피하지방 발달 • 수분, 나트륨의 저류 • 골세포 증식 촉진	• 유선세포 증식 촉진 • 배란 억제 • 배란 후 또는 임신기의 기초체온 상승 • 위장운동 감소 • 나트륨 배설 증가

에스트로겐과 프로게스테론은 자궁내막의 증식, 유방 발달, 태아 성장과 태반 형성 등에 크게 관여한다.

2) 태반과 신체조직의 발달

(1) 태반의 형성과 자궁 발달

자궁은 임신 시 가장 변화가 많은 기관으로 자궁 내벽에 태반이 형성되고 태아가 성장하면서 자궁체부는 점점 커지게 된다. 그리고 태아에 필요한 영양소와 산소를 전적으로 모체의 자궁조직인 태반을 통해서 공급받는다.

자궁의 착상란은 크게 두 부분인데, 자궁 안쪽을 향하는 부분은 후에 태아로 성장하고, 자궁벽 쪽은 영양막세포로 구성되어 자궁내막과 결합하여 태반을 형성하게 된다. 수정란의 착상에 의하여 나무 뿌리처럼 모세혈관이 형성되어 모체와 태아 사이의 영양대사물질의 교환이 이루어진다**그림 2-4**. 임신 초기에는 수정란이 자궁내막의 혈액을 통해서 영양물질을 흡수한다. 태반은 각종 영양대사의 변화와 호르몬 분비로 임신의 지속과 모체와

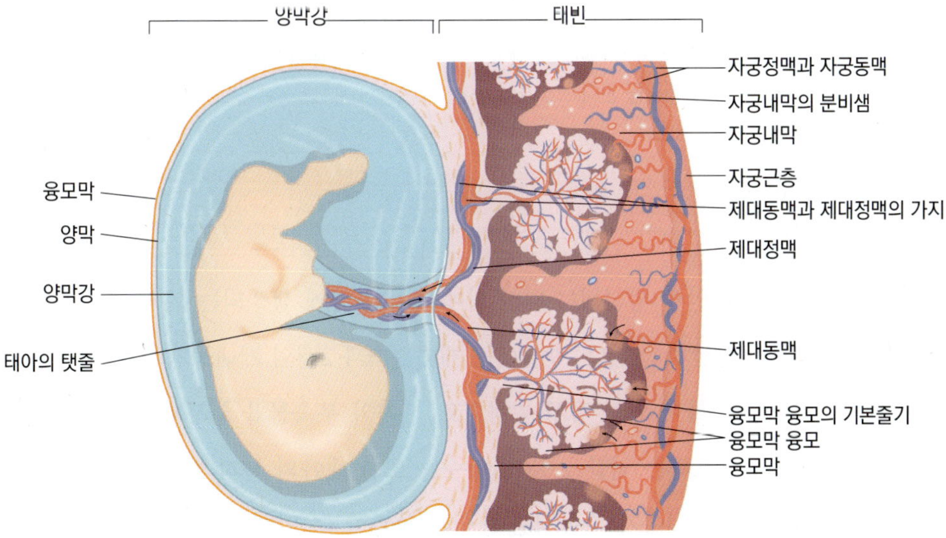

그림 2-4 자궁과 태반

태아 성장이 이루어지도록 하는 주요 조직이다. 임신 4개월경부터 태반이 형성되는데, 태반 형성이 완전히 되지 않은 3~4월경에는 유산의 위험이 높다. 출생 시 태반의 무게는 0.5~1.0kg 정도 된다. 태반의 발달은 모체의 영양상태에 의해 영향을 받으며 임신 기간에 영양상태가 불량한 산모는 태반과 혈류량이 적고 유산 위험이 높으며, 출생 시 태아의 체중도 적게 나가는 경우가 많다.

태반의 작용

영양소와 노폐물 운반

모체로부터 영양소와 산소가 태반을 통해서 태아로 운반된다. 모체 혈액 내 영양소의 농도는 태아의 혈액에서의 농도보다 높다. 태반은 태아 내에서 생성된 노폐물과 탄산가스를 모체 측으로 보내는 통로로도 작용한다. 임신 후반기에는 자궁 혈류량이 급격히 증가하여 태아에게 영양소와 산소를 공급함으로써 태아의 성장을 지속시킨다. 태반막은 영양소와 기체 교환, 투과성을 증가시킨다.

영양소의 조절

모체가 영양소를 대량 섭취하여 혈액 농도가 높아져도 태반에 일시 저장하여 태아에게 직접 대량으로 이동되지 않도록 조절하며, 영양소가 부족한 경우에는 합성하기도 한다. 모체의 아미노산 농도가 낮아도 태반과 태아의 아미노산 농도가 증가하는 것을 볼 수 있다.

호르몬 분비

태반에서 분비되는 호르몬에는 에스트로겐, 프로게스테론, 생식샘자극호르몬, 최유호르몬, 성장호르몬 등이 있다. 이 호르몬들은 태아와 모체에게 필요한 영양소의 합성과 대사에 영향을 주어 태아의 성장과 모체의 건강 유지에 중요한 역할을 한다.

(2) 태아 부속물 생성

임신 기간에는 자궁 안에 생성되는 태반 외에 태아와 함께 생성되는 부속물인 난막, 탯줄, 양막, 양수 등이 발달하게 된다. 탯줄에는 제대정맥과 2개의 제대동맥이 있다. 양수는 태아, 탯줄, 태반 등이 들어 있는 점성 용액으로, 태아와 부속물을 외부의 충격과 태아운동의 자극으로부터 보호하는 역할을 한다. 양수는 또한 태아의 사지 발육을 촉진하고 유착을 방지하며, 분만 시 태아가 자궁경관을 쉽게 통과할 수 있게 한다. 자궁문이 열리기 전 양수가 터지면 세균 침입의 위험이 높으며 태아 분만이 어려워지므로 즉시 병원으로 가야 한다.

(3) 유방과 피부 변화

임신 시 유방과 유선이 발달하면서 유방의 크기가 커지고 젖꼭지도 커지면서 암갈색을 띤다. 유방은 모유 생산을 위해 분만 전까지 완전히 발달한다. 임신 시 피부에 임신선과 색소가 침착하여 피부가 검어지고 부종이 생길 수 있다.

3) 영양소 대사 변화

임신부 모체의 생리적·신체적 변화와 태아의 성장발달을 위하여 충분한 에너지와 영양소가 공급될 수 있도록 모체 영양소의 흡수·대사·저장 과정에 변화가 일어난다.

(1) 에너지와 열량영양소 대사

임신부는 모체의 조직 및 생리적 변화와 태아의 성장과 대사를 위해 에너지, 단백질 등 영양소의 지속적 공급이 필요하다. 임신 중 태반은 점차 모체 혈류로부터 포도당, 아미노산을 끌어오고 태아에게 전달한다. 태아에게 필요한 에너지의 80%는 포도당에서, 나머지는 분해된 아미노산에서 얻는다. 임신부가 식사를 통해 흡수한 포도당, 아미노산, 포도당신생 전구체(알라닌, 글리세롤)는 태아가 사용할 수 있도록 전환되며 식사 사이에는 모체 저장량이 이용된다. 대부분의 포도당, 아미노산은 태아를 위해 전환된다.

임신 중 모체 혈액 내 유리지방산과 중성지방 및 콜레스테롤 농도는 상승한다**표 2-5**. 지방산은 모체가 주로 이용하며 태아에게 소량 전달된다. 임신 후반기에는 모체 내에서 저장지방이 분해되어 지방산이 에너지원으로 사용되며, 포도당과 단백질이 빠르게 성장하는 태아에게 공급된다. 임신 중에는 식욕이 왕성해지고 음식 섭취는 증가하나, 신체활

표 2-5 임신기 혈청 지질 농도의 변화

임신 분기	콜레스테롤(mg/dL)	중성지방(mg/dL)
임신 초기(1분기)	223	105
임신 중기(2분기)	265	117
임신 후기(3분기)	314	228
비임신 시	197	71

동이 감소하여 많은 양의 지질과 단백질이 모체와 태아에 저장된다.

임신 전반기에는 임신 후반기와 수유기에 대비하여 에너지원과 기타 영양소의 축적이 이루어지며, 모체의 체중 증가는 주로 새로운 조직과 태반의 발달에 기인한다. 임신 초기에는 태아의 포도당 필요량은 소량이므로 식사로 섭취한 당질은 글리코겐으로 빠르게 저장되거나 지방으로 전환되어 모체의 지방조직에 저장된다. 식사로 섭취한 지방산은 중성지방으로 빠르게 합성되어 저장된다. 모체의 단백질 합성은 증가하고, 단백질은 태반에 축적된다.

임신 후반기에 식사 후 당질대사는 태아에게로 식이 포도당이 집중된다. 식사 사이에 태반은 태아에게로 포도당을 전달하고 모체의 혈당량은 비임신 여성보다 10~20% 정도 낮다. 콜레스테롤은 임신 시 증가하는데, 합성은 증가하고 분해는 감소하기 때문이다. 식사 간 모체 단백질은 태아에게 더 많은 아미노산을 제공하기 위해 분해된다. 식사 후 흡수된 아미노산은 태아에게로 직접 전달되고, 새로운 단백질 합성은 태반과 태아에서 주로 일어난다. 모체의 혈중 아미노산 농도는 비임신 여성보다 높다.

(2) 무기질·비타민 대사

임신 후 혈중 에스트로겐의 수준이 높아지면 간에서 미량영양소 이동에 관여하는 트랜스페린과 세룰로플라스민의 혈장 농도가 높아져서 철과 구리의 운반이 증가된다. 칼슘과 철의 소장 흡수가 증가하고, 비타민 C와 비타민 B_6 등 많은 영양소는 대사회전이 빠르게 일어난다. 혈장량 증가와 태아와 모체의 무기질과 비타민의 필요량이 증가하여 임신 중 모체의 비타민과 무기질의 혈장 수준은 단계적으로 저하된다.

4) 생리기능의 변화

임신 기간에 모체 내 여러 가지 생리적 변화가 나타나는데 이러한 변화를 요약하면 **표 2-6**과 같다.

표 2-6 임신 기간 모체의 생리적 변화

혈액량 증가 • 혈액량 증가 20% • 혈장량 증가 50% • 부종(60~75% 발생)	**식품 섭취** • 식욕과 식품 섭취 증가, 체중 증가 • 맛과 냄새의 선호도 변화
혈액 희석 • 혈중 비타민, 무기질의 농도 감소 **혈중 지방 수준** • LDL-콜레스테롤, 중성지방, HDL-콜레스테롤의 농도 증가	**소화계 변화** • 위·장 통과시간 증가 • 구역질(70%), 구토(40%) • 위 쓰림 • 변비
혈당 수준 • 인슐린 저항성 증가(혈당 감소, 인슐린 증가) **모체 조직·기관의 확장** • 심장, 갑상샘, 간, 신장, 자궁, 유방, 지방조직	**신장 변화** • 사구체여과율 증가 • 나트륨 저류 증가 • 비뇨기계 감염 등 위험 증가 **면역계** • 면역성 감퇴 • 비뇨기계, 생식계 감염 증가
순환계 • 심박출량 증가(30~50%) • 심박동수 증가(16%) • 임신 초기 혈압 감소(-9%), 2분기 정상 회복	**기초대사** • 임신 후기 기초대사 증가 • 체온 증가
호흡계 • 호흡량 증가(30~40%) • 산소 소모량 증가(10%)	**호르몬** • 임신의 생리적 변화를 위해 필요한 호르몬이 태반에서 분비됨

자료 : Brown JE, 2010

(1) 소화기계

임신기에는 위, 장, 간 등의 소화기에서 기능 변화가 일어난다. 짠맛에 둔감해지고 식품 혐오와 선호 정도가 강해진다. 임신 초기에는 특히 식품이나 맛의 기호가 변하고, 구토와 욕지기가 일어나는 입덧이 나타난다.

건강하게 임신이 지속될 때에도 위장기관의 기능장애가 나타난다. 이는 임신 중 프로게스테론의 분비가 증가하면서 소화관을 이루고 있는 평활근이 이완되기 때문이다. 프로게스테론의 작용으로 평활근이 이완되어 위 배출속도가 지연되고 소화기능이 저하되며,

장내에 가스 발생이 많아져 복부팽만감이 유발되고 답답함과 식욕 저하가 나타난다. 임신 후반기에 자궁이 커지면서 위는 위쪽으로 밀려 올라가고 근육이 이완되며, 장의 위치도 달라지고 장벽이 이완된다. 그리고 태아와 부속물에 의해서 확대된 자궁 압력이 하복부에 가해져 장운동이 저해되면서 변비가 나타나기 쉽다. 변비는 복부팽만감을 더욱 악화시킨다.

(2) 심순환계와 혈액

임신 중 모체와 태아 성장을 위해 다량의 영양소와 산소가 필요하고 많은 대사산물을 배출해야 하므로, 심혈관계 기능이 증가한다. 심장은 비대해지고 1분간의 심박출량이 30~50% 증가한다그림 2-5.

임신 기간에 혈액량이 20~30% 증가하고, 혈장량은 45% 증가한다. 즉, 임신기에 혈액량과 적혈구수는 증가하나, 혈장량의 증가에 미치지 못하여 헤마토크릿치는 저하된다. 혈액 내 총 단백질, 알부민, 알부민/글로불린 비는 저하되고, 총 콜레스테롤과 중성지방

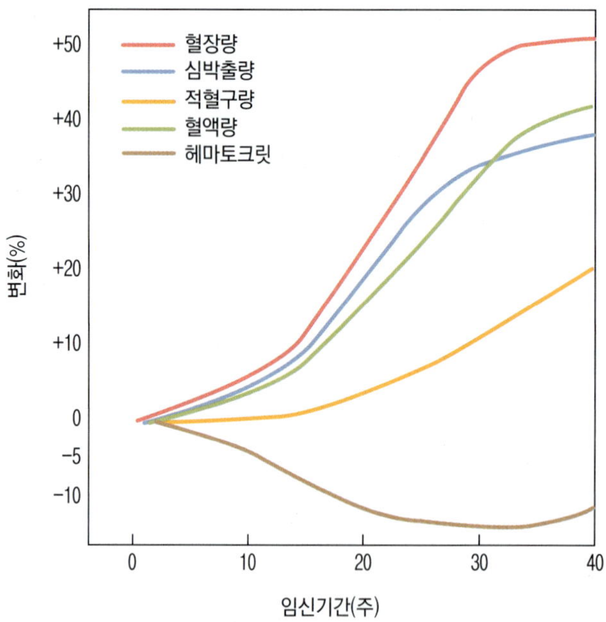

그림 2-5 임신 중 심박출량, 혈장량, 혈액량과 적혈구 헤마토크릿의 변화

이 증가하여 고지혈증이 되기 쉽다. 알칼리포스피디아제 활성은 증가한다. 무기질(Na, K, Cl, P)은 변함이 없으나 혈청 철, 혈청 페리틴은 저하되어 빈혈이 되기 쉽다.

(3) 비뇨기계

임신을 하면 순환하는 혈액량이 많아지면서 신장의 사구체여과량이 증가한다. 이때 세뇨관의 재흡수 범위를 초과하면 소변으로 포도당이 소실되며, 분만 시기에는 비임신기보다 포도당 배출량이 10배 정도 증가한다.

임신이 진행되면서 신장은 나트륨과 수분을 축적해 혈액량과 세포외액량을 증가시킨다. 임신 기간에는 레닌과 알도스테론의 활성이 크게 증가하며, 그 결과 체내의 수분은 약 7L 이상, 나트륨은 약 17g 정도가 증가한다. 신장으로 흘러들어가는 혈액량은 임신 전보다 50~85%가량 증가하므로 모체와 태아조직에서 생성된 많은 양의 대사산물을 배설할 수 있다.

(4) 입덧과 식품기호 변화

임신 시 식욕이나 식품기호가 변화한다. 대체로 임신 초기에는 입맛이 떨어지고 울렁거리고 토기를 느끼는 입덧과 잠이 오는 경우가 많다. 임신 중기에 이르면 혈액 내 프로게스테론과 에스트로겐 농도가 상승하면서 식욕이 왕성해지고 허기가 많이 느껴지면서 식사 섭취량이 크게 증가한다. 이것은 임신 중기 이후 모체의 체중 증가와 맞물려 있다.

임신 초기에는 신맛을 선호하며, 특정 식품의 맛이나 향미에 대해 좋아하기도 하고 싫어하기도 한다. 임신 중기에 단맛이 있는 음식을 선호하며, 후기에는 짠맛의 예민도가 저하되면서 짠 음식을 선호하게 된다. 일반적으로 임신부가 선호하는 음식은 단 음식, 과일, 유제품 등이며, 혐오하는 음식은 고단백 식품, 육류, 알코올과 카페인이 함유된 음식이다. 특정 식품에 대한 선호와 혐오가 동물성 단백질 섭취를 다소 감소시키고 단순당의 섭취를 증가시킬 수도 있다.

입덧의 원인

입덧은 최종 월경일에서 4주 정도 경과한 뒤 시작된다. 입덧이 생기는 원인은 여러 가지가 있으나 임신 시 호르몬 분비량의 변화와 자율신경계의 변화에 대한 적응현상으로 추정되며, 태반으로부터 분비되는 생식샘자극호르몬의 분비량이 증가하면 오조가 심하게 나타난다. 생식샘자극호르몬의 혈중 농도는 2~3개월이 되면 정상이 되고 4개월이 되면 구토도 줄어든다.

5) 체중 증가와 신체조직의 발달

임신 중의 적정한 체중 증가는 성공적 임신을 위해 매우 중요하며, 임신 시 영양관리에 중요한 지표가 된다. 임신 기간에 체중 증가는 개인차가 있으나 정상 체중에 속하는 경우 일반적으로 11~16kg이 이상적이다. 임신부의 체형에 따른 권장 체중 증가량은 **표 2-7**과 같다.

표 2-7 임신부의 바람직한 체중 증가량

구분	BMI(kg/m²)	바람직한 체중 증가량(kg)
저체중	18.5 미만	13~18
정상체중	18.5~24.9	11~16
과체중	25~29.9	7~11
비만	30 이상	5~9
쌍둥이 임신부		11~25

(1) 체중 증가의 요소

임신 중 체중 증가의 1/3은 태아 25%, 태반 5%, 양수 6%에 해당되며, 체조직과 체액 증가가 2/3를 차지한다**그림 2-6**.

체중 증가의 구성성분은 수분 62%, 단백질 8%, 지질 30%이다. 축적된 단백질의 2/3가 태아와 태반에 있는 반면, 지질의 90%는 모체의 지방조직에 저장되며 임신 후기에 에너지 보유와 수유를 위해 저장된다.

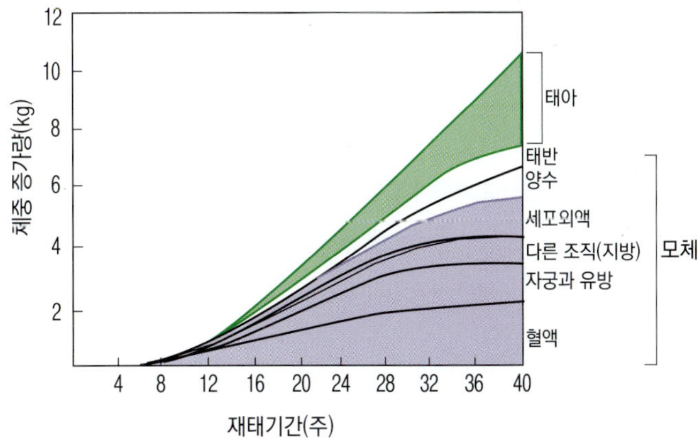

그림 2-6 임신 중 체중 증가요인

(2) 임신 중 체중 증가와 신생아 체중

정상 임신부의 체중 증가와 태아의 체중은 밀접한 관련이 있으며, 임신 전 심하게 야위거나 비만인 경우나 임신 중 과도한 또는 저조한 체중 증가의 경우는 신생아의 체중과도 밀접한 관련이 있다.

우리나라 임신부 1,207명을 대상으로 임신부의 체중과 신생아 체중의 관계를 조사한 결과 임신 기간에 총 2.5kg 미만의 저조한 체중 증가를 보인 산모군에서 저체중아의 출산 비

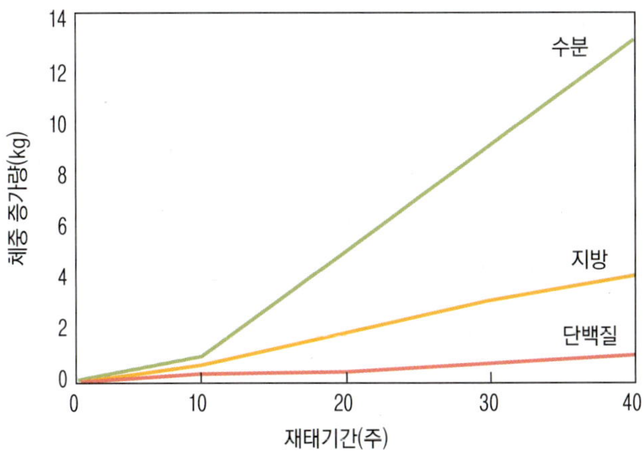

그림 2-7 임신 시 체중 증가와 구성성분 변화

율은 정상 증가 산모군보다 14배나 높았으며, 10kg 이하의 증가된 경우에도 5배 이상 높았다. 모체의 체중 증가는 신생아의 체중과 유의한 상관관계가 있음을 알 수 있다**표 2-8**.

표 2-8 임신 중 총 체중 증가량과 신생아 체중과의 관계(%)

신생아 체중(kg)	임신 중 총 체중 증가량(kg)						
	<2.5	2.5~5.9	6.0~10.9	11.0~15.9	16~20.9	≥21	총계
≤2.5	23.1	10.0	7.5	1.7	3.1	0	4.8
2.5~2.9	15.4	28.6	24.8	18.1	10.2	18.2	20.7
3.0~3.4	38.5	38.6	45.4	48.0	44.9	54.5	46.1
3.5~3.9	23	20.0	20.0	28.8	36.7	18.2	25.7
≥4.0	0	2.8	1.3	3.4	5.1	9.1	2.7

자료 : 정혜정 등, 1987

(3) 임신 중 체중 증가와 임신부 합병증

임신부의 체중과 임신부 합병증의 상관성에 대해 우리나라 임신부를 조사한 결과, 임신 상반기의 체중이 표준체중의 10% 이하에 해당하는 산모군에서 빈혈, 자연파수, 자궁내막염의 빈도가 높고 조산아의 비율도 2배 정도 높게 나타났다.

임신 상반기의 임신부의 체중과 빈혈, 임신 중 고혈압, 자간전증preeclampsia은 유의한 상관관계를 보였다. 또한 빈혈은 임신 중 총 체중 증가량과 관계없이 30% 내외를 보여 임신기의 빈혈이 심각한 상태였다.

고혈압은 임신 기간에 체중 증가가 2.5kg 미만인 임신부와 16kg 이상 증가된 임신부에서 높았으며, 임신오조나 임신중독증은 체중이 과다하게 증가한 임신부에서 높게 나타났다. 미숙아 분만이나 분만 후 출혈은 저체중 증가군에서 많이 나타나서 임신 중 정상적인 체중 증가가 매우 중요함을 보여준다**표 2-9**. 또한, 임신 중 체중 증가가 과다하면 분만에 어려움을 겪게 되고 제왕절개율도 높다.

표 2-9 임신 중 총 체중 증가량과 임신부 합병증의 관계(%)

임신부 합병증	임신 중 총 체중 증가량(kg)					
	<2.5	2.5~5.9	6.0~10.9	11.0~15.9	16~20.9	≥21
빈혈(<11.0g/dL)	30.8	32.9	32.3	39.1	33.7	27.3
임신부 고혈압	15.4	1.4	1.5	4.1	9.2	9.1
임신오조	0	1.4	2.5	3.4	8.2	9.1
임신중독증	0	0	0	0.2	1.0	9.1
분만 후 출혈	7.7	2.9	1.9	2.2	2.0	0
미숙아 분만	15.4	11.4	5.8	3.9	2.0	0

자료 : 정혜정 등, 1987

임신부의 체중 증가와 제왕절개율

만삭일 때 자연분만을 하지 못하는 경우 제왕절개를 하게 되는데, 임신 중 총 체중 증가량이 12.5kg 이상이면 제왕절개율이 급격히 높아지는 것으로 나타났다.

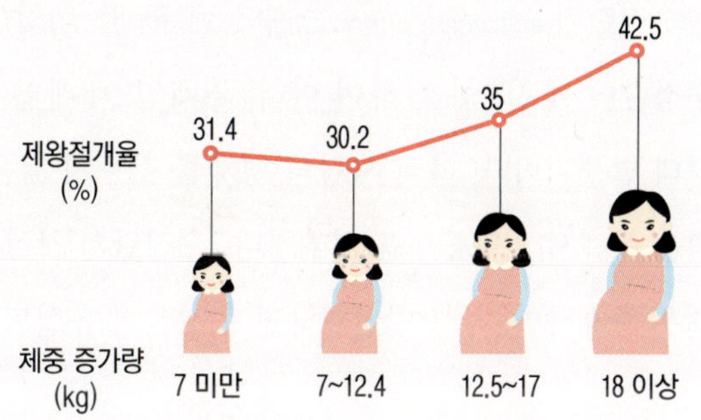

4. 태아의 성장과 발달

1) 태아의 발달

임신 기간은 약 280일로 40주 동안 태아가 성장·발달한다. 수정 후 2주 정도에 세포가 분화되어서 배아가 되며, 점차 분화되어 조직과 기관이 생기면서 신체기능이 발달한다.

태아의 발달은 수정란기, 배아기, 태아기, 신생아기 등 4단계로 구분한다**그림 2-8**.

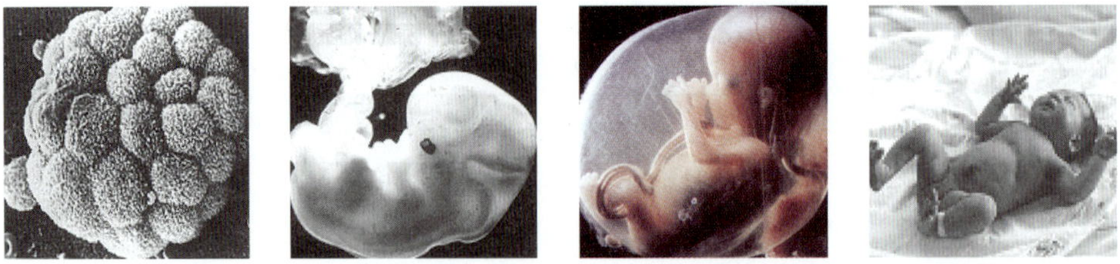

그림 2-8 태아 발달의 단계

자료 : Whitnety EN · Rolfes SR, 2002

(1) 수정란기

수정란기fertilization period는 수정된 후 약 14일이 경과되어 착상이 이루어진 상태이다. 수정란이 세포분화를 하여 머리, 외배엽, 내배엽 등의 팽배가 나타나기 시작하는 시기로 형태 발생기이다. 아직 사람의 형체를 갖추지 않은 채, 융모조직에 둘러싸여 모체의 자궁벽을 통해서 영양물질을 섭취한다. 수정란의 착상은 임신의 지속과 태아의 정상적 성장에 매우 중요하며, 착상이 실패하면 수정란이 유실되므로 각별한 주의가 필요한 시기이다.

태아의 조직 · 기관 발달의 결정적 시기

태아의 신체 기관과 조직의 발달은 임신 16주까지 주로 이루어진다. 각 조직의 발달은 임신 주 수에 따라 결정적인 시기와 계속 발달되는 시기로 나눌 수 있다. 뇌신경계, 폐, 눈, 귀, 팔, 다리 등은 임신 초기에 분화 · 발달되며 치아, 외성기, 혈구 등은 조금 늦게 분화된다**그림 2-9**. 이러한 결정적 시기에 영양이 부족하면 좋지 못한 영향을 받게 된다.

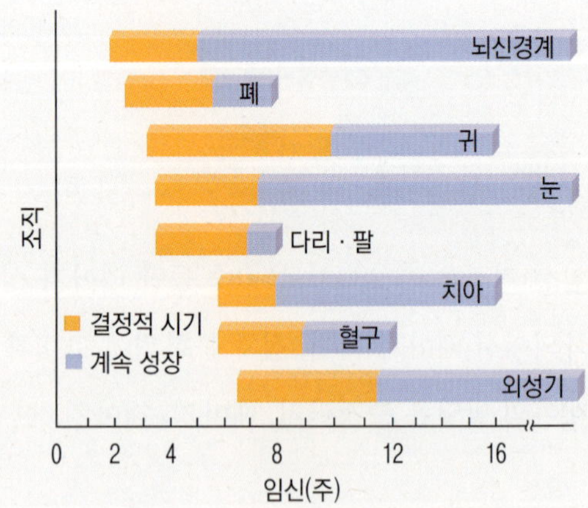

그림 2-9 태아 기관 발달의 결정적 시기

(2) 배아기

배아기embryo period는 수정 후 2~10주의 기간으로 임신을 지속하는 데 중요한 시기이다. 임신 9~10주가 되면 태아의 무게는 6g 정도가 되고 경부는 없으며 머리와 피부만 있다. 네 쌍의 지느러미와 꼬리를 가지고 있으며, 아직 사람의 형태를 갖추고 있지 않으므로 배아embryo라고 한다.

배아는 주요 기관들이 모두 형성되어 있고 심장이 박동하기 시작하고 사지가 움직이는데, 이것이 태동이다. 배아는 스스로 신진대사를 이루어가면서 점차 성숙해지며 생활기능의 자율신경이 높아진다. 배아는 성장에 필요한 영양물질을 융모조직에 둘러싸인 태반을 통해서 모체로부터 받는다. 이때 신진대사과정에서 생긴 불필요한 물질은 모체로 돌아가 배설된다.

배아기에는 태반의 융모조직에서 태반성 호르몬이 분비되어 태아의 발달에 영향을 미친다. 이 시기에는 세포분화가 왕성하여 각 조직과 기관의 발달이 이루어지므로 적절하고 균형 있는 영양이 매우 중요하다. 이 시기의 영양소 결핍은 선천성 기형이나 태아의 발달장애를 초래하거나 유산의 위험을 높일 수 있다.

(3) 태아기

태아기fetus period는 임신 11주 이후로서 약 2.5cm 신장과, 머리·목·배의 형체가 구분되며 내장이 생기기 시작한다. 이 시기에 태아를 보호하고 있는 융모막 자루는 크게 자라고 속은 양수로 채워지고, 태반이 생성되며 탯줄을 통해서 태아에게 영양이 공급된다.

태아기의 성장속도는 일생 중 가장 빠르며 배아기 때 약 6g이었던 것이 임신 3분기 동안 3,000g 이상 증가한다. 태아기 이후 수분 비율이 낮아지며 대신 단백질, 지방, 무기질의 성분비가 증가한다. 마그네슘, 철 등도 임신 후반기에 태아 저장량이 증가한다. 칼슘은 임신 후반기에 골격발달과 석회화로 태아 저장량이 증가한다.

(4) 신생아기

임신 9개월 후 신생아기neonatal period에 키 50cm, 체중 3kg의 아기로 발달한다. 임신

8주부터 분만 전까지 태아의 키는 20배로 자라고 무게는 50배가 증가한다. 출생 시 체중은 영유아기의 건강을 예측하는 지표이며, 저체중아는 질병이환율이 높고 초저체중 영아는 사망률이 높다.

2) 태아의 체중 증가와 체구성성분 변화

임신 기간에 태아의 체중 변화와 체구성성분의 변화는 **표 2-10**과 같다. 태아기의 체중 증가 속도는 일생 중 가장 빠르며 임신 3분기 동안 급격히 증가해 3kg 이상 늘어난다.

태아기 성장 발달이 이루어지는 동안 수분·단백질·지방 성분이 증가하며, 그 비율도 달라진다. 수분 비율은 낮아지며 대신 단백질·지방·무기질의 성분비가 증가한다. 임신 28주 이후 마지막 3분기 동안 많은 양의 지방이 저장된다.

건강한 신생아의 체지방량은 대략 15%이며, 출생 후 몇 달 동안 저장에너지를 제공한다. 칼슘, 마그네슘, 철도 임신 후반기에 태아 저장량이 증가한다. 칼슘 필요량은 임신 후반기에 골격의 형성에 의해 증가한다. 또한 적혈구와 근육의 성장을 뒷받침하기 위해 임신 후반기에는 철 필요량도 증가하게 된다.

표 2-10 태아의 체구성성분의 변화

	10주	20주	30주	40주
체중(g)	10	300	1,667	3,450
수분(g)	<9	263	1,364	1,700
단백질(g)	<1	22	134	446
지방(g)	<1	26	66	525
나트륨Na(mg)	<1	32	136	243
칼륨K(mg)	<1	12	75	170
칼슘Ca(mg)	<1	1	10	28
마그네슘Mg(mg)	<1	5	31	76
철Fe(mg)	<1	17	104	278
아연Zn(mg)	<1	6	26	53

5. 분만

분만은 태아와 그 부속물이 모체 밖으로 완전히 배출되는 것을 말한다. 정상적으로 분만하는 것은 정상적인 임신과 함께 매우 중요하다. 분만은 임신 280일을 전후하여 일어나며, 임신 38~41주를 정상분만으로 본다. 분만 예정일의 계산은 마지막 월경 시작 달에 9를 더하고, 마지막 월경 시작 일에 7을 더하여 구한다.

분만의 시기에 의한 분류

- 유산 : 임신 제15주 말 이내
- 미숙산 또는 실산 : 임신 제16~27주 말 이내
- 조산 : 임신 제28~37주 말 이내
- 정기산 : 임신 제38~41주 말 이내
- 만기산 : 임신 제42주 이후

분만

분만은 자궁이 수축과 진통을 거듭하며 자궁이 열리고 태아와 태반이 산도를 통하여 완전히 산모 밖으로 나오는 과정이며, 다음과 같이 세 단계로 나눌 수 있다.

- 1단계 : 자궁 수축 및 경관개대 – 진통기
- 2단계 : 태아 만출 – 복합 시기
- 3단계 : 태반 반출 – 후산진통 시기

1) 분만 경과

자궁 수축 및 경관개대

분만은 자궁의 수축에서부터 시작되는데, 이를 진통이라고 한다. 자궁의 수축은 옥시토신의 분비가 증가하면서 시작되며, 자궁경부와 질까지 확대된다. 첫 진통은 자궁근육의 갑작스런 수축이 있을 때 일어나며 이때 이슬이 비친다.

점점 자궁경부가 열리고 진통 후기에는 자궁경부의 확장과 질의 확장이 계속된다. 이때 자궁조직이 늘어나고 골반이 벌어지면서 심한 통증이 일어나며 10cm 이상 벌어진다. 골반과 자궁경관, 질이 충분히 확장되지 않으면 자연분만이 어려워진다. 골반은 성장기의 칼슘과 단백질의 영양상태가 좋아야 충분하게 발달한다.

태아 만출

자궁구가 크게 열리고 태아는 하부로 향하여 직장을 압박하며, 복압이 높아지고 진통 발작이 더욱 강력하게 일어나고 양막이 터지면서 양수가 유출된다.

분만 시에는 아기의 머리가 먼저 나온 다음 어깨와 몸통의 순으로 나온다**그림 2-10**. 이때 아기의 다리가 먼저 나오거나, 위치가 바르지 못하거나, 탯줄을 목에 감고 나오면 위험하다.

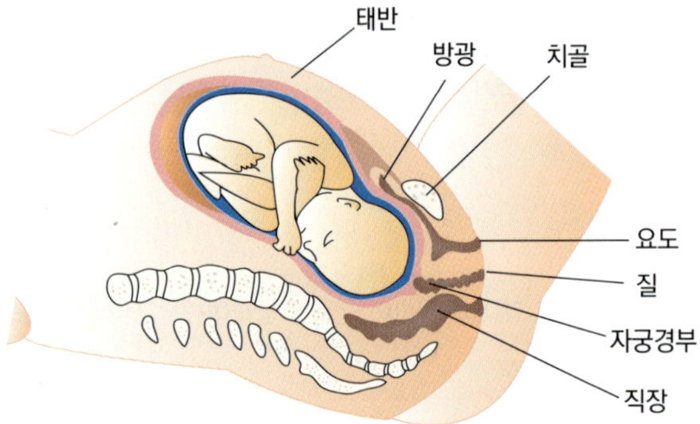

그림 2-10 분만 시 태아의 위치

> **분만운동**
>
> 분만을 위하여 호흡과 복압을 효율적으로 하는 힘주기를 연습하면 효과적으로 만출력을 발휘하게 된다. 즉, 호흡 조절과 힘주기 연습은 쉽게 아기를 낳게 하기 위한 운동이다.

태반 반출

출산 15~30분 경과 후 후산진통이 일어나 자궁벽에서 태반이 떨어지고 만출된다. 이때 자궁근의 수축에 의해 자궁벽 혈관이 수축되고 지혈된다. 만약 모체의 영양상태가 좋지 않아서 저항력이 없거나 체력이 저하된 때에는 분만 시 250~500mL 정도 출혈이 일어날 수 있다. 분만 후 지혈되지 않고 계속 출혈이 일어나는 경우는 산모가 매우 위험하게 된다.

일반적으로 분만 경과시간은 초산의 경우 12~15시간 정도이며, 경산의 경우 6~8시간 정도이다.

2) 분만이 모체에 미치는 영향

산모는 분만 시 심한 불안감과 고통을 수반하는 근육운동에 의해 심한 피로를 느낀다. 분만 시 가장 부담이 큰 조직은 심장이며, 혈압이 상승하고 심장비대, 식욕 감퇴, 갈증, 구토 등이 일어난다. 분만 후에 자궁과 그 외 신체조직을 임신 전으로 되돌리기 위해서는 충분한 휴식과 영양 공급이 필요하다. 분만 후에는 체중이 감소하나 배는 아직도 부른 상태이며, 2~3개월 정도가 지난 후에야 정상으로 돌아온다.

⌛ 산욕기와 몸조리

임신 · 분만에 의한 모성의 생식기 및 전신성 변화가 임신 전의 상태로 회복되는 기간을 산욕기라고 한다. 이 시기에 산모는 유즙을 분비하고 모유수유를 하게 된다. 우리나라는 삼칠일이라 하여 산모와 아기의 안정을 돕고 감염으로부터 보호하는 전통이 있다. 그리고 이 시기에 산모는 미역국을 먹는데 미역국은 수분, 철, 요오드 등이 많아 산욕기 회복과 유즙 생성에 아주 좋은 식품으로, 옛 선조의 지혜를 엿볼 수 있다.

6. 임신부의 영양소 섭취기준

임신을 하면 정상적 임신의 유지와 태아의 성장을 위하여 충분한 영양 공급이 이루어져야 하므로 임신부에게 필요한 주요 영양소의 작용과 영양섭취기준을 잘 알고 영양관리에 적용해야 한다.

1) 에너지 및 다량영양소

(1) 에너지

임신 개월수가 증가하면 기초대사량도 상승한다. 특히 임신 후반기 및 말기에 갑상샘 기능이 항진되어 기초대사가 증가하며, 임신 시 태아의 성장, 자궁·유방 조직의 증식과 발육을 위하여 동화작용이 많이 일어나므로 에너지 필요량이 증가하게 된다.

임신부의 에너지필요추정량은 일반 성인 여자의 에너지필요추정량에 임신에 의한 에너지 소비량 증가분과 모체조직 성장에 필요한 에너지 축적량을 합산하여 정하였다. 우리나라 임신부의 에너지 필요량은 임신 초기에는 추가하지 않고, 성인 여자의 에너지필요추정량에 가산하여 임신 중기는 340kcal, 말기는 450kcal를 추가한다**표 2-11**.

탄수화물은 총 에너지섭취량의 55~65%, 단백질은 7~20%, 지방은 15~30% 정도를 권장한다. 임신부에게는 식사의 양보다 질이 더 중요하며 권장량 범위 내의 체중 증가는 에너지 섭취가 적당하다는 지표이다.

표 2-11 임신부의 에너지 및 다량영양소 섭취기준

구분 / 연령(세)	에너지(kcal)	단백질(g)		식이섬유(g)	수분(mL)
	EER	EAR	RNI	AI	AI
19~29	2,000	45	55	20	2,100
30~49	1,900	40	50	20	2,000
임신 중기(2분기)	+340	+12	+15	+5	+200
임신 말기(3분기)	+450	+25	+30	+5	+200

EER(Estimated Energy Requirements) : 에너지필요추정량, EAR(Estimated Average Requirements) : 평균필요량, RNI(Recommended Nutrient Intake) : 권장섭취량, AI(Adequate Intake) : 충분섭취량

자료 : 보건복지부·한국영양학회. 2020 한국인 영양소 섭취기준, 2020

다태아 임신부의 에너지필요량

쌍둥이 임신에서의 에너지필요량은 체중 증가량을 근거로 18.2kg의 체중 증가 또는 단독 태아 임신보다 4.5kg 이상의 체중 증가가 일어난다. 따라서 단독 태아를 임신한 여성에 비해 35,000kcal를 더 섭취해야 한다. 이것은 단독 태아 임신의 경우보다 매일 약 150kcal를 더 섭취하거나 임신 전보다 평균 450kcal를 더 섭취해야 하는 양이다. 필수지방산의 필요량(리놀레산과 리놀렌산)은 다태아 임신의 경우 증가한다. 필수지방산 결핍은 다태아의 신경계의 기형과 시각장애와 관련 있다.

(2) 탄수화물

태아는 포도당이 가장 중요한 에너지원으로 1일 필요량의 80%의 에너지를 얻는데, 분만 직전의 태아는 하루 40g 이상의 포도당이 필요하다. 모체의 포도당 농도와 태반으로

가는 혈류량에 따라 태아에게 수송되는 포도당 양은 달라진다. 모체의 혈당 농도가 증가하면 더 많은 양의 포도당이 태아에게로 이동되며 태아의 인슐린 분비도 증가한다.

임산부는 총 에너지섭취량 중 50~60%를 탄수화물로부터 공급받으며, 태아의 뇌조직이 사용하는 포도당을 충족시키려면 적어도 175g의 탄수화물을 섭취해야 한다. 식이섬유가 많은 식물성 식품의 섭취를 늘려서 변비를 예방하고 식물성 식품에 함유된 파이토케미컬을 섭취하도록 한다. 따라서 식이섬유의 섭취를 5g 추가하여 1일 25g으로 한다.

(3) 지방

태아는 모체 혈액 중의 지방을 공급받으며 동시에 태반에서 합성된 지방을 이용하기도 한다. 태아의 간과 지방조직은 포도당, 젖산, 아미노산으로부터 지방산을 합성할 수 있는데, 대부분은 지방조직에 중성지방으로 저장된다. 태아는 리놀레산, 리놀렌산과 같은 필수지방산과 함께 EPA, DHA 같은 n-3 지방산이 반드시 필요하다. 특히 태아의 뇌와 망막조직의 발달에 EPA와 DHA는 필수적이다.

임산부가 n-3 지방산이 많은 등푸른생선을 충분히 섭취하면 자궁 수축을 방지하고 조산을 예방할 수 있다.

(4) 아미노산과 단백질

임신 기간에 태아, 태반 및 모체조직의 합성과 유지에 필요한 총 단백질량은 350~450g으로 추산된다. 임신 초기에는 단백질 필요량이 매우 적지만 후반기에는 크게 증가한다.

태아는 대부분 단백질을 태반에서 얻으며, 임신 초기 3개월 동안 태아의 간 조직은 비필수아미노산도 합성할 수 없다. 따라서 모든 아미노산은 임신 초기의 태아에게 필수이다. 임신 20주 이후 태아 조직은 성인과 같이 비필수아미노산들을 합성할 수 있으나 아르기닌과 시스테인을 충분히 합성할 수 없으므로, 이 아미노산은 태아에게는 필수아미노산으로 간주된다.

임신기 모체는 식사를 통해 충분한 양의 단백질을 공급받아야 한다. 임신에 의한 단백질 부가필요량은 임신기의 질소평형 유지 및 체단백질 축적에 필요한 양을 합산하여 산출하였으며, 임신 중기에는 12g이고 말기에는 25g이다. 단백질 권장섭취량은 평균필요량에 권장량산정계수 1.25를 적용하여 임신 중기에는 15g, 후기에는 30g을 추가토록 하였다.

2) 무기질

임신부의 무기질 섭취기준은 **표 2-12**와 같다.

표 2-12 임신부의 무기질 섭취기준

연령(세) \ 구분	칼슘(mg)		인(mg)		철(mg)		아연(mg)		나트륨(mg)
	EAR	RNI	EAR	RNI	EAR	RNI	EAR	RNI	AI
19~29	550	700	580	700	11	14	7	8	1,500
30~49	550	700	580	700	11	14	7	8	1,500
임신기	0	0	+0	+0	+8	+10	+2.0	+2.5	1,500

EAR : 평균필요량, RNI : 권장섭취량, AI : 충분섭취량

자료 : 보건복지부·한국영양학회. 2020 한국인 영양소 섭취기준, 2020

(1) 칼슘과 인

임신기의 칼슘 필요량은 태아와 태아 부속물의 성장발달 및 모체조직 증가를 충족시키기 위해 비임신기 때보다 더 높다. 임신기에는 총 25~30g의 칼슘이 태아에게 이동되어 축적된다. 이러한 축적은 대부분 임신 후반 6개월에 일어난다. 신생아는 약 25g의 칼슘을 보유하고 있는데, 대부분 임신 8~10개월의 3개월간에 축적된 것이다. 이러한 필요량 증가에도 임신부의 생리적 적응현상이 일어나 칼슘을 추가할 근거가 없다. 따라서 임신기의 칼슘 권장섭취량은 성인 여자와 같은 700mg이다.

출생 시 태아의 인 함량은 17mg 정도이다. 임신 중에는 모체의 인 흡수율이 정상 때보다 증가하며 신장의 인 재흡수율도 동시에 증가함으로써 태아에게 필요한 인을 보유하게 된다. 칼슘과 인의 비율을 고려한 성인 여자의 인 권장섭취량은 칼슘과 동일한 700mg이며 임신 시에 추가하지 않았다.

(2) 철

임신 기간에는 월경이 중지되고 철 흡수율이 증가하지만 여성의 철 결핍 상태 때문에 임신성 빈혈이 많이 발생한다. 임신에 의한 철 필요량은 태아 발육과 태반 형성에 315mg, 모체의 적혈구 증가에 220mg, 분만 시 출혈에 200mg으로, 합하면 약 735mg이 된다.

임신 전기는 체조직 증가가 크지 않으므로 철 섭취를 크게 늘릴 필요가 없으나 임신 후반기에 급격히 증가하는 철 필요량에 맞추기 위해서 철 권장섭취량은 임신 전·후기 모두에서 성인 여자의 14mg에 비해 하루 10mg을 추가해 24mg이다.

임신기에는 철 흡수가 증진되지만 철 필요량이 충족되지 않으면 철결핍성 빈혈이 일어난다. 임신기에는 빈혈이 생기기 쉬우므로 철이 많은 붉은 육류와 난류, 채소 등을 충분히 섭취해야 한다. 식사를 통한 철 섭취가 어려운 경우 임신 말기에는 철 보충제를 복용할 것을 권장한다.

(3) 아연

아연은 단백질 합성을 포함한 많은 효소의 보조인자로 작용하며, 주로 육류에 함유되어 있고 식물성 식품에는 아주 적다. 아연 결핍은 성장 지연이나 기형과 관련이 있다. 특히 임신부의 아연 결핍은 조산아 출산, 출산 중 출혈, 감염, 진통시간의 연장과 관련이 있다.

임신에 따른 아연의 추가 필요량은 약 2mg으로 권장섭취량은 2.5mg을 추가하여 10.5mg으로 정하였다.

3) 비타민

(1) 지용성 비타민

임신부의 지용성 비타민 섭취기준은 **표 2-13**과 같다.

표 2-13 임신부의 비타민 섭취기준

구분 / 연령(세)	비타민 A (μgRAE)		비타민 D (μg)	비타민 C (mg)		티아민 (mg)		리보플라빈 (mg)		니아신 (mgNE)		비타민 B_6 (mg)		엽산 (μgDFE)		비타민 B_{12} (μg)	
	EAR	RNI	AI	EAR	RNI	EAR	RNI	EAR	RNI	EAR	RNI	EAR	RNI	EAR	RNI	EAR	RNI
19~29	460	650	10	75	100	0.9	1.1	1.0	1.2	11	14	1.2	1.4	320	400	2.0	2.4
30~49	450	650	10	75	100	0.9	1.1	1.0	1.2	11	14	1.2	1.4	320	400	2.0	2.4
임신부	+50	+70	+0	+10	+10	+0.4	+0.4	+0.3	+0.4	+3	+4	+0.7	+0.8	+200	+220	+0.2	+0.2

EAR : 평균필요량, RNI : 권장섭취량, AI : 충분섭취량

자료 : 보건복지부 · 한국영양학회. 2020 한국인 영양소 섭취기준, 2020

① 비타민 A

비타민 A는 태아의 성장, 세포분화 및 정상적인 발달을 위해 필요하다. 임신후기에 태아의 체내 비타민 A 농도는 1.3mg까지 증가한다. 임신기에 비타민 A 필요량은 50μg RAE를, 권장섭취량은 70μgRAE를 추가한다.

② 비타민 D

비타민 D는 칼슘 흡수에 필수적이다. 태아의 성장을 위하여 칼슘이 축적되어야 하므로 임신기에 비타민 D 필요량이 증가하게 된다. 햇빛 노출에 제한받고 식품을 통한 비타민 D 섭취가 충분하지 못할 경우에는 비타민 D를 추가 섭취해야 한다. 임신부의 비타민 D 충분섭취량은 태아의 성장 중에 칼슘이 축적되지만 적응현상이 일어나므로 성인 여자 충분섭취량에 추가하지 않고 10μg으로 정하였다. 임신부는 규칙적으로 햇빛을 쐬고 비타민 D 강화우유를 섭취하는 것이 좋다.

(2) 수용성 비타민

임신부의 수용성 비타민 권장량은 **표 2-13**과 같다.

① 비타민 C

비타민 C는 성장에 필수적인 콜라겐 합성에 작용한다. 임신부와 태아의 대사가 왕성하게 일어나는 임신 후반기에는 비타민 C 필요량이 증가한다. 비타민 C는 태반을 통해 모체로부터 태아 쪽으로 능동수송되어 임신부의 비타민 C 수준이 감소하므로, 이를 보충하

기 위해 성인 여자 권장섭취량 100mg에 10mg을 추가한다.

② 티아민, 리보플라빈과 니아신

티아민의 권장섭취량은 임신부의 에너지 추기필요량이 임신 중기에 1일 340kcal, 말기에 1일 450kcal인 것을 고려하여, 임신기에 1일 0.4mg을 추가하였다. 임신이 진행되면 리보플라빈의 요 배설량이 감소하므로 태아와 모체를 위한 리보플라빈 권장섭취량은 0.4mg을 추가한다.

임신기에 트립토판이 니아신으로 전환되는 비율이 증가하기는 하나 에너지필요량이 추가로 권장되므로 니아신 권장섭취량은 임신기에는 4mgNE를 추가한다.

③ 비타민 B_6, 엽산과 비타민 B_{12}

비타민 B_6는 임신에 의한 단백질 필요량 증가 외에도 아미노산 교체율 증가, 태아의 요구, 모체의 대사 요구량 때문에 증가한다. 비타민 B_6 권장섭취량은 성인 여자에 0.8mg을 추가한다.

엽산은 임신 중에 태반 형성을 위한 세포증식, 혈액량 증기에 필요한 적혈구 생성, 태아성장을 위하여 필요량이 증가한다. 임신 초기에는 세포분열이 빠르게 일어나므로 임신 전에 적절한 엽산 영양상태를 유지하는 것이 중요하다. 임신 초기인 착상 이후 21~27일에 엽산 영양이 불량하면 정상 세포분열에 장애가 초래되어 신경관 손상의 유발률이 높아진다. FAO/WHO는 임신부의 경우 엽산을 하루 350μgDFE 이상 섭취할 것을 권장한다. 한국 임신부를 위한 엽산 권장섭취량은 성인여자의 권장섭취량에 220μgDFE를 추가한다. 그리고 과다섭취를 막기 위한 상한섭취량은 1,000μgDFE이다. 엽산은 진녹색채소, 내장육, 곡류제품에 풍부하다.

비타민 B_{12}는 엽산이 활성형으로 전환되는 데 필요한데, 임신 기간에 태아는 1일 0.1~0.2μg의 비타민 B_{12}를 축적하며, 임신부는 비타민 B_{12} 흡수율이 증가한다. 비타민 B_{12}의 추가 권장섭취량은 0.2μg이다. 채식 위주의 식사를 하는 임산부가 출산한 영아에서 비타민 B_{12} 결핍이 나타날 수 있으므로, 채식 위주의 식사를 하는 임산부는 비타민 B_{12}를 보충하거나 비타민 B_{12} 강화식품을 섭취해야 한다.

4) 수분과 나트륨

(1) 수분

임신을 하게 되면 혈액량, 세포외액량, 양수, 태아의 필요량이 증가하기 때문에 적절한 수분 섭취를 해야 한다. 수분은 임신 중 체중 증가의 62%를 차지하며, 이는 하루에 30mL 수준이 축적되는 셈이다. 수분은 모체와 태아 조직에서 생성된 노폐물의 배설을 돕고 변비를 예방한다.

임신부의 수분 충분섭취량은 성인 여자 충분섭취량에 200mL를 추가한다. 임신부의 하루 수분 섭취량은 8~10컵 정도가 바람직하다. 수분은 음식물과 과일이나 채소주스 등의 섭취로 이루어지며 카페인, 감미료, 알코올이 함유된 것은 삼가야 한다.

(2) 나트륨

나트륨은 신체의 수분 평형을 유지하는 데 중요한 작용을 하며, 임신기에는 혈장과 혈액량이 크게 증가한다. 나트륨 섭취량이 부족하면 임신 과정과 임신 결과가 나빠질 수 있다. 임신기의 나트륨 제한은 나트륨 보존 메커니즘을 저해하여 나트륨 손실이 많아질 수도 있다. 정상 임신부에게는 임신기에 나타나는 고혈압 발생이나 부종을 피하기 위해 나트륨을 제한하지 않는다. 우리나라의 경우 1일 임신부의 나트륨 충분섭취량은 일반 가임기 여성과 동일한 1,500mg이다.

7. 임신 결과에 영향을 미치는 요인

1) 임신부의 저영양과 과잉영양

모체와 태아는 영양상 밀접한 상관관계를 갖는다. 모체가 섭취한 영양소의 양과 질이 적절한 경우, 정상적인 임신과 태아 성장 및 출산이 이루어진다. 모체가 섭취하는 영양소가 극단적으로 부족하거나 과잉인 경우 태아에게 나쁜 영향을 미친다.

(1) 저영양

모성의 저영양 상태는 선천성 기형, 유산, 조산, 사산, 또는 태아의 흡수 등을 초래할 수 있다. 임신기에 영양섭취가 부족하면 에너지뿐만 아니라 단백질, 지질, 탄수화물까지 부족하게 되는 경우가 많다. 만성적인 저에너지 상태가 계속되면 태아 발육이 나빠지고 저체중아를 출산하게 되며, 태반 형성도 저해된다.

만성적인 에너지 결핍이나 단백질 부족과 히스티딘, 메티오닌 등 필수아미노산의 부족은 만기 임신중독증을 초래하기 쉽다. 모체의 만기 임신중독증이 심한 경우 조산이나 미숙아의 발생빈도가 더 높아진다. 임신 시 지질 섭취가 부족하면 태아 발육과 지질대사에 큰 장애를 가져오며 지용성 비타민의 섭취 부족도 일어나기 쉽다.

태아의 칼슘 부족은 신생아기에 치아 형성 장애를 일으켜 유치가 나오는 것이 늦어지기 쉽다. 철이 부족하면 임신빈혈의 원인이 되기도 하며, 태아는 잠재적인 빈혈을 내포하게 된다. 모체가 심한 티아민 결핍 상태에 있으면 조산 또는 사산이 초래될 수 있으며, 태아의 사망 또는 흡수가 생기는 수가 있다. 각기병에 걸린 모체로부터 출생한 아기에게서 전형적인 다발성신경염이 나타나는 경우도 있으며, 모체에서 비타민 D가 결핍되면 태아의 뼈 발육과 석회화가 늦춰진다.

(2) 과잉영양

임신기의 과잉영양이 태아의 발육과 성장 과정에 적지 않은 영향을 미친다는 사실은 이미 많은 동물실험에서 밝혀졌다. 하지만 사람의 경우에는 모체가 과잉영양이라도 태반이 모체와 태아 사이의 영양소에 대한 완충 조절작용을 하므로 태아에 미치는 영향을 최소화한다. 그러나 모체의 과잉영양이 만성화될 때에는 과다한 체중 증가로 유산, 사산, 과체중아 출산 위험이 높아지고 임신부의 고혈압, 임신중독증과 당뇨병 등의 발생 위험이 증가한다.

많은 임신부는 임신을 하면 비타민제를 복용해야 할 것으로 생각한다. 그러나 과량의 비타민 A·D·C·B_6의 섭취는 오히려 태아에게 해로울 수 있다. 임신기 비타민 A의 과량 섭취, 특히 권장량의 8~10배가 되는 6,000μg 정도로 고단위 비타민 A를 섭취한 경우에 태아의 두뇌, 얼굴, 심장 및 중추신경계에 장애가 유발될 수 있다. 임신기에 비타민 D의 과량 섭취는 태아에게 고칼슘혈증을 초래하여 뼈와 치아의 비정상적 발달이나 동맥의 기형을 일으킨다.

임신 기간에 모체의 비타민 C 섭취가 하루 400mg 정도로 과량인 경우 신생아에게서 괴혈증이 나타난다. 임신 중 비타민 B_6를 하루 50mg 정도 많은 양을 섭취한 경우에도 신생아에게서 비타민 B_6 결핍증세가 나타났다.

2) 음주, 흡연, 운동

(1) 음주

우리나라 성인 여자의 월간음주율은 2020년 49.0%이며, 특히 가임기 여성의 음주율은 19~29세 60.0%, 30~49세 59.9%로 높게 나타나고 있다. 이 중 고위험음주자(1회 평균 음주량이 5잔 이상이며, 주 2회 이상 음주하는 자)의 비율은 19~29세 8.3%, 30~49세 9.1%였다.

임신 시 과다한 음주는 자연유산의 빈도를 높이고 출생 시 저체중을 초래하며, 비정상아 분만의 위험을 증가시킨다. 비음주 임신부의 신생아에서는 9%, 중등도의 음주를 하는 임신부의 신생아에서는 14%가 태내 기형인 데 비해, 음주 과다 임신부의 경우 32%의 신생아에서 태내 기형이 나타났다. 과다한 음주는 형태적 기형 이외에도 중추신경계의 이상을 일으킨다.

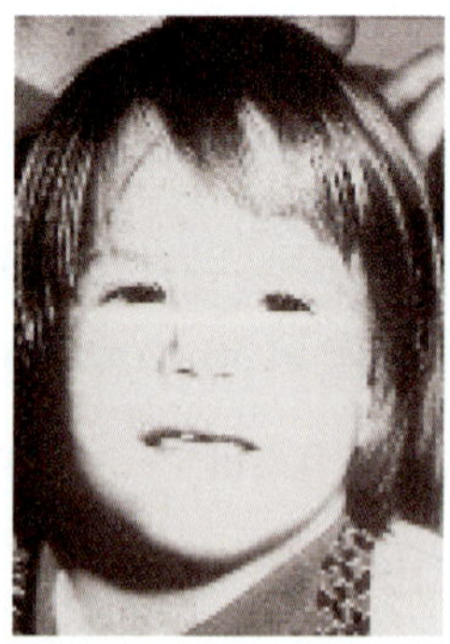

그림 2-11 태아알코올증후군 아동(2세)

알코올의존증인 임신부에서 태어난 영아들은 태아알코올증후군이 나타난다그림 2-11. 태아알코올증후군fetal alcohol syndrome : FAS은 출생 전 혹은 출생 후의 성장 지연, 안면부 기형, 작은 눈, 불확실한 인중, 짧은 길이의 코, 얇은 윗입술, 양측 위치가 다른 귀, 안면 중앙 부위의 발달부전, 정신지체 등을 초래한다. 선천성 알코올증후군인 기형아의 평균 지능지수는 65 정도이며, 이들 중 약 2/3는 과잉행동증을 보이고 언어장애

태아알코올증후군의 발생 메커니즘

태아의 혈액 중에 에탄올 대사물인 아세트알데하이드가 축적되어 기형아가 될 수도 있다. 그 외에 영양 결핍과 태내 저산소증, 프로스타글란딘의 감소 등이 원인으로 작용할 수 있다. 임신부 음주는 모체의 영양섭취 부족이나 태반을 통한 영양소와 산소의 공급을 저하하며 태아 및 태반의 혈류를 저해하는 결과를 초래한다.

와 청각장애도 있다. 따라서 가임기의 여성뿐만 아니라 임신부에게 태아알코올증후군의 위험성을 알리는 교육 및 홍보를 강화하여 음주에 대한 경각심을 갖게 해야 한다.

(2) 흡연

가임기 젊은 여성의 흡연율이 점차 증가하고 있어서 여성 자신의 건강을 해칠 뿐만 아니라 임신 시 태아에게 위해한 영향을 줄 수도 있다. 흡연은 불임, 임신이상, 상습적 유산, 조산, 사산 및 신생아 사망과 관련이 있다. 흡연 여성은 비흡연 여성보다 저체중아의 출산율이 2배 정도 높으며, 흡연 산모에서 태어난 아기의 체중이 비흡연 산모에서 태어난 아기보다 적은 것으로 나타났다. 흡연량에 따라 비교해 보면 1~5개비 흡연 시보다 11개비 이상 피우는 경우 조산아를 분만하는 비율이 4배로 증가한 것으로 보고되었다.

흡연이 태아에 미치는 유해작용

임신 시 흡연에 의한 태아의 손상은 일산화탄소와 니코틴의 위해작용에 의한 것이다. 이들 성분은 태반과 태아의 저산소증을 초래하여 태아 및 태내에 위해작용을 한다. 담배의 니코틴은 산모의 혈관을 수축시켜 태아로 이행되는 산소 및 영양소의 공급이 줄어들게 하므로 미숙아 출산의 위험성이 높아진다. 그 외에도 약 4,000가지 이상이나 되는 담배 성분 가운데 여러 독성물질이 직 · 간접적으로 태아의 성장장애를 일으킬 수 있다.

(3) 카페인

임산부의 카페인 과다섭취는 조산, 유산, 산과적 결함, 태아 성장부진, 신생아의 건강불량 등을 초래할 수 있다. 카페인은 쉽게 흡수되어 태반을 통과하여 태아에게 전달된다.

임신 시에는 간조직에 있는 카페인 분해효소의 활성이 감소하므로 혈액 내 카페인은 그 농도가 아주 낮아도 태반의 혈관을 수축시켜 태반 혈류속도를 떨어뜨려 태아에게 이동되는 산소와 영양소의 양을 감소시키게 된다. 카페인은 커피뿐만 아니라 차, 초콜릿, 일부 의약품에도 함유되어 있다.

(4) 심한 운동과 스트레스

임신을 해도 계속적으로 가벼운 운동을 하는 것은 좋지만, 심한 운동은 오히려 임신의 유지와 태아에게 나쁜 영향을 줄 수 있다. 임신 초기에 심한 운동을 하면 열이 많이 나게 되는데, 고열은 태아에 좋지 않은 영향을 준다. 임신 초 모체의 체온이 39.2°C로 상승하면 태아의 성장부진과 선천적 기형을 유발할 수 있으므로 임신부는 심한 육체적 활동은 삼가야 한다.

운동 시에는 포도당이 근육의 에너지원으로 사용되기 때문에 혈당량이 크게 감소한다. 모체 내 혈당은 태아의 주된 에너지원이므로 운동 시 모체의 혈당 감소로 태아에게 전달되는 에너지가 부족할 수 있다. 운동 시에는 피부와 근육으로의 혈액 순환량이 증가하므로, 자궁이나 태반으로의 혈류량이 감소한다. 따라서 모체의 심한 운동은 태아에게 이동되는 산소와 영양소의 양을 감소시킬 수 있다.

임신 시에는 프로게스테론 분비가 상승하면서 결체조직의 이완이 현저하게 나타난다. 이때 지나친 운동을 하게 되면 근육과 골격의 긴장이 증가하고 신체조직의 스트레스가 커지면서 조기분만의 위험성이 높아진다.

3) 감염성 질병 및 약물, 오염물질

(1) 매독, 풍진과 후천성면역결핍증

매독은 임신부의 태반을 통해 태아에게 70% 이상 감염된다. 혈청 매독검사VDRL, TPHA를 받아 임신 전에 미리 치료하고 임신하면 된다. 매독환자인 산모는 20~30세 연령이 80% 정도이며 조산, 저체중아 출생의 위험이 높아지고 태아 사망, 신생아 사망 등의 위험성이 증가한다. 실제로 임신 전 매독 감염 사실을 발견하지 못하는 경우가 많다.

풍진은 임신 12주 이전에 발생한 경우 태아에게 80% 정도 감염된다. 임신 초기에 감염된 경우 선천성 심장기형, 청각소실, 백내장, 태아 발육부전이 일어나며, 임신 16주 이후에 감염되어도 기형아가 된다.

후천성면역결핍증AIDS은 인체 T-림프구가 HIV에 감염되어 파괴됨으로써 면역력이 떨어지는 것인데, 임신부의 태반을 통해 태아에 감염되고 흉선에 기능적 손상이 일어나며 습관적 유산이 일어난다.

(2) 약물(마리화나, 코카인)

마리화나는 임신부의 심혈관을 축소시켜 산소 운반능력을 떨어뜨리고 그로 인해서 태내 산소 공급이 감소해 미숙아나 저체중아 출산의 위험성을 증가시킨다. 남성의 경우 약물 복용에 의해 무정자증이 발생할 수 있다. 코카인은 임신부의 식품 섭취, 식욕, 트립토판 섭취 등을 감소시켜서 태아의 인지, 기억력 감소, 성장지연, 미숙아 발생비율을 증가시킨다.

(3) 공해와 오염물질

납은 남성 정자수를 감소시켜 불임의 원인이 되며 태아의 기형 발생, 발달장애를 일으키는 것으로 알려졌다. 1950년대 초 일본 미나마타 지방에서 물고기를 섭취한 임신부에서 태어난 아이 중 뇌성마비, 소두증, 기형아가 많이 출생했는데, 이는 수은이 신경계 발달을 저해한 것으로 알려졌다.

톨루엔과 같은 유기용매는 성장 지연, 소두증, 안면부 기형, 소기형, 기능장애, 언어장애를 일으키는 원인으로 밝혀졌다. 방사선은 태아 사망, 기형 발생, 정신지체, 종양 발생 등을 야기할 수 있다.

4) 임신 연령 및 질환

(1) 10대 임신

최근 우리나라는 10대의 임신과 함께 10대 미혼모의 수가 증가하고 있어서 사회적인 문제로 대두되고 있다. 10대 임신부는 태아의 성장뿐 아니라 자신의 성장에도 여러 영양소가 필요하므로 영양에 대한 요구가 더욱 커진다. 10대 임신부들은 임신 자체에 대한 무지와 많은 스트레스, 가족과 사회로부터의 분리, 경제적 곤란 때문에 적절한 산전 간호를 받지 못함으로써 산모뿐 아니라 신생아도 많은 합병증이 발생할 위험이 따른다. 따라서 영양소가 부족한 경우 자궁 내 태아 발육 지연, 조기 진통, 태반 조기박리, 양수 내 감염 등의 문제를 유발하여 태아 또는 신생아 사망의 원인이 될 수 있다. 10대 모성 사망률도 정상 임신부보다 5배 이상 높게 나타났다.

우리나라의 10대 임신부를 대상으로 한 조사에서, 임신 37주 이전의 분만율이 22.6%로 정상 임신부보다 3배나 높게 나타났다. 출생 시 체중이 2,500g 이하 저체중아가 25%이고 미숙아 분만율이 아주 높았다. 임신부의 합병증을 보면 빈혈(Hb 10mg% 미만)과 고혈압 발생비율도 33% 이상으로, 정상 성인 산모보다 3배나 높게 나타났다.

(2) 고령 임신

우리나라 35세 이상 고령 산모의 비율이 2005년 10.6%에서 상승하여 2010년 17.1%, 2015년 23.8%, 2020년에는 39.1%를 나타내고 있다. 고령 임신의 경우 당뇨병, 고혈압 발병과 저체중아 출산, 유산 위험이 높다**그림 2-12**.

출생아 중 다운증후군의 발생위험도도 임신부의 연령이 높을수록 30세보다 2배, 40세 이상 8.5배, 45세 이상에서 30배로 증가한다. 기타 염색체 이상인 애드워드증후군 위험

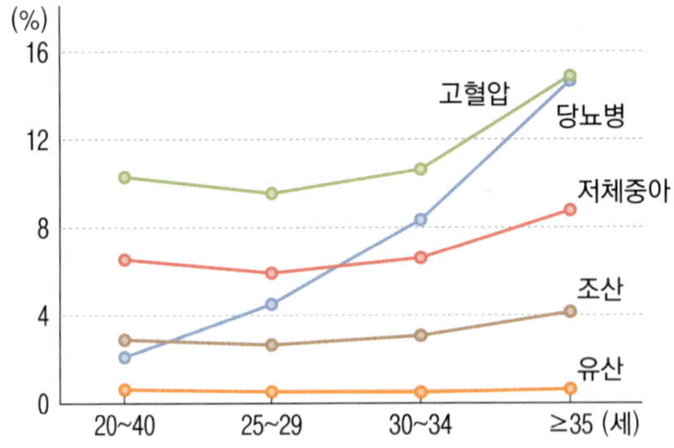

그림 2-12 연령 증가와 임산부 위험

도는 35세 이상에서 크게 증가하는 것으로 나타났다.

고령 산모는 임신성 당뇨, 임신성 고혈압, 조기태반박리나 전치태반, 임신중독증 등의 합병증 가능성이 크며 조산율도 높다. 신생아는 일과성 호흡증후군, 신생아 황달, 패혈증, 폐렴, 기형 등의 위험도 더 높다.

(3) 다태아 임신

우리나라에 다태아 출산이 증가하고 있는데 시험관 수정에 의한 경우가 많다. 다태아 임신은 모체와 태아에게 많은 건강상의 위험을 수반하며 임산부에게는 자간전증, 임신성 당뇨, 빈혈, 전치태반, 조산 및 제왕절개 분만 등의 위험이 따른다. 신생아의 경우에는 호흡곤란증후군, 뇌성마비, 사망, 선천성 기형 등이 나타난다.

다태아 임신 기간에 혈액량, 세포외액, 자궁, 태반, 태아의 에너지와 영양소의 필요량 등이 급격하게 증가한다. 둘 이상의 태아를 갖는 임신 여성은 체중 증가량이 더 높고 더 빨리 기아 대사가 시작되므로, 조직의 유지와 성장을 위해 더 많은 열량이 필요하다.

표 2-14 외둥이, 쌍둥이, 세쌍둥이 신생아의 임신 기간, 출생 시 체중과 저체중률

	평균 임신 기간	출생 시 평균체중	저체중률
외둥이	39~40주	3,440g	6%
쌍둥이	37주	2,400g	54%
세쌍둥이	33~34주	1,800g	90%

(4) 고혈압

임신기 고혈압은 모체 합병증의 주요 위험인자인데 고혈압성 질환을 가진 임신부의 경우 태아의 성장장애와 조산, 신생아 사망 등이 나타난다. 임신기에 나타나는 고혈압성 질환에는 임신성 고혈압, 자간전증 등이 있는데 그 특성은 **표 2-15**와 같다.

표 2-15 임신기 고혈압 질환의 종류와 특성

종류	특성
임신성 고혈압	• 임신 20주 이후 처음으로 진단된 고혈압 • 단백뇨가 없음 • 산후 12주 이전에 정상 혈압으로 회복됨(회복되지 않으면 만성 고혈압으로 판단함)
자간전증-자간증	• 임신 20주 이후 진단된 고혈압(수축기혈압 140mmHg, 이완기혈압 90mmHg 이상) • 단백뇨 수반(0.3g 단백질/24시간 소변량)

임신성 고혈압은 일반적으로 임신 20주 후 진단되는데 혈청 인슐린 수치가 상승하지 않고 단백뇨가 없다.

자간전증의 원인은 비정상적인 착상이나 태반의 비정상적인 혈액 순환에 기인한다. 자간전증과 자간증은 태반과 모체의 신장, 간, 뇌에 영향을 주며 자간은 생명을 위협할 수도 있다. 임신 시 자간전증은 산모와 신생아 모두에게 위험한 결과를 초래한다**표 2-16**.

표 2-16 임신 중 자간전증 시 모체와 태아에 미치는 효과

모체	신생아
• 제왕절개술에 의한 조기분만 • 급성 신장기능 장애 • 임신성 당뇨, 고혈압, 그 후 제2형 당뇨병의 위험성 증가 • 태반의 조기 박리(태반의 파열)	• 성장 제한 • 호흡곤란증후군

(5) 당뇨병

임신성 당뇨병 환자는 꾸준히 증가하고 있으며, 세계적으로 임신부의 약 3~10% 정도에서 발생하고 있는 것으로 보고되고 있다, 임신기간 중 인슐린저항성이 증가되어 나타나며, 특히 고령 임신과 비만 임신부에서 많이 발생한다. 보통 분만 후 혈당이 정상으로 돌아오지만, 50% 정도에서는 20년 이내에 제 2형 당뇨병으로 진행되기도 한다. 임신 24~28주에 진단하며, 임신성 당뇨병 산모와 태아에서 임신성 고혈압, 거대아, 난산, 태아사망 등의 위험이 높게 나타나므로, 임신성 당뇨병으로 진단되면 반드시 의사의 지시에 따라 적절한 치료를 받아야 한다.

임신성 당뇨병은 비만 때문에 발생하는 경우가 많으므로 예방을 위해 임신 전 정상체중을 유지하는 것이 중요하다. 선천성 당뇨병의 경우는 식사를 규칙적으로 소량씩 하도록 한다. 임신성 당뇨병은 적절한 영양섭취와 운동이 필수이다. 단백질은 총 열량 섭취 중 10~20%에 해당되는 양을 섭취하는 것이 좋으며, 포화지방산의 섭취량은 총 열량 중 6% 미만이 좋고, 불포화지방산의 섭취는 총 열량의 10% 이상이 되도록 하며, 그 나머지는 탄수화물로 섭취하도록 한다. 식사를 소량씩 자주 섭취하면 혈당 조절이 더 원활해질 수 있다. 이와 함께 적당한 운동을 병행한다면 대부분은 임신 중 인슐린 주사에 의존하지 않아도 된다.

8. 임신부의 식생활관리

1) 임신부 식생활관리 기본

(1) 임신 경과에 따른 영양관리

임신 경과에 따른 영양관리내용을 요약하면 다음과 같다.

① 임신 초기(1분기)

- 입덧 시 영양관리를 잘한다.
- 태아의 뼈와 중요한 장기의 형성을 위해 양질의 단백질과 칼슘을 충분히 섭취한다.
- 비타민, 무기질류의 필요량 증가를 충당한다.
- 식사는 규칙적으로 하고 편식을 시정한다.

② 임신 중기(2분기)

- 태아의 발육, 모체의 분만, 산후의 체력 유지를 위해 적극적으로 필요한 양을 섭취한다.
- 빈혈, 변비, 부종과 임신중독증을 예방한다.
- 영양소의 균형이 잘 잡힌 식사를 하고 비만을 예방한다.

③ 임신 후기(3분기)

임신 후기 때 식사 사이 모체대사의 적응현상은 비임신 여성이 장기간 굶주렸을 때의 적응과 비슷하다. 기아상태에서는 혈당과 아미노산 농도가 낮아지고, 포도당 내성은 감소하며 유리지방산·중성지방·케톤체 농도는 상승한다. 특히 하룻밤 동안 굶었거나 온종일 식사를 하지 않은 경우 빠르게 혈당이 감소하고 케톤산혈증으로 발전할 수 있다. 일부 임신부는 식사를 걸렀을 때 현기증이나 무기력증을 경험한다. 16~18시간 굶은 경우 포도당은 태아에게 급속하게 전달된다. 또한 케톤체는 즉시 태반으로 이동하고 고농도일 경우 태아 성장에 좋지 못한 영향을 미친다. 그러므로 임신부는 규칙적인 식사를 하고 간식을 적절히 섭취해야 한다.

임신 시 태교와 금기식품

임신부의 일상생활과 건강이 태아의 성장과 생리작용에 직 · 간접으로 영향을 미친다는 것이 밝혀지면서 전통적인 태교에 관심이 높아지고 태교음식, 태교음악, 태교운동 등이 선풍을 일으키고 있다. 우리나라의 태교와 금기식품은 조선시대의 《태교신기》와 허준의 《동의보감》에서 유래되었다. 이러한 태교나 금기식품은 미신이나 잘못된 식습관으로 치부하기보다 정신적 측면을 강조한 것으로, 이에 따른 올바른 지도가 필요하다.

태교신기(胎敎新記)

- 과일의 모양이 바르지 아니하여도 먹지 말 것이며, 벌레 먹은 것도 먹지 아니하며, 썩어 떨어진 것도 먹지 않으며, 익지 않은 풀의 열매와 푸성귀를 먹지 아니하며, 음식 찬 것도 먹지 아니하며, 물크러지고 쉰 것을 먹지 않으며, 생선 상한 것과 육고기 썩은 것도 먹지 아니하며, 빛깔이 좋지 않은 것도 먹지 아니하며, 냄새 그른 것을 먹지 않으며, 삶기를 잘못하였거든 먹지 아니하며, 때 아닌 것을 먹지 아니한다.
- 자식이 단정하기를 바라거든 잉어를 먹으며, 자식이 슬기롭고 기운 세기를 바라거든 쇠콩팥과 보리를 먹으며, 자식이 총명하기를 바라거든 해삼을 먹으며, 해산하거든 새우와 미역을 먹는 것이 좋다.

동의보감(東醫寶鑑)

- 토끼 고기를 먹으면 아이가 언청이가 된다.
- 비늘 없는 물고기를 먹으면 난산한다.
- 방게를 먹으면 태아가 가로놓여 나온다.
- 오리고기나 그 알을 먹으면 아이가 거꾸로 나온다.
- 자라고기를 먹으면 아이의 목이 짧아진다.

(2) 식사구성

영양소 섭취기준에 맞춰 식단을 작성하는 데에는 먼저 식품구성의 결정이 필요하다. 즉, 6가지 식품군의 각 군에서 식품을 선택하여 매끼 식사에 포함토록 한다. 성인 여자의 에너지 섭취기준은 19~29세 2,000kcal, 30~49세 1,900kcal이며, 임신으로 추가되는 에너지 양은 중기 340kcal와 후기 450kcal이다. 19~29세 여성이 임신하여 임신 말기가 되는 시점의 에너지 섭취기준은 2,450kcal로 **표 2-17**의 구성안을 토대로 식단을 작성하여 섭취하도록 한다.

표 2-17 임신부의 권장식사패턴(2,450kcal)

대상	곡류	고기·생선·달걀·콩류	채소류	과일류	우유·유제품류	유지·당류
횟수	3.5	5.5	8	3	2	6

자료 : 보건복지부·한국영양학회, 2020 한국인 영양소 섭취기준 활용연구, 2021

(3) 식사지침

임신기 영양섭취는 모체의 건강과 태아 발달, 출생 후 아기의 건강뿐 아니라 성인기에서의 질병 유발에도 영향을 미친다. 임신부의 영양조사 결과, 일반적으로 에너지를 비롯한 단백질, 지질, 당질의 섭취 수준은 양호했으나 칼슘, 아연, 비타민 A의 섭취가 저조한 반면, 나트륨은 과잉섭취 경향을 보였다. 또한 최근 여성의 음주가 증가하여 가임기 여성의 영양결핍, 태아의 발달장애, 모유 부족 등 영양 측면에서 많은 문제점이 나타나고 있다. 이러한 영양문제를 예방하기 위하여 '임신·수유부를 위한 식생활 지침'이 제안되었다**그림 2-13**.

(4) 임신부 식사의 주의점

- 여섯 가지 식품군의 배합이 골고루 이루어진 식사를 한다. 기호가 변하여 자칫 편식하기 쉬우므로 적정한 영양소가 균형 있게 공급될 수 있도록 각별히 유의한다.
- 식사 횟수를 증가시킨다. 임신 후기에는 위를 압박하기 때문에 식사는 적당량 세끼

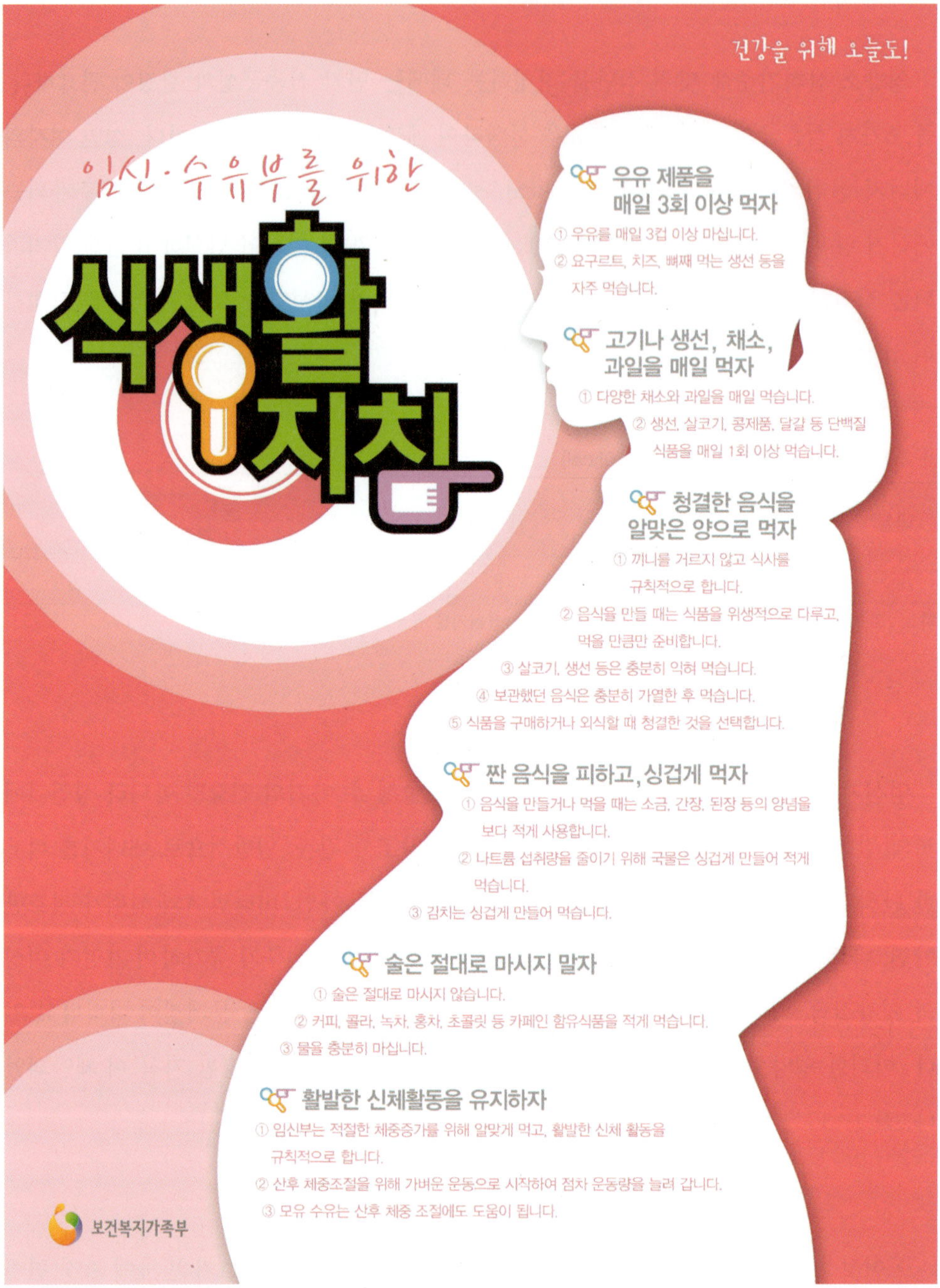

그림 2-13 임신·수유부를 위한 식생활 지침

자료 : 보건복지부, 2010

로 부족하다. 그러므로 나누어 4~5회로 하며 간식을 한다.

- 식이섬유가 많은 채소와 과일을 충분히 섭취한다. 임신 중기 이후에는 장을 압박하므로 임신성 변비가 생기기 쉽다. 변비는 식욕 저하를 일으키며 만기 임신중독증을 더욱 악화시킨다.
- 임신 시 발생하기 쉬운 빈혈을 예방하기 위해서 짙푸른 채소, 간 등 철 함량이 많은 식품을 섭취한다. 그리고 충분한 양질의 단백질을 섭취토록 한다.
- 염분이 적은 조리를 한다. 임신 후반기에는 부종이 일어나기 쉽다. 가공식품이나 젓갈 종류, 김치, 장아찌 등은 염분이 다량 함유되어 있으므로 되도록 적게 섭취한다. 신선한 식품은 가급적 그대로 이용토록 한다. 국, 찌개 등은 짜지 않아도 국물을 다

임신 시 식품 선택의 주의점

소화 잘 되는 식품 이용

임신 후기에는 태아가 커지면서 차츰 위에 압박감을 느끼게 된다. 따라서 영양가가 높은 식품을 선택하여 소화가 잘 되는 식품을 선택하고 조리법을 이용한다.

유지류와 향신류 이용

유지류는 신선한 것을 택하며 여러 번 사용한 기름은 되도록 피한다. 고추, 겨자, 고추냉이, 카레 등은 적당량 사용하면 식욕을 촉진해서 좋으나 과량 사용하면 자극성이 너무 강해서 몸에 좋지 않다.

음료 및 기호식품

알코올음료나 커피는 가급적 자제하도록 한다. 탄산음료에는 인산이 들어 있어서 과다하게 마시면 칼슘 흡수가 억제되고 이용률도 저하된다. 탄산음료는 위에 압박감을 주며, 설탕이 많이 들어 있어 과다하게 마시면 당분의 과잉섭취를 초래한다. 합성 주스 및 콜라 등의 음료 대신 천연 과일주스, 보리차, 옥수수차 등을 권장한다.

가공식품과 화학조미료 자제

임신 6~11주는 특히 태아의 정상 발육에 많은 영향을 주므로 착색료, 방부제, 표백제 등의 식품첨가물이 많이 들어 있는 가공식품이나 화학조미료 등은 쓰지 않도록 한다.

위생적이고 안전한 식품 이용

임신 시 면역능력이 감소하고 상한 음식, 바이러스나 균, 위해성분이 들어 있는 식품을 섭취하면 임신부는 물론 태아에게 좋지 않은 결과를 초래한다. 따라서 위생적이고 안전한 식품을 섭취하도록 하며 주위 환경도 청결하게 유지해야 한다.

마시면 많은 양의 염분을 섭취하게 되므로 주의한다.

- 지방은 음식의 맛을 증가시키지만 동물성 지방의 섭취는 적절히 줄이고 식물성 지방을 사용한다.
- 가급적 자연식품으로 영양소를 보충하며 정제 비타민과 무기질의 섭취에 유의한다. 임신 초기에 비타민과 무기질을 과잉 섭취하는 것은 오히려 좋지 않은 영향을 줄 수 있으므로 삼간다. 임신 후반기에는 영양소의 필요량이 증가하며, 정제약의 복용은 의사의 지시에 따른다.

2) 임신 시 식사관리의 실제

(1) 입덧 시 식사

입덧은 임신 2~3개월간 계속되며 4개월경부터는 차츰 가시게 된다. 입덧은 잠깐 지나가는 시기이므로 영양소 섭취기준에 구애받지 않고 영양의 균형보다 기호에 맞는 식품을 섭취토록 한다. 임신 초기 입덧 시에는 신맛을 좋아하고 단맛과 짠맛의 음식은 덜 좋아하며, 기름에 튀겼거나 기름기가 많은 것을 싫어하게 된다. 그리고 시원하고 차가운 음식을 선호한다. 임신 개월수가 증가하면서 차츰 신맛의 기호는 낮아지고 단맛에 대한 기호가 증가하게 된다.

입덧은 아침식사 전 또는 점심과 저녁식사 전에 심하다. 그러므로 임신부가 공복감을 느끼지 않도록 아침에 일어났을 때 우유를 마시면 입덧이 진정될 수 있다. 식사는 공복이 되지 않도록 여러 번 나눠서 하도록 한다. 조리할 때의 음식냄새 때문에 식욕이 떨어지는 경우에는 조리의 조작과정을 가급적 줄이며, 식사 후에는 안정을 취해 위를 보호하도록 한다. 변비는 입덧에 좋지 않은 영향을 끼치므로 변비 예방이나 치료를 위한 식사를 한다. 입덧을 하는 기간은 그리 길지 않으므로 입덧이 가라앉으면 영양소 섭취기준에 준한 식사를 한다.

(2) 변비 개선 식사

임신 후기에는 복부의 압박에 의해 변비가 일어나기 쉬운데, 식사요법과 적절한 운동으로 이를 개선해야 한다. 임신기 변비를 위한 식사에는 식이섬유가 높은 것과 연동운동을 촉진하는 두 가지 식품을 모두 이용한다. 식이섬유와 잔사 등이 많거나 수분이 많은 식품을 적당량 섭취하면 변비에 효과가 있다. 되도록 관장제나 완화제 등 약제는 사용하지 않는 것이 좋다.

변비 개선 식사

- 식이섬유가 많은 잡곡, 두류, 채소, 해조류
- 수분은 냉수, 과즙
- 과실, 우유, 요구르트, 유산균 음료
- 잔사가 많은 곤약, 한천, 김, 미역, 파래
- 당류, 꿀, 엿, 잼
- 향신료, 식초 이용

(3) 분만 시의 식사

① 에너지원이 충분한 식사

분만 시에는 진통에 의한 근육운동과 불안 등으로 스트레스가 크므로 에너지 소비량이 증가한다. 분만 시 영양의 기본은 에너지원을 중심으로 한 식사로서 소화·흡수가 잘 되는 것을 선택한다. 단백질, 지질, 무기질 등 모든 영양소를 갖출 필요는 없다. 따라서 에너지원으로 탄수화물을 주로 섭취하여 에너지 대사의 효율을 높일 수 있도록 비타민 B군이 많은 식사를 한다.

② 소량씩 나누어 식사

분만기에는 아픔과 불안감으로 식욕이 감퇴하는데, 식사를 하지 않으면 진통이 미약하거나 태아 만출력이 약해질 우려가 있다. 이와 반대로 과식을 하면 분만 중에 구토를 하게 된다. 특히 분만시간이 길어지는 경우에는 식사량을 줄이고 조금씩 나누어 섭취하도록 한다.

③ 분만 종료 시 수분 다량 섭취

분만이 끝나면 중노동을 한 것과 마찬가지로 매우 심한 피로감을 느끼게 된다. 우선 수분이 많은 가벼운 음식을 소량 섭취한 다음, 한잠 자고 피로가 가신 후에 미역국 등으로 본격적인 식사를 한다.

3) 임신부 질환 시 식사관리

(1) 오조

오조hyperemesis는 임신 초기의 매스껍고 울렁거리며 토기가 비정상적으로 심하게 지속되어 식사를 거의 못하게 되고 더 악화되면 물도 마실 수 없고 체중 감소, 피부 건조, 요량 감소 등이 나타나면서 탈수상태가 되는 병적 현상을 이른다. 오조 상태가 계속되면 모체 내 에너지원이 부족하게 되어 저장지방을 에너지원으로 이용하게 되므로 체중이 감소한다. 한편 지질이 연소할 때 불완전 연소물이 증가하여 혈액이 산성으로 기울기 쉬우며 물질대사에 이상이 생긴다. 탈수 상태와 요량 감소에 따라 체내에 노폐물이 축적되어 오조 증상을 더욱 악화시키게 된다. 오조가 더욱 악화되면서 정신신경증이 나타나는 경우가 있는데, 오조가 장기간 계속되면 위험에 빠질 수 있다.

오조는 영양장애와 대사장애를 일으키므로 식사요법이 아주 중요하다. 공복이 심해지거나 과식을 할 때 증세가 더욱 악화되므로, 한꺼번에 많이 먹는 것을 피하고 조금씩 여러 번 나누어 먹도록 한다. 오조 환자는 튀김 냄새(기름), 생선조림 냄새, 비린내 등을 특히 싫어한다. 따라서 맛이 담백하고 시원한 음식이 환자에게 좋다. 신선한 과일이나 과일주스, 화채, 초밥, 냉채, 초나물 등이 오조 환자의 식성에 잘 맞는다. 특별히 금지하는 음식은 없으므로 환자의 섭취능력에 따라 가급적 많이 먹도록 용기를 북돋워준다.

(2) 임신중독증

임신중독증이란 임신부에게 다른 특별한 합병증은 없으나 부종, 단백뇨, 고혈압 중 한 가지 이상의 증상이 생긴 경우를 말한다. 임신중독증 치료는 안정을 취하고 일과 운동량을 줄이고 에너지 섭취를 감소시키는 것이다.

- 저에너지식 : 환자는 입원하여 절대 안정을 취해야 하고, 활동을 위한 에너지는 필요하지 않으므로 보통 임신부의 에너지 섭취기준보다 저열량으로 한다.
- 저탄수화물·저동물성 지방식 : 총 에너지 섭취를 줄이기 위해서는 탄수화물과 지질의 섭취량을 줄여야 한다. 그러나 태아의 발육을 위해서는 필수지방산이 필요하므로 식물성 기름의 섭취에 비중을 둔다.
- 양질의 단백질 식사 : 단백질은 태아의 발육에 필수적인 영양소이며 단백질 결핍은 만기 임신중독증의 원인이 될 수도 있으므로 양질의 단백질을 충분히 섭취해야 한다. 특히, 만기 임신중독증 환자는 요중에 단백질이 배출되어 저단백혈증이 생길 수 있으므로 단백질은 충분히 섭취한다.
- 나트륨 제한 : 나트륨을 과잉섭취하면 혈압을 상승시키기 쉽다. 만기 임신중독증 환자는 소금의 섭취량을 제한해야 한다. 환자는 의사의 처방에 따라 저염식 또는 저나트륨식을 실천하도록 한다.
- 고비타민식 : 임신중독증 환자에게는 여러 가지 비타민이 결핍되어 있으므로 대사장애를 개선하기 위해 비타민 필요량이 증가하는데, 되도록 자연식품을 통해 충분히 취하도록 힌다.
- 수분 : 염분을 제한하면 수분 요구도 자연적으로 감소하기는 하지만 수분 역시 가급적 많이 마시지 않도록 한다.

⏳ 임신중독증

- 증상 : 고혈압, 단백뇨, 부종, 자간(경련 발작)
- 병태생리 : 자궁 내 태반의 혈관 수축 → 태반혈류 감소
- 태아 성장 지연, 조산, 호흡곤란증후군, 백혈구감소증, 혈소판감소증, 사망률 증가

(3) 갑상샘기능항진증

임신 중에는 면역기능이 변하면서 갑상샘 질환이 늘어난다. 여성의 갑상샘기능이 병적으로 왕성하게 촉진되어 바세도우병으로 악화되는 경우, 임신이 잘 되지 않을 수도 있다. 이는 갑상샘호르몬의 과잉으로 뇌하수체호르몬의 분비가 억제되어 배란이 어려워지거나 수정이 되어도 착상이 잘 안 되기 때문이다. 모체의 갑상샘기능항진증인 바세도우병 환자에서는 태반에 비정상적인 영향을 받아 유산이나 조산 그리고 태아 사망의 위험이 증가한다.

갑상샘기능항진증 임신부의 영양관리는 요오드가 다량 함유된 해조류나 생선의 섭취를 삼가고 고열량식과 균형식을 섭취하도록 한다. 단백질은 한국인 영양소 섭취기준 수준으로 섭취하되 육류와 난류의 섭취를 줄인다. 과일과 채소를 충분히 섭취하며 우유, 뼈째 먹는 생선 등으로 칼슘을 충분히 섭취한다.

(4) 임신성 빈혈

우리나라의 임신부 빈혈은 30%에 이르고 있으며, 임신 2분기 이후 시작되어 임신 말기에 가장 현저히 나타난다**표 2-18**. 임신 중에는 모체의 철 필요가 증가해 음식으로 섭취하는 철만으로는 부족하기 쉽다. 빈혈이 있는 여성이 임신을 하면 빈혈의 정도가 더욱 악화된다. 임신성 빈혈은 상당히 진행되기 전까지는 자각증상이 나타나지 않으며, 진행되면 안색, 입술과 결막의 색이 창백해지며, 심한 경우에는 심장기능장애까지 발생한다.

빈혈 임신부는 임신 합병증, 다태 임신, 산후출혈, 산욕기 이환율이 정상 산모보다 더 높고, 조산의 빈도도 훨씬 높다. 임신 중 혈색소량이 낮을수록 태아의 저체중과 발육 부진 위험이 높다.

임신 초기보다는 말기에 빈혈이 더욱 심각해지므로 철 보충제를 투여함으로써 예방 및

표 2-18 임신기의 빈혈 발생률

빈혈 판정도구	빈혈 판정기준	임신 1기(%)	임신 2기(%)	임신 3기(%)
Hgb(g/dL)	1, 3기 : <11.0, 2기 : < 10.5	2.8	22.5	27.1
Hct(%)	1, 3기 : < 33.0, 2기 : < 32.0	2.8	28.4	30.0

자료 : 유경희 · 윤진숙, 2000

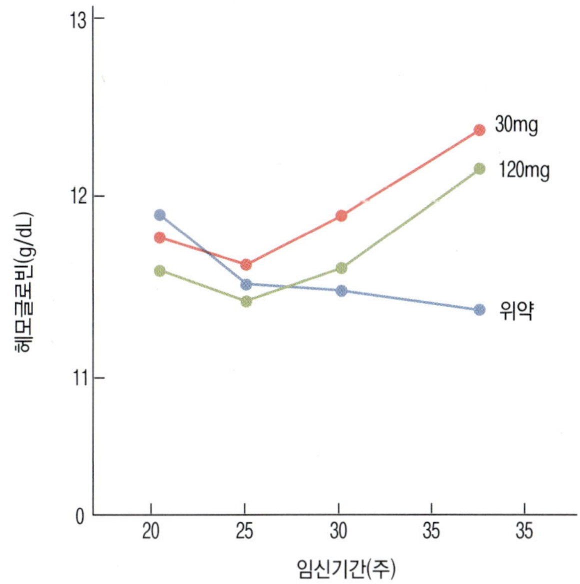

그림 2-14 임신부의 철 보충과 헤모글로빈 농도 변화

치료가 가능하다. 임신부에게 철을 30mg과 120mg을 보충하였을 때 임신 25주 이후에 헤모글로빈 농도가 증가되는 것을 볼 수 있다**그림 2-14**. 따라서 임신부는 정기적인 검진을 통해 빈혈 정도를 확인하고, 임신 중 예방과 치료를 위해 영양관리를 해야 한다.

- 균형식사 : 빈혈의 예방과 치료의 기본은 영양소의 균형이 잘 잡힌 식사이다. 철결핍성 빈혈에는 철뿐만 아니라 결합하는 단백질을 충분히 같이 섭취해야 한다. 철이 흡수될 때 비타민 C 및 기타 비타민류도 중요한 역할을 하므로 신선한 채소와 과실을 충분히 섭취해야 한다.
- 고에너지식 및 고단백식 : 에너지를 충분히 섭취하여 단백질이 에너지원으로 이용되지 않고 헤모글로빈 합성과 적혈구 생성에 사용될 수 있도록 한다. 총 단백질량의 절반은 조혈효과가 높은 동물성 단백질을 섭취하도록 한다.
- 고철분식 : 임신 후반기의 철 권장량은 성인 여자보다 10mg을 더한 24mg이다. 철은 육류, 간, 생선, 조개류, 달걀노른자, 콩, 견과류, 녹색채소, 당밀 등에 많으므로 이들이 권장식품이다. 임신 후기에도 빈혈이 계속되면 철 보충제를 복용한다.

CHAPTER

3

수유부 영양

1. 모유수유의 의의
2. 모유 분비의 생리
3. 수유부 영양과 모유 분비
4. 수유부의 영양소 섭취기준
5. 수유 관련 문제
6. 수유부의 식생활관리

모유는 영아에게 최상의 영양원으로, 위생적이고 안전하며 질병으로부터 영아를 보호해 주는 역할을 한다. 그렇지만 실제로 영아에게 모유를 수유하는 비율은 낮은 실정이어서 모유수유 증진이 국가적 목표로 제시되고 있다. 따라서 수유부가 모유수유를 잘할 수 있도록 수유부의 특성과 영양관리, 수유 저해요인 등을 파악하는 것이 필요하다.

1. 모유수유의 의의

1) 모유수유의 중요성

사람은 포유동물로서 다른 동물과 마찬가지로 어머니가 자신의 젖을 아기에게 주는 모유수유가 가장 자연스러운 영양법이며 생명을 위한 아름다운 행위라 하겠다.

(1) 모체 측면

① 산후 회복 및 질병 예방

모유수유 시 시상하부에서 생식샘자극호르몬의 분비가 억제되고, 이로 말미암아 뇌하수체에서의 황체형성호르몬 분비가 감소하므로 모유수유의 강도나 빈도가 클수록 배란은 더욱 억제된다. 따라서 월경이 지연되어 자연적인 피임 효과가 나타난다.

모유수유는 옥시토신의 분비를 자극하여 자궁수축을 도와 정상 크기로 회복시키며 출산 후의 출혈을 멎게 한다. 또한 모유수유에 대한 자긍심을 갖게 하고 산후우울증을 줄이며 유방암, 난소암, 당뇨병, 골다공증 등을 예방하는 효과가 있다.

② 체중 감소

모유수유는 산모의 출산 후 체중 감소에 효과적으로 작용할 수 있다. 이는 모유를 생산하기 위해서는 상당한 에너지가 필요하기 때문이며, 모유수유를 하는 경우 체지방의 분해를 촉진할 수 있다.

③ 사회 · 경제성

모유수유는 조제유수유에 비해 경제적이며 편리하다. 모유수유 시에는 약간의 식품을 더 섭취하는 것 외에 추가로 비용이 들지 않으며, 모유수유를 위한 식품섭취 비용은 조제유수유 비용의 1/10 정도이다. 또한 조제유는 젖병을 소독하고 분유를 타는 등 준비과정이 번거로운 반면, 모유는 시간과 장소에 구애받지 않고 아기가 원하면 언제 어디서든 수유할 수 있다.

(2) 영아 측면

① 아기에게 적절한 영양성분 함유

모유에는 영아가 성장·발달하는 데 필요한 양의 영양소가 최적의 상태로 함유되어 있다. 이는 영아의 영양소 섭취기준이 모유성분 조성을 기준으로 해서 산정된 것만 보아도 알 수 있다.

단백질은 주로 유청단백질의 형태로 존재하여 소화가 잘 되며, 영아에 필요한 아미노산이 골고루 함유되어 있고 특히 시스틴과 타우린이 풍부해 뇌의 발달을 돕는다. 필수지방산인 리놀레산과 DHA가 많이 들어 있어서 영아의 성장과 두뇌발달에 도움을 준다. 콜레스테롤 또한 풍부하여 호르몬 합성이나 중추신경계 발달에 유용하게 이용된다. 지질의 소화 정도는 포화지방산보다는 불포화지방산에서 더 높게 나타나는데, 모유에는 불포화지방산이 많이 들어 있어서 흡수율이 85~90%로 높다.

유당은 다른 어떤 포유동물보다 모유에 가장 많이 들어 있으며, 뇌의 발달을 돕고 장내 비피더스균의 성장을 촉진하여 장질환을 예방한다. 모유 내 무기질(칼슘, 철, 아연 등)은 조제유에 비해 훨씬 효과적으로 흡수되어 체내 이용률을 높이며, 영아의 신장기능에 부담을 줄 우려가 없다. 또한 모유 내에서 발견되는 락토페린은 유즙에서 철을 운반하는 철 결합 단백질로서 체내 철의 이용성을 증가시킨다.

모유 내 비타민 D 함량은 매우 낮으나 대부분이 25-(OH)-비타민 D의 형태로 존재하여, 간에서 비타민 D를 25-(OH)-비타민 D로 전환시키는 히드록시라아제hydroxylase의 활성이 낮은 신생아기에 매우 유익하게 작용한다. 모유 중 엽산은 모유 내에서 엽산 특이성 단백질과 결합되어 있어서 흡수율이 높게 나타난다.

또한 모유 내로 여러 소화효소가 분비되어 모유에 들어 있는 영양소를 소화기관의 기능이 미숙한 신생아가 효과적으로 소화·흡수하도록 돕는다.

② 감염 예방

모유, 특히 초유에는 대식세포macrophage, 면역글로불린immunoglobulin 등의 보호물질들이 함유되어 있다. 이들 물질은 영아를 질병, 특히 호흡기 및 소화기 감염과 설사로부터 보호하는 역할을 한다.

③ 알레르기 예방

영아의 소화기관은 아직 미숙하므로 알레르기가 쉽게 발생할 수 있다. 모유에는 알레르기를 유발하는 물질에 대한 방어인자(분비형 면역글로불린 AsIgA, 장보호막 성숙물질 등)가 함유되어 있어 알레르기가 거의 발생하지 않는다.

또한 영아에게 자주 나타나는 아토피성 피부염은 식품 알레르기에 의해서도 나타나는데, 모유영양아에서는 그 발생빈도가 낮다.

④ 정서·정신 발달 도모

모유수유 시 모자 간의 직접적인 따스한 접촉은 소속감, 안정감 및 친밀감을 더하여 영아의 정서·정신 발달에 좋은 영향을 주게 된다. 특히 영아가 스트레스, 질병 또는 피로 등에 노출된 경우에 모유수유는 영아에게 심리적으로 매우 중요한 역할을 한다표 3-1.

표 3-1 모유수유의 이점

영아 측면	모체 측면
성장발달에 따른 이상적인 영양급원	빠른 산후 회복
각종 감염성 질환 예방	산모의 자부심 향상
뇌 발달 증진	본래 체중으로의 회복 용이
알레르기 예방	유방암, 난소암, 당뇨병, 골다공증 등 예방
과체중과 비만 예방	출산 후 우울증 예방
턱 근육과 치아 발육 촉진	자연적 피임
심리적 안정과 정서적 발달 증진	경제적이고 간편

2) 모유수유 실태

(1) 모유수유 현황

옛날에는 동서를 불문하고 모유로 아기를 키웠으며 수유는 어머니의 사명감으로 인식되었다. 그러나 1900년 초기에 냉장고와 수유기구 등이 개발되는 동시에 유가공업이 발전하면서 인공영양이라는 혁신적인 수유법이 보급되었다.

1950년경부터는 경제부흥과 때를 같이하여 전 세계적으로 모유영양이 감소하기 시작했다. 그러다가 1970년대 이후 모유수유의 다양한 장점이 과학적으로 증명되기 시작하면서 세계보건기구WHO와 유니세프UNICEF를 비롯한 여러 단체에서 모유수유를 적극 권장하기 시작하여 많은 나라에서 모유수유율이 증가하고 있다.

우리나라의 경우 1970년대 90% 정도를 보이던 모유수유율이 1982년에는 68.9%, 1988년 48.1%, 1994년 11.4%, 2000년에는 10.2%로 지속적인 감소 추세를 보였다. 그러다가 2003년 이후 다시 증가하기 시작하였는데, 2018년에는 생후 6개월의 모유수유율('완전모유수유' 2.3% + '모유+이유식' 21.3%)이 23.6%로 나타나 2012년의 47.1%, 2015년의 43.5%보다 낮아진 경향을 보였다.

또한 2018년의 생후 1주 모유수유율이 16.1%로 낮게 나타난 것은 출산 후 모유수유의 어려움, 제왕절개 분만과 산후조리시설 이용이 보편화되면서 모자동실제가 거의 운영되지 않는 환경 등에 기인하며, 가정에 돌아간 후 모유수유율이 증가한 것으로 보인다그림 3-1.

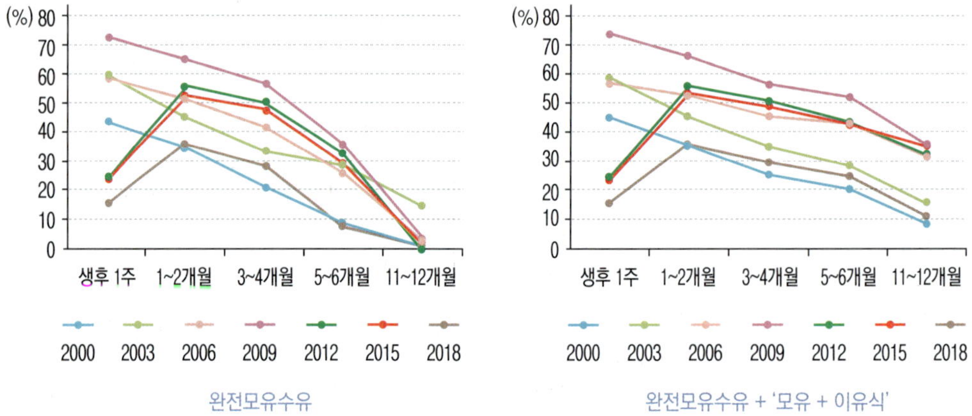

그림 3-1 영유아 월령별 모유수유율 추이

자료 : 이소영 등, 2018

세계보건기구는 최적의 성장·발달 및 건강을 이루기 위해 전 세계 어머니들이 아기에게 생후 첫 6개월 동안은 모유만 수유하는 완전모유수유를 할 것과, 6개월부터는 영양이 풍부한 이유식을 먹이면서 2년 이상 계속해서 모유수유를 지속하도록 권장하고 있다.

(2) 모유수유 권장운동

세계보건기구와 유니세프는 세계적인 규모로 모유수유를 권장하고 있으며, 이에 따라 세계 각국에서도 인공영양의 증가를 억제하기 위해 노력하고 있다그림 3-2.

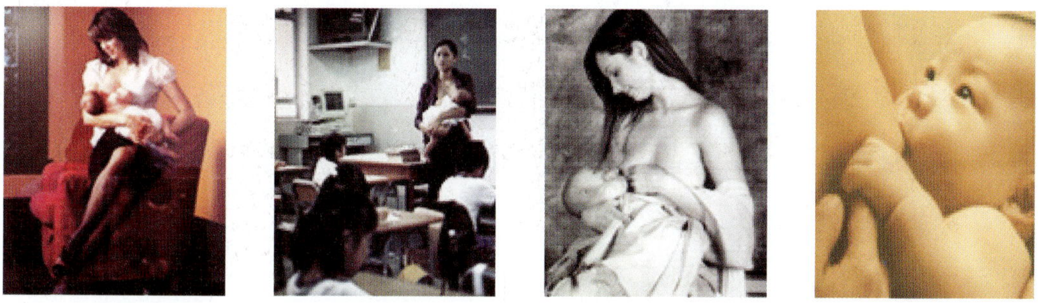

뉴질랜드 홍콩 오스트레일리아 한국

그림 3-2 세계 각국의 모유수유 포스터

자료 : 유니세프 한국위원회(www.unicef.or.k)

① 아기에게 친근한 병원 만들기 운동

세계보건기구와 유니세프는 병원에서 출생한 직후부터 아기에게 엄마젖을 먹이도록 권장하는 방법으로 '아기에게 친근한 병원 만들기 운동BFHI : Baby Friendly Hospital Initiative'을 주창하였다. 모유수유를 권장하는 병원을 격려하고 인정하는 세계적인 프로그램으로, 우리나라에서는 유니세프 한국위원회에서 1993년부터 이 운동을 주도하고 있다.

아기에게 친근한 병원으로 임명되기 위해서는 세계보건기구/유니세프에서 제시하는 '성공적인 엄마젖 먹이기 10단계'를 준수해야 하며, 임명된 후에도 4년에 한 번씩 정기적인 재평가를 받아야 한다. 우리나라에는 2021년 6월 현재 10개의 병원이 '아기에게 친근한 병원' 타이틀을 가지고 있다.

유니세프 한국위원회는 또한 2007년부터 모유수유를 지원하는 시설과 정책을 갖춘 기업을 '엄마에게 친근한 일터Mother-Friendly Workplace'로 인정하는 새로운 모유수유 권장 캠페인을 시작하였다. 일하는 여성들도 모유로 아기를 키울 수 있도록 기업의 환경을 모유수유를 하는 엄마에게 친근하게 변화시키고자 고안된 운동이며, 2021년 1월 현재 전국

적으로 34개 사업장이 '엄마에게 친근한 일터'로 임명되었다.

② 기타 모유수유 권장운동

전 세계 24개 모유수유 권장기구들의 협의체인 세계모유수유연맹WABA : World Alliance for Breastfeeding Action은 매년 8월 첫째 주(8월 1~7일)를 세계모유수유주간으로 지정하여 모유수유 활성화를 위한 다양한 행사를 집중적으로 펼치고 있다. 우리나라에서는 보건복지부, 인구보건복지협회, 대한간호협회, 소비자 문제를 연구하는 시민의 모임, 한국모유수유협회 등에서 엄마젖 먹이기 증진을 위한 활발한 활동을 전개하고 있다.

성공적인 엄마젖 먹이기 10단계

- 1단계 : 병원은 의료요원을 위한 모유수유 정책을 문서화한다.
- 2단계 : 이 정책을 실행하기 위하여 모든 의료요원에게 모유수유 기술을 훈련시킨다.
- 3단계 : 엄마젖의 장점과 젖 먹이는 방법을 임산부에게 교육시킨다.
- 4단계 : 출생 후 30분 이내에 아기에게 엄마젖을 빨리기 시작한다.
- 5단계 : 임산부에게 엄마젖을 먹이는 방법과 아기와 떨어져 있을 때 젖분비를 유지하는 방법을 자세히 가르친다.
- 6단계 : 갓난아기에게 엄마젖 이외의 다른 음식물을 주지 않는다.
- 7단계 : 엄마와 아기는 하루 24시간 같은 방을 쓴다.
- 8단계 : 아기가 원할 때마다 엄마젖을 먹인다.
- 9단계 : 아기에게 인공젖꼭지나 노리개젖꼭지를 물리지 않는다.
- 10단계 : 엄마젖 먹이는 모임을 만들어 퇴원 후 모임에 참여하도록 해준다.

2. 모유 분비의 생리

1) 유방의 발달

유방과 유선의 발달은 태아기에서부터 시작하며, 아기는 유선조직을 소량 가지고 태어난다. 따라서 신생아는 출생 후 며칠 동안 유즙 같은 액을 분비하기도 한다. 그 후 유선은 사춘기가 될 때까지 그 기능이나 상태의 변화가 나타나지 않다가, 사춘기가 되면 난소에서 생성되는 에스트로겐과 프로게스테론의 양이 증가하면서 유선이 빠르게 발달하고 유방이 성장하기 시작한다.

유방에는 많은 지방세포, 신경, 혈관들이 유선을 둘러싸고 있으며, 유방은 결합조직에 의해 15~20개의 유선엽으로 세분화되어 있다. 각 엽은 여러 개의 소엽으로 구성되어 있고, 소엽 안에는 유포(유선세포)가 포도송이처럼 모여 있다그림 3-3. 유포는 유즙을 분비하는 분비세포로 구성되어 있으며, 유포 주위를 근상피세포가 둘러싸고 있다. 유포는 작은 관으로 연결되어 있고, 이 관들은 다시 유관으로 이어지며 각 유관은 젖꼭지를 향해 모이는데, 젖꼭지 가까이에서는 유관의 내경이 약간 확장되어 유관팽대부를 형성한다. 모유는 유관을 따라 내려와 유관팽대부에 모여 있다가 영아가 젖을 빨면 젖꼭지에 있는 15~20개의 작은 구멍을 통하여 나오게 된다.

유방의 크기는 유방 내 지방조직과 결합조직 양의 차이에 의해 사람마다 다르며, 지방조직은 유방에 부드러움을 주고 결합조직은 유방을 탄력 있게 한다. 임신 전 성인 여자의 평균 유방 무게는 약 150~200g이다.

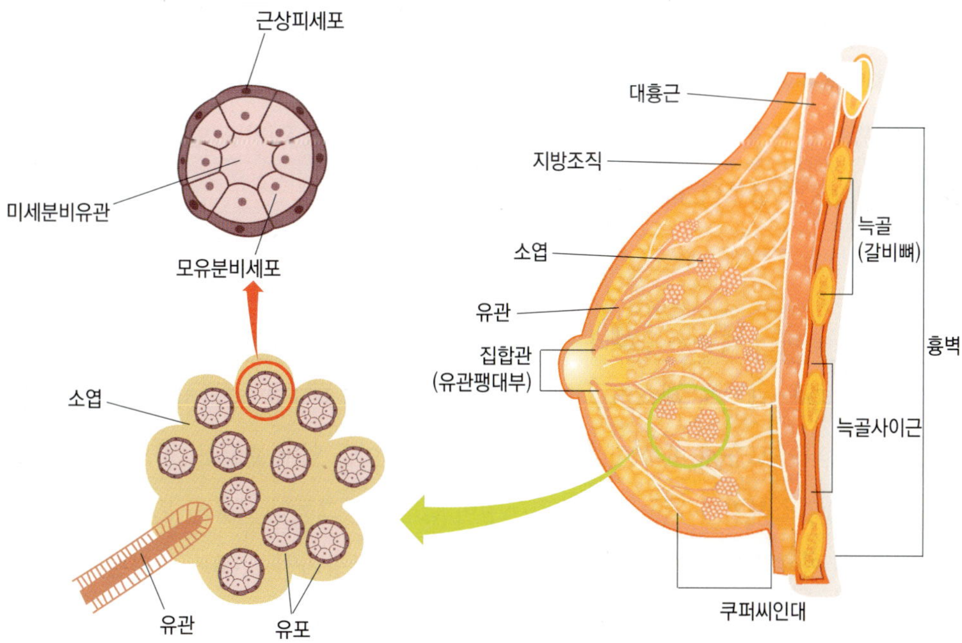

그림 3-3 유방의 해부학적 구조

임신 기간에는 여러 호르몬이 분비되어 유선의 발달에 작용하므로 유방의 구조와 크기 및 기능에 큰 변화가 일어난다. 유방의 크기는 2배 이상 커지고 무게는 400~500g까지 증가한다. 프로게스테론은 유포의 수와 크기를 증가시키며, 에스트로겐은 모유 분비와 관련된 관 계통의 발달을 자극한다. 또한 임신 후기에는 프로락틴과 태반성 락토겐hPL : human placental lactogen의 분비량이 급증하여 관과 유포를 성숙시킴으로써 유방의 크기가 증가한다.

이처럼 유선은 임신 후기에 충분히 성숙하여 수유가 가능하지만, 임신 기간에는 모유 분비가 발생하지 않는다. 그 이유는 태반에서 생성되는 에스트로겐과 프로게스테론이 프로락틴의 방출을 느리게 함으로써 모유 분비를 억제하기 때문이다. 유방 발달은 임신 후기까지 계속되며 분만과 함께 모유 분비가 시작된다.

2) 모유 분비

모유 분비는 여러 신경계와 호르몬의 복합 메커니즘에 의해 일어나며, 분비과정은 모유 생성과 모유 방출의 두 단계로 진행된다. 첫 번째 모유 생성 단계는 모유가 합성·분비되어 유포와 미세 분비유관에 축적되는 과정이며, 두 번째 모유 방출 단계는 합성된 모유가 유포와 유관으로부터 유두로 나오는 과정이다.

(1) 모유 생성

출산으로 태반이 배출됨에 따라 임신 기간에 모유 분비 관련 호르몬에 대해 억제작용을 하던 프로게스테론과 에스트로겐의 수준은 갑자기 감소하고, 따라서 많은 양의 프로락틴이 분비되어 모유 분비가 시작된다. 그러나 보통 이들 억제 호르몬, 주로 프로게스테론이 완전히 감소하기까지는 분만 후 4~5일이 걸리므로 그동안 모유의 분비는 충분하지 않다. 그 후 영아가 젖을 잘 빨게 되면서 점차 모유량이 증가하여, 10~14일경에는 거의 필요한 만큼의 모유가 분비된다그림 3-4.

영아의 흡유 자극 시 유방에 있는 감각신경이 신호를 뇌의 시상하부로 전달하고, 다시 자극이 뇌하수체 전엽에 전달되어 프로락틴prolactin을 분비시킨다. 프로락틴은 혈류를 통

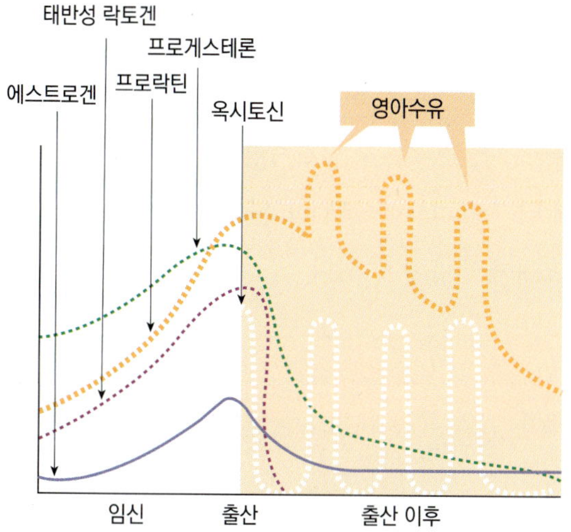

그림 3-4 임신, 출산, 수유 시의 호르몬 변화

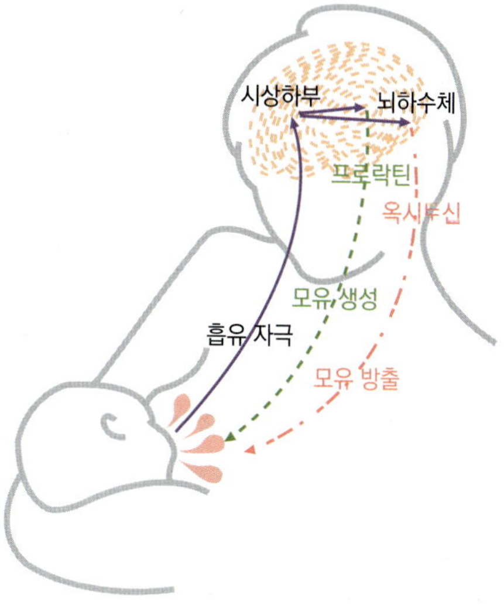

그림 3-5 모유의 생성 및 방출 과정

해 유선세포에 도달하여 모유 분비세포를 성숙시킴으로써 모유의 합성을 자극한다**그림 3-5**.

(2) 모유 방출

영아의 흡유 자극은 또한 뇌하수체 후엽에 전달되어 옥시토신oxytocin의 분비를 촉진한다. 옥시토신은 유포와 유관 주위의 근상피세포를 수축시켜 모유가 유관 아래쪽으로 흘러 내려와 유두로 나오게 한다**그림 3-5**.

옥시토신은 수유부가 불안, 스트레스, 피로, 과음, 흡연 등에 노출되었을 때 일시적으로 분비가 억제되며, 따라서 모유 분비가 저해된다. 반면 수유부가 아기에 대한 생각을 하거나, 아기를 보거나, 아기 울음소리를 듣기만 해도 옥시토신이 분비되어 모유 분비량이 증가할 수 있다.

또한 옥시토신은 자궁을 수축시켜 산후 자궁출혈의 위험을 감소시키며, 분만 전의 정상적인 크기로 회복시키는 역할도 한다.

3) 모유 분비량

모유의 분비량은 개인차가 심하다**표 3-2**. 일반적으로 출산 후 첫 24시간 내에는 50mL 미만의 소량의 모유가 분비되지만, 2일째에 약 200mL, 4~5일 후에는 약 500mL 정도로 증가한다. 모유수유가 계속되면 하루에 약 780mL(700~800mL)의 모유가 분비되며, 이 모유량으로 영아는 생후 4~6개월간 순조롭게 발육할 수 있다.

표 3-2 수유기의 모유 분비량

(mL/일)

연령	광주[1]	서울[2]	강원[3]	인천[4]	서울[5]	청주[6]
7일				527		
15일			639	608	528	
1개월	752	787	789	724	652	760
2개월	697	779	871	841	704	856
3개월	717	779	843	798	746	
4개월			848		707	873
5개월			851		662	814
6개월						786
평균	720	781	804	699	668	818

[1] 임현숙 등, 1993 [2] 구재옥 등, 1996 [3] 이정실 등, 1996 [4] 김을상·금혜경, 1999 [5] 김을상·이종숙, 2002 [6] 한영희, 2009

모유 분비량은 수유기간뿐만 아니라, 하루 중의 시각에 따라서도 차이가 있어 이른 아침에 가장 많다. 또한 1회 수유 시의 시작과 끝에도 다르고, 좌·우 유방 사이에도 그 분비량이 다르게 나타난다.

분만 후 며칠 동안 분비되는 모유량은 모유수유부나 비수유부에서 서로 비슷하다. 그러나 모유가 계속 생성·분비되기 위해서는 이미 만들어져 있는 모유가 유방으로부터 규칙적으로 방출되어 유방이 비어 있어야 한다. 만약 분만 후 4일까지도 수유를 시작하지 않을 경우에는 영아의 흡유 자극이 없어, 모유의 생성량은 점점 감소하게 된다. 반면 영아가 계속 모유를 섭취하는 경우 모유 분비량은 영아의 필요량에 맞추어 일정한 수준으로 유지된다. 이후 이유기에 영아가 이유식을 섭취함에 따라 모유수유 횟수가 감소하고 모유 분비량도 감소하게 된다.

4) 모유 분비 부족과 영향 요인

(1) 모유 분비 부족의 판정

모유 분비량은 일반적으로 모유수유 전후에 영아의 체중을 측정하여 증가한 체중으로부터 추정하는 방법을 이용한다. 그러므로 특별히 측정을 하지 않는 이상 수유량을 정확히 알기는 어렵지만, 다음 사항에 의해 모유 분비의 부족 여부를 알 수 있다.

⌛ 모유 분비 부족 진단

- 체중 증가가 적다(하루의 체중증가가 18g 이하).
- 출생 후 3주가 되어도 출생체중에 못 미친다.
- 체중증가곡선을 적절하게 따라가지 못한다.
- 30분 이상 젖꼭지를 물고 놓지 않으려 하며, 젖꼭지를 빼면 운다.
- 잠을 길게 잔다.
- 기운이 없어 보이며 약하고 높은 소리를 내면서 운다.
- 얼굴이 걱정스러워 보이고 피부에 주름이 집힌다.
- 소변이나 대변 횟수가 적다.

(2) 모유 분비 부족의 원인

① 유방을 완전히 비우지 않았을 경우

수유 시에 유방을 비우지 않으면 유즙의 분비는 감소한다. 유방에 젖이 남게 되는 것은 영아의 약한 생활력, 지적장애, 코막힘, 구개열 등에 의해 영아의 흡유력이 불완전한 경우에 나타나며, 모체의 유방이 편평유두나 함몰유두인 경우에도 나타날 수 있다.

② 신생아기의 혼합수유

신생아기에 너무 일찍 모유와 조제유를 병행하는 혼합수유로 이행하는 경우 모유 분비가 감소할 수 있다.

③ 유방별 수유간격

만약 수유간격을 4시간으로 하여 아기에게 한쪽 유방만 빨게 한다면, 결과적으로 각 유방은 8시간 간격으로 수유를 하게 되는 셈이다. 이렇게 되면 유방은 자극이 부족해져 모유 분비능력이 점차 약해진다. 자율수유인 경우, 영아의 요구횟수가 하루에 3~4회일 때에는 수유간격이 너무 길어 유즙 분비를 감퇴시키므로 주의할 필요가 있다.

④ 정신적·육체적 피로

수유부가 피로하거나 걱정거리가 많으면 모유의 분비는 감소하며 사출반사가 억제된다. 특히 모체의 육체적 피로가 회복되지 않은 신생아 시기에는 수유부는 가사에 관한 일이나 아기의 건강에 대해 크게 불안해하기 쉽다. 더구나 영아가 밤에 잘 울고 보채는 경우 수유부는 수면 부족으로 더욱 피로하게 된다.

⑤ 약물, 알코올 및 흡연

수유부가 섭취하는 대부분 약물이 모유 생산을 방해하며, 과다한 알코올 섭취와 흡연도 모유 생성을 감소시킬 수 있다. 또한 이러한 약물, 알코올, 담배 및 카페인 성분은 모유로 이동되어 영아에게 영향을 미칠 수 있다.

3. 수유부 영양과 모유 분비

영양상태가 양호한 대부분의 여성에서는 모체의 영양섭취가 모유 분비량이나 모유조성에 큰 영향을 미치지 않는다. 이는 수유기간에 모체의 영양소 대사는 모유 생성에 가장 우선순위를 두고 있기 때문이다. 그러나 영양불량이 심해지면 모유 생성이 저해될 수 있다.

1) 수유부 영양과 모유 분비량

수유기간에 에너지 섭취를 증가시켜도 모유 분비량은 크게 증가하지 않으며, 많은 양의 에너지를 저장하고 있는 형태인 체지방 함량도 모유 분비량에 유의적인 영향을 미치지 않는다. 영양상태가 좋은 수유부와 잠재적인 영양결핍 상태에 있는 수유부를 비교해 보았을 때, 에너지나 영양소의 섭취량이 서로 달라도 모유 분비량은 유사한 것으로 나타나고 있다. 이는 수유부의 잠재적인 영양결핍 상태에서는 프로락틴 분비량이 증가하여 모유의 합성을 유지토록 하기 때문이다. 즉, 수유부의 식품섭취가 제한된다고 해도 모유 생성량은 일반적으로 일정하게 유지된다.

그러나 식품섭취 제한이나 영양불량이 심한 경우에는 모유생성량이 감소할 수 있다. 예로서, 수유부에게 1주일간 에너지 섭취를 약간 제한(1,500kcal/일 이상)했을 때에는 모유 분비량이 그대로 유지되었으나, 심하게 에너지 섭취를 제한(1,500kcal/일 미만)한 경우에는 모유 분비량이 15%까지 감소한 것으로 나타났다**그림 3-6**.

단백질 섭취가 모유 분비량에 미치는 영향을 살펴보면, 영양상태가 좋지 않은 수유부에게 단백질을 보충시킨 경우에는 모유 분비량이 증가할 수 있으나, 영양상태가 좋은 수유부에서는 단백질 섭취 증가에 따른 유의적인 차이가 나타나지 않는다.

수유부는 충분한 양의 수분을 섭취해야 하지만, 1일 필요량 이상으로 섭취하거나 갈증

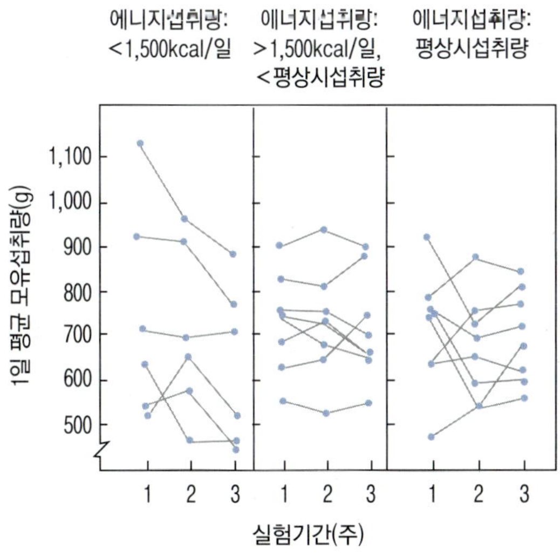

그림 3-6 수유부의 에너지 섭취 제한에 따른 6~24주 영아의 모유섭취량 변화

을 해소하는 것 이상으로 수분을 섭취한다고 해서 모유 분비량이 증가하지는 않는다그림 3-7. 또한 수유부는 상당한 양의 수분 제한에도 견딜 수 있다. 예로서, 12~14시간 절식을 하고 수분도 섭취하지 않은 모체가 영아에게 모유수유를 계속한 경우 약간의 탈수증상이 나타났지만 모유 분비량에는 영향을 주지 않는 것으로 보고되었다.

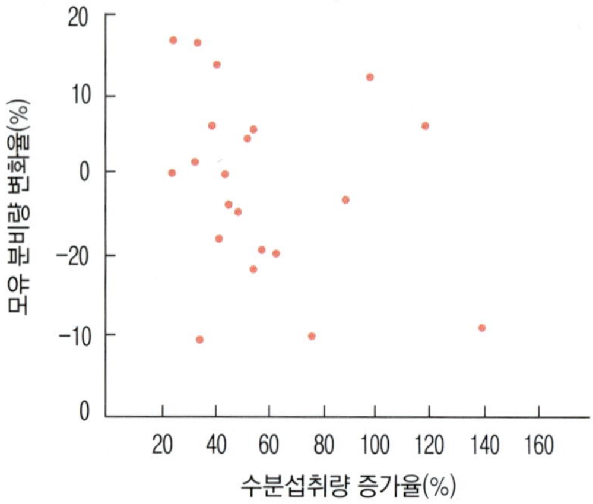

그림 3-7 수유부에서 3일간의 수분 섭취량 증가와 모유 분비량 변화와의 관계

2) 수유부 영양과 모유 조성

(1) 영양소

일반적으로 모유의 영양 조성은 안정하다. 즉 에너지, 단백질, 탄수화물 등의 함량은 수유부의 식사섭취에 따라 영향을 받지 않으며, 모유 내에 일정한 농도로 분비된다.

칼슘, 인, 철, 구리 등과 같은 대부분의 무기질도 수유부의 영양상태나 식사섭취에 의해 영향을 받지 않는다. 반면에 수유부의 불소 섭취량은 모유의 불소 수준에 약간 영향을 미치며, 요오드와 셀레늄 섭취량은 모유 내 수준에 현저하게 영향을 미친다.

한편, 모유의 지질 함량이나 지방산 조성은 수유부가 섭취하는 식사의 성질 및 조성에 의해 영향을 받는다. 즉, 저지방식을 섭취한 수유부에서 분비된 모유에는 지질 함량이 낮다. 총 지질 함량이 유사하더라도 채식 위주의 수유부에서 분비된 모유에는 리놀레산이 많으며, 비채식 위주의 수유부에서 분비된 모유에는 팔미트산, 스테아르산 등이 많이 함유되어 있다. 반면, 모유 중 콜레스테롤 함량은 수유부의 콜레스테롤 섭취량에 의해 영향을 받지 않고 일정한 수준을 유지한다.

모유 중 지용성 비타민과 수용성 비타민의 수준은 수유부의 영양상태 및 식사섭취의 영향을 민감하게 받아서, 수유부가 영양결핍 상태인 경우 일반적으로 모유 내 이들 비타민의 수준이 감소한다. 비타민 중에서 엽산은 수유부가 결핍상태에 있어도 모유 중에 적절한 수준을 유지하는 유일한 비타민이다. 그러나 거대적아구성 빈혈과 같이 수유부의 엽산결핍 상태가 심한 경우에는 모유 중의 엽산 수준이 감소하며, 이때 보충제를 복용하면 모유 중 엽산은 거의 정상 수준으로 회복된다그림 3-8.

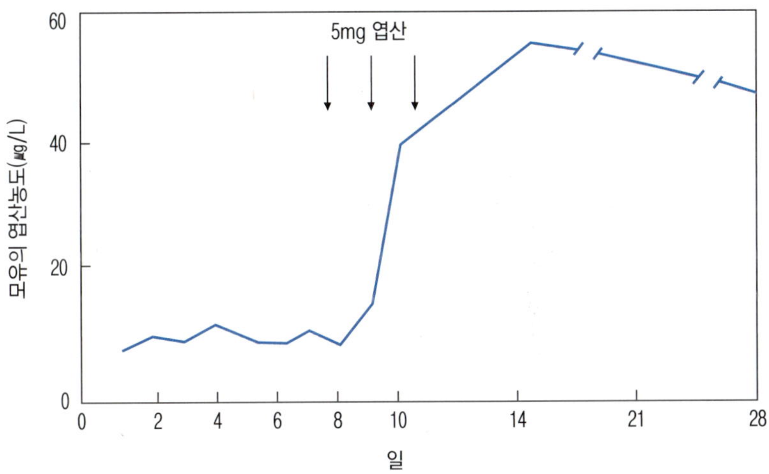

그림 3-8 엽산결핍 수유부에게 엽산 보충 시 모유 내 엽산 함량의 변화

(2) 화학물질 및 중금속

화학물질, 중금속 및 방사능에 의한 공기·물·식품의 오염이 세계적으로 주된 공중보건 문제가 되고 있다. 이들 중 대부분이 소량이어도 모유로 옮겨진다는 사실이 알려졌지만 영아의 건강에 미치는 잠재적인 장·단기 영향에 대해서는 아직 명확하게 밝혀지지 않았다.

주요 화학 오염물질로는 DDT와 같은 농약, 다이옥신, 폴리브로미네이티드 바이페닐PBBs : polybrominated biphenyls, 폴리클로리네이티드 바이페닐PCBs : polychrorinated biphenyls을 포함하는 유기할로겐화합물이 있다. 사람은 먹이사슬에서 가장 우위에 있는 관계로 모유 중 농약 함량은 우유에 비해 더 높게 나타난다.

4. 수유부의 영양소 섭취기준

1) 수유부의 영양소 대사

수유부의 영양소 대사는 모유 생성에 우선순위를 두고 변화가 일어난다. 인체의 유선 조직은 유즙을 단지 소량만 저장할 수 있으므로, 유선상피의 분비세포에서는 계속해서 새로운 모유가 합성된다. 이를 위해 모유 합성에 필요한 수분, 아미노산, 유당, 지질, 비타민, 무기질 및 기타 물질들이 모체의 혈액으로부터 지속적으로 충분히 유선세포에 공급되어야 한다.

모유 생성에 필요한 영양소들은 정상적으로는 수유부가 식품섭취량을 증가시킴으로써 공급되지만, 식사섭취가 부적절한 경우에는 체내에 저장되어 있던 것이 동원되어 이용된다. 따라서 이러한 동원이 지속될 경우 모체의 저장량이 고갈될 수 있다.

(1) 에너지 대사

① 에너지 소비

수유부의 기초대사량은 비수유부에 비해 낮으며, 식사성 발열효과도 감소해 1일 에너지 소비가 적게 일어난다. 또한 개인차가 크기는 하지만 신체활동량도 대부분의 수유부에서 수유기간에 감소하여 활동대사량이 줄어든다. 이는 모유생산에 필요한 에너지를 확보하기 위한 대사적 적응현상이며, 따라서 모유 생산에 추가로 요구되는 에너지는 그리 많지 않다.

② 수유부의 체중 감소와 에너지 소비

개인에 따라 출산 후의 체중 변화는 매우 다양하게 나타난다. 일반적으로 임신 기간에 13kg 정도의 체중이 증가한 경우, 출산과 더불어 태아, 태반 및 양수 등이 차지하던 약 5kg의 체중이 감소한다. 이어서 출산 첫 주에 혈장과 체수분의 감소로 약 2kg의 체중이 추가로 감소한다.

출산 후 첫 6개월 동안에는 매달 0.6~0.8kg의 체중이 감소하여 전체적으로 4.1~4.5kg의 체중 감소가 나타난다. 그 후 12개월까지 계속 체중이 감소하나 그 속도는 한 달에 0.2~0.4kg으로 첫 6개월에서보다는 훨씬 느리다.

모유수유는 산모의 체중 감소에 도움을 줄 수 있는데, 이는 모유 생산에 1일 500~650kcal 정도의 에너지가 필요하기 때문이다. 수유기에는 임신 중에 축적된 체지방이 모유수유에 필요한 에너지로 공급되기 위해 분해되므로 계속 체중이 감소하게 된다**그림 3-9**.

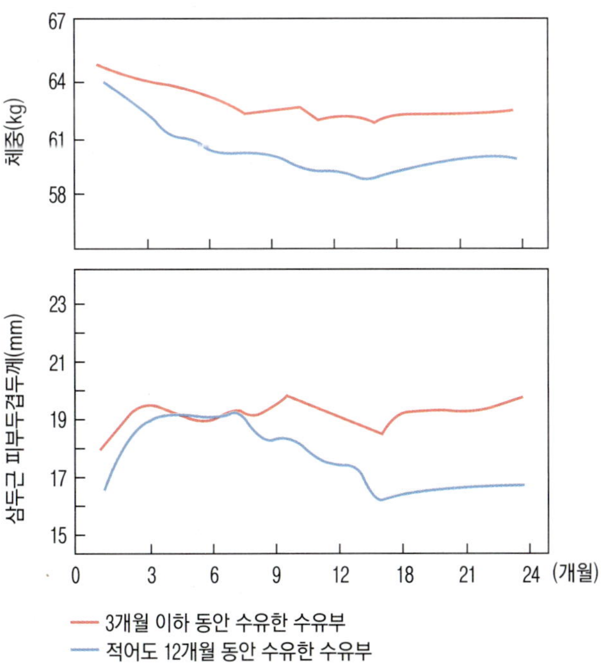

그림 3-9 수유기간별 모체의 체중 감소 및 피부두겹두께의 변화

이러한 체중 감소의 정도와 속도는 수유부가 섭취하는 에너지와 소비하는 에너지의 평형 정도에 따라 달라진다. 수유기간에 에너지 섭취가 많이 증가하지 않는다면 모유 생산을 위한 에너지의 소비로 음(-)의 에너지 평형 상태가 되고, 이 때문에 체지방의 분해가 촉진되어 체중 감소가 일어난다. 그러나 아무리 모유를 수유한다고 해도 에너지 섭취량이 소비량보다 많아 양(+)의 에너지 평형을 이룬다면 체중은 오히려 증가할 수 있다.

(2) 지질과 단백질 대사

모유수유는 유선조직에서 지질 대사를 항진시킨다. 수유기에 다량 분비되는 프로락틴은 유선조직에서 지단백분해효소lipoprotein lipase의 활성을 증가시켜 혈액으로부터 유포로 지방산이 유입되도록 함으로써 지방합성을 촉진한다. 반면, 지방조직에서의 지단백분해효소 활성을 감소시킴으로써 중성지방이 유선에서 이용되도록 한다.

단백질 대사와 관련해서는 수유기간에 유선조직에서의 단백질 대사는 항진되는 반면, 골격근에서의 단백질 대사는 저하되어 근육단백질의 분해율이 낮게 나타난다.

(3) 미량영양소 대사

수유기에는 대부분의 미량영양소에 대한 필요량이 증가하므로 이를 충족시키려는 방향으로 대사 변화가 일어나서 칼슘 등 무기질의 흡수율이 증가한다. 한편 수유기간의 무월경 덕분에 수유부는 철 손실을 줄이고 저장철을 유지시켜 모유 생산에 사용하게 된다.

2) 수유부의 영양소 섭취기준

출생 후 4~6개월이 되면 아기는 몸무게가 태어날 때의 두 배가 되며, 모체는 이러한 아기의 빠른 성장을 뒷받침하기 위해 에너지, 단백질, 지질, 무기질, 비타민 등을 모유를 통해 공급해야 하므로 수유부의 영양 공급이 매우 중요하다.

약간의 예외가 있지만 수유부의 영양소필요량은 임신기보다 더 크며, 사실상 일반적으로 여성의 어느 생애에서보다도 높다. 모유 분비량, 모유 성분조성, 수유시작 시의 모체 영양상태, 모체의 기본적 필요량 등 여러 요인이 수유부의 영양소필요량을 결정하는 데 영향을 미친다.

우리나라 수유부의 영양소 섭취기준 설정 시 수유기간에 따른 구분은 하지 않았다. 모유 분비량은 780mL/일로 간주하여 모유에 함유된 영양소 함량을 모유 분비량에 곱하고, 모유 생산에 사용되는 에너지 이용 증가분, 이용효율 등을 고려하여 수유부의 평균필요량에 대한 추가량을 정하였다. 또한 권장섭취량은 추가 평균필요량에 개인 변이계수를 가산하여 설정한 값으로 추가량을 제시하였다.

(1) 에너지 및 다량영양소

① 에너지

수유부에게 추가로 필요한 에너지는 모유 생산에 필요한 양으로 계산하며, 즉 1일 모유 분비량(780mL)과 모유의 에너지 함량(65kcal/100mL)으로부터 산출한다. 모유 생산을 위해 추가로 필요한 에너지의 일부는 임신 기간에 모체에 저장된 지방조직(2~4kg)에 의해서 공급된다.

따라서 수유부의 추가 에너지필요추정량은 ① 모유로 방출되는 에너지를 510kcal/일(780mL×65kcal/100mL)로 보고, 여기에서 ② 저장 지방조직으로부터 동원되는 잉여 에너지(170kcal/일)를 빼서 340kcal/일로 산출하였다표 3-3.

$$\text{수유부 에너지 추가량} = \overset{①}{510\text{kcal/일}_{(780\text{mL}\times 65\text{kcal}/100\text{mL})}} - \overset{②}{170\text{kcal}} = 340\text{kcal/일}$$

표 3-3 수유부의 체위, 에너지 및 다량영양소 섭취기준

연령 (세)	체중 (kg)	신장 (cm)	에너지 (kcal)	단백질 (g)		식이섬유 (g)	수분 (mL)	
			EER	EAR	RNI	AI	AI	
							액체	총 수분
19~29	55.9	161.4	2,000	45	55	20	1,000	2,100
30~49	54.7	159.8	1,900	40	50	20	1,000	2,000
수유부	-	-	+340	+20	+25	+5	+500	+700

EER(Estimated Energy Requirements) : 에너지필요추정량, EAR(Estimated Average Requirements) : 평균필요량, RNI(Recommended Nutrient Intake) : 권장섭취량, AI(Adequate Intake) : 충분섭취량

자료 : 보건복지부·한국영양학회, 2020 한국인 영양소 섭취기준, 2020

② 단백질

수유부에게 추가로 필요한 단백질은 에너지와 마찬가지로 모유의 단백질 함량(12.2g/L)과 모유 분비량(780mL/일)에 따라 산출한다.

따라서 수유부의 단백질 추가 평균필요량은 ① 하루에 모유로 분비되는 단백질 함량을 9.5g(12.2g/L × 0.78L)으로 보고, ② 모체의 식이단백질이 유즙단백질로 전환되는 효율은 47%로 추산하여 20g/일로 산출하였다. 단백질 추가 권장섭취량은 평균필요량에 ③ 권장량산정계수 1.25를 적용하여 25g/일으로 정하였다.

$$\text{수유부 단백질 추가량} = 20(\overset{①}{9.5\text{g/일}} \div \overset{②}{0.47}) \times \overset{③}{1.25} = 25\text{g/일}$$

(2) 무기질

① 칼슘과 인

수유기에는 모유 분비와 모체의 골격 건강 유지를 위해 칼슘 요구량이 크게 증가한다. 수유기간에는 대체로 골밀도가 감소하는 현상이 나타나는데, 이는 정상적인 생리현상으로서 수유가 끝나면 골 손실이 회복되어 골밀도가 다시 정상 수준으로 되돌아온다. 그러므로 수유부에 대한 추가 필요량은 산정하지 않았으며, 일반 성인 여자의 칼슘 필요량을 그대로 반영하였다**표 3-4**.

그러나 한국 성인 여자의 경우 평균 칼슘 섭취량이 매우 낮은 편이며(1일 약 400mg), 우유나 유제품을 통한 칼슘 섭취가 많지 않을 경우 식사로부터 칼슘 필요량을 충족시키기가 어렵다. 수유부의 칼슘 섭취량이 적다 하더라도 모유 중의 칼슘 수준은 일정하게 유지되는데, 이는 모체의 골격으로부터 칼슘이 동원되어 모유 생성에 이용되기 때문이다. 따라서 수유기의 부적절한 칼슘 섭취는 골밀도에 악영향을 미칠 수 있다.

수유 중에는 식사를 통한 인 섭취량과 상관없이 뼈의 재흡수 증가와 소변 중 인의 배설량 감소에 의해 모유로 배출되는 인 필요량을 공급할 수 있다고 추정된다. 따라서 수유부의 인 권장섭취량은 일반 성인 여자에 준하여 700mg으로 설정하였다.

표 3-4 수유부의 무기질 섭취기준

구분 / 연령(세)	칼슘 (mg)			인 (mg)			나트륨 (mg)		염소 (mg)	칼륨 (mg)	마그네슘 (mg)			철 (mg)		
	EAR	RNI	UL	EAR	RNI	UL	AI	CDRR	AI	AI	EAR	RNI	UL*	EAR	RNI	UL
19~29	550	700	2,500	580	700	3,500	1,500	2,300	2,300	3,500	230	280	350	11	14	45
30~49	550	700	2,500	580	700	3,500	1,500	2,300	2,300	3,500	240	280	350	11	14	45
수유부	+0	+0	2,500	+0	+0	3,500	1,500	2,300	2,300	+400	+0	+0	350	+0	+0	45

구분 / 연령(세)	아연 (mg)			구리 (μg)			불소 (mg)		망간 (mg)		요오드 (μg)			셀레늄 (μg)			몰리브덴 (μg)			크롬 (μg)
	EAR	RNI	UL	EAR	RNI	UL	AI	UL	AI	UL	EAR	RNI	UL	EAR	RNI	UL	EAR	RNI	UL	AI
19~29	7	8	35	500	650	10,000	2.8	10	3.5	11	95	150	2,400	50	60	400	20	25	500	20
30~49	7	8	35	500	650	10,000	2.7	10	3.5	11	95	150	2,400	50	60	400	20	25	500	20
수유부	+4.0	+5.0	35	+370	+480	10,000	+0	10	+0	11	+130	+190		+9	+10	400	+3	+3	500	+20

*식품 외 급원의 마그네슘에만 해당

EAR : 평균필요량, RNI : 권장섭취량, UL : 상한섭취량, AI : 충분섭취량, CDRR : 만성질환 위험감소 섭취량

자료 : 보건복지부·한국영양학회, 2020 한국인 영양소 섭취기준, 2020

② 철

수유기간에 매일 모유를 통해 손실되는 철은 약 0.3mg이다. 많은 여성이 수유기간에는 무월경을 경험하며, 따라서 월경에 의한 철 손실(평균 0.5mg/일)을 피하게 된다. 즉 무월경인 수유 여성은 수유하지 않고 월경을 하는 여성에 비해 철 필요량이 적지만, 임신기의 철손실을 회복하기 위한 양이 필요한 것으로 간주하여 성인 여자와 동일하게 산정하였다.

③ 아연

수유기간에 모유를 통해 분비되는 양(1.72mg/일)과 식사를 통한 아연 흡수율(40%)을 고려해 추가 평균필요량을 4mg으로 하고, 여기에 변이계수를 10%로 적용하여 추가 권장섭취량은 5mg으로 정하였다.

(3) 비타민

① 지용성 비타민

수유부의 비타민 A 섭취기준은 모유 내 비타민 A 함량을 42.3μgRAE/100mL로 간주하여 350μgRAE를 추가 평균필요량으로 정하였으며, 여기에 20%의 변이계수를 고려해서 추가 권장섭취량은 490μgRAE로 설정하였다**표 3-5**.

수유기간에 충분한 비타민 D의 섭취는 칼슘 평형을 유지하는 데 중요하다. 모유는 적은 양의 비타민 D를 함유(평균 0.63~1.25μg/L)하고 있지만, 영아의 구루병 예방을 위하여 비타민 D의 충분한 섭취가 요구된다. 현재까지의 연구결과 수유부에서의 비타민 D 충분섭취량이 일반여성과 다르다는 근거가 없으므로, 수유부의 경우 추가 섭취량 없이 성인 여자와 동일하게 설정하였다.

비타민 E의 경우 비타민 A와 같이 모유로 분비되는 양을 고려해 산출하였다. 모유로 분비되는 비타민 E는 1일 평균 3.0(2.3~4.0)mg α-TE이므로 이를 추가 충분섭취량으로 정하였다.

표 3-5 수유부의 비타민 섭취기준

구분 / 연령(세)	비타민 A (μgRAE)			비타민 D (μg)		비타민 E (mg α-TE)		비타민 K (μg)	비타민 C (mg)			티아민 (mg)	
	EAR	RNI	UL	AI	UL	AI	UL	AI	EAR	RNI	UL	EAR	RNI
19~29	460	650	3,000	10	100	12	540	65	75	100	2,000	0.9	1.1
30~49	450	650	3,000	10	100	12	540	65	75	100	2,000	0.9	1.1
수유부	+350	+490	3,000	+0	100	+3	540	+0	+35	+40	2,000	+0.3	+0.4

구분 / 연령(세)	리보플라빈 (mg)		니아신 (mgNE)[1]				비타민 B_6 (mg)			엽산 (μgDFE)[4]			비타민 B_{12} (μg)		판토텐산 (mg)	비오틴 (μg)
	EAR	RNI	EAR	RNI	UL[2]	UL[3]	EAR	RNI	UL	EAR	RNI	UL[5]	EAR	RNI	AI	AI
19~29	1.0	1.2	11	14	35	1,000	1.2	1.4	100	320	400	1,000	2.0	2.4	5	30
30~49	1.0	1.2	11	14	35	1,000	1.2	1.4	100	320	400	1,000	2.0	2.4	5	30
수유부	+0.4	+0.5	+2	+3	35	1,000	+0.7	+0.8	100	+130	+150	1,000	+0.3	+0.4	+2	+5

[1] 1mg NE(니아신 당량)=1mg 니아신=60mg 트립토판, [2] 니코틴산(mg/일), [3] 니코틴아미드(mg/일), [4] Dietary Folate Equivalents. 가임기 여성의 경우 400μg/일의 엽산보충제 섭취를 권장함, [5] 엽산의 상한섭취량은 보충제 또는 강화식품의 형태로 섭취한 μg/일에 해당됨

EAR : 평균필요량, RNI : 권장섭취량, UL : 상한섭취량, AI : 충분섭취량

자료 : 보건복지부 · 한국영양학회, 2020 한국인 영양소 섭취기준, 2020

비타민 K는 수유부와 비수유부의 섭취량 및 체내 보유수준이 비슷하고, 모유 내 비타민 K 농도는 매우 미미한 수준이며, 모유 내 비타민 K 함량이 수유부의 식사에 따른 영향을 거의 받지 않으므로 추가 섭취량을 산정하지 않았다.

② 수용성 비타민

모유에는 비타민 C가 매우 풍부하게 들어 있어서, 하루에 모유로 분비되는 비타민 C의 함량은 30~45mg이다. 이로부터 수유부를 위한 추가의 평균필요량과 권장섭취량은 각각 35mg, 40mg으로 정하였다.

모유로 분비되는 양 및 모유 생산에 요구되는 에너지 이용 증가로 모체의 티아민, 리보플라빈 및 니아신의 필요량은 30~50% 정도 증가한다. 따라서 이를 고려하여 수유부의 추가 평균필요량은 각각 0.3mg, 0.4mg, 2.0mgNE로 설정하였고, 여기에 변이계수(티아민 10%, 리보플라빈 10%, 니아신 15%)를 고려해서 추가 권장섭취량은 각각 0.4mg, 0.5mg, 3.0mgNE로 정하였다.

비타민 B_6는 하루에 모유로 분비되는 양(0.1~0.25mg/L)과 수유기에 발생하는 추가 단백질 대사에 필요한 양(0.4mg/일)을 고려해 추가 평균필요량을 0.7mg으로 정하였으며, 추가 권장섭취량은 변이계수를 고려해 0.8mg으로 산정하였다.

엽산의 경우 하루에 모유로 분비되는 양이 65μg 정도이고, 섭취한 엽산의 흡수율이 50% 정도이므로 추가 평균필요량은 130μgDFE로 정하였고, 추가 권장섭취량은 변이계수를 고려해 150μgDFE로 산정하였다.

(4) 수분

모유는 약 87%가 수분으로 되어 있으며, 따라서 모유를 통한 수분 손실량은 1일 약 700mL이므로, 이를 수유부의 추가 충분섭취량으로 하였다. 한편, 수유부에게 추가로 권장되는 에너지(340kcal/일)의 섭취에 따라 음식을 통해서 추가로 수분을 섭취(약 200mL/일)할 수 있으므로, 순수하게 물과 음료 및 우유를 통해 섭취를 부가해야 하는 양은 약 500mL/일로 추정되었다.

5. 수유 관련 문제

1) 수유부 및 영아의 질병

(1) 수유부 질병

모유수유를 할 수 없는 질병은 매우 적으며 모체의 항암치료, 방사성 동위원소 사용 및 에이즈 감염 이외에 절대적인 금기는 없다고 볼 수 있다. 그러나 질환에 따라 급성기에 일시적으로 모유수유를 중단하거나 모유를 짜서 먹여야 하는 경우가 있으므로 개별적으로 질병에 따라 대처해야 한다.

① 간염

모체가 B형 간염 보균자인 경우 출생 후 12시간 이내에 면역글로불린 투여와 간염예방접종을 적절히 실시하면 모유수유가 가능하며, 모유수유를 한다고 해서 아기가 B형 간염에 걸릴 확률이 증가하지는 않는다.

② 당뇨병

당뇨병이 있는 수유부도 성공적으로 모유수유를 할 수 있다. 모체가 당뇨병이 있는 경우, 모유를 수유하면 혈액 중의 포도당이 유포에서 적극적으로 이용되어 오히려 혈당조절에 도움이 되며 인슐린 투여량도 줄일 수 있다. 인슐린을 투여해도 모유로 분비되거나 아기에게 문제가 되지 않는다. 그러나 모체는 임신과 출산 시 혈당조절이 잘되도록 관리에 주의를 기울여야 한다.

(2) 영아 질병

① 모유황달

황달은 보통 출생 후 2~3일째에 발생하게 되는데 정상 신생아의 약 60%, 미숙아의 약 80%에서 나타나며, 생후 1~2주경에 사라진다. 모유를 먹는 아기는 그렇지 않은 아기에 비해 황달이 더 잘 나타나는데, 이를 모유황달이라고 한다. 생후 2~5일에 발생하여 일시적(10일 정도)으로 지속되는 조기 모유황달은 모유 자체의 문제라기보다는 모유수유가 충분하지 않아서 생긴 탈수나 에너지 섭취 감소 때문에 발생한다. 따라서 이때는 모유를 중단할 것이 아니라 오히려 더 많이 섭취해야 하며, 출생 후에 되도록 빨리 모유수유를 시작하고 하루 8~12회 이상 자주 충분히 수유하도록 한다.

반면, 생후 7~10일에 발생하는 후기 모유황달은 모유 중에 빌리루빈의 배설을 늦추는 요인이 있어서 발생하는 것으로 추정되며, 증상이 3주 이상 지속되기도 한다. 이런 경우에도 대부분은 젖을 끊지 않고 모유수유를 지속하는데, 심한 황달에서는 치료 목적으로 1~2일간 모유를 중단하기도 한다. 모유 대신 조제유를 제공해서 황달이 진정되면 다시 모유수유를 시작한다. 모유수유를 제한하는 동안에도 젖을 짜내 모유생성이 계속 유지되도록 해야 한다.

② 선천성 대사질환

영아가 선천성 대사질환인 갈락토오스혈증galactosemia인 경우 모유를 수유할 수 없으며, 갈락토오스를 제거한 특수 조제유를 공급해야 한다. 한편 페닐케톤뇨증phenyketonuria의 경우에는 모유 내 페닐알라닌 함량이 낮으므로 모유수유가 가능하다. 따라서 부분적으로 모유를 조금씩 먹이면서 특수 조제유를 사용하도록 하며, 혈중 페닐알라닌 농도를 규칙적으로 관찰한다.

③ 구순열과 구개열

구순열(입술갈림증)과 구개열(입천장갈림증)은 얼굴이 형성되는 임신 초기에 입술 및 입천장의 불완전한 봉합에 의해 생기는 흔한 선천성 기형이다. 이런 경우 입술 혹은 입천장에 틈이 있어 영아가 젖을 빨기 어려우므로, 대부분은 조제유를 사용하지만 어느 정도의 적응 과정을 거치면 모유수유도 가능하다.

구순열의 상태에서는 모유수유 시 유두 위로 아기의 갈라진 입술 틈이 오도록 하여 엄지손가락으로 틈을 덮으면서 누르면 틈이 막혀 수유에 도움을 줄 수 있다. 구개열의 영아에서는 입과 코가 서로 통해 있어 젖을 먹는 동안 모유가 코로 역류하거나 중이염이 발생할 수 있으므로 수유 시 더욱 각별한 주의가 필요하다.

수유 시 아기를 45° 이상으로 안는 자세를 취하며, 아기는 정상아에 비하여 많은 양의 공기를 삼키게 되므로 자주 트림을 시키는 것이 중요하다. 입과 코 사이의 틈을 막아주는 구강 내 장치를 적절히 이용하면 영아가 더 수월하게 젖을 빨 수 있다.

2) 유방 관련 문제

(1) 유방울혈과 유두 통증

분만 후 1주일 동안 모유 분비량이 늘어나면서 여분의 혈액과 림프액이 유방으로 들어와 흔히 젖몸살이라고 부르는 유방울혈이 나타날 수 있다. 유방에 울혈이 생기면 모유 분비가 잘되지 않으며, 그 결과 부종이 더 심해져서 유방이 화끈거리고 단단해지며 통증이 생긴다. 따뜻한 찜질과 마사지로 증상을 완화할 수 있으며, 가장 좋은 방법은 울혈이 나타나기 전인 분만 직후부터 하루 8~12회 정도로 자주 수유하는 것이다. 증상이 심한 경우에는 젖을 약간 짜주어 유륜을 부드럽게 만들어 아기가 젖을 물기 쉽도록 한 후 수유하도록 한다.

수유부가 호소하는 고통 중의 하나는 유두가 헐고 아픈 것이다**표 3-6**. 수유 시 발생하는 유두 통증의 대부분은 잘못된 젖물리기 자세 때문이며, 유두가 빨갛게 변하고 갈라지며 통증이 심하게 나타난다. 따라서 이러한 문제를 예방하려면 올바른 수유자세로 아기에게 유륜까지 깊숙이 젖을 물리도록 하는 것이 중요하고, 자주 모유를 수유하여 아기가 배고픔 때문에 너무 세게 젖을 빨지 않도록 한다. 모유수유 후 유두 통증이 발생한 부위에 모유를 한두 방울 바르고 건조시키면 좀 더 효과적으로 상처를 치유할 수 있다.

표 3-6 모유수유 시의 힘든 점

종류	응답 빈도(%)
유두가 헐고 아픔	157(37.1)
젖 먹이는 자세가 힘듦	182(43.0)
배가 자주 고픔	114(27.0)
졸리고 매우 피곤함	95(22.5)
허리가 아픔	147(34.8)
다리가 결림	72(17.0)

자료 : 보건복지부, 2000

(2) 유두 함몰

함몰유두란 수유를 하거나 유륜을 눌렀을 때 유두가 튀어나오지 않고 배꼽처럼 함몰되는 경우를 말하며, 여성에서 드물게 나타난다. 아기가 엄마의 젖을 물 때는 젖꼭지를 무는 것이 아니라 유륜 전체를 물기 때문에 함몰유두라도 모유수유를 하는 데는 대부분 아무런 문제가 없다.

함몰유두를 교정하기 위해 출산 전에 함몰유두 교정기를 착용하거나 호프만Hoffman씨 교정운동 등을 실시하는 방법이 사용되어 왔으나 대체로 효과가 없는 것으로 알려져 최근에는 사용이 권장되지 않는다. 특히 조기분만의 위험이 있는 경우, 출산 전에 유두에 어떤 자극도 가해서는 안 된다.

그러므로 출산 시까지 기다렸다가 출산 이후 바른 수유자세로 유륜까지 깊숙이 젖을 물려 수유하도록 하며, 이때 손이나 유축기로 젖을 약간 짜주어서 아기가 쉽게 젖을 물 수 있도록 하면 좋다. 또한 수유하기 전에 수 분 동안 유축기나 가벼운 흡인기구를 사용하여 유두를 돌출시키면 젖 물리기가 수월하다. 예로서, 주사기를 이용하는 방법이 있는데 주사기(10~20mL)의 앞을 자른 후 거꾸로 피스톤을 끼워서 유두에 대고 조심스럽게 빨아주면 유두가 앞으로 나오게 되며, 이 방법은 단순하고 비용이 별로 들지 않으면서도 쉽게 할 수 있어 함몰유두 교정에 도움이 된다.

유방 모양과 모유수유

젊은 여성들은 수유를 하면 유방이 커지고 늘어질까봐 걱정하며, 이 때문에 특히 몸매에 관심이 많은 여성에서 수유를 기피하는 경향이 많이 나타난다. 실제로 분만 직후 유방은 아주 커지고 무거워지나 수유를 중단하고 충분한 영양과 운동으로 잘 관리하면 임신 전의 크기와 모양으로 되돌아간다.

또한 요즘 미용을 목적으로 가슴 확대 성형을 하는 여성이 늘고 있다. 가슴 성형 시 절개 부위가 어디냐에 따라 모유수유 가능 여부가 결정되는데, 최근 일반적으로 사용되는 수술방법으로는 모두 수유가 가능하다. 가슴 확대를 위해 사용되는 보형물은 가슴조직의 두께에 따라 가슴근육의 아래 혹은 위에 위치하도록 삽입되며, 따라서 유선조직에는 직접적인 영향을 미치지 않으므로 수술 자체가 모유수유에 지장을 초래하지는 않는다.

3) 기호식품과 약물 복용

(1) 흡연

임신 중 흡연한 모체에서 태어난 영아는 비흡연 모체의 영아보다 출생 시 체중이 200g 정도 적다. 이들 체중이 적은 영아는 일반적으로 모유의 필요량(섭취량)이 적으므로 흡연 여성의 모유 분비량을 적게 하는 요인이 될 수 있다.

수유기 흡연은 몇 가지 경로를 통해 모유 생성량을 감소시킨다. 심한 흡연(하루 15개비 이상 흡연)은 분만 초기 혈중 프로락틴 수준을 30~50%까지 떨어뜨린다. 또한 흡연은 아드레날린 방출을 자극하는데, 이것은 뇌하수체에서 옥시토신의 방출을 억제한다. 프로락틴과 옥시토신의 분비저하로 모유 생성량이 감소하므로, 흡연 수유부에서는 일찍 젖을 떼게 되는 상황이 발생한다. 실제로 같은 사회경제적인 집단 내에서 비흡연 수유부에 비해 흡연 수유부는 분만 후 2~3개월의 모유수유율이 더 낮게 나타난다그림 3-10.

담배연기에는 니코틴이 많으며 니코틴과 그 대사산물이 모체의 혈액으로부터 모유로 쉽게 이행된다. 흡연 후 니코틴 수준은 모체의 혈중보다 모유에서 더 높을 수 있으며, 시간이 경과하면서 양쪽의 니코틴 수준은 감소하지만 니코틴의 반감기는 혈액에서보다 모

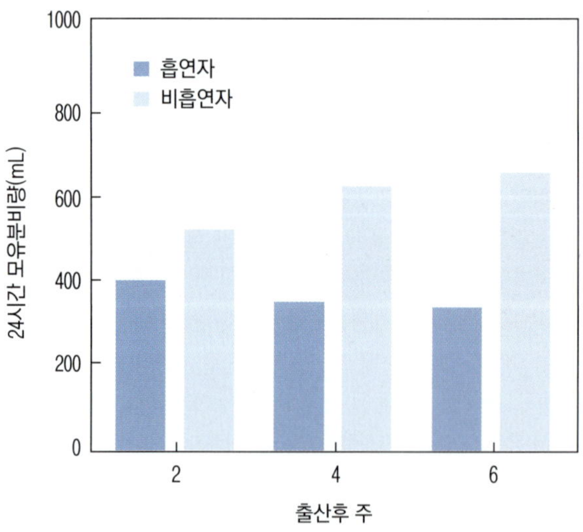

그림 3-10 흡연이 모유 분비량에 미치는 영향

유에서 더 길다(90분 이상). 따라서 모유수유 중 심한 흡연은 영아에게 니코틴 중독을 일으킨다. 또한 담배연기 중 발암물질이 수유하는 동안 모유에 이행될 수 있다. 이처럼 흡연은 모체와 영아에게 잠재적인 부작용을 초래하므로 수유 중의 여성에게는 금연을 권장하고 있다.

(2) 음주

수유기간에 소량의 알코올을 가끔 섭취하는 것은 모유 분비에 큰 지장을 초래하지 않으며 모체의 긴장을 이완시키는 효과가 있지만, 다량의 알코올은 영아의 성장·발달에 심각한 부작용을 초래할 수 있다.

알코올은 뇌하수체에서 옥시토신의 분비를 억제하여 모유 방출을 저해한다. 이는 영아의 모유 섭취량을 감소시키는 결과를 초래하여 영아의 성장이 지연되며 모유수유 기간도 단축된다.

알코올의 주요 대사물인 아세트알데히드는 유선 상피세포를 통과하지 못해 모유로 분비되지 않지만, 에탄올은 수용성이므로 수동확산을 통해 쉽게 모유로 들어가서 알코올 섭취 후 30~60분 내에 수유부의 혈액 농도와 비슷한 수준까지 도달한다. 모유 및 혈액으로부터 알코올이 제거되는 속도는 서로 비슷하며, 모체의 알코올 수준이 감소함에 따라 모유 내 알코올 수준도 감소한다**표 3-7**.

표 3-7 수유부의 체중에 따른 음주 후 모유 내 알코올 수준이 0에 도달하는 데 걸리는 시간(시 : 분)

수유부 체중(kg)	1잔	3잔	5잔	7잔
45	1 : 54	5 : 45	9 : 36	13 : 27
50	1 : 51	5 : 35	9 : 18	13 : 03
54	1 : 46	5 : 26	9 : 05	12 : 42
59	1 : 42	5 : 09	8 : 36	12 : 02
63	1 : 38	4 : 46	8 : 13	11 : 30
68	1 : 35	4 : 47	8 : 00	11 : 12

모유를 통해 알코올에 노출된 영아는 졸음 증상이나, 수면패턴이 바뀌어 능동적 수면 active sleep 단계가 짧아지는 증상이 나타난다. 수유부의 만성적인 과다음주는 혈중 코르티솔 수준을 높여서 영아에게 쿠싱증후군과 유사한 증상(가성 쿠싱증후군pseudo-cushing syndrome), 즉 작은 키에 비만이면서 달덩이처럼 동그란 얼굴의 특징이 나타나며, 수유부가 알코올 섭취를 중단하면 이러한 증상이 회복된다. 또한 모체의 지나친 알코올 섭취 시 영아의 운동기능 발달이 지연될 수 있다.

그러므로 모유수유 중에는 가능하면 술을 마시지 않는 것이 좋다. 간혹 가볍게 한 잔 하고자 할 경우에는 수유 직후에 하는 것이 가장 안전하며, 음주 후에는 적어도 2~3시간의 간격을 두고 수유하도록 한다.

(3) 커피 및 카페인 섭취

모체가 섭취하는 카페인(커피, 차, 청량음료, 초콜릿 및 약에서 유래하는)의 약 10%가 모유로 수송되며, 모유 내 농도는 모체 혈장 농도의 50~80% 정도이다. 영아는 카페인을 대사하는 속도가 성인보다 무척 느리며, 따라서 빈번한 카페인 섭취는 영아의 체내에 카페인 축적을 유발하여 흥분 및 각성 상태에 빠지게 한다. 하루 한두 잔 정도의 커피나 청량음료를 섭취하는 것은 모유 중 카페인 수준을 높이지 않아 영아에게 큰 영향을 미치지는 않는다.

(4) 약물 복용

수유부는 수유기간에 약물을 복용하는 것이 아기에게 안전한지의 여부에 대해 걱정을 많이 하게 되며, 이 때문에 실제로 약을 먹지 않거나 경우에 따라서는 모유수유를 중단하는 경우가 발생하기도 한다.

수유부가 섭취하는 약물은 대부분 극히 적은 양(1% 미만)이지만 모유를 통해서 아기에게 전달되는데, 그 양이 아주 미량이므로 대개 아기에게 영향을 주는 일은 거의 없다. 그러므로 흔히 쓰이는 항생제와 감기약, 해열제는 대부분 안전하게 모유수유 중에 사용할 수 있다. 그러나 복용했을 때 부작용을 일으키는 약도 있으므로 모유수유 중 약물 사용의

⌛ 모유수유를 하는 영아에서 성장장애가 있는 경우의 진단 흐름도

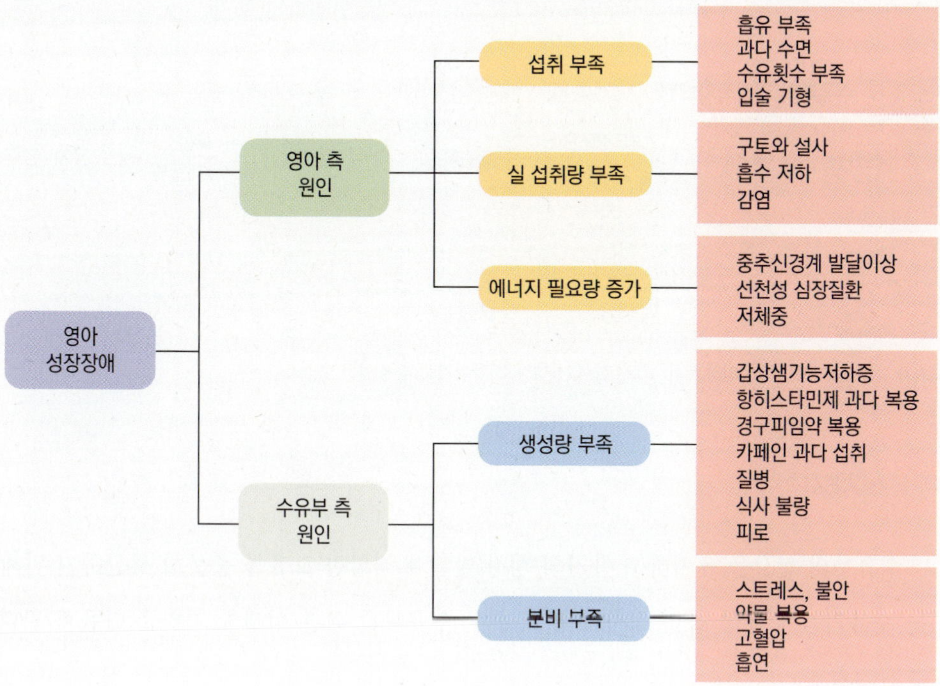

결정은 신중하게 고려되어야 한다. 반드시 의사에게 모유수유 중임을 알리고, 각 질환이나 상태에 따라 복용이 가능한 약들을 의사와 상의하여 처방받도록 한다.

6. 수유부의 식생활관리

1) 식사구성

수유기에 모유 생산을 위해 추가로 요구되는 에너지와 영양소의 필요량을 충족시키면서 영양소 섭취의 균형을 이루려면 대체로 일반 성인 여자에 비하여 곡류의 섭취를 0.5회 정도 늘리고, 고기·생선·달걀·콩류와 우유·유제품류를 각각 1회 정도 더 섭취하도록

한다. 즉, 식사구성으로 볼 때 곡류는 1일 3.5회, 고기·생선·달걀·콩류는 4~5회, 채소류는 8회, 과일류는 2회, 우유·유제품류는 2회 정도 섭취하는 것이 바람직하다표 3-8.

표 3-8 수유부의 권장식사패턴

(회/일)

대상	곡류	고기·생선·달걀·콩류	채소류	과일류	우유·유제품류	유지·당류
19~29세 (2,300kcal)	3.5	5	8	2	2	6
30~49세 (2,200kcal)	3.5	4	8	2	2	6

자료 : 보건복지부·한국영양학회, 2020 한국인 영양소 섭취기준 활용연구, 2021

2) 식사지침

수유부의 건강을 유지하고 아기의 성장 발달에 적합한 모유를 충분히 생산하기 위해서는 수유기간에 균형 잡힌 식사가 필요하다. 수유부를 위한 식생활 지침은 다음과 같다그림 2-13 참조.

- 칼슘의 섭취를 위해 우유를 매일 3컵 이상 마시며 요구르트, 치즈, 뼈째 먹는 생선 등을 자주 먹는다.
- 양질의 단백질 섭취를 위해 살코기, 콩제품, 달걀, 생선, 특히 등푸른생선 등을 충분히 섭취한다.
- 다양한 채소와 과일을 먹는다.
- 수분을 충분히 섭취한다.
- 커피, 콜라, 녹차, 홍차, 초콜릿 등 카페인 함유 식품을 적게 먹는다.
- 술은 절대로 마시지 않는다.
- 자극적인 음식은 피하고 싱겁게 먹는다.

3) 수유지침

- 모유수유의 이점과 가치를 충분히 알고 자긍심을 갖는다.
- 모유수유 방법을 구체적으로 알아둔다.
- 모유수유는 적어도 생후 1년까지 계속한다.
- 아기가 6개월 정도 되면 이유식을 시작한다.
- 수유부가 저체중일 때 체중 증가에 힘쓴다.

⌛ 수유부의 모유 분비 촉진 방안

- 모체의 육체적 · 정신적 과로를 피하며 마음의 평안을 유지한다.
- 자신의 유즙 분비능력에 자신감과 긍지를 가진다.
- 에너지 · 단백질 함량이 많은 음식과 충분한 수분을 섭취한다.
- 수유 후 유방을 완전히 비운다.
- 유방을 온습포로 마사지한다.
- 약물 사용은 자제한다.
- 금연하고, 음주를 자제한다.
- 오염물질에 노출되지 않도록 한다.

4) 과체중 수유부의 지도

수유에 따른 에너지 소비량보다 섭취량이 부족하면 임신 기간에 늘어난 체지방이 부족한 에너지를 보충하기 위해 동원되므로 체중이 감소하게 된다. 과체중 수유부에서 한 달에 2kg 정도까지의 체중 감량은 부작용을 나타내지 않으나, 이보다 심한 급속한 체중 감량은 모유 생산에 장애를 줄 수 있으므로 바람직하지 않다.

따라서 모유수유 기간에 하루 1,500kcal 미만을 섭취하는 것은 피하도록 하며, 에너지를 제한하되 단백질과 미량영양소의 섭취가 줄어들지 않도록 식사의 질에 신경 써야 한다.

에너지소비량을 증가시키기 위해 육아나 가사 및 운동 같은 육체적 활동을 늘리는 것이 바람직하며, 체중 감량을 위한 약제의 사용은 피한다.

5) 운동 지도

출산 후의 적당한 운동은 임신 기간에 증가된 체중을 감소시키는 데 도움이 된다. 운동에 의해 에너지 소비가 증가하면 식품 섭취량도 증가하여 여러 영양소를 공급할 수 있게 된다. 또한 운동은 수유부에게 심리적인 안정감을 주고 스트레스를 완화한다.

처음에는 가벼운 운동으로 시작하여 점차 운동량을 늘려가도록 하며, 특별한 운동을 하는 것이 힘들 경우에는 가벼운 산책을 하는 것도 도움이 된다. 운동할 때에는 유방을 보호하기 위해 브래지어를 제대로 착용하는 것이 중요하다. 또한 운동 전이나 운동 중에 수분을 충분히 섭취하도록 한다.

CHAPTER

4

영아 영양

1. 영아 영양의 특성
2. 영아의 신체 성장
3. 영아의 기능 발달
4. 영아의 영양소 섭취기준
5. 모유와 조제유 수유
6. 이유식
7. 영아의 영양문제
8. 영아의 식생활관리
9. 미숙아 영양

영아기는 신체적 성장과 모든 기관의 발달이 활발하게 일어나는 시기이다. 이 시기의 충분한 영양 공급은 정상적인 성장과 장래 성인 건강의 기초가 되므로 특히 중요하다. 영아의 생리적 · 심리적 특성을 고려한 영양관리 및 지도가 필요하다.

1. 영아 영양의 특성

영아기는 생후 1년간을 이르며, 일반적으로 생후 1개월까지를 신생아기라고 한다. 영아기는 일생 중 성장이 가장 왕성하게 일어나며, 특히 뇌의 성장과 발달이 현저하게 이루어지는 시기이다. 한편 소화·흡수 기능이 미숙하고 면역력이 약하며, 환경 변화에 대한 적응력도 매우 낮은 시기이다. 이 시기의 적절한 영양 공급은 영아의 성장·발달뿐 아니라 이후의 성장과 건강에 직결된다. 이 시기의 영양부족은 각 기관의 발달에 치명적인 영향을 줄 수 있다.

영아기 중 신생아기는 모체의 태반과 제대를 통한 영양 공급으로부터 자립해서 입으로 영양을 섭취하는 일대 혁신기이다. 영아기의 전반은 주로 유즙에 의해 영양을 섭취하는 시기이며, 영아기의 후반은 유즙과 함께 다른 음식에 의한 영양으로 이행하는 시기, 즉 이유기이다. 영아를 위한 영양관리가 중요하므로 영양소 공급에 부족함이 없도록 해야 하고, 식품의 선택과 조리 및 음식섭취 방법 등에 각별한 주의를 기울여야 한다.

영아기는 바람직한 식습관과 식생활의 확립을 위해 매우 중요한 시기이다. 이 시기에 모유영양 또는 인공영양, 그리고 이유기의 이유방법에 따라 영아의 식습관과 발육 형태가 달라지기 때문이다. 영아의 발육은 선천적 요인 및 후천적 환경 소선에 따라 개인차가 크게 나타난다. 발육 및 영양상태 평가는 신체발육표준치나 발육곡선을 이용하고 있지만, 영아의 신체 크기가 크고 작은 것만으로 영양상태를 평가할 수는 없다. 아기가 계속 자신의 성장패턴과 신체적 기능을 계속 유지하도록 영아의 발육 경과를 관찰하면서 적절한 식사를 공급하는 것이 중요하다.

영아 영양의 의의는 영아의 정상적 성장상태와 기관과 조직의 생리적 발달을 이해하고 영양관리를 할 수 있도록 하는 것이다. 영아의 영양소 작용과 영양필요량을 파악하여 영아의 영양 공급에 활용하고, 영아의 정상적 성장·발달을 도모해야 한다. 그리고 영아의 영양부족과 결핍, 질병 등을 예방하고 치료하는 데 활용하도록 한다.

2. 영아의 신체 성장

영아의 신체 성장은 체중, 신장, 머리둘레(두위), 가슴둘레(흉위)와 같은 형태학적 성장뿐만 아니라 각 기관과 조직의 크기가 증식되는 것을 포함한다. 또한 대사에 의한 질소, 칼슘 등의 축적이 일어나는 화학적 성장도 포함한다. 이러한 신체 성장과 더불어 각 조직과 기관의 기능 발달이 일어나게 된다.

1) 신체 성장

우리나라 영아의 신체적 성장의 기준은 대한소아과학회가 2017년에 발표한 발육표준치와 같다**표 4-1**.

(1) 신장

신생아의 평균 신장은 남아 49.9cm, 여아 49.1cm이며 대부분 46~56cm의 범위 내에 있다. 출생부터 3개월까지의 신장 증가율은 빨라서 약 10cm가량 성장하며, 생후 1년이 되면 출생 시 신장의 약 1.5배 정도가 된다. 체중 증가율과 비교하면 신장 증가율은 낮은 편이다. 신장의 성장속도는 개인차가 많으며, 계절적 요인에 의해 영향을 받는다. 한편 신장의 성장은 체중에 비해 영양의 영향을 적게 받으며 유전, 생활환경과 밀접한 관련이 있다.

(2) 체중

신생아의 출생 시 체중은 남아는 평균 3.3kg, 여아는 3.2kg으로 남아가 여아보다 약간 무겁다. 일반적으로 출생 후 3~5일이 경과하면 신생아 체중이 출생 시보다 5~10%가량 감소한다. 태변, 요의 배설, 폐 및 피부로부터 수분 손실이 일어나기 때문이다. 그 후 수유량의 증가로 체중이 증가하여 생후 7~10일경에는 다시 출생 시 체중으로 회복된다. 그 이후부터는 체중이 빠른 속도로 증가하여 3개월에는 출생 시 체중의 약 2배가 되고, 1년 뒤에는 약 3배 증가한다.

표 4-1 한국 영아의 신체발육표준치

연령(개월)	남아			여아		
	신장(cm)	체중(kg)	머리둘레(cm)	신장(cm)	체중(kg)	머리둘레(cm)
출생 시	49.9	3.3	34.5	49.1	3.2	33.9
1	54.7	4.5	37.3	53.7	4.2	36.5
2	58.4	5.6	39.1	57.1	5.1	38.3
3	61.4	6.4	40.5	59.8	5.8	39.5
4	63.9	7.0	41.6	62.1	6.4	40.6
5	65.9	7.5	42.6	64.0	6.9	41.5
6	67.6	7.9	43.3	65.7	7.3	42.2
7	69.2	8.3	44.0	67.3	7.6	42.8
8	70.6	8.6	44.5	68.7	7.9	43.4
9	72.0	8.9	45.0	70.1	8.2	43.8
10	73.3	9.2	45.4	71.5	8.5	44.2
11	74.5	9.4	45.8	72.8	8.7	44.6
12	75.7	9.6	46.1	74.0	8.9	44.9
15	79.1	10.3	46.8	77.5	9.6	45.7
18	82.3	10.9	47.4	80.7	10.2	46.2
21	85.1	11.5	47.8	83.7	10.9	46.7
24	87.1	12.2	48.3	85.7	11.5	47.2
36	96.5	14.7	49.8	95.4	14.2	48.8

자료 : 질병관리본부·대한소아과학회, 2017

체중은 골격, 근육, 피하지방의 양 등을 종합적으로 나타내며, 신장과 함께 성장의 척도로 이용될 뿐만 아니라 영양상태의 평가에 중요한 지표가 된다. 영양상태를 판정할 때는 체중과 신장을 함께 고려해야 하지만, 주로 체중과 그 증가량의 정도를 본다.

(3) 머리둘레(두위)

출생 시의 머리둘레는 평균 약 34cm로 남아가 여아보다 약간 크며, 앉은키와 거의 비슷하고 가슴둘레보다 크다. 따라서 아기의 머리는 신체 중 가장 큰 부위이고 몸의 중심도 위쪽에 있으므로 쉽게 넘어지고 부딪치기 쉽다. 일반적으로 신생아기부터 만 1세가 될

catch-up 성장과 catch-down 성장

신생아의 출생 시 신장과 체중은 임신 전의 모체 체중뿐 아니라 임신 기간의 체중 증가량에도 영향을 받는다. 출생 후에는 주로 유전적인 요인이 성장에 영향을 미친다. 예를 들어, 출생 시는 크게 태어났지만 유전적으로 보통 키 또는 작은 키로 예정된 영아는 느리게 성장하며(catch-down), 반대로 출생 시 작은 키로 태어났지만 유전적으로 보통 키 또는 큰 키로 예정된 영아는 빠른 성장을 한다(catch-up).

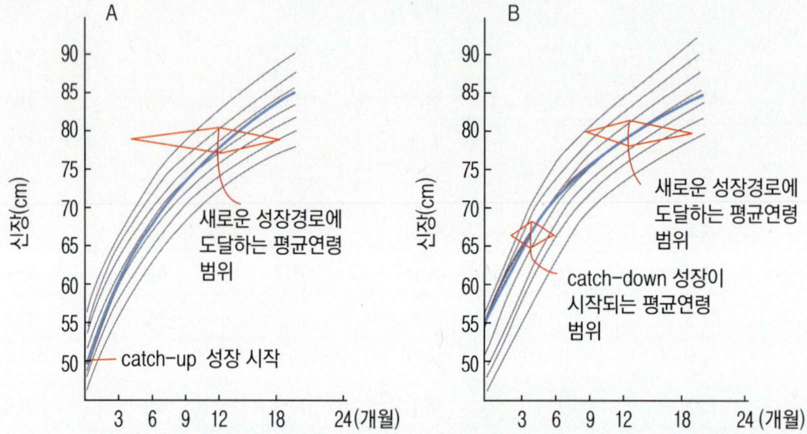

- A(catch-up 성장) : 출생 시 10백분위수의 키 작은 아기에서 2년 뒤 75백분위수의 키 큰 아기로 성장
- B(catch-down 성장) : 출생 시 90백분위수의 키 큰 아기에서 2년 뒤 25~50백분위수의 보통 키 아기로 성장

영아기 신장의 성장

때까지 머리둘레는 11.0cm가량 커지지만 1~2세가 되면 약 1.8cm밖에 커지지 않으며, 5~12세에는 증가속도가 느리다가, 사춘기가 되면서 다시 약간 증가한다.

머리둘레는 골계통의 발육을 볼 수 있는 두개 내 용적이나 뇌의 발육과 관련한 중요한 지표가 된다. 만 1세가 되면 머리둘레와 가슴둘레는 거의 비슷해지나, 1세 이후에는 가슴둘레가 머리둘레를 웃돌게 된다. 머리둘레는 뇌수종이나 뇌종양이 있으면 비정상적으로 커질 수 있다.

⌛ 두개골

머리둘레를 형성하는 두개골은 영유아에서 특이한 발육을 하는데 전두골, 후두골, 측두골, 두정골이 좌우에 각각 2개씩, 모두 합쳐 8개로 구성되어 있다. 두개골은 출생 시 서로 붙어 있지 않으므로 분만 시에 접혀져서 태아가 쉽게 산도를 나올 수 있게 한다. 출생 후에는 각각의 두개골이 급속하게 붙어서 하나의 두개골을 형성한다. 그중 좌우의 두정골과 전두골 사이에는 골패 모양의 대천문이라는 숨구멍이 있어서, 만지면 말랑말랑하다. 머리 뒤쪽에 있는 것을 소천문이라고 하는데, 소천문은 출생 후 한 달 정도 되면 자연히 막힌다. 대천문은 신생아 때 2.5cm 정도이며 처음 1개월간은 갓 태어났을 때보다 더 커졌다가 다시 점차 작아져서 1.5세에 완전히 폐쇄되면서 두개골의 각 부위가 유착되어 형성이 완료된다. 그러나 요즘 영양이 좋아지면서 대천문이 5~6개월도 되기 전에 막히는 경우가 많아졌다.

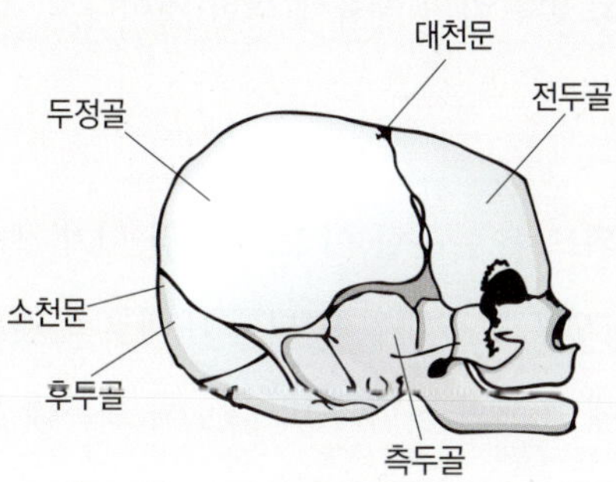

두개 측면

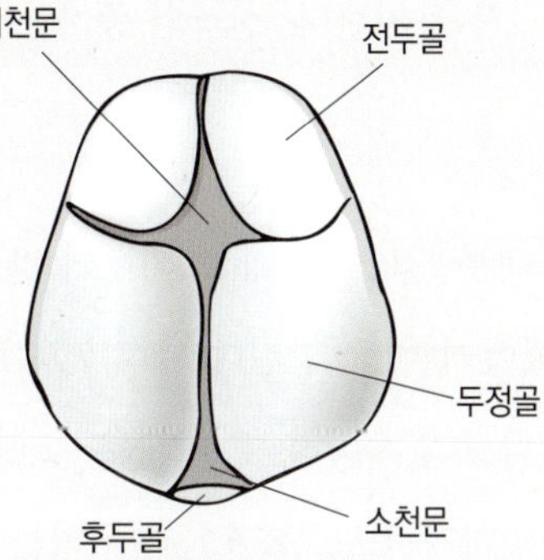

두개 상면

(4) 가슴둘레(흉위)

신생아의 가슴둘레는 평균 33cm 정도로 머리둘레보다 약간 작지만, 1세가 되면 13.8cm가량이 더 커지면서 가슴둘레가 머리둘레보다 더 크게 된다. 갓 태어났을 때에는 가슴 모양이 나무 맥주통처럼 둥글지만, 크면서 점점 좌우가 넓어져 타원형이 된다. 가슴둘레는 피하지방, 근육조직의 발달 여하에 따라 달라지며 가슴둘레의 증가는 체중과 거의 비례한다. 질병이 생기거나 영양상태가 나빠지면 체중보다 민감하게 감소하지만, 회복되는 정도는 체중보다 빠르게 나타난다.

2) 신체 각 부위의 변화

(1) 신체 비율의 변화

태아기부터 영유아 및 성인에 이르기까지 두부와 신장 발육에 따라 체형이 변한다. 신생아는 4등신이며, 2세가 되면 5등신이 되고, 6세에 6등신이 된다. 뇌두개와 안면두개의 비율은 나이가 어릴수록 뇌두개가 크기 때문에 얼굴이 크고 몸의 중심도 위쪽에 있다**그림 1-9 참고**.

다리 길이는 신생아기에는 전신의 1/3보다 약간 긴 정도이나, 점점 길어져서 성인이 되면 약 1/2을 차지한다. 신장의 증가는 주로 앉은키의 발육에 의한 것이다.

(2) 치아

치아는 대부분 태아기에 그 기초가 완성되므로, 튼튼한 이 또는 약한 이가 생기는 본질은 이미 태아기 때 결정된다. 유치(젖니)는 생후 6~7개월이 되면 대체로 아랫니 가운데 앞니부터 나오기 시작하며, 대개 2~2.5세에 20개의 젖니가 다 나오게 되는데 그 시기와 순서는 개인차가 있다**그림 4-1**. 영구치는 6세를 전후하여 나오기 시작하며 32개가 된다. 치아가 나오기 시작하면 그동안 잇몸과 입술로 유즙을 먹던 것에서 음식을 저작하고 잘게 부술 수 있게 된다. 따라서 아기의 치아 발달에 따라 유즙에서 벗어나 다른 고형식품을 섭취할 수 있도록 한다.

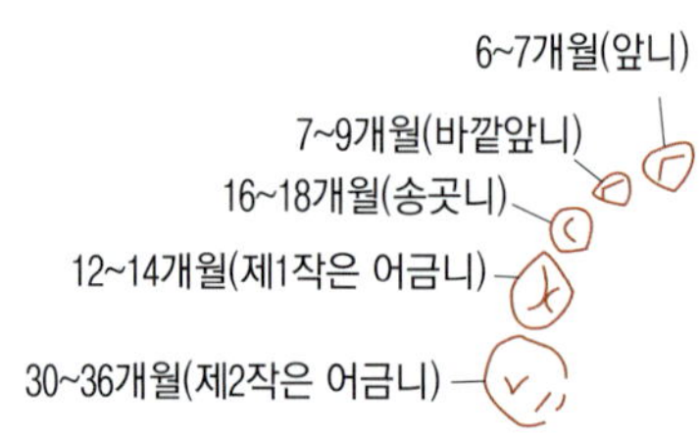

그림 4-1 젖니 나오는 시기

3) 신체 조직·기관의 성장과 구성성분 변화

(1) 신체 조직의 성장

뇌는 생후 1년간 2배 이상 커지며, 6세에는 약 3배 이상 성장한다. 뇌의 크기는 뇌 무게 증가와 관련이 있으며, 신생아의 뇌는 성인의 30%이고, 1세에 성인의 60%에 이른다. 영아의 뇌중량은 약 350g이며, 2~5세에는 1kg으로 증가한다. 영유아기는 뇌가 급속히 성장하는 시기인 만큼 영양결핍이 심하면 뇌발달이 지연되어 뇌에 돌이킬 수 없는 영향을 줄 수 있다.

심장, 폐, 간은 생후 1년간 2배 정도 발달하며, 신장과 위는 3배 가까이 발달한다. 이러한 조직과 기관의 성장과 더불어 소화기능의 발달이 이루어지게 된다. 소화기능이 발달하면서 간기능은 사춘기까지 가장 많이 발달하고, 폐와 췌장은 가장 늦게 발달한다.

(2) 신체 구성성분

영아기 동안 신체의 구성성분에 큰 변화가 일어난다. 단위체중당 총 체수분 함량은 출생 시 74%에서 1년 후에는 60%로 감소하며, 이는 주로 세포외액이 출생 시 42%에서 1년 후 32%로 감소하는 데 기인한다. 이처럼 체수분 함량은 감소하는 반면 체지방 함량은 증가하는데, 특히 생후 4~5개월경에 급격히 증가하여 출생 시 체중의 12%를 차지하던 것이 1년 후에는 23%로 증가한다.

단백질 함량은 생후 1~2년 동안 계속 증가하여 성인과 비슷한 수준에 도달한다. 무기질 함량은 영아기에 2% 정도로 유지된다그림 4-2.

정상 영양상태로 발육하고 있는 영아의 경우, 지방이 적당하게 축적되어 체형이 팔과 다리가 동그랗게 접힌 모양을 하고 있다. 만약 영양상태가 악화되면 피하지방이 감소하게 된다.

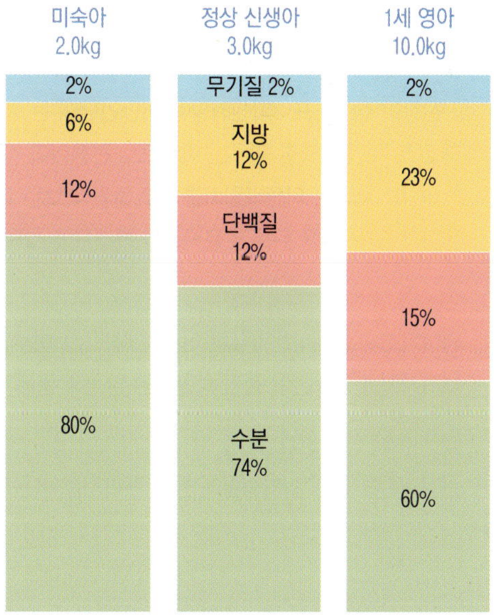

그림 4-2 영아의 신체 구성성분 조성

발육표준치 및 퍼센타일치 발육곡선

영아의 신체 성장지표로 사용하는 것은 발육표준치, 퍼센타일치(백분위수, percentile), 발육곡선 등이 있다. 대한소아과학회는 2017년 한국 소아의 성별에 따른 신장, 체중, 두위 및 흉위 등 신체 발육에 관한 표준치를 발표하였다. 이 발육표준치를 바탕으로 다음과 같은 발육곡선과 퍼센타일치를 제시하였다.

퍼센타일치는 신체 발육의 정도를 같은 성이나 같은 연령층에서 전체를 100으로 하였을 때 자신의 발육 정도가 몇 번째에 해당하는지를 나타내는데, 신체발육표준치에는 3, 5, 10, 25, 50, 75, 90, 95, 97 퍼센타일치가 제시되어 있다.

신체 발육 및 영양상태의 평가

① 신체발육표준치와 비교

신체 발육은 일반적으로 신체발육표준치와 비교하여 평가하는데, 발육표준치로는 2017년 대한소아과학회와 질병관리본부에 의해 발표된 신체발육표준치를 이용한다. 영유아 성장은 개인차가 크므로 몸 형태가 작고 큰 것만으로 발육 상태를 평가할 수 없으며 신체의 형태와 기능이 잘 조화된 발달 상태를 평가해야 한다.

신장이 성장도표 3퍼센타일치 미만인 경우는 저신장, 체중이 5퍼센타일치 미만인 경우에는 저체중으로 분류하며, 표준치보다 20% 이상 초과한 경우는 비만으로 판정한다.

신장과 체중은 퍼센타일치를 비교하거나 보는 데에만 그치지 않고, 순조롭게 발육하고 있는지 그렇지 않은지를 계속 살펴볼 필요가 있다. 이를 위해 발육곡선을 그래프에 그려보고 계속적으로 상승선을 이루는지를 평가한다.

② 퍼센타일치와 발육곡선

영아가 3 또는 5퍼센타일치 이하라 해도 그 이후에 퍼센타일치가 유지 또는 상향하면 문제없으나, 그와 반대로 퍼센타일치가 내려가서 발육곡선이 점점 하향하면 발육에 문제가 있는 것으로 본다.

③ 지수에 의한 평가

신장, 체중, 앉은키, 가슴둘레 등의 계측치를 이용하며, 여러 지수(발육지수)가 고안되어 사용되고 있다.

$$\text{카우프 지수} = \frac{\text{체중(g)}}{\text{신장(cm)}^2} \times 10$$

카우프 지수는 생후 3개월까지는 변동이 많으나 그 후 약간 안정되고 학동기 후반부터 다시 상승세를 나타낸다. 따라서 카우프 지수는 신생아보다는 영유아기에 적합하다.

$$\text{비체중} = \frac{\text{체중(g)}}{\text{신장(cm)}}$$

영유아기에도 사용되며 연령의 증가에 따라 증가한다.

④ 종합평가

발육 상태는 형태적 크기만으로 결정할 수는 없으며, 운동기능과 정신발달뿐만 아니라 신체적 이상과 질병의 유무에 대해서도 종합적으로 평가해야 한다.

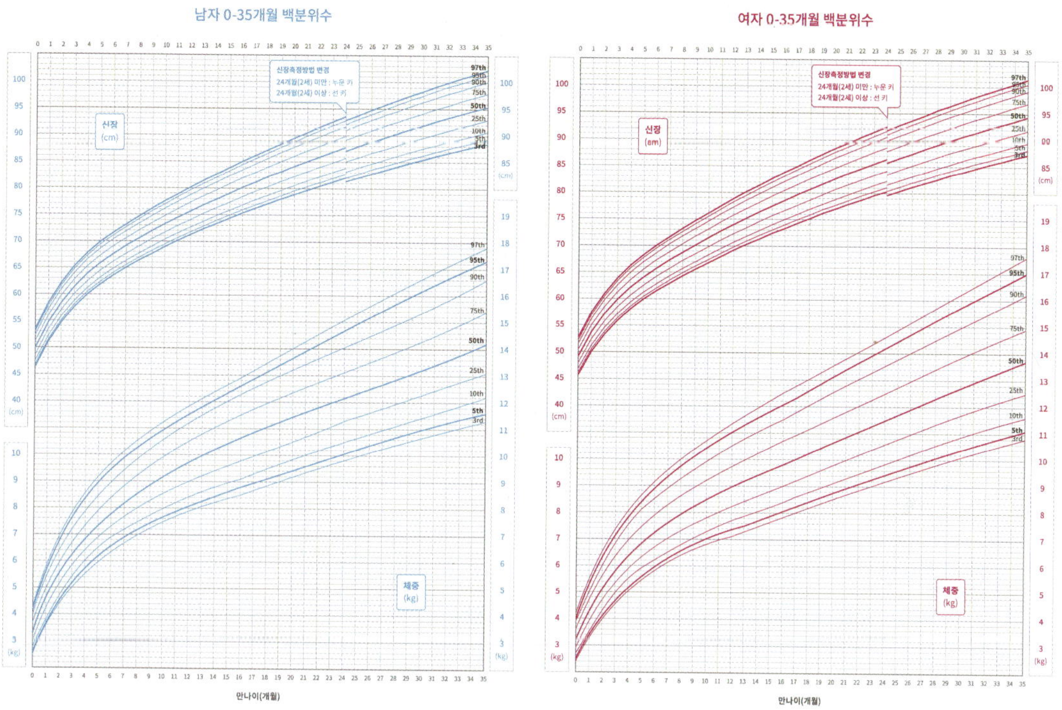

2017 소아청소년 성장도표

자료 : 질병관리본부 홈페이지(https://knhanes.kdca.go.kr/knhanes/sub08/sub08_02.do)

3. 영아의 기능 발달

1) 소화기능

영아는 생후 3~4개월이면 기어 다니기 시작하고 1년이 되면 걷게 된다. 이에 따라 저작기능 및 소화기능도 발달한다. 영양소의 소화 및 흡수 기능은 태아기부터 발달하기 시작하여 영아기 동안 성숙해진다. 음식이 영아의 입에 들어오면 혀를 이용해 목으로 내려 보내며 삼키는 반사작용 능력이 생겨서 소화기능도 강화된다. 위 용량이 커지며 소화효소와 위장관 점막, 대사 및 배설기능의 발달이 일어난다.

전분분해효소가 분비되는 4~5개월경이면 곡물 섭취가 가능해진다. 지방의 소화능력은 4~5개월경에 성인의 40% 정도, 1~2년에 76% 정도가 된다.

영아기의 소화효소와 그 작용은 표 4-2와 같다.

표 4-2 영아기의 소화효소 및 작용

	효소	작용
탄수화물	락타아제, 수크라아제, 말타아제	활성이 높아 유즙 내 젖당 및 기타 이당류 가수분해 가능
	타액 아밀라아제	생후 6개월~1년에 성인 수준에 도달
	췌장 아밀라아제	생후 6개월까지 활성이 낮아서 4~6개월 이후에 전분가수분해 가능
단백질	펩신	활성은 매우 낮으나 단백질 소화가 크게 제한받지는 않음
	트립신, 키모트립신, 카르복시펩티다아제	활성은 낮으나 단백질 소화에는 큰 지장을 주지 않음
	응유효소(rennin)	카제인을 파라카제인으로 변화시켜 펩신의 작용을 받도록 함
지질	구강 리파아제	출생 시 활성이 매우 높아 신생아의 지질 소화에 중요
	췌장 리파아제	출생 시는 활성이 매우 낮으나 1세경에 성인 수준에 도달
	담즙산	간기능 미숙으로 분비량이 적어서 지질의 소화·흡수 기능이 저하됨

(1) 입

신생아기에 타액은 그 분비량이 적고 구강 내에서 산성을 띠지만, 그 후 차차 타액량이 많아져서 중성 또는 약알칼리성을 띠게 된다. 생후 1년쯤 되면 1일 타액 분비량은 50~150mL 정도이다. 타액에는 전분분해효소인 아밀라아제가 들어 있으며, 신생아기에는 미량이나 이유 개시 때부터 증가한다. 그 외 타액에는 리파아제 등이 함유되어 있다.

(2) 위

위 용량은 신생아기의 10~20mL에서 생후 1년에는 200mL로 증가한다. 위의 모양은 처음에는 가늘고 긴 통 같은 모양이나, 성장하면서 경사가 생겨 위저가 형성되며 점점 성인형에 가까워진다. 즉, 영아의 위는 성인보다 만곡이 훨씬 적으므로 분문의 기능이 발달하지 못해 토하기 쉽다.

식품의 위 체류시간
- 모유 : 2~3시간
- 우유 : 3~4시간
- 죽 : 4시간
- 채소 : 4~5시간

영아의 위운동은 전체적으로 일어나는 수축작용에 의해 위 안의 내용물을 내보내며,

성인처럼 연동작용이 뚜렷하지 않다. 위액 속에는 펩신, 리파아제, 응유효소, 염산 등이 들어 있다.

(3) 소장

영아의 장 길이는 약 3~5m로 신장의 6배가량이며, 성인의 장 길이가 신장의 4.5배가 되는 것과 비교할 때 상당히 긴 편이지만, 소아의 소화기관은 아직 미숙한 상태이다.

유선상피세포에서 합성된 리파아제lipase는 모유로 이행된 다음 영아의 소장 상부에서 담즙산염과 결합하여 활성화됨으로써, 담즙산염-자극 리파아제bile salt-stimulated lipase가 되어 영아의 지질 소화에 관여한다. 췌장 아밀라아제의 활성도 영아 초기에는 낮으므로 유선세포에서는 모유로 아밀라아제를 분비하여 소장에서 올리고당의 소화를 돕는다. 또한 모유 중에 존재하는 프로테아제protease는 소장에서 영아의 단백질 소화를 돕는다.

지방을 분해하는 효소 및 담즙산의 분비가 적으므로 지용성 비타민의 흡수율이 낮을 수 있다. 칼슘과 철은 주로 능동수송 방법에 의해 흡수되므로 흡수율이 높다.

신생아기나 영유아기에는 장 점막이 미숙하여 식품 단백질이 소화과정을 거치지 않고 그대로 체내로 유입되어 알레르기 반응을 일으킬 가능성이 있다. 생후 9개월부터 이러한 위험성은 줄어들지만, 알레르기에 대한 가족력이 있거나 위장관질환이 있는 영유아는 식품 단백질의 공급에 더욱 세심한 주의를 기울여야 하고, 공급시기를 12개월 이후로 늦추는 것이 좋다.

2) 섭식기능

영아는 점차 치아의 발달과 혀운동과 같은 섭식행동 및 손놀림이 발달하게 된다. 이에 따라 영아에게 식품의 형태와 공급방법의 변화가 있어야 한다.

신생아의 입 주변과 볼을 건드리면 자극이 있는 쪽을 향해 움직여 먹으려고 하는 포유반사가 일어나고 아기의 입은 빨아 먹으려는 모습을 갖추게 되어, 혀를 위·아래로 율동적으로 움직여서 모유나 조제유를 섭취할 수 있게 된다. 이 시기에는 삼키는 행동이 아직 발달하지 않아 사레들리기 쉽다.

4개월이 되면 혀의 움직임이 앞과 뒤로 바뀌고 숟가락으로 떠먹여도 받아넘길 수 있다. 머리를 잘 가눌 수 있고, 손으로는 젖병이나 엄마의 젖을 잡을 수 있다. 6개월이 되면 물체를 손바닥으로 잡을 수 있으며, 손에 잡힌 물체는 거의 대부분 입으로 가져간다.

7~9개월 무렵에는 저작에 필요한 턱의 발달이 이루어져 음식을 돌려가며 씹는 운동을 한다. 혼자 앉을 수 있고, 음식을 손에 쥐고 먹을 수 있게 된다. 8개월쯤 되면 컵에 담긴 물이나 우유를 마실 수 있는 능력도 생긴다.

10개월부터는 영아는 엄지와 검지로 물체를 집을 수 있고 깨물거나 씹는 능력이 생긴다. 12개월쯤에는 저작기능이 충분히 발달되어 다지거나 잘게 썬 음식을 먹을 수 있고, 부드러운 것은 그대로도 먹을 수 있다. 어른이 하는 대로 따라하려고 하며, 스스로 숟가락질을 하여 혼자 먹으려고 시도하기도 한다.

3) 간과 신장 기능

(1) 간

영아의 간은 담즙을 분비해서 지방의 소화를 돕고 글리코겐의 생성과 처분, 지방의 합성과 산화, 피브리노겐·프로트롬빈·헤파린·요소·요산 등의 생성, 비타민 A·C·D의 저장, 기타 조혈 및 해독 작용 등 중요한 생리기능을 담당한다. 간기능은 연령이 낮은 영아일수록 미숙하고 불완전하므로 약간의 장애만 있어도 간기능이 저하되고 중독증상이 쉽게 일어난다.

신생아기에는 자궁 밖의 생활을 위한 대사적 적응의 하나로 적혈구 내 태아형 헤모글로빈이 성인형 헤모글로빈으로 바뀌는데, 이때 태아형 헤모글로빈을 함유한 오래된 적혈구가 분해되면서 많은 양의 빌리루빈이 생성된다. 신생아는 아직 간기능이 미숙한 상태이므로 빌리루빈을 처리하지 못하여 조직과 혈액 중에 빌리루빈이 축적된다. 이 때문에 보통 생후 2~3일경에 눈의 흰자위와 얼굴색이 노랗게 변하는데 이것을 신생아의 생리적 황달이라고 한다. 생후 7~10일 정도가 지나면 자연적으로 황달 증상이 없어지지만, 그 이상 경과해도 계속 나타나면 이상 증세이므로 치료를 받아야 한다.

(2) 신장과 배뇨기능

신생아의 신장은 생리적으로 기능이 미숙하여 요를 생성하고 체액을 조절하는 기능이 약하며 사구체여과율이 낮다. 또한 산·알칼리 평형, 수분 조절, 체액의 삼투압 조절, 요를 농축하는 능력도 아직 미숙하다. 따라서 수분 섭취가 줄어들거나 설사, 구토, 발열 등으로 체내에서 수분 손실이 증가하는 경우에는 탈수의 위험이 높아진다.

영아의 영양방법에 따라 신장을 통한 배설기능은 차이가 나타난다. 즉, 모유와 조제유는 우유보다 단백질, 무기질의 함량이 적으므로 신장의 여과 부하를 낮추어 신장기능에 도움을 준다.

영아기에는 배뇨를 조절하는 신경이 충분히 발달되지 않아서, 방광내압이 높아지면 자극이 대뇌까지 전달되지 않은 채 반사적으로 요 배설이 이루어진다. 1년 6개월~2년쯤에 영아는 점차 자신의 의사에 의해 배뇨를 할 수 있게 되며, 4세 이후에는 대부분 야뇨현상이 없어진다.

1일 배뇨횟수는 연령이 적을수록 성인보다 많으나 1회의 요량은 많지 않다. 요 배설량은 계절, 식사, 신체 및 정신 상태 등에 따라 변하며 소아의 1일 배뇨횟수와 배뇨량은 **표 4-3**과 같다.

표 4-3 소아의 1일 배뇨횟수와 배뇨량

연령	배뇨(횟수)	배뇨량(mL)
신생아기	18~25	50~300
영아기	15~20	300~500
유아기	7~10	600~1,000
아동기	6~7	800~1,500

4) 체온과 호흡, 맥박

(1) 체온과 호흡

신생아는 체온 조절기능이 불완전하여 체온의 변동이 심하다. 생후 50일경부터 체온 조절이 비교적 순조로워진다. 영아기는 유아기에 비해 아직 불안정하므로 외부의 기온 변화에 적응할 수 있도록 인위적으로 조절해 주어야 한다.

신생아의 1분간 호흡수는 40~50회로 성인의 약 2배이며, 약간의 자극으로도 호흡수뿐만 아니라 호흡 리듬과 깊이까지 불규칙해지기 쉽다. 영아기가 되면 호흡은 규칙적으로 안정되고 호흡수도 30회 정도로 떨어진다. 특히 영아의 기도는 좁기 때문에 점막이 약간 붓거나 분비물에 의해 공기의 유입이 억제되면 호흡곤란을 일으키기 쉽다. 연령별 호흡수와 1회 호흡량은 **표 4-4**와 같다.

표 4-4 연령별 호흡수 및 1회 호흡량

연령	호흡수/분	1회 호흡량(mL)	연령	호흡수/분	1회 호흡량(mL)
신생아	30~80	19	5년	20~25	175
1년	20~40	48	10년	17~22	320
2년	20~30	90	15년	15~20	400
3년	20~30	125	20년	15~20	500

(2) 혈압과 맥박

영아는 심장과 대혈관의 직경이 신체에 비해서 크고 혈관의 탄력성도 커서 저항이 작으므로 혈압이 낮다. 특히 신생아 및 미숙아에서 혈압이 낮게 나타난다.

맥박은 출생 시 1분간 140~180회 정도이며, 연령이 증가하면서 점차 감소하여 영아기는 100~140회, 유아기는 90~120회 정도가 된다. 영아는 울거나 젖을 먹는 등 약간의 움직임에도 맥박수가 변동하는 것이 특징이다.

5) 혈액

출생 이후 대부분 골수에서 조혈작용이 이루어지며, 골수의 활동 정도는 뼈 부위에 따라 다르고 연령에 따라서도 차이가 심하다. 신생아기와 영아기에는 뼈가 거의 적색수로서 활동적이고 조혈작용이 왕성하다. 6세까지는 흉골·늑골·추골 등도 모두가 적색수이나, 황색수 부분이 점차 많아진다.

(1) 적혈구

산소를 운반하는 헤모글로빈은 철을 가지고 있는 헴heme과 단백질 분자인 글로빈globin에 의해 생긴 복합단백질이다. 출생 시 헤모글로빈의 과반수는 태아형이고 나머지는 성인형이다. 태아형 헤모글로빈은 태내의 산소 호흡에 순응하고 있으며, 저산소압으로 산소결합력이 크다. 태아형 헤모글로빈은 3~4개월경이 되면 차츰 감소하고 성인형이 된다. 출생 시의 적혈구 수는 600만 개에 가까우며 헤모글로빈 양은 20g/dL 전후로 현저하게 높은 수치를 나타낸다. 이는 태내에서는 산소가 적으므로 과잉상태의 적혈구가 보다 많은 산소를 운반하기 위함이다. 생후 2~4개월경이 되면 적혈구 수와 헤모글로빈 양이 약간 감소하여 빈혈을 나타내는데, 이를 영아의 생리적 빈혈이라고 한다.

출생 시 체내에 보유된 철의 양은 헤모글로빈이 감소하면서 생후 2~4개월까지 사용되며, 특히 미숙아에서 더욱 심하게 감소하므로 빈혈인 경우에는 철을 보충해야 한다. 일반적으로 4~5개월부터 이유보충식을 개시하는 것은 철을 보충하여 빈혈을 예방하기 위함이다.

(2) 백혈구와 림프조직

백혈구는 감염을 방지하고 세포 파괴로 생긴 물질을 제거하는 작용을 한다. 출생 시의 백혈구 수는 15,000~20,000개이며 2~3일 후에 10,000개 정도까지 급격히 감소하여 계속 유지되다가, 4~6세가 되면 약 9,000개, 10세에는 약 8,000개가 된다.

림프조직은 림프구와 면역항체가 생기는 곳으로, 출생 후 서서히 발육하며 2~3세경부터 급속하게 증가한다.

4. 영아의 영양소 섭취기준

영아기의 영양소 섭취기준은 0~5개월, 6~11개월의 두 기간으로 분류하였고, 신장과 체중, 에너지 및 다량영양소 섭취기준은 표 4-5와 같다. 영아의 영양소 섭취기준은 모유 중의 영양소 농도와 건강한 영아의 모유섭취량을 근거로 하였다. 생후 5개월까지 영아의 평균 1일 모유섭취량은 780mL, 생후 6~11개월 영아의 모유섭취량은 600mL이며, 영아 전기(0~5개월)에는 1일 모유섭취량에 모유의 영양소 함량을 곱하여 섭취기준을 정하였다. 영아 후기(6~11개월)에는 모유와 이유보충식의 섭취량을 근거로 하고, 영아 전기의 섭취기준으로부터 표준체중을 고려하여 정했다.

표 4-5 영아의 체위, 에너지 및 다량영양소 섭취기준

구분 \ 연령(세)	신장(cm)	체중(kg)	에너지(kcal)	탄수화물(g)	지방(g)	단백질(g)			수분(mL)	
			EER	AI	AI	EAR	RNI	AI	AI 액체	AI 총수분
0~5개월	58.3	5.5	500	60	25	-	-	10	700	700
6~11개월	70.3	8.4	600	90	25	12	15	-	500	800

EER(Estimated Energy Requirement) : 에너지필요추정량, AI(Adequate Intake) : 충분섭취량, EAR(Estimated Average Requirement) : 평균필요량, RNI(Recommended Nutrient Intake) : 권장섭취량

자료 : 보건복지부 · 한국영양학회, 2020 한국인 영양소 섭취기준, 2020

1) 에너지와 다량영양소

(1) 에너지

영아의 에너지 필요량은 신체 크기, 활동량, 성장속도, 잠자는 주기, 기후와 온도, 식품의 대사반응 등에 따라 달라진다. 이 시기 에너지 소비의 약 50%는 휴식대사REE에 이용되며, 나머지의 대부분은 생후 초기에 성장발달을 위해 이용되다가, 그 이후 성장속도가 감소함에 따라 신체활동을 하는 데 주로 쓰인다. 신체활동은 연령이 높아짐에 따라 활동량이 증가하므로 이에 필요한 에너지소비량이 증가하게 된다. 식품 섭취에 의한 식사성

발열효과는 성인에서와 같이 총 에너지 소비의 약 10%이다. 영아 전기의 에너지필요추정량은 500kcal이고, 영아 후기에는 600kcal이다.

(2) 탄수화물

영아기에는 두뇌와 신체 크기가 급격히 커지는 시기이다. 총 에너지 섭취의 60% 정도를 두뇌에서 소모하여 체중당 포도당 대사량이 성인보다 4배 이상으로 높다. 일반적으로 초기에는 모유만 공급할 것을 권장하는데, 모유 내 탄수화물은 거의 대부분 유당이다. 모유 내 유당 함량은 74g/L으로 영아 전기는 1일 60g을, 영아 후기는 모유로부터의 섭취량 44g과 이유보충식에서의 섭취량 45g을 합하여 1일 90g을 충분섭취량으로 한다.

(3) 단백질

영아기에 단백질은 새로운 체조직의 합성, 체단백질 축적 및 효소나 호르몬, 그 외 생리적 주요 물질의 합성 등에 이용된다. 따라서 단위체중당 단백질 필요량은 일생에서 생후 1년간이 가장 높다. 영아 전기의 단백질 충분섭취량은 모유를 통한 단백질 섭취량에 근거하여 10g이다.

영아 후기의 단백질 권장섭취량은 질소평형 유지에 요구되는 양과 성장에 필요한 양을 합산하여 산정하였으며 15g이다.

영아의 필수아미노산은 류신, 페닐알라닌, 라이신, 발린, 트립토판, 이소류신, 메티오닌, 트레오닌, 히스티딘의 9가지이며 신생아기에는 이외에 시스테인, 타우린, 아르기닌 및 카르니틴 등이 조건적 필수아미노산이다. 타우린은 담즙산 대사 및 중추신경계에 작용하며, 카르니틴은 지질대사에 관여한다. 영아의 필수아미노산 섭취기준은 **표 4-6**과 같다.

표 4-6 영아의 필수아미노산 섭취기준

(g/일)

	0~5개월*	6~11개월
	AI	RNI
히스티딘(Histidine)	0.1	0.3
이소류신(Isoleucine)	0.6	0.4
류신(Leucine)	1.0	0.8
라이신(Lysine)	0.7	0.8
메티오닌 + 시스테인(Methionine+Cysteine)	0.4	0.4
페닐알라닌 + 티로신(Phenylalanine+Tyrosine)	0.9	0.7
트레오닌(Threonine)	0.5	0.4
트립토판(Tryptophan)	0.2	0.1
발린(Valine)	0.6	0.5

*AI : 충분섭취량, RNI : 권장섭취량

자료 : 보건복지부 · 한국영양학회, 2020 한국인 영양소 섭취기준, 2020

(4) 지질

지질은 영아기의 급성장에 필요한 에너지를 공급하며, 섭취하는 에너지의 40~50%를 차지한다. 필수지방산인 리놀레산과 리놀렌산이 중요하며, 특히 리놀레산은 정상적인 성장 및 피부염 예방에 필수적인 물질로 최소 필요량은 총 에너지의 1% 정도이나 적정 섭취량은 4~5%이다. 또한 DHA는 태아기 및 영아기에 뇌와 망막의 성장발달에 필수적인 지방산으로 충분히 공급해야 한다.

영아 전기의 지방 충분섭취량은 모유 내 지방 농도(32g/L)와 평균 모유 섭취량 0.78L/일을 적용하여 1일 25g이며, 영아 후기의 충분섭취량은 모유섭취량 0.6L/일과 이유식으로부터의 지방 섭취량 5.6g/일을 적용하여 25g이다.

2) 무기질

표 4-7 영아의 무기질 섭취기준

구분 / 연령(세)	칼슘 (mg)	인 (mg)	나트륨 (mg)	철 (mg)				아연 (mg)			구리 (μg)	요오드 (mg)	
	AI	AI	AI	EAR	RNI	AI	UL	EAR	RNI	AI	AI	AI	UL
0~5개월	250	100	110	-	-	0.3	40	-	-	2	240	130	250
6~11개월	300	300	370	4	6	-	40	2	3	-	330	180	250

EAR : 평균필요량, RNI : 권장섭취량, UL : 상한섭취량, AI : 충분섭취량
자료 : 보건복지부·한국영양학회, 2020 한국인 영양소 섭취기준, 2020

(1) 칼슘과 인

영아기에는 골격이 빠르게 성장하므로 칼슘 필요량이 상당히 높다. 영아 전기의 칼슘 충분섭취량은 모유를 통해 공급되는 칼슘 함량을 적용하여 250mg이며, 영아 후기의 충분섭취량은 모유 및 이유식의 칼슘 함량을 합한 양으로 하여 300mg이다. 영아 전기의 인 충분섭취량은 1일 100mg이며, 이는 모유 내 칼슘과 인의 비율 '2:1'을 반영한 것이다. 영아 후기의 인 충분섭취량은 칼슘 섭취기준과 같은 300mg이다.

(2) 철과 아연

건강한 영아는 출생 시 충분한 철을 체내에 저장하고 태어나지만 저장철은 대부분 4~6개월경이 되면 고갈된다. 영아 전기의 철 충분섭취량은 모유 내 함량인 0.3mg이며, 영아 후기 철 권장섭취량은 모유와 이유보충식의 공급량을 합하여 6mg이다.

아연은 철과 달리 신생아의 체내에 저장되어 있지 않으므로, 출생 직후부터 섭취해야 하는 영양소 중 하나이며, 단백질 합성과정에 필요한 효소의 성분으로 작용하기 때문에 영아의 성장발달에 아주 중요하다. 영아 전기 아연의 충분섭취량은 모유 내 함량에 근거하여 2mg으로 정하였고, 영아 후기의 권장섭취량은 모유와 이유식을 합하여 3mg이다.

(3) 기타 무기질

영아 전기의 구리 충분섭취량은 240μg이며, 후기에는 330μg이다.

모유에는 불소 함량이 상당히 낮기 때문에 영아 전기의 불소 충분섭취량은 0.01mg이며, 영아 후기에는 0.4mg이다. 요오드 충분섭취량은 영아 전기 130μg이며, 영아 후기에는 180μg이다.

영아 전기 나트륨 충분섭취량은 110mg이며, 영아 후기는 370mg이다. 염소의 충분섭취량은 영아 전기 170mg, 후기는 560mg이다.

3) 비타민

(1) 지용성 비타민

비타민 A는 영아의 성장, 세포분화 및 면역 과정에서 중요한 역할을 한다. 영아 전기 비타민 A 충분섭취량은 350μgRAE이며, 영아 후기는 450μgRAE이다. 영아기 비타민 A의 상한섭취량은 600μgRAE이다.

영아가 구루병을 예방하는 데 필요한 비타민 D의 양은 1일 약 2.5μg이다. 영아 전기와 영아 후기 비타민 D의 충분섭취량은 5μg이다. 시판 조제유에는 비타민 D가 강화되어 있어 영아에게 충분한 양이 공급되고 있다. 영아기 비타민 D의 상한섭취량은 25μg이다.

영아의 비타민 E 충분섭취량은 전기는 3mg α-TE, 후기는 4mg α-TE이다. 비타민 K 충분섭취량은 영아 전기에 4μg이고, 영아 후기에는 6μg이다.

표 4-8 영아의 비타민 섭취기준

구분 / 연령(세)	비타민 A (μgRAE)		비타민 D (μg)		비타민 E (mg α-TE)	비타민 C (mg)	티아민 (mg)	리보플라빈 (mg)	니아신 (mg NE)	비타민 B_6 (mg)	엽산 (μgDFE)
	AI	UL	AI	UL	AI	AI	AI	AI	AI	AI	AI
0~5개월	350	600	5	25	3	40	0.2	0.3	2	0.1	65
6~11개월	450	600	5	25	4	55	0.3	0.4	3	0.3	90

AI : 충분섭취량, UL : 상한섭취량

자료 : 보건복지부·한국영양학회, 2020 한국인 영양소 섭취기준, 2020

(2) 수용성 비타민

티아민, 리보플라빈, 니아신은 모유에 충분히 함유되어 있다. 영아 전기의 티아민 충분섭취량은 0.2mg이며, 영아 후기는 0.3mg이다. 영아 전기의 리보플라빈 충분섭취량은 0.3mg이고, 영아 후기는 0.4mg이다. 모유에 함유된 니아신 함량을 토대로 영아 전기 니아신 충분섭취량은 2mgNE이고, 영아 후기는 3mgNE이다.

건강한 모유영양아는 일반적으로 하루에 약 40~60mg의 비타민 C를 섭취한다. 따라서 영아 전기의 비타민 C 충분섭취량은 40mg이며, 영아 후기는 55mg이다.

영아기는 단위체중당 단백질 필요량이 일생 중 가장 큰 시기이므로 성장기에 적절한 단백질 대사가 이루어지도록 충분한 비타민 B_6 섭취가 매우 중요하다. 영아 전기 비타민 B_6 충분섭취량은 0.1mg이며, 영아 후기는 0.3mg이다.

영아기의 급속한 세포분화 과정에서 단백질과 핵산을 합성하기 위해서는 충분한 엽산과 비타민 B_{12}가 필요하다. 엽산의 충분섭취량은 영아 전기는 65μgDFE, 영아 후기 90 μgDFE이다.

4) 수분

영아는 체내에 수분 함량이 많고, 피부와 폐를 통해 증발되는 불감수분손실량이 많으며, 요를 농축하는 능력도 아직 부족하다. 따라서 영아기의 체중당 수분필요량은 성인에 비해 매우 높다**표 4-9**.

표 4-9 영유아기 및 아동기의 수분 필요량

연령	수분 필요량(mL/kg/day)
10일	125~150
3개월	140~160
6개월	130~155
1년	120~135
2년	115~125
6년	90~100

건강한 영아는 모유나 조제유를 통해 충분한 수분을 공급받는다. 하지만 날씨가 덥거나 영아에게 설사 또는 구토 증상이 나타날 때에는 체내 수분 균형을 이루지 못하고 탈수가 발생할 위험이 높다. 영아는 혼자서 물을 마실 줄 모르며 말로도 갈증을 표현할 수 없으므로, 충분한 수분이 공급되도록 유의한다. 우리나라의 영아 전기 수분 충분섭취량은 1일 700mL이며, 영아 후기는 800mL이다.

5. 모유와 조제유 수유

모유는 영아의 성장발달을 위해서 가장 이상적인 영양원이며, 어떠한 이유로 모유수유를 실시하기 어려운 경우 모유 이외의 유즙을 주는 것을 조제유수유라고 한다. 모유가 부족하거나 다른 이유로 모유수유만을 할 수 없어 모유와 조제유를 병행하는 경우를 혼합수유라 한다.

1) 모유

모유는 유당, 단백질, 지질, 비타민, 무기질과 그 외 기능성 물질을 함유하고 있다. 모유는 백색으로 우유보다 감미가 약간 강하고 거의 무취이다. 모유와 조제유 및 우유의 성분을 비교하면 **표 4-10**과 같다.

(1) 초유

초유는 분만 후 처음 1~5일에 분비되는 유즙이며, 양이 적고 황색의 빛을 띠며 점성이 다소 있다. 초유는 성숙유에 비해 지질과 탄수화물을 적게 함유하여 에너지 함량은 낮으나 무기질과 단백질 함량은 더 많으며, β-카로틴은 10배 정도 더 많이 함유하고 있다. 또한 초유에는 면역성분의 함량이 많아서 신생아를 감염으로부터 보호하는 역할을 한다. 초유는 이행유 단계(분만 후 7~10일)를 거쳐, 분비량과 성분 면에서 안정된 성숙유가 된다.

모유의 에너지 함량은 수유부에 따라 다양하며(58~72kcal/dL) 일반적으로 약 65kcal/dL

표 4-10 초유와 성숙유의 조성 비교

(단위: 100g당)

영양소	모유			우유
	초유	이행유	성숙유	
수분(g)	88.2	87.4	87.1	87.8
단백질(g)	2.0	1.5	1.3	3.2
지질(g)	2.6	3.7	4.1	3.9
탄수화물(g)	6.6	6.9	7.2	4.8
에너지(kcal)	56	67	69	66
총 질소(g)	0.31	0.23	0.20	0.50
포화지방산(g)	1.1	1.5	1.8	2.4
단일불포화지방산(g)	1.1	1.5	1.6	1.1
다가불포화지방산(g)	0.3	0.5	0.5	0.1
콜레스테롤(mg)	31	24	16	14
나트륨(mg)	47	30	15	55
칼륨(mg)	70	57	58	140
칼슘(mg)	28	25	34	115
마그네슘(mg)	3	3	3	11
인(mg)	14	16	15	92
철(mg)	0.07	0.07	0.07	0.05
구리(mg)	0.05	0.04	0.04	Tr.
아연(mg)	0.6	(0.3)	0.3	0.4
염소(mg)	N	86	42	100
망간(mg)	Tr.	Tr.	Tr.	Tr.
셀레늄(mg)	N	(2)	1	1
요오드(μg)	N	N	7	15
베타카로틴(μg)	(135)	(37)	(24)	21
티아민(mg)	Tr.	0.01	0.02	0.04
리보플라빈(mg)	0.03	0.03	0.03	0.17
니아신(mg)	0.1	0.1	0.2	0.1
엽산(μg)	2	3	5	6
판토텐산(mg)	0.12	0.20	0.25	0.35
비타민 B_6(mg)	Tr.	Tr.	0.01	0.06
비타민 B_{12}(μg)	0.1	Tr.	Tr.	0.4
비타민 C(mg)	7	6	4	1
비타민 D(μg)	N	N	0.04	0.03
비타민 E(mg)	1.30	0.48	0.34	0.09

N: 분석되지 않음, Tr.: 미량(trace)

를 함유하고 있는데, 이 에너지원은 유당에서 약 40%, 지방에서 50~55%와 나머지는 단백질이다.

(2) 성숙유

① 단백질

영양상태가 좋은 모체에서 분비되는 성숙유의 단백질 함량은 1.3g/dL로 우유의 약 3.2g/dL보다 아주 적게 함유되어 있다. 모유 내 단백질은 유청단백질과 카제인단백질로 나뉘며, 카제인단백질은 모유 내 단백질의 40% 정도로서 우유 내 80%의 절반 수준이다. 유청단백질은 총 단백질의 60% 정도이다. 유청단백질에는 락트알부민 30%, 락토페린 10~20%, 분비형 면역글로불린SIgA 10%, 그 외 혈청 알부민, β-락토글로불린, 당단백 등이 소량 함유되어 있다. 락트알부민은 위에서 부드러운 덩어리를 형성하여 소화되기 쉬운 반면, 카제인은 상대적으로 단단한 덩어리를 형성하므로 소화가 쉽지 않다.

모유에는 단백질의 양과 아미노산 조성도 영아의 성장발달에 적절하게 들어 있다. 모유에는 필수아미노산과 비필수아미노산이 골고루 들어 있으며, 우유에 비해 시스틴과 타우린이 풍부하다. 페닐알라닌, 티로신 및 메티오닌의 함량은 우유에 고농도로 함유되어 있는 데 비해, 모유에는 적당하게 함유되어 있다. 영아에서 혈중 페닐알라닌, 티로신 및 메티오닌의 농도가 높으면 중추신경계에 좋지 못한 영향을 미칠 수 있다. 신생아기에는 관련 효소의 부족으로 메티오닌으로부터 시스틴 합성과정이 제한받을 수 있다.

모유의 질소 성분 중 25%가 비단백태 질소로서 그 함량이 상당히 많다. 이는 펩티드 호르몬, 각종 유사분열인자 등으로 DNA와 단백질 합성을 돕고, 세포 증식과 분화를 촉진한다.

② 지질

모유의 평균 지질 함량은 약 4.1g/dL인데, 지질은 수유부의 식사섭취량, 영양상태에 의해 변화가 가장 심하게(2~5g/dL) 나타나는 영양소 중 하나이다. 지질의 98%가 중성지방이며 소량의 인지질, 콜레스테롤, 당지질 및 유리지방산이 존재한다. 모유에는 콜레스테롤 함량이 많다. 콜레스테롤은 신생아기에 급속히 성장하는 중추신경계의 수초, 세포막 및 스테로이드 호르몬 합성을 위한 전구체로 사용된다. 모유에는 지질을 잘 소화시키지 못하는 영아를 위하여 지방분해효소인 지단백리파아제와 담즙염자극리파아제가 함유되어 있다.

모유의 지방산 조성은 우유에 비해 필수지방산인 n-6 계열의 리놀레산 함량이 많고, 짧은 사슬의 포화지방산은 적다. 두뇌발달과 시각기능에 중요한 역할을 하는 것으로 알려진 n-3 지방산인 DHA와 EPA가 많이 들어 있다.

③ 탄수화물

모유에 함유된 당질의 약 90%는 유당이며 그 외 포도당, 갈락토오스, 과당, 올리고당, 글루코사민 등이 함유되어 있다. 모유의 유당 함량은 약 7%로 우유보다 높으며, 모체의 영양상태에 관계없이 모유 내 일정한 수준을 유지한다. 유당은 물에 잘 녹지 않으며, 소장에서 천천히 소화·흡수된다. 또한 유당은 장내에서 비피더스균을 증식시켜 병원균의 성장을 억제하며, 모유 내 칼슘의 흡수를 증가시키는 작용을 한다. 유당의 성분인 갈락토오스는 당지질인 세레브로시드의 성분으로서 신경조직을 합성하는 데 관여해 영아기의 급격한 두뇌발달을 돕는다.

모유의 올리고당은 병원균이 소장 상피세포에 침투하지 못하게 하는 등 각종 질병으로부터 영아를 보호하는 역할을 한다. 모유에는 아밀라아제가 들어 있어 올리고당의 소화를 돕는다. 모유의 글루코사민은 그 함량은 적으나 비피더스의 성장을 촉진함으로써 장내 해로운 세균의 성장을 억제한다.

④ 무기질

모유의 무기질 함량은 일반적으로 초유에서 가장 높고 수유기간이 경과함에 따라 그 함량이 감소한다. 모유에 존재하는 주요 무기질은 칼슘, 인, 칼륨, 나트륨, 염소 등이다. 이 밖에 소량의 철, 아연, 구리, 망간, 크롬, 기타 다른 미량무기질이 들어 있다.

모유와 우유의 무기질 함량을 비교해 보면, 우유에는 모유보다 인은 6배, 칼슘은 4배, 무기질은 3배가량 더 함유되어 있다. 그러나 모유 내 무기질의 체내 이용률은 우유보다 높아서 효과적으로 흡수된다. 모유의 칼슘 흡수율은 67%로서 우유의 25%에 비해 2배 이상 높고, 철의 흡수율은 50~70%로 우유보다 아주 높다. 아연의 흡수율도 우유보다 모유에서 더 높게 나타난다. 우유에 다량 함유된 무기질은 영아의 신장에 부담을 초래한다.

⑤ 비타민

모유에는 비타민 A와 β-카로틴이 다량 함유되어 있으며 수유부가 섭취하는 식사 내용에 따라 그 함량이 변한다. 초유에서 성숙유로 수유기간이 경과함에 따라 감소한다. 비타민 D는 모유에 매우 소량 함유되어 있으며, 수유부가 섭취하는 비타민 D의 양 또는 수유부의 햇빛 노출 정도에 따라 모유 내 비타민 D의 함량과 영아의 비타민 D 상태가 영향을 받는다. 따라서 영아가 햇빛을 충분히 쬐지 못할 경우 비타민 D 보충이 필요하다.

모유 내 비타민 E는 대부분 α-토코페롤로 존재하며, 성숙유에 비해 초유에 약 2~3배 정도 많이 들어 있어서 신생아기에 항산화 효과가 있다. 비타민 K는 장내세균에 의해 합성되지만, 신생아의 장은 무균 상태이며, 모유 내 비타민 K의 함량은 적으므로 신생아의 출혈성 질환을 예방하기 위해서는 출생 직후 비타민 K를 보충해 주어야 한다.

모유 중 수용성 비타민의 함량은 수유부의 비타민 섭취량에 의해 영향을 받으며, 수유기간이 경과함에 따라 그 함량이 증가한다. 모유의 비타민 B_{12} 수준은 수유부에 따라 차이가 커서 수유부가 섭취하는 식사 내용의 영향을 많이 받으며, 수유부가 채식주의자인 경우에는 모유 내 비타민 B_{12} 농도가 아주 낮다.

⑥ 면역 및 기타 성분

항감염성 인자

모유에는 영아의 성장발달에 필요한 영양소 외에 여러 면역물질이 함유되어 있으며, 특히 초유에 많이 들어 있어서 신생아를 감기, 기관지염, 폐렴 등 호흡기질환이나 설사와 같은 소화기질환으로부터 보호해 주는 역할을 한다.

모유의 면역물질 종류와 작용을 보면 **표 4-11**과 같으며, 이 외 글루코사민과 올리고당 등이 함유되어 있어 감염을 예방하는 방어인자로 작용한다. 모유의 방어물질 함량은 수유부의 영양상태나 건강상태에 따라 크게 달라진다. 단백질-에너지 영양불량인 수유부의 초유에는 IgA, IgG의 함량이 비교적 낮다. 이 밖에도 모유에는 호르몬, 성장인자, 위와 장 조절 펩티드, 소화효소, 운반단백질 등 다양한 성분이 들어 있어 영아의 성장과 발육을 돕는다.

모유에는 아디포넥틴이 18.6ng/mL가량 함유되어 있는데, 아디포넥틴 함량은 수유부의 체지방량, 수유기간, 인종에 따라 차이가 있다. 모유의 아디포넥틴은 알레르기나 감염성 질환의 예방에 작용하므로 조제유영양아에 비해 감염성 질환 발생률이 낮게 나타난다.

표 4-11 모유의 항감염성 인자

항감염성 인자	기능
비피더스 인자(bifidus factor)	비피더스균의 성장 촉진, 장내 병원균의 번식 억제
SIgA, IgM, IgE, IgD, IgG	세균의 장 점막 침입과 소화관 내 증식 방지
항포도상구균성 인자	포도상구균 감염 저해
락토페린(lactoferrin)	세균의 성장에 필요한 철과 결합하여 세균의 성장 억제
락토퍼옥시다아제(lactoperoxidase)	연쇄상구균과 장내 세균 살균
류코사이트(leucocytes)	식균작용 촉진
인터페론(interferon)	세포 내 바이러스 증식 억제
리소자임(lysozyme)	세균의 세포벽을 분해하여 직접적으로 세균 파괴
비타민 B_{12}-결합단백질	세균 성장에 필요한 비타민 B_{12}의 이용 방해
림프구(lymphocyte)	SIgA 합성
대식세포(macrophage)	보체, 락토페린, 인터페론, 리소자임 등의 합성, 식균작용 및 기타 작용

성장인자 및 호르몬

모유에는 일부 성장인자 물질이 함유되어 있으며, 신생아기에 장상피세포의 성장을 자극하고, 병원성 미생물로부터 영아를 보호하며 수유기간에 유선의 성장, 분화 및 보수를 촉진하는 것으로 알려졌다. 또한 모유에는 코티솔, 인슐린, 갑상샘호르몬 등이 소량 존재한다.

기타 물질

모유에 수유부가 마시는 카페인이나 알코올이 함유될 수 있고, 수유부가 복용하는 약물이나 흡연에 의한 니코틴, 수유부에 노출된 환경오염물질 등이 들어 있을 수도 있다.

커피나 차를 많이 마시면 유즙으로 카페인이 분비되어 아기가 잠을 자지 못하고 흥분상태가 된다. 유즙으로 알코올이 분비되면 아기에게 알코올에 의한 독성이 나타날 수 있다. 대기오염물질 중 PCB나 DDT 같은 지용성 물질이나, 수은·납·카드뮴 같은 중금속도 모유로 분비된다.

약물 섭취와 질병과 모유수유

수유부가 복용하는 결핵치료제, 신경안정제, 혈압강하제 등 대부분 약물은 모유로 분비되며, 에이즈 환자의 경우 유즙으로 에이즈 바이러스가 분비되어 영아를 감염시킬 수 있다. 그러므로 수유부는 영아에게 해롭고 나쁜 영향을 줄 수 있는 물질들을 피하고 노출되지 않도록 해야 한다.

2) 조제유

현재 시중에서 판매되고 있는 영아용 조제유에는 여러 종류가 있으며, 조제유는 우유의 단백질에 유당, 지질, 무기질, 비타민을 첨가하여 영양상 모유 성분에 가깝게 만든 영아용 유즙이다. 일반적으로 체내에서의 낮은 이용률을 보상하기 위해 모유보다 여러 영양소가 고농도로 함유되어 있다.

(1) 우유 조제유

우유 조제유는 가장 많이 이용되는 조제유로서 우유에 유당을 첨가하고 단백질은 우유에 많은 카제인을 줄이는 대신 알부민과 글로불린을 첨가하여, 유청단백질과 카제인의 비율을 '60:40'으로 맞춘 조제유이다. 또 지질은 우유지방인 포화지방산을 제거하고 식물성 불포화지방산으로 대체하여 지질의 흡수를 돕고 필수지방산을 제공한다.

무기질은 우유에 너무 많이 함유되어 있어 칼슘, 인, 나트륨, 염소 등은 줄이고 대신 철, 아연, 구리 등의 미량무기질을 강화한다. 비타민의 경우 비타민 C, 비타민 D 및 니아신 등 여러 비타민을 강화한다. DHA를 첨가하거나 질병에 대한 저항력 증가를 위해 락토페린 같은 면역성분을 첨가하여 만든다.

(2) 두유 조제유

영아가 우유 단백질에 대해 알레르기 반응을 나타내는 경우 대두단백 조제유를 이용한다. 단백질 급원은 콩에서 추출하고 대두단백질에 부족한 메티오닌을 첨가하며, 지질은 우유 조제유와 비슷하게 식물성 지질을 첨가한다. 반면, 탄수화물은 유당 대신 옥수수 전분과 설탕을 첨가한다. 즉, 대두단백 조제유에는 유당이 함유되어 있지 않으므로 유당 불내증 영아도 이용할 수 있다. 대두에 들어 있는 피틴산 성분은 무기질의 흡수를 방해하므로 이를 고려하여 우유 조제유에 비해 무기질을 더 많이 함유시킨다. 날콩에 들어 있는 트립신 저해제는 열처리과정을 통해 불활성화된다.

(3) 특수 조제유

대사장애가 있는 영아에게 특수 조제유를 사용하면 영아의 성장발달을 정상적으로 도울 수 있다.

① 단백질 가수분해물 조제유

영아가 우유와 두유에 모두 알레르기 반응을 나타내는 경우에는 우유 단백질을 가수분해한 조제유를 이용한다. 우유 단백질인 카제인을 열과 효소로 처리하여 얻어진 가수분해물은 펩티드와 아미노산의 혼합물로 구성되어 있으므로 영아에게 알레르기를 일으키지 않는다. 이러한 조제유는 유당 대신 설탕, 옥수수시럽 및 전분 혼합물을 첨가하고, 지질로는 중간사슬지방이 함유된 지질 혼합물을 첨가한다. 그러나 값이 비싸고 맛과 냄새가 별로 좋지 않아 한정적으로 사용된다.

② 페닐케톤뇨증 조제유

우리나라의 페닐케톤뇨증 발생빈도는 6만 명당 1명으로, 연간 60만 명의 출생률을 감안할 때 1년에 약 10명 정도의 아기에서 페닐케톤뇨증PKU이 나타난다. 페닐케톤뇨증은 페닐알라닌을 티로신으로 전환하는 효소의 활성이 낮거나 결핍된 경우를 말하는데, 이러한 아기를 위해 페닐알라닌을 함유하지 않은 특수 조제유가 시판되고 있다.

③ 갈락토오스혈증용 조제유

갈락토오스를 대사시키지 못하는 아이에게는 유당을 제거하여 식물성 당분으로 대체 분유를 만든 조제유이다.

3) 수유법

(1) 모유수유

산모와 신생아의 영양상태가 양호한 경우에는 출산 후 즉시 모유수유를 시작하는 것이 바람직하다. 그러나 출산 후 2~3일은 모유 분비량이 적고 아기도 대개 조용하게 잠을 자며 젖을 그다지 빨려고 하지 않으므로 인내심을 가지고 젖을 주도록 한다.

모유는 수유부의 심신이 피로하지 않고 편안한 자세로 수유를 할 때 잘 분비된다. 모유수유 자세와 흡유방법을 정확히 익히는 것이 모유수유 성공의 관건이 된다. 젖을 다 먹인 후에는 트림을 시켜서 아기가 젖 먹을 때 들이마셨던 공기를 내보내야 하며 그렇지 않으면 젖을 토하기 쉽다.

신생아의 입술과 구강 구조는 모유를 흡유하기에 적합하게 되어 있다. 즉, 혀가 크고 입술이 약간 위로 올라가 있어 유두와 유륜 주위의 공기를 막는 데 효과적이며, 뺨 주위에는 지방조직이 많이 분포되어 있어서 흡유 시 입안의 압력으로 뺨이 들어가는 것을 막아준다. 또한 코가 짧고 납작하여 젖을 먹는 동안 숨쉬기가 수월하다.

① 수유 시간

영아가 젖을 빠는 힘이 세찰 경우 처음 5분간의 흡유량이 전체 분량의 반가량을 차지하며, 그 다음 5분간에는 약 30~40%, 다음 5분간에는 10~20%로 흡유 정도가 점차 감소한다. 만일 영아가 20분간 젖을 빨았다면 처음 15분간에 먹을 만큼은 거의 다 빨고, 나머지 5분간은 빠는 욕구를 채우기 위해 놀이 삼아 빨고 있는 것이다. 영아가 30분 이상 젖을 빨고 놓지 않는다면 결국 분비되는 젖의 분량이 모자란다는 것을 의미한다.

② 수유 간격 및 횟수

젖이 잘 나오면 영아가 젖을 빠는 힘도 세차며, 영아가 정상적으로 발육할 때에는 수유 간격과 횟수가 대략 일치한다. 보통 수유 간격 및 횟수는 생후 0~1개월에서는 2~3시간 간격으로 1일 7~8회, 1~3개월에는 3시간 간격으로 1일 6회로 하며, 점차 4시간 간격으로 젖을 준다.

시간을 정해서 수유하는 경우를 규칙수유라고 한다. 실제로 수유량은 영아에 따라 상당한 개인차가 있으며, 또 같은 영아라도 흡유량이 항상 일정하지 않으므로 규칙적인 수유가 반드시 바람직하다고는 할 수 없다. 최근에는 영아의 고유 생활리듬을 존중하고 영아의 욕구에 맞춰 수유하는 자율영양법이 권장되고 있다.

⌛ 모유 저장

모유수유 시에는 영아에게 직접 젖을 물리는 것이 가장 좋은 방법이지만, 직장 여성의 경우와 같이 직접 수유가 어려운 상황에서는 미리 용기에 모유를 짜서 냉장고(3일)나 냉동고(2달)에 저장했다가 영아에게 먹이도록 한다. 저장한 모유를 영아에게 줄 때에는 체온과 비슷하게 중탕으로 데워 먹이며, 한 번 데운 모유를 다시 보관하였다가 사용하는 것은 위생상 좋지 않다.

외국의 모유은행에서는 건강한 다른 수유부에게서 남는 젖을 기부받아 저장했다가 미숙아나 질환을 앓고 있는 신생아에게 제공하고 있다.

(2) 조제유수유

① 조유방법

우리나라에서 시판되는 조제유는 모두 분유의 형태로서, 물로 희석하여 13%의 용액을 만들 수 있도록 되어 있다. 조유 시에는 우선 준비하는 사람의 옷차림과 장소를 깨끗이 하고 손도 깨끗이 씻는다. 포유병, 젖꼭지, 병뚜껑 등의 조유기구를 깨끗이 씻은 후 물로 끓여 철저하게 살균한다. 조제유를 만드는 데 사용하는 물 또한 반드시 끓여서 이용한다.

조제유를 1회 분량만 만들 때에는 영아에게 먹이기 직전 조제분유에 적당량의 물만 섞으면 된다. 한꺼번에 하루치를 만들 경우에는 조제유가 담긴 병에 물을 반쯤 채우고 뚜껑을 약간 닫아 냄비에 넣어 15분 정도 끓여 살균한 다음, 병을 꺼내 식히고 뚜껑을 닫아 냉장 보관하였다가 하나씩 꺼내 데워서 먹인다.

조제유의 농도가 너무 진하거나 묽은 경우에는 영아에게 심각한 부작용을 초래할 수 있으므로, 조유 시 설명서의 지시대로 농도를 정확하게 맞추는 것이 중요하다. 만약 조제유의 농도가 너무 진하면 단백질과 전해질의 농도가 높아져서, 신장의 용질부하량이 증가하여 탈수 및 대사성 산혈증이 발생할 위험이 있다. 반대로 조제유의 농도가 너무 연한 경우에는 영아의 성장에 필요한 에너지와 영양소가 충분히 공급되지 않아 영양장애와 성장부진이 나타날 수 있다.

최근 국내에서 질산성 질소에 오염된 것으로 밝혀진 지하수에 조제유를 타서 먹인 아기에게서 청색증이 나타났다는 의학계의 보고가 있다. 지하수나 약수 중에는 중금속의 함량이 지나치게 높은 것도 있으므로 주의해야 한다.

② 조제유 수유방법

수유 시 조제유의 온도는 영아에 따라 다소 기호차가 있으나 대체로 체온보다 약간 높은 37~40°C가 적당하다. 조제유를 팔뚝의 안쪽에 두세 방울 떨어뜨려 보아 뜨겁지도 차갑지도 않으면 수유에 적당한 온도이다.

수유는 아기와 엄마가 만나는 중요한 시간이므로, 가능한 한 수유부의 손으로 영아를 안고 조용한 환경에서 차분하게 수유에 전념하도록 한다. 젖꼭지는 충분히 입안으로 들어가게 하고, 젖꼭지가 항상 젖으로 가득 차 있도록 포유병을 비스듬히 눕혀 마시게 한다. 수유가 끝나면 영아를 안고 가볍게 등을 문질러 주어서 영아가 젖과 함께 마신 공기가 밖으로 나오게 한다. 영아가 먹다 남은 조제유를 냉장고에 보관했다가 다시 먹이는 것은 위생상 좋지 않으므로 미련없이 버린다. 수유횟수와 수유량은 모유수유와 비슷하나 보통 수유량보다 많이 섭취하는 경향이 있다. 수유횟수는 자율수유를 한다.

조제유 수유 시 영아가 남기는 이유

- 젖꼭지의 구멍이 너무 작은 경우
- 공기를 너무 마셔 위 속에 공기가 가득 차 있는 경우
- 젖이 완전히 식어버린 경우
- 젖의 분량 및 농도가 영아에게 맞지 않는 경우
- 수유하기 전에 과즙 또는 다른 액체를 주었을 경우

6. 이유식

이유란 영아가 젖에서 영양소를 얻는 것 외에 여러 가지 음식을 섭취해 가는 과정으로, 영아는 생후 1년이 지나면 젖을 떼게 된다.

1) 이유식의 필요성

(1) 영양소 보충

영아의 성장은 매우 빨라 생후 3개월에는 체중이 출생 시의 2배, 5개월이 되면 2.5배로 증가하는 데 비해 모유 분비는 개월수가 진행되면서 감소하므로 모유만으로는 영아에게 필요한 영양을 충족시킬 수 없다. 영아는 태아기에 철, 구리 등의 영양소를 저장한 채 출생하나, 생후 5~6개월이 되면 그 저장량은 고갈된다. 영양결핍 상태가 되면 빈혈 등의 질병에 걸릴 위험이 증가할 뿐 아니라 세균 감염에 대한 저항력이 약화되므로 부족한 영양소를 식사로 보충할 필요가 있다.

(2) 소화기 발달

영아기에는 저작기능이 발달하고, 형태가 있는 음식을 입에 넣어 주면 혀를 이용하여 목으로 내려보내는 등의 반사작용이 확립되며, 소화기능도 발달한다. 월령이 높아지면서 소화효소의 분비가 많아지고 음식을 소화·흡수하는 능력이 향상된다. 따라서 이 시기에는 음식을 조금씩 주면서 소화기관을 자극하여 그 발달을 촉진하고 음식을 씹어 삼키는 능력을 익히게 하는 것이 필요하다.

(3) 섭식기능 발달

영아의 치아 발달과 혀운동 및 손놀림의 발달에 따라 이유식의 형태와 공급방법도 달라져야 한다. 생후 4~5개월이 되면 젖꼭지나 젖병을 빨기에 알맞은 혀내밈반사가 사라져 숟가락으로 먹여도 흘리지 않으므로, 이 시기에 이유를 시작한다. 8~10개월에는 씹는 운동, 혀운동 및 삼킴운동이 발달되고 양손을 모아 병을 잡을 수 있으므로 식사 시 컵을 이용하도록 하고, 손놀림이 더욱 정교해진 1~2세에는 젖병을 이용하지 않고 스스로 수저와 컵을 이용하게 한다**표 4-12**.

앞니의 발달로 음식을 입안에 머물게 할 수 있는 능력을, 송곳니의 발달로 더욱 질긴 식품을 자를 수 있는 능력을, 어금니의 발달로 식품을 잘게 부술 수 있는 능력을 갖게 되므로 치아의 발달 정도에 따라 식품의 형태도 달리 공급해 주는 것이 필요하다.

표 4-12 영아의 섭식기능 행동과 이유식의 형태

월령	섭식운동	식품의 형태
출생 후~3개월	• 반사작용이 나타난다. – 젖 냄새를 맡거나 젖꼭지로 뺨을 자극하면 그 방향으로 고개를 돌린다. – 젖꼭지나 손가락을 입안에 넣으면 힘차게 빤다. – 액체음식이 입안에 들어오면 삼킨다. – 젖꼭지를 입에 대면 빨기 위해 혀를 밖으로 내민다.	• 젖이나 젖병으로만 영양 공급이 가능하다. • 식품 : 모유 또는 조제유
4~5개월	• 반사작용이 없어진다. • 손을 펼 수 있게 되고, 양손을 모아 물건을 잡는다.	• 이유를 시작한다. • 식품 : 이유식은 젖병이나 숟가락을 이용한다.
6개월	• 앞니가 나기 시작하며 씹는 운동이 나타난다. • 혀 앞에 있는 음식을 뒤로 보내 삼킨다. • 물건을 잡는 능력이 향상된다.	• 숟가락으로 먹이는 것이 가능하다. • 식품 : 미음류(곡분, 거른 채소, 과일즙 등)
7개월	• 턱을 이용해 음식물을 부순다. • 입안의 음식을 돌려가며 씹는 운동을 한다.	• 숟가락으로 잘 받아먹는다. • 식품 : 죽류(걸쭉하게 만든 곡류, 채소)
8~10개월	• 어금니가 나오기 시작하고, 씹는 운동이 더욱 발달하며 혀 운동이 정교해지고, 삼킴운동이 성숙된다. • 병을 잡을 수 있고, 엄지와 검지를 이용하여 물건을 잡을 수 있을 정도로 손동작이 발달한다.	• 젖병을 들고 혼자 먹을 수 있고, 컵으로 먹을 수 있다. • 과자류를 직접 먹을 수 있다. • 식품 : 부드러운 고형식(푹 삶은 육류)
11~12개월	• 깨물거나 씹는 능력이 향상된다. • 혼자서 먹는다. • 도움 없이 컵을 잡는다.	• 숟가락과 컵으로 스스로 먹게 된다. • 식품 : 좀 더 강한 고형식
1~2세	• 뒤어금니만 제외하고 송곳니, 앞어금니 등 모든 젖니가 나온다. • 책장을 넘기고 낙서를 할 정도로 손동작이 정교해진다.	• 숟가락과 컵의 사용이 익숙해지므로 젖병의 사용은 단계적으로 중단한다.

(4) 정신적 · 정서적 발달 도모

생후 5~6개월이 되면 영아는 부모가 먹고 있는 음식에 관심을 나타내며, 그 음식에 대한 욕구를 나타내기 시작한다. 이러한 욕구를 만족시키는 것은 영아의 심리발달에 매우 중요하다. 이유식을 하는 것은 영아의 미각, 후각, 촉각을 자극할 뿐 아니라 시각발달도 촉진한다. 지금까지 엄마 품안에 안겨 젖을 먹던 자세에서 의자에 앉아 식사할 수 있게 되고, 씹어 먹고 마시고 하는 행동을 통해 정신발달을 자극받게 된다. 영아의 발달단계에 따라 새로운 질감, 색, 맛을 가진 식품을 먹는 연습 등을 통해 영아의 지적 · 정서적 발달을 돕도록 해야 한다.

(5) 올바른 식습관 확립

이유기는 인간생활 속에서 음식에 대한 첫인상을 형성하는 매우 중요한 시기이다. 올바른 이유식 방법과 다양한 식품의 이용은 바람직한 식습관 확립을 위한 기초를 다지는 것이므로 매우 중요하다. 이때 먹는 식품의 종류, 조리법, 먹는 방법에 따라 이후의 식습관이 형성되기 때문이다. 이 시기의 잘못된 식습관에 의해 편식, 새로운 식품 거부 등의 식행동이 나타날 수 있으며, 이는 인성 형성에도 나쁜 영향을 줄 수도 있다.

2) 이유 실시의 원칙

(1) 이유 시기와 시간

영아의 성장발달은 개인차가 크므로, 이유는 영아의 상태를 고려하여 진행해야 한다. 일반적인 이유의 시작시기는 생후 4~6개월이며, 출생 시 체중의 약 2배에 가까워졌을 때 시작한다.

이유식은 적당한 시기를 기다리면서 영아가 생리적으로 성숙하는 시기에 제공해야 한다. 생후 4개월 이전에 일찍 이유식을 시작하는 것은 영아에게 도움이 되지 못하며 오히려 음식 과민, 알레르기, 탈수 및 유아비만 등을 초래할 수 있다. 이유 시작시기가 6개월 이후로 지연된 경우에는 영아에게 필요한 영양소를 모유만으로는 공급할 수 없어 성장

지연, 빈혈, 질병에 대한 저항력 약화, 음식 섭취에 대한 거부감, 신경증 등의 문제가 나타날 수 있다표 4-13.

수유 시간과 간격이 불규칙해지면 위장장애와 이유식에 대한 거부감이 나타나기 쉬우므로, 수유는 대개 4시간 간격으로 하루 4~5회 실시한다. 일정한 시간에 이유식을 주도록 하며, 영아가 기분이 좋고 공복일 때 이유식을 먼저 먹이고, 그 후에 모유나 조제유를 준다. 모유나 조제유는 영아가 원하는 대로 먹게 한다.

표 4-13 이유 시작시기에 따른 문제점

이유 시기	문제점
너무 이른 경우	• 모유 분비량의 감소 • 소화기능의 미숙에 의한 설사 • 장벽의 미성숙에 의한 알레르기 질환 • 삼킴운동 미숙과 위식도 역류에 의한 호흡기 증상 • 지방세포 수 증가에 의한 비만
너무 늦은 경우	• 성장 부진 • 면역기능 저하 • 영양결핍(미량영양소의 부족) • 편식

(2) 식품 종류

새로운 식품은 하루에 한 숟가락 정도 주고 양을 차츰 늘려 나가되 급격히 늘리지 않도록 한다. 하루에 두 종류 이상의 새로운 식품을 주지 않으며, 새로운 음식을 추가할 때에는 1주일 정도의 간격을 두고 시행한다. 가급적 영아가 다양한 식품의 맛을 접하게 하는데, 이때 영아의 기분, 식욕, 체중 증가량 및 분변의 성상 등을 주의 깊게 관찰하여 이유의 진행시기와 이유식의 분량이 적절한지를 살핀다.

이유기는 여러 가지 맛을 경험함으로써 미각이 형성되는 시기이므로 이 시기에 너무 진한 맛의 음식을 먹으면 다른 미각의 발달에 장애가 생길 수 있다. 따라서 초기에는 이유식에 소금, 설탕 등의 간을 하지 말고 영아가 식품 자체의 맛을 즐길 수 있도록 하며, 후기부터 아주 약하게 간을 한다. 자극성 있는 식품이나 향신료의 사용을 피한다.

영아는 이유식을 통해 다양한 식품을 접해 봄으로써 식품 선호가 생기게 된다. 이것은 나중에 편식이나 식품 선호와 연결되어 성장기의 건강과 성격 형성에도 큰 영향을 준다.

(3) 식품 안전과 위생

이유식에 사용하는 식품은 신선하고 깨끗하며 소화가 잘 되는 것을 선택하도록 한다. 가급적 시판 이유식이나 인스턴트식품을 피하고 자연식품을 이용한다. 알레르기 반응을 일으키기 쉬운 식품은 초기에는 피해야 하며, 생선, 고기, 달걀 등은 잘 가열하여 먹인다. 안전하지 않은 식품으로는 땅콩, 팝콘, 젤리, 건포도, 고기 덩어리, 미성숙 과일을 들 수 있다. 이러한 음식들은 영아가 아직 씹고 삼키는 능력이 발달되지 않아서 식도나 기도를 막을 수 있으므로 위험하다. 이유식을 만드는 데 쓰이는 모든 기구 또한 철저하게 위생관리를 한다.

(4) 공급방법

숟가락에 익숙해지도록 하고, 젖과 다른 맛을 경험하게 한다. 지금까지 포유병으로 마시게 한 과즙을 조금씩 숟가락으로 떠먹인다. 또한 희석시킨 된장국, 채소수프 등도 떠먹이면서 숟가락에 익숙해지도록 하고 젖과는 다른 맛을 알게 한다.

⌛ 이유식 실시 시 관찰할 점

영아의 식욕 리듬과 기분 주시

- 건강한 영아일지라도 식욕이 매일 똑같지 않으며 약간의 변화가 있다.
- 수유하는 경우와 마찬가지로 식욕의 리듬을 존중해서 시간과 분량을 결정한다.
- 구토, 설사, 피부 발진 등의 이상 여부를 점검한다.

체중의 증가

영아의 기분이 좋고 체중의 증가 상태가 순조로우면 젖과 이유식의 분량이 적당한 것으로 생각해도 된다. 적어도 한 달에 한 번 체중을 측정하며 그 증가량에 유의한다.

3) 이유식의 실제

이유는 이유준비기를 거쳐 초기(4~6개월), 중기(7~8개월), 후기(9~10개월)와 1년 전후로 나누어 실시한다. 각 시기에 수유와 이유식으로 줄 수 있는 식품과 분량은 **표 4-14**와 같다.

표 4-14 이유식 진행에 따른 조리 형태와 기준량

<table>
<tr><th colspan="2">월령</th><th></th><th colspan="7">5 6 7 8 9 10 11</th></tr>
<tr><th colspan="2">먹는 형태</th><th></th><th colspan="2">꿀꺽꿀꺽 그냥 넘김</th><th colspan="2">우물우물해서 넘김</th><th colspan="3">질근질근 잇몸으로 씹어 넘김</th></tr>
<tr><td colspan="2">조리 형태</td><td></td><td>흐물흐물한 상태</td><td>질척한 잼 상태</td><td colspan="2">물컹물컹한 상태</td><td colspan="3">죽과 진밥 정도의 상태</td></tr>
<tr><td rowspan="7">이유식 재료의 분량</td><td>곡류와 감자류</td><td></td><td>5~30g
(연하게 으깬 죽·국)</td><td>30~50g</td><td colspan="2">50~100g
(으깨지 않은 부드러운 죽)</td><td>100g
(보통죽)</td><td>100g
(진밥)</td><td></td></tr>
<tr><td>채소</td><td></td><td colspan="2">5~10g 20~25g
(삶아서 으깨거나 체에 거른 채소즙)</td><td>20~30g
(삶아서 으깬 채소즙)</td><td></td><td colspan="2">30~40g
(잘게 잘라 삶은 것)</td><td>40g
(그대로 잘 삶은 것)</td></tr>
<tr><td>과일</td><td>50g
(과즙)</td><td>50~100g
(갈아서 거르거나 으깬 과일)</td><td></td><td></td><td colspan="2">100g
(먹기 좋도록 잘게 자른 것)</td><td></td><td></td></tr>
<tr><td>달걀</td><td rowspan="4">※ 1회 식사에 4가지 중 1가지를 준다.
※ 1회의 식사가 두 종류일 때는 1/2, 세 종류일 때는 1/3씩 계산한 양으로 한다.</td><td>노른자 1/4~1/2
(으깬 물에 푼 것)</td><td colspan="2">달걀노른자 1/2~1</td><td colspan="2">달걀노른자 1
(반숙보다 좀 더 조리된 것)</td><td>통달걀 2/3~1개</td><td></td></tr>
<tr><td>콩제품</td><td>5~10g</td><td>10~20g</td><td colspan="2">25~50g</td><td colspan="2">50g</td><td>50~70g</td></tr>
<tr><td>생선</td><td colspan="2">5~10g
(삶아서 으깬 것)</td><td>10~15g
(잘 다져서 조리한 것)</td><td>10~15g</td><td>25~30g</td><td></td><td>30g
(잘게 잘라서 조리한 것)</td></tr>
<tr><td>고기</td><td colspan="2">5~10g
(삶아서 으깬 것)</td><td>10~15g
(잘 다져서 조리한 것)</td><td>10~15g</td><td>25~30g</td><td></td><td>30g
(잘게 잘라서 조리한 것)</td></tr>
<tr><td colspan="3">이유식 횟수</td><td>1회</td><td>1회</td><td>2회</td><td>2회</td><td>3회</td><td>3회</td><td>3회</td></tr>
<tr><td colspan="3">이유식 후의 수유(먹으려고 하는 만큼)</td><td>1회</td><td>2회</td><td>2회</td><td>2회</td><td>3회</td><td>3회</td><td>3회</td></tr>
<tr><td colspan="3">수유 횟수</td><td>4회</td><td>3회</td><td>3회</td><td>3회</td><td>2회</td><td>2회</td><td>2회</td></tr>
</table>

(1) 이유 초기(4~6개월)

생후 4개월경부터 과즙, 채소즙, 미음, 희석한 된장국 등을 조금씩 숟가락으로 주면서 젖과 다른 새로운 맛에 대해 경험하게 하고, 숟가락 사용에 익숙해지도록 한다.

① 이유식은 하루 1회를 원칙으로 하고, 오전 10시경 공복 시 준다.

② 모유 또는 조제유는 정해진 시간에 규칙적으로 준다(4~5회/일).

③ 하루에 한 가지 식품을 한 숟가락부터 주기 시작하며, 영아의 대변, 식욕, 기분 등에 유의하면서 차츰 양과 종류를 늘린다.

④ 음식은 묽은 죽의 상태로 조리한다. 곡류(쌀 먼저) 및 감자는 연하게 으깬 죽 상태로, 채소는 삶아 으깨어 체에 걸러서, 과일은 삶아 으깨거나 곱게 긁어서 준다.

⑤ 영아에게 단것을 먼저 주면 채소를 먹지 않으려고 하므로 채소를 먼저 주고 과일은 나중에 제공하는 것이 좋다. 흰살생선은 삶아서 으깨고, 육류(간, 쇠고기, 닭고기)는 삶아 다져서 소량씩 제공한다. 달걀노른자는 철 보충을 위해 죽이나 우유 또는 수프에 섞어서 준다.

이유 초기 음식 조리법의 예

달걀노른자죽

• 재료 : 달걀노른자 1/3개, 밥 1큰술, 다시마물 5큰술

• 방법 : ① 그릇에 달걀을 깨뜨린 후 다시마물 1큰술을 넣고 섞는다.
② 냄비에 밥과 다시마물을 넣고 밥알이 완전히 풀어지도록 푹 끓인 다음 ①을 넣고 덩어리가 지지 않도록 저어가며 끓인다.
③ 전체적으로 노란색을 띠면 불을 끄고 체에 걸러준다.

(2) 이유 중기(7~9개월)

① 이유식의 식사횟수를 오전과 오후 하루 2회로 늘리고, 오후 식사의 초기에는 오전 식사량의 1/2 정도 준다.

② 식품의 종류, 분량을 늘려서 다양한 식품의 맛에 익숙해지도록 한다.

③ 음식은 반고형식의 형태로 조리한다. 곡류는 부드러운 죽 형태로, 채소는 삶아서 주고, 과일은 얇게 저며 주고, 간·흰살생선·닭고기·쇠고기는 잘 다져서 조리하여 준다.

④ 알레르기 반응을 일으킬 위험이 있는 식품에 주의한다. 일반적으로 달걀흰자는 약 7개월부터, 고등어나 꽁치 같은 등푸른생선은 약 9개월부터 먹이는 것을 권장한다.

이유 중기 음식 조리법의 예

완두콩두부죽

- 재료 : 완두콩 1/3컵, 우유 1컵, 두부 1/6모, 소금 약간
- 방법 : ① 완두콩은 싱싱한 것으로 준비하여 콩깍지를 벗기고 삶는다. 두부는 흐르는 물에 씻어 물기를 뺀다.
  ② 삶은 완두콩의 껍질을 벗기고 분말기에 고루 으깬 다음, 우유를 넣고 섞은 후 고운 체에 거른다.
  ③ 두부는 사방 0.5cm 길이로 썬다. 냄비에 ②를 넣고 끓이다가 두부를 넣고 다시 한 번 끓인다. 마지막에 소금간을 살짝 한다.

식빵우유죽

- 재료 : 식빵 1쪽, 우유 1/2컵, 복숭아 1쪽
- 방법 : ① 식빵은 가장자리를 잘라내고 6토막으로 자른다.
  ② 통조림 복숭아는 흐르는 물에 씻어 단맛을 씻어낸 후 잘게 다진다.
  ③ 냄비에 우유를 붓고 불에 올려 끓어오르기 직전에 불을 끄고 식힌다. 접시에 식빵을 담고 우유를 부은 후 ②의 복숭아를 얹는다.

(3) 이유 후기(10~12개월)

① 이유식의 식사횟수는 하루 3회를 원칙으로 하며, 모유나 조제유는 2회로 줄인다. 영양의 주체가 모유(조제유)에서 이유식으로 바뀐다.

② 식품의 종류가 확대되어 성인용 식사에서 이용할 수 있는 것들이 늘어난다.

③ 음식은 부드럽게 익혀서 소화가 잘 되는 형태로 준다.

④ 혼자 식사할 수 있는 팔운동이 가능하므로 음식을 직접 손에 들고 먹는 연습, 숟가락으로 먹는 연습 및 컵으로 마시는 연습 등을 조금씩 시킨다.

⑤ 알레르기나 대사 문제를 일으키는 식품에 대해 계속 주의한다.

(4) 이유 완료기(1세 이후)

① 이유식은 성인의 식사와 같이 아침·점심·저녁 3회로 하고, 간식은 하루 1~2회로 일정하게 준다. 모유 및 조제유는 더 이상 주지 않아도 된다.

② 유치로 씹거나 끊을 수 있을 정도의 부드러운 음식을 준다.

③ 생우유는 비타민 C와 철의 함량이 낮으므로 1세 이후에 지나치게 생우유를 많이 섭취하는 경우 철과 구리의 결핍을 초래할 수 있다. 또한 과다섭취 시 포만감으로 다른 음식의 섭취가 감소할 수 있으므로 1일 우유의 섭취량은 600mL 정도로 하고, 나머지는 일반식으로 섭취하게 하는 것이 좋다.

④ 1세 이전에 알레르기 반응을 일으킬 위험이 있던 식품도 서서히 제공한다. 땅콩 같은 견과류는 기도로 흡입될 수 있으므로 갈아서 준다.

시판 이유식

시판 이유식은 이용이 간편하고 위생적이어서 최근 이용률이 급증하고 있다. 우리나라에서 시판되고 있는 이유식은 분말 형태이며, 곡류를 주원료로 하여 우유 및 유성분, 어육류, 두류, 채소, 과일, 식물성 기름, 당류 및 기타 여러 물질을 첨가하여 만든다.

시판 이유식을 영아에게 줄 때에는 젖병에 넣어 먹이지 말고 미음처럼 개어서 숟가락으로 떠먹이는 것이 좋은데, 그 이유는 숟가락으로 먹여야만 영아가 씹고 삼키는 연습을 할 수 있기 때문이다. 만약 이유식을 젖병에 넣어 계속 먹이는 경우에는 어릴 때부터 씹지 않고 그저 쉽게 마시는 음식만을 선호하게 되고 다양한 음식을 골고루 섭취하지 못하기 때문에 편식과 영양불량이 발생할 우려가 크다. 수입 이유식 중에는 분말상, 통조림, 병조림 등의 형태로 완전조리되어 사용하기 간편한 것들이 많이 있다.

7. 영아의 영양문제

1) 영양문제

(1) 성장장애

영아의 신장과 체중이 자신의 월령수에 따른 성장곡선에서 5백분위수 미만을 나타내는 경우를 일반적으로 성장장애로 간주한다. 영아에서 성장장애가 나타나는 가장 중요한 원인은 에너지와 단백질 결핍이며 그 외 철, 아연 등의 미량영양소 결핍이 원인이 될 수 있다. 영아에서 영양결핍이 나타나는 경우는 다음과 같다.

① 모유 섭취량이 부족한 경우 : 약한 흡유력, 모유수유 횟수 감소 등
② 에너지 요구량이 증가하는 경우 : 중추신경계 질환, 선천성 심장질환 등
③ 모체의 유즙 생성량의 저하나 유즙 배출이 잘 안 되는 경우 : 식사, 질병, 피로, 스트레스, 불안, 흡연, 약물 등
④ 이유 시작시기가 너무 늦어진 경우
⑤ 다운증후군, 뇌성마비나 경련이 자주 일어나는 질병

성장장애 영아를 회복시키는 데 필요한 에너지를 공급하기 위해 일반적으로 첫 단계의 에너지는 환아의 키에 대한 연령, 즉 영아의 키가 발육곡선의 50백분위수에 해당되는 연령에서의 1일 에너지 필요량을 기준으로 설정하며, 에너지 요구량이 증가하지 않거나 과다한 손실이 없는 영아는 체중이 적절히 증가한다. 6개월 미만의 영아는 2~17일 이내에 체중증가가 시작되는 반면, 6개월 이상의 영아는 체중 증가가 이보다 더 늦게 이루어진다.

(2) 단백질결핍증

성장기 영유아의 단백질결핍증은 장기간 단백질 섭취가 부족하였을 때 성장이 지연되며, 단백질 섭취량이 극도로 적고 장기간 계속되면 콰시오커 증세가 나타난다. 에너지와 함께 단백질이 결핍되면 마라스무스 증세가 나타난다그림 4-3.

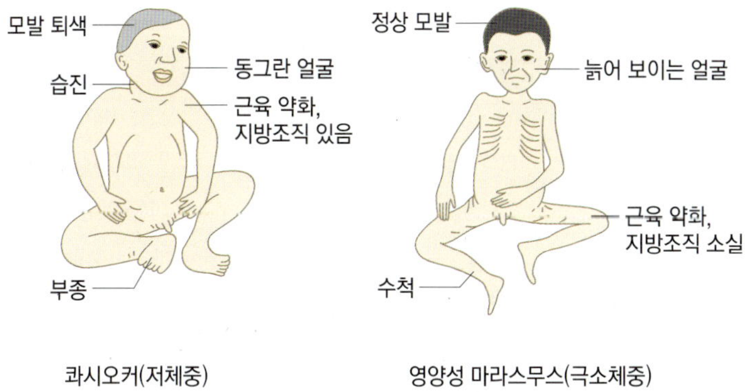

그림 4-3 콰시오커와 마라스무스의 기본 증상

① 콰시오커

콰시오커kwashiorkor는 아프리카, 남아메리카, 아시아, 서인도제도 등에서 흔히 볼 수 있는 이유기 또는 그 직후 아이들에게서 가장 많이 발생하며, 이 병에서 살아남은 아이들만이 성장을 계속하여 성인이 된다.

콰시오커는 다른 영양결핍증과 마찬가지로 원인을 확인하여 영양소를 공급하면 완치될 수 있다. 이 증세에 대한 가장 효과적인 치료법은 환자에게 탈지분유를 먹이는 것이다. 탈지분유는 환자가 거의 절망적이라고 생각되는 상태에 있을 때에도 2~3주 내에 완전히 건강한 상태로 회복시켜 준다. 우유 구입이 힘들거나 우유가 비싼 지역에서는 다른 고단백질 식이를 먹이면 된다. 콩가루나 두유는 좋은 단백질 보충음식이며 생선가루도 양질의 단백질 급원이다.

② 마라스무스

아프리카는 식량이 부족하여 이유기와 유아기에 에너지와 단백질이 극도로 결핍되어 마라스무스marasmus에 걸리는 일이 흔하다. 마라스무스 증상은 대체로 콰시오커와 비슷하나 다른 점이 있다.

모발의 색이 변하지 않고 부종이 일어나지 않으며 극도로 체중이 감소한다. 얼굴과 몸에 지방이 거의 없고 팔과 다리 근육이 없어져서 움직이기 힘들다. 적절하게 영양 공급이 이루어지지 않으면 감염에 의해 사망하게 된다. 식사요법은 콰시오커와 유사하다.

표 4-15 콰시오커와 마라스무스의 비교

특징	콰시오커	마라스무스
최고 발생시기	12~48개월(이유 후 아동이나 급성장 아동)	6~18개월 어린이
키	거의 정상	나이에 비해 적음
외모	약간 마름	피골이 상접하게 마름
부종	큼	없음
지방간	많음	별로 없음
체지방	정상으로 존재	모두 이용
근육	근육 위축	근육 쇠퇴
피부	부스럼	건조, 주름
머리카락	건조, 탈색	드물고 가늚
혈청 알부민	감소	정상
비타민 A 결합단백질	감소	정상
포도당내성	감소	정상

(3) 빈혈

영아기에 철 결핍이 발생하는 원인에는 불충분한 식품 섭취, 부적절한 이유식품, 빠른 신체 성장과 혈액량 증가에 의한 철 필요량의 급증, 소화기질환 및 감염에 의한 출혈이나 혈액 손실 등이 있다. 영아의 철결핍성 빈혈은 우리나라를 비롯하여 전 세계적으로 문제가 되고 있다. 영아 후기의 철 결핍은 23%이고 빈혈 발생률은 10%를 넘고 있다. 1~2세의 경우에는 철 결핍이 35%를 상회한다**그림 4-4**.

빈혈이 생기면 식욕 감소, 세균 감염에 대한 저항력 약화, 소화기능 저하, 집중력 감소, 학습능력 저하 등의 증상이 나타난다. 특히 영유아기의 장기적인 철 부족은 성장발달을 치명적으로 저해하는 요인으로 작용한다. 정상아에 비해 지능지수나 행동발달지수가 낮게 나타나고, 이런 현상은 이후에 철을 보충해 주더라도 지속될 수 있다.

철 결핍을 예방하기 위해서는 이유기의 영아에게 철이 충분히 함유된 육류, 생선, 녹색 채소 등을 이유식에 포함하는 것이 좋다. 시판되는 영아용 곡류 제품에는 철이 강화되어 있으나 체내 이용률은 낮으므로, 식사 시 비타민 C가 풍부한 식품을 함께 섭취시켜 철의 체내 흡수를 높이도록 한다.

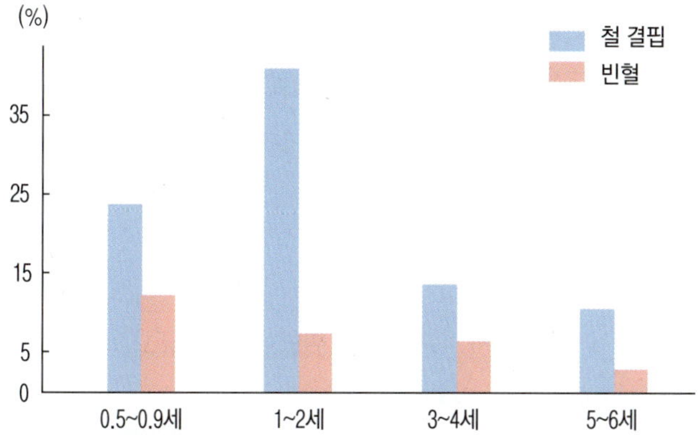

그림 4-4 영유아기의 철 결핍 및 빈혈 발생 빈도

(4) 설사

아기는 어른에 비해 설사가 자주 일어나는데, 설사 시 수분 손실이 증가하여 탈수를 초래할 수 있다. 탈수가 심해지면 영아의 생명이 위험하게 된다. 모유영양을 하는 경우 오랫동안 심하게 설사하는 일은 드물다.

설사가 심해지면 젖 주는 것을 몇 차례 줄이고 탈수를 방지하기 위하여 묽은 포도당액, 보리차, 끓인 물을 계속해서 조금씩 먹인다. 주스와 젖산음료는 장내에서 발효를 일으켜 설사를 악화시킬 수 있으므로 피한다. 만일 설사할 때 38°C 이상의 열이 나거나 구토가 24시간 이상 계속될 경우, 또는 하루에 10번 이상의 심한 설사가 일어나면 수분, 나트륨, 칼륨 등의 보충이 필요하다.

(5) 식품 알레르기와 아토피 피부염

식품 알레르기는 아토피 피부염, 천식, 두드러기, 아나필락시스 등과 같이 다양한 알레르기 증상을 유발할 수 있다. 식품 알레르기는 소아의 약 2~8%를 차지하는 아주 흔한 질환으로 전 세계적으로 증가 추세에 있다.

① 식품 알레르기

영아에게서 나타나는 알레르기성 질환은 대부분이 음식물 섭취에 의한 경우가 많으며 습진, 비염, 두드러기, 호흡곤란, 기침, 구토, 설사 등의 증상이 나타난다. 영아기에 흔히 알레르기를 유발하는 식품은 우유이며, 그 외에 달걀, 땅콩, 밀, 대두, 생선, 토마토, 감귤류, 복숭아, 돼지고기 등도 알레르기의 원인으로 작용한다. 영아가 알레르기의 원인이 되는 식품을 직접 섭취하지 않더라도, 수유부가 섭취한 식품의 성분이 모유로 분비되어 영아에게 알레르기 반응을 유발할 수 있다.

② 아토피 피부염

우리나라 영아의 20% 이상에서 아토피 피부염이 발생하고, 알레르기성 질환에 의한 사회적·경제적 비용이 연간 2조 원을 상회하는 등 아토피 피부염의 피해가 증가하고 있다. 아토피 피부염은 소아에게 많이 나타나는 만성질환으로, 가려움이 매우 심하여 아이와 가족의 삶의 질을 저하시킨다. 우리나라 아토피 피부염 환자의 50% 이상이 식품과 연관이 있다. 아토피 피부염의 경우 병원마다 다른 처방을 제시하거나, 여러 자연요법에 따른 지나친 식이제한으로 심각한 영양문제를 야기하는 경우가 있다.

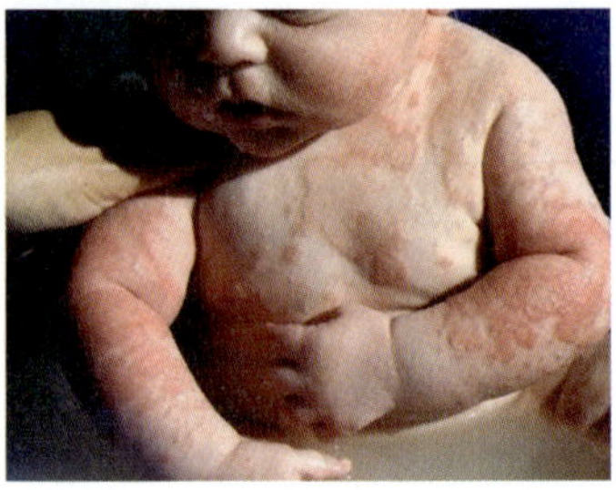

식품에 의한 알레르기는 이유식을 일찍 시작하는 경우에도 나타날 수 있다. 알레르기에 대한 가족력이 있는 영아에게는 모유를 충분한 기간 먹이도록 하고, 알레르기를 잘 일으키는 식품은 가급적 늦게 이유식에 첨가하는 것이 좋다. 어느 특정 식품이 알레르기를 일으키는 것으로 진단되면 원인이 된 식품은 일단 제한하고, 일정 시간이 지난 후에 다시 조금씩 첨가하면서 경과를 관찰하고 이상이 없으면 차츰 양을 늘려 나가도록 한다. 식품

아나필락시스

아나필락시스anaphylaxis(일종의 쇼크)는 전신적이고 급작스러운 알레르기 증상으로 조기 응급처치를 하지 못했을 경우 생명을 위협하는 증상이다. 생명을 위협하는 반응은 알레르기 항원이 혈액 기원성으로 되거나 아주 많은 양의 화학물질이 국소 부위에서 혈액순환기계로 분비될 때 발생할 수 있다. 많은 양의 화학적 매개체가 혈액으로 들어간다면, 아나필락시스성 쇼크라는 아주 심각한 전신성(몸 전체에 관여) 반응이 유도된다. 아나필락시스를 일으키는 단일 원인으로 식품이 가장 높은 빈도를 보이고 있으며, 특히 아이들의 경우 식품에 의한 아나필락시스가 81%를 차지하고 있다.

알레르기는 영유아기에는 달걀, 우유, 대두 등이 주원인 식품이나, 연령이 높아짐에 따라 달걀이나 우유에 의한 발생률은 자연적으로 소실된다. 개인차에 따른 식품별, 연령별 다양한 관리방안을 마련해야 한다.

(6) 치아우식증

치아우식증은 영아나 어린 유아의 유치에 충치가 발생하는 특징적인 증상을 말하며, 젖병으로 주스나 우유 또는 조제유를 먹는 아이에게서 흔히 나타난다. 침은 정상적으로는 입을 세척하고 치아 표면 플라크의 산을 중화시키는 작용을 하지만, 잠을 자는 동안에는 침의 분비량이 감소한다. 따라서 발효되기 쉬운 설탕이 많이 함유된 주스나 우유, 조제유 등이 치아 주위에 고이면 치아우식균이 설탕을 발효시켜 산을 형성하여 빠르게 치아를 손상시킨다. 또한 오랜 시간 젖병을 물고 있으면 윗니는 앞으로 나오고 아랫니가 뒤로 가게 되어 뻐드렁니 모양의 치아가 될 수 있다.

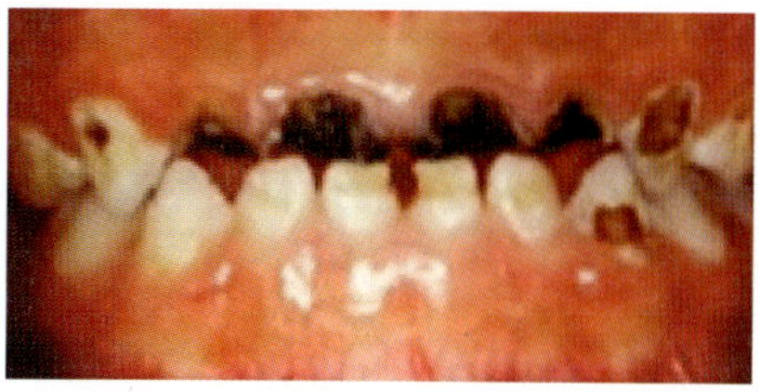

치아우식증을 예방하기 위해서는 영아가 젖병을 문 채 잠들게 해서는 안 되며, 우유를 먹인 후에는 반드시 젖병을 빼고, 물로 입을 씻긴 다음 재우는 것이 바람직하다.

2) 선천성 대사장애 및 기타 장애

(1) 선천성 대사장애

선천성 대사장애는 태어날 때부터 체내에 필요한 효소가 없어 모유나 조제유 성분을 정상적으로 대사시키지 못하며, 비정상적인 대사물이 뇌나 신체에 손상을 주고 정신지체를 초래하는 질병이다. 우리나라 영아에서는 선천성 대사장애로 페닐케톤뇨증, 단풍시럽뇨증, 호모시스틴뇨증, 갈락토오스혈증 등이 보고되어 있다. 선천성 대사장애는 출생 후 3~6일경에 발뒤꿈치에서 혈액을 채혈하여 검사하거나 출생 전 양수검사를 통해 진단할 수 있다.

선천성 대사장애로 진단이 되면 아기에게 질환에 맞는 특수한 조제유와 저단백식사 또는 탄수화물 조절식사를 주어야 한다. 아미노산 대사장애 질병을 위한 특수 조제유는 단백질을 완전히 가수분해하여 장애요인이 되는 아미노산을 제거하여 만든 것으로 가격이 매우 비싸다. 국내에서는 페닐케톤뇨증, 단풍시럽뇨증, 요소회로이상증을 위해 메티오닌이나 류신, 단백질을 제거한 특수 조제유들이 제조·시판되고 있다.

(2) 다운증후군, 뇌성마비, 경련

다운증후군과 뇌성마비나 경련이 있는 영아들은 흔히 저체중이나 발달장애가 일어나며 여러 가지 영양문제를 보이는 경우가 많다. 이러한 영아는 신장, 체중, 머리둘레, 피부두겹두께 등을 3개월 간격으로 측정하여 영양상태를 평가해야 한다. 그리고 성장이 충분히 이루어지고 있는지, 영양적으로 건강한 상태인지를 파악하는 것이 필요하다.

각 선천성 대사질환에 따른 영양문제와 영양관리는 **표 4-16**과 같다.

표 4-16 다운증후군 등의 영양적 문제와 영양관리

상태	영양적 문제	영양관리
다운증후군	유아기의 빨기능력 저하 변비 성장부전 비만	빨기능력 향상 식이섬유와 수분 섭취 증가 에너지 섭취 증가 또는 감소 활동량 증가
뇌성마비	경구 섭취 능력 문제	문제에 대한 판정 구강 운동신경 촉진 질감 조정 에너지 조정
경련	음식 섭취 문제 체중 감소 약물과 영양소의 상호작용 치아 문제	에너지 섭취 증가 딜란틴 사용 시에는 비타민 D 보충

자료 : 대한영양사협회, 2008

8. 영아의 식생활관리

1) 식사지도

- 의자에 앉아서 식사하도록 지도한다. 식탁에 올라가거나 음식을 던지는 등의 행동을 못하게 하되 벌은 주지 않는다.
- 영아가 음식에 호기심을 가지고 즐기게 한다. 음식에 손을 대고 손가락으로 먹어도 나무라지 않는다. 영아는 자연스레 다음 단계로 숟가락을 이용하여 음식을 먹게 된다.
- 영아에게 음식을 강요하지 않는다. 새로운 음식에 대해 거부감을 갖는 것은 당연하다.
- 영양가 있는 음식을 주되, 어떤 음식을 얼마만큼 먹든지 상관하지 않는다.
- 단 것을 제한한다. 식사에 대한 보상으로 사탕을 주지 않는다.
- 즐거운 분위기에서 식사하는 방법과 식습관을 가르친다. 식탁을 싸움터로 만들지 않는다.

2) 식생활 지침

영유아를 위한 식생활 지침은 그림 4-5와 같다.

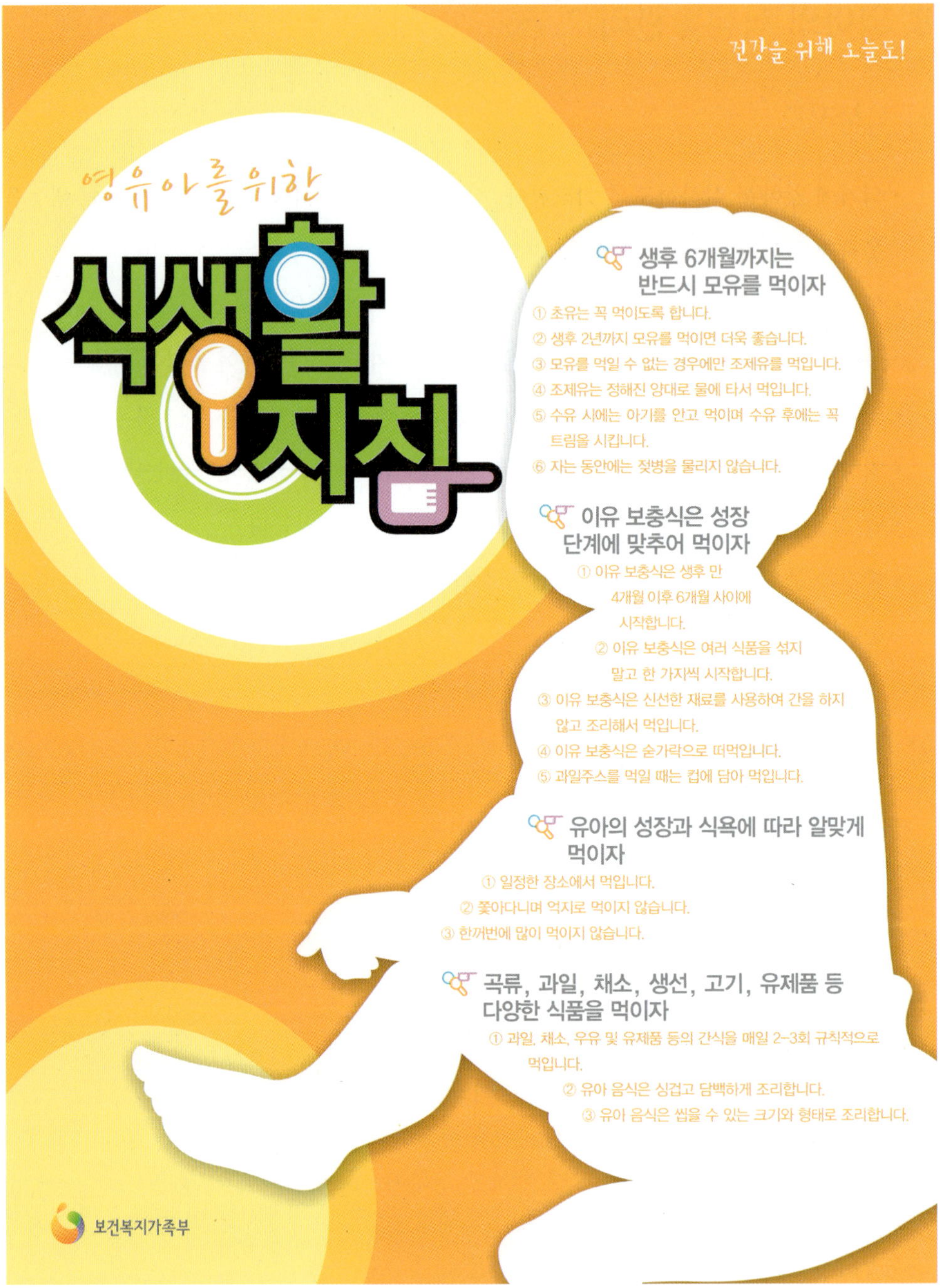

그림 4-5 영유아를 위한 식생활 지침

자료 : 보건복지부, 2010

9. 미숙아 영양

미숙아는 일반적으로 출생 시 체중이 2.5kg 이하인 저체중아나 재태기간 38주 미만에 출생한 조산아를 통칭한 말이다. 출생 시 체중이 1.5kg 이하인 경우 극소체중아라고 한다. 미숙아 출산은 영아사망률을 높이는 주요한 요인 중의 하나였으나, 의료기술의 발달로 인큐베이터 안에서 의료 및 영양관리를 함으로써 미숙아의 생존율은 점차 높아지고 있다. 극소체중아의 경우 생존아 가운데 약 10%에서 중증장애가 나타나고 있어서 미숙아의 영양관리가 매우 중요한 문제로 대두되고 있다.

1) 미숙아의 특징

(1) 신체적 특징

미숙아는 모체의 자궁 내에서 충분히 성장하지 못하고 태어난 상태로 생리적으로도 성숙아와 다르며, 초기 단계에서 여러 임상적인 문제점이 많이 발생한다. 미숙아는 몸통에 비해 머리가 크며, 피부는 얇고 붉은 기가 강하다. 미숙아는 성숙아보다 체수분(특히 세포외액)의 비율이 크며, 출생 후 며칠 이내에 세포외액이 감소하여 체중이 출생 시보다 10~20% 감소하게 되는데, 체중의 감소 정도가 성숙아보다 크게 나타나며 회복 또한 느린 것이 특징이다. 또한 미숙아는 빨거나 삼키는 섭식기능이 잘 발달되어 있지 않으며, 위 용량이 부족하고 소화·흡수기능도 미숙한 상태이다.

임신 기간에 대부분 영양소는 마지막 3개월에 태아에게 축적되므로, 미숙아는 체내 영양소의 저장량이 제한되어 있다. 예를 들어 체중이 3.5kg인 만기출산아의 체지방 함량은 약 12%인 반면, 체중 1kg인 미숙아의 체지방 함량은 약 1%로 나타난다. 따라서 미숙아에서는 영양필요량이 만기출산아보다 높으므로 미숙아에게 적절한 형태의 영양지원을 해주어야 한다.

조산과 저체중아 출생 실태와 원인

조산

임신 37주 이전에 출산하는 조산율은 2000년 3.79%, 2012년 6.4%, 2019년 8.1%로 높아졌다. 조산의 원인은 '임신성 고혈압(31%), 태반의 이상(23.1%), 임신성 당뇨병(21.7%), 인공수정 임신(16.8%)'의 순이었다. 조산율이 높아진 이유로는 고령 임신에 의해 다양한 임신합병증이 증가한 것을 들 수 있다. 조산아는 정상아보다 황달이 4배, 일과성 호흡증후군 2배, 태변 흡입으로 인한 폐렴 등의 문제가 생기는 태변흡입증후군이 3배 정도 많았다.

저체중아 출산

저체중아 출산비는 2001년 3.9명, 2012년에는 5.3명, 2020년 6.8명으로 오히려 증가하고 있다. 저체중의 출산비율이 특히 단태아에서 3.5%인 데 비해, 다태아에서 54.4%로 아주 높았다.

저체중아 출산과 영아사망의 주된 위험 요인으로 임신 중 체중 미달과 비만, 임신부 합병증, 고혈압, 빈혈, 임신부의 영양부족, 흡연, 음주, 약물 남용, 감염, 저소득과 낮은 교육수준(저학력) 등을 들 수 있다. 저체중아의 출산은 신생아 사망이나 선천적 기형, 산과적 손상 및 지능발달장애의 원인이 되기도 한다.

(2) 생리적 특성

미숙아는 체온 조절이 잘 이루어지지 않고 면역기능이 불완전하여 감염의 위험이 높으며 호흡장애가 나타날 수 있다. 미숙아는 감염, 뇌출혈, 인공호흡기 치료 시 기흉, 폐출혈, 만성 폐질환 등이 합병증으로 나타날 수 있으며 괴사성 장염, 미숙아 망막증 등이 생길 수 있다. 이와 같은 합병증의 결과로 뇌성마비, 지능 저하 등의 신경학적 후유증이 발생할 수도 있다**표 4-17**.

표 4-17 미숙아에게 나타날 수 있는 문제점

저혈압, 빈혈, 미숙아 망막증, 체온 조절 불량, 질식, 저혈당, 괴사성 장염, 뇌수종, 영양불량, 장 운동성 감소, 동맥관 개방, 가사, 호흡곤란증후군, 빨고 삼키는 능력 이상, 고빌리루빈혈증, 저칼슘혈증, 심실 내 출혈, 감염, 지방흡수불량, 신장기능 이상 등

2) 미숙아의 영양소 필요량

미숙아의 영양소 필요량은 미숙아의 신체 성장이 모체 자궁 내에서의 성장과 유사하게 이루어지도록 산정하는 것이 바람직하다.

(1) 에너지와 다량영양소

미숙아는 정상아에 비해 더 많은 영양소가 필요하다. 미국소아과학회에서 제시한 미숙아 영양권장량은 **표 4-18**과 같다. 스트레스, 질병, 성장속도 등에 의해 영향을 받으며 일반적으로 약 120kcal/kg(95~160kcal/kg)로 추정된다. 새로운 조직의 형성을 위한 단백질 필요량은 단위체중당 3.5~4g으로 높으며 모든 필수아미노산과 타우린 및 시스틴의 충분한 공급이 필요하다.

표 4-18 저체중아의 영양권장량(미국소아과학회)

영양소	권장량(100kcal당)	영양소	1일 권장량
단백질(g)	2.7~3.1	비타민	
지방(g)	4.3~5.4	비타민 A(IU)	1,400
필수지방산(mg)	400mg	비타민 D(IU)	500
무기질		비타민 E(IU) (리놀렌산 1g당 1.0U)	5~25
나트륨(mEq)	2.3~2.7	비타민 C(mg)	35
칼륨(mEq)	1.8~1.9	티아민(μg)	300
칼슘(mEq)	140~160	리보플라빈(μg)	400
마그네슘(mg)	6.5~7.5	니아신(mg)	6
인(mg)	95~108	피리독신(μg) (단백질 1g당 1.5mg)	300
염소(mEq)	2~2.4	엽산(μg)	50
아연(mg)	0.5	비타민 B_{12}(mg)	0.3
구리(μg)	90	판토텐산(mg)	3
망간(mg)	5	비오틴(mg)	35
요오드(μg)	5		

필수지방산인 리놀레산은 총 에너지의 3~5%, 리놀렌산은 1%가 되도록 공급하며, 미숙아의 중추신경계의 발달에 중요한 아라키돈산과 DHA 등을 첨가한다. 미숙아는 췌장 리파아제 및 담즙의 분비가 낮아서 지질의 소화·흡수 능력이 저하되어 있으므로, 미숙아용 조제유에는 소화·흡수되기 쉬운 형태인 중간사슬지방이 첨가되어 있다.

(2) 무기질과 비타민

임신 24주경부터 골격에 칼슘과 인이 빠르게 축적되므로 미숙아에서는 골격 내 칼슘 축적이 제한되어 골감소증이나 구루병이 나타나기 쉽다. 따라서 골격의 석회화가 잘 이루어지도록 하기 위해서는 칼슘과 인의 보충이 필요하다. 성숙아에 비해 체내 철 저장량이 제한되어 있으며, 출생 후 철 결핍이 나타날 수 있으므로 철보충제나 철강화 조제유를 공급해야 한다. 다가불포화지방산 함량이 높은 조제유를 공급하는 경우에는 비타민 E의 필요량이 증가한다.

3) 미숙아의 영양 공급

(1) 모유수유

미숙아를 분만한 산모는 일반 산모와는 성분이 다른 미숙유를 분비한다.

미숙유에는 단백질과 비단백태 질소 함량뿐 아니라 면역글로불린과 무기질 함량이 월등하게 높으며, 미숙아가 소화시키기에 좀 더 용이한 중간사슬지방산도 많이 들어 있다. 미숙유는 유당의 함량은 낮은 편이다. 미숙아에게 미숙유를 수유하는 것이 이들의 성장 발육을 촉진하는 것으로 알려졌다.

하지만 미숙아의 정상적인 골격 성장에 필요한 칼슘과 인이 충분히 함유되어 있지 않으므로, 모유를 섭취하는 미숙아에게는 칼슘과 인을 보충해 주어야 한다.

모유수유는 미숙아가 적응할 수 있는 경우에만 진행하도록 하며 수유에 대한 부적응증을 보이는 경우 중단한다. 1,800g 미만의 미숙아는 모유나 희석한 분유로 시작하며 1,800g 이상의 미숙아는 일반조제분유나 모유로 시작한다.

극소체중아의 경우는 섭식과 영양관리에 더 큰 문제점이 있다. 극소체중아는 쉽게 피곤해해서 수유시간이 부족하고, 젖을 먹는 아기의 위가 호흡과 심장박동에 무리를 주어서 젖을 충분히 먹일 수 없다. 극소체중아의 경우 수유시간이 많이 들고 수유가 어렵기 때문에 섭식과 영양상태에 더 유의하고 아기의 섭식행동기술이 잘 발달할 수 있도록 영양관리를 해야 한다.

(2) 조제유 수유

미숙아가 모유를 먹을 수 없다면 미숙아용 조제유를 주어야 한다. 미숙아용 조제유는 에너지와 단백질 영양소 함량은 정상아용 조제유에 비해 높다. 일반 조제유의 경우 에너지와 단백질 함량은 100mL당 각각 66.6kcal, 7.0g인 데 비해 미숙아용 조제유에는 에너지가 80kcal, 단백질이 10g이 들어 있으며 무기질과 비타민의 함량도 높다.

미숙아를 위한 특수 조제유는 정상 영아를 위한 일반 조제유에 비해 쉽게 흡수될 수 있는 형태로 영양소가 농축되어 있다. 특수 조제유의 당질은 50~60% 포도당 중합체와 40~50%의 유당이다. 포도당 중합체는 조제유의 삼투압을 낮춰줄 수 있으며 유당의 칼슘 흡수를 촉진한다. 단백질의 공급원은 유청과 카제인의 비율이 '60:40'으로 모유에 가깝게 유청단백질 비율이 높다. 지질의 급원은 다가불포화지방산과 중성지방으로 에너지의 10~50%로 구성되어 있다.

미숙아용 특수 조제유에는 영아의 골격 형성이 태아의 성장속도 정도로 이루어질 수 있도록 하기 위하여 일반 영아용 제품보다 칼슘과 인의 함량이 2~4배가량 높다. 나트륨, 칼륨, 염소의 함량도 미숙아의 전해질 요구량에 알맞게 일반 유아용 제품보다 높다.

미숙아에게 대두단백으로 된 조제유를 먹이면 질소 보유와 혈청 인의 수준이 낮아지고, 골다공증이나 구루병이 나타날 수 있으므로 특별한 치료를 위한 경우를 제외하고는 권장하지 않으며, 3~4주 이상 사용하지 않도록 한다.

(3) 정맥영양과 경관영양

출생 시 미숙아의 생리상태 및 재태기간에 따라 영양 공급방법이 달라진다. 미숙아는 젖을 빠는 데 필요한 흡인반사가 미숙하고 위 용량도 부족하며, 장운동능력이 저하되어 있어서 젖을 먹이기 어렵다. 미숙아와 극소체중아는 위장관의 문제로 장출혈이 생기거나 치명적인 괴사성 장염이 발생하기 쉽다. 따라서 경구를 통한 영양소 공급이 불가능할 때 정맥을 통하여 영양 공급을 한다. 아기의 체중과 건강상태에 따라 수분, 에너지, 단백질과 아미노산, 지질, 무기질, 비타민 등을 혼합하여 특수맞춤 영양액을 정맥으로 공급한다.

경관급식을 하게 될 때 잘못하면 튜브가 아기의 위와 식도를 자극하고, 위 천공, 미주신경 자극, 역류, 흡인의 위험이 있으므로 주의가 필요하다. 3~4일 정도 경관급식을 한 후 1/2 농도의 미숙아용 조제유를 먹이고, 차츰 조제유의 농도를 높여 정상 농도로 맞춘다. 출생 체중이 1.8~2.5kg인 아기에게는 처음부터 미숙아를 위한 조제유를 주는 것이 좋다.

CHAPTER

5

유아 영양

1. 유아 영양의 특성
2. 유아의 성장과 발달
3. 유아의 영양소 섭취기준
4. 유아의 식행동
5. 유아의 영양실태 및 영양문제
6. 유아의 식생활관리

유아기는 발육이 왕성하고 움직임이 활발하며 신체의 조절기능 및 인지능력이 발달하나 신체의 소화 · 흡수 능력은 아직 미숙한 시기이다. 유아의 성장과 발달을 위해 적절한 영양 공급과 바른 식행동 형성을 위한 식생활관리에 초점을 둔다.

1. 유아 영양의 특성

유아기는 젖을 완전히 뗀 1세경부터 초등학교에 입학하기 전까지에 해당하는 시기이며, 이때 두뇌 완성과 신체의 제반 조절기능 및 사회인지능력이 발달하므로 영양관리가 매우 중요하다.

영아기의 급속한 성장이 끝난 후 유아기의 완만한 성장은 식욕 감소와 같은 식행동의 변화를 가져오므로 어린이의 영양요구량을 충족시키는 식사계획이 요구된다. 또한 유아는 또래집단과의 접촉이 많아지면서 자신의 주장과 방식대로 하려는 정서적 특징을 보이며, 그에 따라 유아기 특유의 식행동을 보이기도 한다. 그리고 음식에 대한 기호, 식사예절, 위생습관 등이 형성되는 시기이므로 좋은 식습관 형성을 위한 식사관리에 각별한 주의가 요구된다.

2. 유아의 성장과 발달

1) 신체적 성장

(1) 신장과 체중

생후 12개월이 되었을 때의 체중은 출생 시의 3배, 신장은 거의 1.5배로 증가한다. 2017 소아청소년성장도표에 의하면 12~24개월에는 영아기에 비해 성장속도가 많이 감소해서 평균신장은 약 10cm 증가하고, 평균체중은 약 25% 증가하며, 그 이후에는 성장속도가 더욱 느려진다. 2~5세에는 일 년에 약 2kg씩 체중이 증가하며, 4세경에 출생 시 신장의 2배가 된다. 6세에는 체격에서 성별의 차이가 나타나서 6세의 남자아이는 같은 연령의 여자아이보다 약간 더 크고 무겁다**표 5-1**.

성장은 정상 어린이를 예측할 수 있는 특성이고, 성장속도는 영양의 변화에 민감하기 때문에 어린 시기의 성장패턴은 영양상태를 판정하는 데 이용될 수 있다. 성장패턴을 한눈에 파악하기 위해서 표준성장곡선을 이용한다. 표준성장곡선은 많은 어린이를 대상으

표 5-1 한국 소아 발육표준치

연령	남아				여아			
	신장 (cm)	체중 (kg)	체질량지수 (kg/m²)	머리둘레 (cm)	신장 (cm)	체중 (kg)	체질량지수 (kg/m²)	머리둘레 (cm)
12개월	75.7	9.6	-	46.1	74.0	8.9	-	44.9
13개월	76.9	9.9	-	46.3	75.2	9.2	-	45.2
14개월	78.0	10.1	-	46.6	76.4	9.4	-	45.4
15개월	79.1	10.3	-	46.8	77.5	9.6	-	45.7
16개월	80.2	10.5	-	47.0	78.6	9.8	-	45.9
17개월	81.2	10.7	-	47.2	79.7	10.0	-	46.1
18개월	82.3	10.9	-	47.4	80.7	10.2	-	46.2
19개월	83.2	11.1	-	47.5	81.7	10.4	-	46.4
20개월	84.2	11.3	-	47.7	82.7	10.6	-	46.6
21개월	85.1	11.5	-	47.8	83.7	10.9	-	46.7
22개월	86.0	11.8	-	48.0	84.6	11.1	-	46.9
23개월	86.9	12.0	-	48.1	85.5	11.3	-	47.0
2세	87.1	12.2	16.0	48.3	85.7	11.5	15.7	47.2
2세 6개월	91.9	13.3	15.8	48.9	90.7	12.7	15.5	47.9
3세	96.5	14.7	15.9	49.8	95.4	14.2	15.8	48.8
3세 6개월	99.8	15.8	15.9	50.2	98.6	15.2	15.7	49.3
4세	103.1	16.8	15.9	50.5	101.9	16.3	15.7	49.6
4세 6개월	106.3	17.9	15.9	50.8	105.1	17.3	15.7	49.9
5세	109.6	19.0	15.9	51.1	108.4	18.4	15.7	50.2
5세 6개월	112.8	20.1	16.0	51.4	111.6	19.5	15.8	50.6
6세	115.9	21.3	16.0	51.7	114.7	20.7	15.8	50.9

자료 : 질병관리청·대한소아과학회, 2017(https://knhanes.kdca.go.kr/knhanes/sub08/sub08_02.do, 2022.1.25.)

로 횡단적 조사를 한 자료를 이용해 작성되며, 이는 정상 성장패턴과 비정상 성장패턴을 구분하기 위해 또는 비정상 체격에 주의를 기울이기 위해 사용된다.

영양상태를 판정할 때는 측정 백분위수 이상이나 이하의 어느 한 신장치나 체중만 이용해서는 안 된다. 성장속도에 대한 올바른 정보는 일련의 측정을 통해서 얻을 수 있으며, 시간 경과에 따라 지속적 측정을 하다 보면 어린이들이 성장수준을 유지하는 것을 알

수 있다.

쇠약wasting이나 성장 지연growth stunting은 어린이 저성장의 두 가지 패턴을 설명하는 용어이다. 신장에 비해 매우 적은 체중을 가진 어린이를 쇠약하다고 하며, 일반적으로 쇠약은 신장은 적당하나 최근에 현저히 영양이 부실하거나 체중 증가가 적은 상태를 말한다.

반면, 성장 지연은 체중과 신장이 다 연령에 비해 작지만 체중이 신장에 비해 더 적절한 경우를 말한다. 성장 지연은 소아기childhood(출생부터 청소년기 직전까지) 동안 장기적 영양부족에 대한 성장 적응 현상일 수 있으나 다른 이유, 즉 유전적이거나 성장호르몬 장애가 아닌 다른 질병에 의한 것일 수도 있다.

어린이 성장의 특성은 영양부족 상태나 질병을 극복하면 미리 예정된 성장수준으로 복귀한다는 것이다. 즉 어린이가 적절한 식사를 다시 시작하면, 성장속도가 정상 이상으로

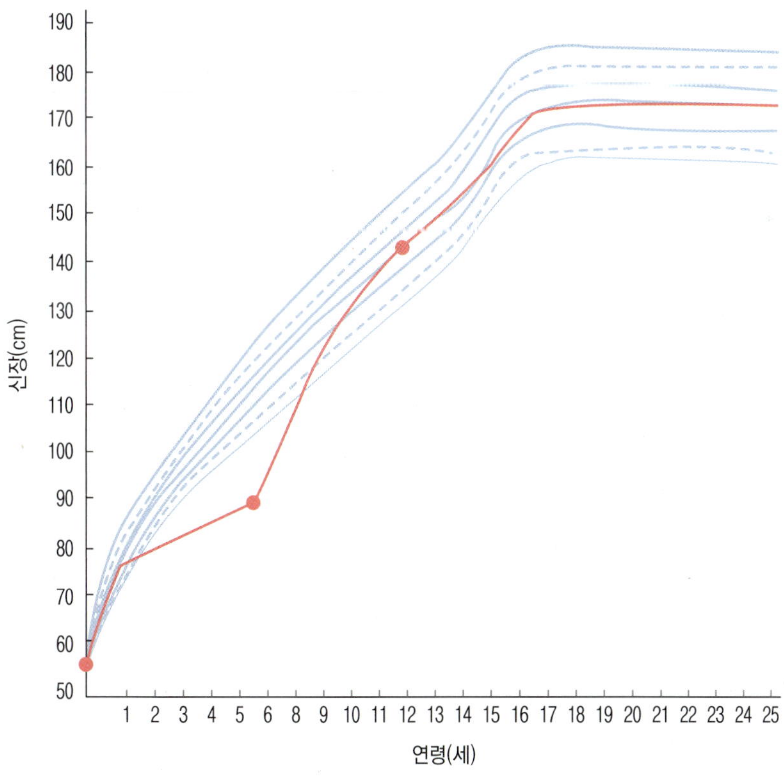

그림 5-1 소아기의 따라잡기 성장

증가하여 정상 성장수준으로 돌아오고 유지된다. 성장 제한 기간 후의 빠른 성장을 만회성 성장 또는 따라잡기 성장catch-up growth이라고 한다. 그림 5-1은 1~5세에 단백질-에너지 결핍으로 성장 지연이 발생했다가 5세 이후 따라잡기 성장을 보이는 어린이의 성장패턴을 보여준다.

(2) 신체 구성

영유아기에 체지방의 비율은 9~12개월에 가장 높아서 체지방이 체중의 25%를 차지한다. 유아기에는 체지방 비율이 지속적으로 감소하며 상대적으로 비지방조직량lean body mass의 비율이 증가한다표 5-2. 8세까지 새롭게 형성된 모든 조직의 절반 정도가 골격 근육이며, 근육의 양은 점차적으로 총 체중의 많은 부분을 차지한다.

표 5-2 유아기의 체조직 구성

연령	남자			여자		
	비지방(kg)	지방(kg)	지방비율(%)	비지방(kg)	지방(kg)	지방비율(%)
12개월	7.9	2.3	22	7.0	2.2	24
2세	10.1	2.5	20	9.5	2.4	20
4세	14.0	2.7	16	13.2	2.8	18
6세	17.9	2.8	14	16.3	3.2	16

2) 기능적 발달

많은 장기(골격, 근육, 뼈, 간)는 신장과 체중의 성장과 비슷한 패턴으로 발달한다. 그러나 몇몇 장기들의 성장패턴은 다르게 나타난다. 신경조직의 성장은 2세에 75~80%가 완성되며, 생식기관들은 사춘기가 될 때까지 빠른 성장을 시작하지 않는다.

소화기계는 소아 초기에 빨리 발달해서 성장하는 어린이가 증가하는 영양필요량을 충족하도록 돕는다. 침샘은 2세에 완전히 제 기능을 하며, 위의 용량도 계속 증가하고, 췌장과 소장의 효소계는 출생 시에 일부분만 발달되어 있지만, 소아기에 일찍 성인 수준으로 발달한다. 간은 글리코겐을 저장하고 식사 사이에 포도당을 공급하는 능력을 계속 발달시킨다.

대장이 성숙함에 따라 물과 분비물을 흡수하는 능력이 개선되고, 변이 더 단단해진다. 배변의 특성과 배변시간의 규칙성은 보통 2세경에 정립된다. 더 나아가서 신경근육의 발달은 어린이가 배변을 조절하고 배변훈련에 익숙해지도록 한다.

치아는 3세까지 20개의 유치가 모두 나온다. 소아 초기에 유치가 생기고 턱이 발달함으로써 유아기 어린이는 많은 양의 고체음식을 씹고 삼키는 것이 가능해진다.

비뇨기계는 영아 초기에 성숙한다. 2~3세에 도달하면 신장이 수분 균형을 유지하기 위해 소변을 완전히 농축하거나 희석할 수 있다. 영아에서 유아로 성장하면서 수분을 조절하는 능력이 커지므로 탈수에는 덜 민감해진다.

3. 유아의 영양소 섭취기준

한국인 영양소 섭취기준은 생리적 성장발달단계를 고려하여 유아기를 1~2세와 3~5세로 구분하여 체위기준치**표 5-3**를 제시하고, 에너지필요추정량EER, 영양소의 평균필요량EAR과 권장섭취량RNI 및 상한섭취량UL을 제시한다. 평균필요량 자료가 없는 영양소는 권장섭취량 대신에 충분섭취량을 제시하고 있다. 유아를 대상으로 수행된 실험 자료가 거의 없기 때문에 대부분은 성인의 자료에서 외삽을 하였으며, 이 경우 체중과 성장률을 고려하여 다음과 같은 계산식에 의해 평균필요량을 산출한다. 성장계수 추정치는 1~2세는 0.30, 3~5세는 0.15이다.

$$EAR_{\text{어린이}} = EAR_{\text{성인}} \times (\text{체중}_{\text{어린이}}/\text{체중}_{\text{성인}})^{0.75} \times (1+\text{성장계수})$$

권장섭취량은 평균필요량에 표준편차 또는 변이계수의 2배를 더하여 산출한다.

유아기의 어린이는 신체 크기와 체구성의 성별 차이가 매우 작아서 남녀의 영양섭취기준이 동일하다. 이 시기에는 신체 크기와 활동 정도가 꾸준히 증가함에 따라 연령이 증가하면 대부분의 영양소 필요량도 증가한다. 그러나 같은 연령의 어린이들도 신체 크기, 성장속도, 그리고 활동수준이 다르기 때문에 각 영양소의 하루 필요량은 매우 다양할 수 있다.

1) 에너지 및 다량영양소

유아의 체위, 에너지 및 다량영양소 섭취기준은 **표 5-3**과 같다. 어린이가 성장하는 동안에는 에너지를 적절히 공급하는 것이 매우 중요하다. 유아의 에너지 필요추정량은 에너지소비량에 성장에 따른 추가 필요량을 더하여 산출한다. 1~2세와 3~5세 유아는 성장에너지 소요량을 남녀 모두 20kcal/일로 책정하였으며, 3~5세 유아는 신체활동 수준을 고려하였다. 에너지필요추정량 공식은 이중표식수법을 적용하여 산출되었다. 유아 1~2세는 남녀 구분을 하지 않으며, 3~5세는 남아와 여아에 대해 아래의 공식으로 산출하여 이를 평균하여 적용하였다. 신체활동을 저활동수준으로 적용할 경우 에너지필요추정량은 1~2세는 900kcal, 3~5세는 1,400kcal이다.

유아(1~2세)

[89 × 체중(kg) − 100] + 20(성장에너지)kcal/일

유아(3~5세)

[남아]

88.5 − 61.9 × 연령(세) + PA[26.7 × 체중(kg) + 903 × 신장(m)] + 20(성장에너지)kcal/일

PA=1.0(비활동적), 1.13(저활동적), 1.26(활동적), 1.42(매우 활동적)

[여아]

135.3 − 30.8 × 연령(세) + PA[10.0 × 체중(kg) + 934 × 신장(m)] + 20(성장에너지)kcal/일

PA=1.0(비활동적), 1.16(저활동적), 1.31(활동적), 1.56(매우 활동적)

표 5-3 유아의 체위, 에너지 및 다량영양소 섭취기준

연령	체중(kg)	신장(cm)	EER	단백질(g)		식이섬유(g)
				EAR	RNI	AI
1~2세	11.7	85.8	900	15	20	15
3~5세	17.6	105.4	1,400	20	25	20

EER(Estimated Energy Requirement) : 에너지필요추정량, EAR(Estimated Average Requirement) : 평균필요량
RNI(Recommended Nutrient Intake) : 권장섭취량, AI(Adequate Intake) : 충분섭취량
자료 : 보건복지부·한국영양학회, 2020 한국인 영양소 섭취기준, 2020

한국인의 단백질 섭취기준은 질소 균형 실험자료를 바탕으로 단백질 평균필요량을 산출하고, 권장섭취량을 설정한다. 어린이를 위한 단백질 필요량은 신체 유지, 신체 크기와 구성성분의 변화, 그리고 성장속도에 근거를 두고 계산한다. 그러나 유아를 대상으로 한 우리나라 질소균형 실험자료가 없으므로 WHO/FAO/UNU(2007) 보고서와 이를 근거로 계산한다. 유아의 체중 kg당 1일 평균필요량에 기준체중을 곱하면 평균필요량은 13g과 17g이다. 이를 올림하여 각각 15g과 20g으로 조정하였다. 단백질 권장섭취량은 평균필요량에 변이계수(12.5%)의 2배를 더하여 계산하고 이를 올림하여 20g과 25g으로 설정하였다**표 5-3**.

유아의 식이섬유 충분섭취량은 1,000kcal당 12g에 에너지 섭취량 중앙값(2013~2017년 국민건강영양조사 자료)을 곱하여 얻은 값을 5 또는 10단위로 조정하여 다음과 같이 설정하였다.

$$1\sim2\text{세} : 12g/1{,}000kcal \times 1{,}053kcal/\text{일} = 12.6 \simeq 15g/\text{일}$$

$$3\sim5\text{세} : 12g/1{,}000kcal \times 1{,}331kcal/\text{일} = 16.0g/\text{일} \simeq 20g/\text{일}$$

유아의 탄수화물과 지방의 에너지적정비율AMDR : Acceptable macronutrient distribution range은 국민건강영양조사(2013~2017년)에서 나타난 지방 섭취량을 근거로 에너지적정비율 범위를 채택하여 **표 5-4**와 같이 설정하였다. 1~2세는 탄수화물이 에너지의 55~65%, 지방이 20~35%, 그리고 3~5세는 탄수화물이 55~65%, 지방이 15~30%로 제시되었다. 포화지방산과 트랜스지방산은 8% 미만, 1% 미만으로 권고한다. 필수지방산인 n-6 불포화지방산과 n-3 불포화지방산의 에너지적정비율은 1~2세와 3~5세 모두 각각 4~10%와 1% 내외로 설정되었다.

표 5-4 탄수화물, 단백질 및 지질의 에너지적정비율(%)

연령	탄수화물	단백질	지방	포화지방산	트랜스지방산
1~2세	55~65	7~20	20~35	-	-
3~5세	55~65	7~20	15~30	8 미만	1 미만

자료 : 보건복지부·한국영양학회, 2020 한국인 영양소 섭취기준, 2020

2) 무기질

유아의 무기질 섭취기준은 표 5-5와 같다.

표 5-5 유아의 무기질의 섭취기준

연령	칼슘(mg)			인(mg)		
	EAR	RIN	UL	EAR	RIN	UL
1~2세	400	500	2,500	380	450	3,000
3~5세	500	600	2,500	480	550	3,000

연령	나트륨(mg)	염소(mg)	칼륨(mg)	마그네슘(mg)		
	AI	AI	AI	EAR	RIN	UL[1]
1~2세	810	1,200	1,900	60	70	60
3~5세	1,000	1,600	2,400	90	110	90

연령	철(mg)			아연(mg)			구리(μg)		
	EAR	RNI	UL	EAR	RNI	UL	EAR	RNI	UL
1~2세	4.5	6	40	2	3	6	220	290	1,700
3~5세	5	7	40	3	4	9	270	350	2,600

연령	불소(mg)		망간(mg)		요오드(μg)			셀레늄(μg)		
	AI	UL	AI	UL	EAR	RNI	UL	EAR	RNI	UL
1~2세	0.6	1.2	1.5	2.0	55	80	300	19	23	70
3~5세	0.9	1.8	2.0	3.0	65	90	300	22	25	100

EAR : 평균필요량, RNI : 권장섭취량, AI : 충분섭취량, UL : 상한섭취량
[1] 식품 외 급원
자료 : 보건복지부 · 한국영양학회, 2020 한국인 영양소 섭취기준, 2020

(1) 다량무기질

유아의 칼슘 섭취기준은 골격 성장에 필요한 섭취량 계산에 의해 평균필요량을 구하였다. 평균필요량에 변이계수 10%를 적용하여 권장섭취량은 1~2세는 500mg, 3~5세는 600mg으로 설정되었다. 인의 섭취 기준도 뼈와 무지방조직의 인 함량과 증가량, 소변 중 배설량 및 흡수율을 적용하여 평균필요량을 계산하였고, 여기에 변이계수 10%의 2배를

더하여 1~2세 450mg, 3~5세 550mg으로 설정되었다표 5-5.

유아의 나트륨, 염소 및 칼륨의 섭취기준에서 평균필요량 자료가 불충분하므로 충분섭취량이 설정되었으며, 성인의 충분섭취량으로부터 외삽법으로 추정하였다. 단, 성인에 대한 체중 비율을 고려하면 지나치게 수치가 적어지므로 체중 비율 대신에 에너지섭취량의 중위값을 적용하였다.

마그네슘의 경우 미국의 자료를 이용하여 kg 체중당 5mg을 적용하여 연령군별 기준체중을 곱하여 평균필요량을 구하였고 변이계수 10%를 적용하여 평균필요량에 1.2를 곱한 값으로 권장섭취량을 설정하였다.

(2) 미량무기질

유아의 미량무기질 섭취기준은 표 5-5와 같다. 유아기의 철 요구량 추정에는 기본적 철 손실량, 헤모글로빈 철 증가량, 조직철의 증가량, 저장철의 증가량을 위한 요구량을 사용하였다. 각 요구량을 다 합한 값에 철 흡수율 12%를 적용하여 평균필요량을 구하였으며, 여기에 변이계수 15%를 적용하여 1.3을 곱하면 권장섭취량은 1~2세는 6mg/일, 3~5세는 7mg/일로 설정하였다.

아연의 평균필요량은 성인 자료에 아동의 체중을 적용하여 추정하며, 이 시기에는 급속한 성장발달로 새로운 조직이 형성되는 데 필요한 아연 양을 조직 1g당 20μg으로 적용하였다. 1~2세의 경우 하루 평균 6g의 조직이 형성된다고 보고 기준체중과 흡수이용률 30%를 반영하여 2mg/일로 계산되었으며, 10%의 변이계수를 적용하여 권장섭취량은 3mg/일이다. 3~5세의 아동은 하루 7g의 새로운 조직이 형성된다고 보아 평균필요량은 3mg/일이고 변이계수 10%를 적용하여 권장섭취량은 4mg/일이다.

구리는 다양한 효소의 기능과 구조에 관련된 역할을 하므로 체중보다는 대사체중($kg^{0.75}$)과 성장계수를 적용하여 성인의 필요량으로부터 추정하였다.

불소는 영아의 1일 불소섭취량이 0.05mg/kg/일인 것에 근거하여 기준체중을 곱해서 충분섭취량을 산정하였으며, 망간은 성인의 충분섭취량인 남자 4.0mg, 여자 3.5mg의 평균값인 3.75mg 기준으로 연령별 체중과 성장계수를 적용하여 충분섭취량을 산정하였다.

3) 비타민

(1) 지용성 비타민

유아의 지용성 비타민 섭취기준은 표 5-6과 같다. 유아의 비타민 A 평균필요량은 추정할 만한 유용한 자료가 없으므로 성인의 대사체중과 성장계수를 적용하여 평균필요량을 구하고 20% 변이계수를 고려하여 권장섭취량을 설정하였다. 2015년부터 영양소 섭취기준에 비타민 A 단위가 RAEretinol activity equivalents로 변경된 것을 반영하여 권장섭취량은 1~2세 유아는 250μgRAE/일, 3~5세 유아는 300μgRAE/일이며, 건강에 유해영향이 나타나지 않는 최대 섭취량인 상한섭취량은 각각 600μgRAE/일과 750μgRAE/일이다. 단, 상한섭취량은 레티놀에만 적용되며, 체내에서 비타민 A로 전환되는 카로티노이드에는 적용되지 않는다.

비타민 D는 1~2세와 3~5세 모두 5μg이 충분섭취량으로 제시되었으며, 상한섭취량은 1~2세는 30μg, 3~5세는 35μg이다.

비타민 E는 1~2세와 3~5세에서 각각 5와 6mg α-TEtocopherol equivalent/일이며, 상한섭취량은 각각 100과 150mg α-TE/일이다. 비타민 K는 1~2세와 3~5세에서 각각 25와 30μg이 충분섭취량으로 설정되었다.

(2) 수용성 비타민

유아의 수용성 비타민 섭취기준은 표 5-6에 제시되었다. 성장기에 연골, 뼈, 그리고 피부와 혈관의 결합조직을 포함하는 지지조직의 적절한 성장과 발달을 위해 충분한 수준의 비타민 C 섭취가 필요하다. 유아의 비타민 C 평균필요량은 성인을 기준으로 하여 대사체중과 성장계수를 고려한 식을 사용하여 외삽하였으며, 권장섭취량은 15%의 변이계수를 적용하여 1~2세 40mg, 3~5세 45mg으로 정하였다.

유아의 티아민, 리보플라빈, 니아신, 비타민 B_6, 엽산 및 비타민 B_{12}의 평균필요량은 성인의 평균필요량으로부터 체중 비율을 고려하고 성장계수를 적용한 외삽법으로 산정하였다. 권장섭취량 계산에는 니아신의 경우 변이계수 15%를 적용하였고, 나머지 영양소는 변이계수 10%를 적용하였다.

표 5-6 유아의 비타민의 섭취기준

연령	비타민 A (μgRAE)			비타민 D (μg)		비타민 E (mg α-TE)		비타민 K (μg)
	EAR	RNI	UL[1]	AI	UL[1]	AI	UL	AI
1~2세	190	250	600	5	30	5	100	25
3~5세	230	300	750	5	35	6	150	30

연령	비타민 C(mg)			티아민(mg)		리보플라빈(mg)	
	EAR	RNI	UL	EAR	RNI	EAR	RNI
1~2세	30	40	340	0.4	0.4	0.4	0.5
3~5세	35	45	510	0.4	0.5	0.5	0.6

연령	니아신 (mgNE)		니코틴산 (mg)	니코틴아미드 (mg)	비타민 B_6 (mg)		
	EAR	RNI	UL	UL	EAR	RNI	UL
1~2세	4	6	10	180	0.5	0.6	20
3~5세	5	7	10	250	0.6	0.7	30

연령	엽산 (μgDFE)[2]			비타민 B_{12} (μg)		판토텐산 (mg)	비오틴 (μg)
	EAR	RNI	UL[3]	EAR	RNI	AI	AI
1~2세	120	150	300	0.8	0.9	2	9
3~5세	150	180	400	0.9	1.1	2	12

EAR : 평균필요량, RNI : 권장섭취량, AI : 충분섭취량, UL : 상한섭취량

[1] Retinol, μg, [2] Dietary Folate Equivalents

[3] 엽산의 상한섭취량은 보충제 또는 강화식품의 형태로 섭취한 μgDEF/일에 해당됨

자료 : 보건복지부 · 한국영양학회, 2020 한국인 영양소 섭취기준, 2020

티아민의 평균필요량은 적혈구 트랜스케톨라아제erythrocyte transketolase 활성을 적정 수준으로 유지하면서 티아민의 소변 배설량 농도를 적정 수준으로 유지할 수 있는 티아민 섭취량으로 정의하였다.

리보플라빈의 평균필요량은 적혈구 글루타티온환원효소 활성계수EGRAC : erythrocyte glutathione reductase activity coefficient와 소변배설량를 근거로 하여 산정되었다.

니아신 평균필요량은 니아신 대사물N[1]-methylnicotinamide 배설량을 생화학적 지표로 하여 결정되었다. 니아신은 자연식품의 과량 섭취에 의한 유해영향은 없으나 보충제를 통

한 과량 섭취는 독성을 나타낸다. 상한섭취량은 니코틴산의 경우 10mg, 니코틴아미드의 경우 1~2세와 3~5세에서 각각 180과 250mg이다.

비타민 B_6의 영양섭취기준의 평균필요량 설정에는 혈장 피리독살인산PLP : pyridoxal phosphate 수준과 주요 식품 급원의 생체 내 이용효율이 근거로 사용되었다.

엽산의 평균필요량은 적혈구 엽산, 혈장 호모시스테인, 혈청 엽산을 함께 고려하여 결정되었으며, 엽산의 단위는 μg 식이엽산당량DFE : dietary folate equivalent이다. 그 근거로는 식품 중 엽산의 흡수율은 약 50%인 데 반하여, 식품에 첨가된 엽산folic acid 흡수율은 약 85%이다. 따라서 DFE는 다음과 같이 계산된다. 1~2세와 3~5세에서 엽산의 권장섭취량은 각각 150과 180μgDFE이다.

μg DFEs = μg 식품 중 엽산 + (1.7 × μg 강화식품 또는 식품과 함께 섭취한 보충제의 엽산)

비타민 B_{12}의 권장섭취량은 1~2세와 3~5세에서 각각 0.9와 1.1μg이다.

4) 수분

1세에 이르면 수분이 체중의 약 60%를 구성하고, 세포외액이 전체 수분의 약 40%를 구성한다. 수분은 피부와 호흡기를 통한 증발, 요와 변, 그리고 땀을 통해 소실된다. 성장하는 동안에 조직의 구성요소와 체액의 부피 증가를 위해 필수적으로 여분의 수분 공급이 필요하나 매우 소량에 불과하다. 영아기와 유아기 초기에는 증발에 의한 수분 손실이 성인에 비해 상대적으로 크므로 수분 필요량을 공급하기 위해 특별한 관심을 기울여야 한다. 연령이 증가함에 따라 수분의 교환속도가 느려지며, 5세 어린이들을 대상으로 한 수분 균형 실험 결과 1일 1,100mL의 수분 섭취와 200mL의 대사성 수분이 제공된 것으로 보고되었으며, 이 양은 1일 kcal당 0.7mL에 해당한다. **표 5-7**은 유아의 체중 kg당 수분 요구량이다.

표 5-7 유아의 수분 요구량

연령	수분요구량(mL/kg/day)
1세	120~135
2세	115~125
6세	90~100

우리나라 유아의 수분 섭취기준은 **표 5-8**에서와 같이 음식 수분 섭취량과 액체 수분 섭취량을 합한 총 수분 섭취량에 대해 충분섭취량으로 설정되었다. 1~5세 유아의 수분 충분섭취량은 성인의 설정 방식과 달리 에너지필요추정량에 1.075mL/kcal를 적용하였다. 즉 1~2세는 900kcal, 3~5세는 1,400kcal를 적용하면 수분 섭취기준은 각각 1,000mL와 1,500mL로 계산된다.

표 5-8 유아의 수분 섭취기준

연령	체중(kg)	충분섭취량(mL)	에너지필요추정량(kcal)
1~2세	11.7	1,000	900
3~5세	17.6	1,500	1,400

자료 : 보건복지부·한국영양학회, 2020 한국인 영양소 섭취기준, 2020

4. 유아의 식행동

유아기에는 각종 신체기능이 발달함에 따라 기본습관이 형성되며, 식사도 점차 자립할 수 있게 되는 동시에 소화기능도 증강되어 성인식에 가까운 식품의 종류 및 조리법을 받아들이는 방향으로 진전된다. 이때 유아에게 편식, 식욕 부진 같은 문제가 생기기 쉬우므로 깊은 이해를 가지고 좋은 식사 습관을 확립시켜야 한다.

유아기의 정서적 특징은 연령에 따라 다소 다르며, **표 5-9**에서 보는 바와 같이 지능 및 정서 발달이 뚜렷하며, 사용하는 언어의 수도 늘고 사회성도 증가한다. 또래집단과의 접촉도 많아지면서 자신의 주장과 방식대로 하려는 정서적 특징을 보이게 되며, 그에 따라 유아기 특유의 식행동을 보이기도 한다.

표 5-9 유아기의 정서적 특징과 식행동 특성

연령	정서적 특징	식행동 특성
1~2세	• 낯선 것에 겁을 먹음 • 공유하려 하지 않음 • 지속적인 감독이 필요 • 호기심이 많음 • 자주 반항적임 • 주목받고 싶어함	• 까다로운 식성 • 음식을 삼키지 않고 입에 물고 있음 • 식품 탐닉 : 같은 음식을 먹으려고 고집
3세	• 모든 일에 동참하고 싶어함 • 요구하기보다는 선택하게 하면 잘 따름 • 여전히 공유하려 하지 않음 • 자기 방식대로 하려는 태도가 다소 완강함	• 채소를 제외한 대부분의 식품을 먹음 • 배고프지 않을 때는 빈둥거리면서 식사함 • 먹고 싶은 음식의 형태를 제안함
4세	• 공유를 잘함 • 어른의 동의와 주의를 요구함 • 한계를 이해함 • 대부분 규칙을 따름 • 여전히 자기 방식이 완강함	• 먹으면서 말하기를 좋아함 • 싫어하는 음식과 좋아하는 음식을 구분 • 먹기 싫으면 울면서까지 거부함
5세	• 가족적 일상사에 도움을 주고 협조적임 • 여전히 자기 방식이 완강함 • 부모, 집, 가족에 집착	• 친숙한 음식을 좋아함 • 가족들이 싫어하는 음식을 자기가 싫어하는 음식으로 착각

자료 : Wardlaw GM · Kessel M, 2007

1) 식욕 부진

어린이의 발육과정에서 일시적으로 식욕과 음식 기호가 불안정해지는 시기가 있으나, 정도, 기간, 식품 범위 등에 관해서는 개인차가 상당히 심하다.

유아 초기toddler에는 성장속도가 둔화되기 때문에 음식에 대한 관심이 적은 경향을 보이며, 동시에 식욕 감소도 동반되기 쉽다. 일반적으로 식욕 부진과 편식이 일어나기 쉬운 시기는 이유기와 4세 전후의 시기이다. 이유기에 이유식의 조리법이나 주는 방법에 문제가 있거나, 유아가 새로운 음식에 순응할 수 없을 때 식욕 부진이 일어나기 쉽다. 유아 초기 1회 섭취량은 나이당 1큰술 정도가 적당하다.

또 3~4세경에는 자아가 발달하여 음식에 대해서도 싫으면 거부반응을 나타내게 된다. 이 경우 무리하게 먹이려고 하면 식욕 부진이나 편식이 고착화되기 쉽다. 따라서 유아의 식욕이 다소 저하되더라도 지나치게 신경 쓰지 말고 식사를 즐겁고 편안한 분위기에서 할 수 있도록 배려한다. 너무 심하게 야단치거나 강제적으로 식사를 하게 하면 역효과가 난다. 또 1회 식사는 먹거나 안 먹거나에 상관없이 20~30분 정도로 끝내도록 하고, 간식은 많이 주지 않아야 하며 신체활동을 많이 하게 한다.

식욕 부진 해소를 위해 식단을 다양하게 하며 식품재료를 쓰는 방법과 색채, 그릇에 담기, 식사 분위기 등에 변화를 주고, 때로는 집 밖에서 식사를 하거나 같은 또래의 친구를 불러 함께 식사하게 하는 것도 도움이 된다.

2) 식품 기호

유아기 어린이는 약간 싫은 음식이라도 소량은 먹으며, 같은 식품이라도 조리법 여하에 따라 먹을 때도 있고 거부할 때도 있다. 그러나 이는 성인에게서도 있을 수 있는 일이므로 지나치게 걱정하거나 강제성을 띠어서는 안 된다.

발육과 건강에 문제가 없을 경우에도 어떤 특정 식품을 싫어하여 기피하는 것을 방치해 두면 후에 편식으로 고착될 우려가 있기 때문에 편식 예방을 위한 개선과 노력이 필요하다.

유아가 좋아하는 식품으로는 달걀, 가미된 우유, 요구르트, 소시지나 햄버거 등의 육류, 사과, 귤을 들 수 있다. 일반적으로 유아는 돼지고기를 싫어하나, 돼지고기를 원료로 해서 만든 햄, 소시지, 핫도그는 좋아한다. 유아가 싫어하는 식품은 냄새가 강한 채소, 매운 음식, 짠 음식이다. 미나리, 파, 양파, 쑥갓, 당근 등을 싫어하며 고추, 겨자가 많이 든 자극성 강한 음식을 싫어한다. 가시가 많거나 비린내가 심한 생선도 싫어한다.

식품 기호가 나타나는 시기는 남녀 모두 자아의식이 발달되어 심리적으로 변동이 많은 3세 전후부터 7세까지이다. 남아보다는 여아에게서 식품 기호가 많이 발현되며, 부모의 과잉보호를 받는 신경질적 어린이에게서 많이 나타난다. 유아기에는 지금까지 좋아하던 음식이 싫어지거나 싫어하던 음식을 좋아하게 되는 등 매우 유동적인 점이 특징이다.

3) 편식

편식은 어떤 특정한 식품만을 가려서 좋아하고 다른 특정한 식품을 거부하는 것을 말한다. 편식과 식품 선호 및 싫어하는 것의 한계는 명확하지 않으며, 엄밀히 구분한다면 편식은 음식을 좋아하고 싫어하는 감정이 강하고, 그에 따라 식사내용이 영양상으로 불균형적이며 발육, 성장 및 영양상태가 뒤떨어지는 경우에 해당된다. 즉, 다음의 경우를 편식으로 본다.

- 유아가 일상의 식생활에서 설탕이 많이 든 음료나 과자류에 대한 기호가 강하여 다량 섭취함으로써 식사에 영향을 미치고 영양섭취의 불균형을 초래하는 경우
- 특정 식품을 싫어하기보다 식품군별로 먹지 않거나 싫어하는 경우(예 : 생선 종류는 모두 싫어하며 먹지 않음)
- 식품 선호가 특정한 식품 종류에 편중되어 영양의 불균형을 초래하는 경우

(1) 편식의 원인

① 이유기에 경험한 미각적·촉각적 이유

이유기에 단맛이 있는 이유식만을 먹으면 다른 맛을 배울 기회가 없어져 편식의 원인이 된다. 이유기의 미각훈련은 어머니의 책임이라 할 수 있다. 일반적으로 이유기 아기가 싫어하는 촉감을 느끼는 식품은 채소이다. 아기는 처음에는 채소로 만든 이유식을 뱉어버리기 쉽지만, 상당한 시간을 두고 채소를 먹는 훈련을 인내심을 갖고 계속하면 개선된다. 이 시기에 훈련을 잘못하면 아기는 커서도 채소를 싫어하게 된다.

② 생리적·심리적 원인

유아가 발달하는 과정에서 어떤 특정한 식품의 맛과 냄새, 혀의 촉각 등에 익숙하지 않아 놀라거나 혐오를 느낄 때가 있는데, 이는 생리적·감각적으로 혀의 점막 및 여러 감각기의 감수성에 기인한 것이며 연령에 따라 변한다. 즉, 유아기에는 냄새와 향기에 예민한

반응을 나타내 파, 미나리, 당근, 쑥갓 등을 싫어하는 경우가 많으나 성장하면서 차차 잘 먹게 된다. 한편 먹는 것을 강요당하거나, 구토나 복통 같은 불쾌한 경험이 있거나, 동물에 대한 동정 등 심리적 요인으로 편식하기도 하며, 또한 잘못된 이유방법과 관련됐을 수도 있다.

③ 사회적 · 경제적 요인

만약 유아가 사는 지역이 도서 지역인 경우에는 식품의 유통이 제약받는 환경에서 자라나게 된다. 또한 경제적으로 어려운 환경에서는 식품의 사용범위가 제한된 식생활 환경에서 성장하게 되므로 후에 집단급식에서 주어진 새로운 음식에 순응하지 못하고 편식하게 된다. 그러나 이러한 원인에 의한 편식은 일시적이므로 달라진 환경에 따른 새로운 식생활에 점차 익숙해진다.

④ 가정의 식사환경

편식의 원인 가운데 가장 큰 원인은 가정의 식사환경이다. 유아의 식생활은 부모 또는 가족의 식생활에 동화되며, 또 모방에 의해 식사 기호 등이 형성되므로 어머니의 육아태도가 크게 영향을 미친다. 유아의 식품이나 식사에 대한 경험은 식품에 대한 기호 형성에 영향을 미치며, 음식과 관련된 행동에도 영향을 미치게 된다.

(2) 편식의 예방

편식은 유아기, 특히 자아의식이 발달하는 3세경부터 많아지며 학동기를 거쳐 사춘기에 고착된다. 유아기의 편식은 고착된 상태가 아니므로 교정이 가능하다. 따라서 유아기부터 편식이 생기지 않도록 유의해야 한다. 어린이는 선천적으로 단것을 선호하고, 약간 짠맛을 좋아하며, 반면 신맛과 쓴맛을 싫어한다. 어린이는 친숙한 식품을 좋아하므로 새로운 음식을 소개할 때는 미리 가족들이 먹는 모습을 보여 해당 식품에 반복적으로 노출되게 하는 것도 좋은 방법이다. 또한 식사와 간식 시간 사이에 무분별하게 음식을 먹거나 음료를 마시지 않게 한다.

유아기 편식 예방을 위한 유의사항

- 이유를 단계적으로 진행한다.
- 이유식의 조미는 자극성 없이 담백해야 하며 당분을 많이 주지 않도록 한다.
- 부모나 가족 모두 편식하지 않는다.
- 음식을 강제로 먹이지 않는다.
- 식사 환경을 즐겁게 만든다.
- 유아가 싫어하는 음식은 그 조리법을 개선한다.
- 식사량은 적게 하면서도 영양 공급은 충분히 한다.

5. 유아의 영양실태 및 영양문제

1) 유아의 영양실태

전 세계적으로 보면 영양의 과잉섭취와 결핍이 공존하고 있으며, 많은 개발도상국에서 영양실조와 그 후유증이 어린이가 사망하는 주된 원인이다.

어린이의 영양은 부모의 사회경제적 수준과 교육 수준에 의해 크게 영향을 받으므로 계층 간, 지역 간 심한 불균형 현상을 보이고 있다. 우리나라의 경우는 1970년대까지의 만성적인 영양부족에서 1980년대 이후 급속한 식생활 개선으로 전반적인 영양상태는 현저히 향상되었으나, 최근에 우리 사회의 소득 양극화 현상과 함께 식품불안정성food insecurity이 새로운 문제로 제기되며 영양과잉, 영양불균형 등의 문제가 야기되고 있다.

2020년도 국민건강영양조사 결과에서 1~2세와 3~5세 어린이의 영양섭취부족자분율을 보면 1~2세는 2.7%, 3~5세는 3.4%로 연령이 높아질수록 영양섭취부족자분율이 높아지는 경향을 보이며, 특히 3~5세에서 남아보다 여아의 영양섭취부족자분율이 높게 나타났다. 에너지/지방과잉섭취자분율의 결과를 보면, 1~2세는 3.9%, 3~5세는 6.7%로 유아의 연령이 높아질수록 과잉섭취자분율도 증가하는 추세를 보이며, 3~5세 남아의 과잉섭취자분율이 높은 현상이 특징이다.

표 5-10 유아의 영양섭취부족자분율과 에너지/지방과잉섭취자분율

구분 \ 연령	1~2세		3~5세	
	미만(%)[1)]	이상(%)[2)]	미만(%)	이상(%)
전체	2.7	3.9	3.4	6.7
남아	2.6	2.4	0.4	8.2
여아	2.9	5.4	6.7	5.0

1) 영양섭취부족자분율 : 에너지 섭취량이 필요추정량의 75% 미만이면서 칼슘, 철, 비타민 A, 리보플라빈의 섭취량이 모두 평균필요량 미만인 분율

2) 에너지/지방과잉섭취자분율 : 에너지 섭취량이 필요추정량의 125% 이상이면서 지방 섭취량이 지방에너지적정비율의 상한선을 초과한 분율

자료 : 보건복지부 · 질병관리청, 2020 국민건강통계, 2021

2) 유아빈혈

이유기에 시작되는 철 저장량의 감소는 충분한 철 섭취가 이루어지지 않은 경우에 철 결핍성 빈혈을 야기하게 된다. 우리나라 유아를 대상으로 한 빈혈 이환율 조사에 의하면 1.9%에서 20.3%까지 큰 차이를 보이며, 저소득층 유아에서 이환율이 높은 경향을 보인다. 음식은 먹지 않고 과량의 우유나 음료만을 섭취하는 어린이의 경우에는 철 결핍에 의한 빈혈이 생길 수 있으며, 이러한 증상은 2~4세의 어린이들에게서 흔히 나타난다.

철 함량이 높은 식품에는 철강화식품, 말린 과일, 육류, 종자류, 견과류, 콩류가 있는데, 유아의 경우 이러한 식품들로부터 철 권장섭취량이 충족되는 식사를 하기가 쉽지 않다. 그러나 권장섭취량 이하로 섭취하는 경우에도 바로 철 결핍증이 나타나는 것은 아니다. 이는 개인마다 철을 흡수하고 이용하는 효율에 차이가 있기 때문이다. 그러나 지속적인 철 섭취부족은 빈혈을 초래하게 되며, 특히 3세 이하의 어린이에서 발생하기 쉽다.

2004년에 시범사업으로 시행된 임산부 및 영유아 보충영양관리사업(영양플러스사업)이 현재 전국 250여 개 보건소로 확대되어 시행 중이다(보건복지부, 2019). 그 대상은 소득수준이 가족 규모별 기준 중위소득 80% 이하인 가구이며, 빈혈 · 저체중 · 성장부진 · 영양섭취상태 불량 같은 영양적 위험이 있으며, 만 6세 미만의 영유아 · 임신부 · 출산부 · 수유부이다. 사업내용은 영양플러스 공급대상자에게 식생활을 통한 건강개선과 영양교육

상담을 실시하고, 영양상태별로 쌀, 감자, 달걀, 우유, 검정콩 등 필수영양소가 들어 있는 식품들로 구성된 보충영양식품을 지원한다. 사업 실시 후 유아의 혈액 헤모글로빈 수준이 유의하게 증가하였고, 동시에 빈혈 이환율도 감소하였다.

3) 유아비만

최근 우리나라는 성인비만의 증가보다 어린이비만의 증가가 더 높은 것으로 알려졌다. 유아의 과체중의 기준은 2017년 소아청소년 성장도표 체질량지수(BMI, kg/m^2) 기준으로 95백분위수 이상이면 과체중으로 판정한다.

유아비만의 원인 중 특정한 질병에 의한 증후성 비만은 1% 미만에 불과하고, 특별한 병 없이 식품의 과다섭취와 활동량 부족, 잘못된 식습관, 심리적 요인 등이 복합적으로 작용하여 비만해진 단순성 비만이 대부분이다. 즉, 최근의 달라진 식습관이나 생활습관으로 말미암아 유전적인 요인보다 환경적인 요인에 의한 비만이 증가하고 있다. 모유수유의 감소와 함께 어렸을 때 너무 일찍 고형 음식을 주거나, 이유식으로 인공 유아용 조제품을 과다하게 사용하는 추세도 유아비만을 초래한 환경적 요인의 예로 들 수 있다.

유아를 대상으로 한 식사요법 시 가장 문제가 되는 것 중의 하나가 체중 조절을 위한 적절한 식사량과 열량의 결정이다. 성장이 빠른 아동의 경우 심한 열량 제한을 할 경우 단백질, 무기질, 비타민 등 필수영양소가 부족하게 되어 성장과 발육을 저해받을 수 있다. 그러나 표준체중의 130% 이하의 과체중의 경우 현 체중만 유지하더라도 성장하면서 과체중이 치료될 수 있으므로 너무 과민해할 필요는 없다. 하지만 중등도 혹은 고도 비만아의 경우에는 경도 비만, 과체중까지의 체중을 목표로 식사량을 감량하고 활동을 늘리도록 해야 한다. 유아는 성장기이므로 비만이라는 용어보다 과체중 개념만 사용한다.

4) 유아충치

적절한 식사는 유아기의 충치 발생을 줄이는 지름길이며, 특히 젖병에 길들여진 유아에게는 중요하다. 유치가 나기 시작하면 치아우식증의 예방을 위해서 바로 구강 위생관리를 시작하고, 불소화된 식수를 사용하거나 매일 두 차례 정도 불소화된 치약으로 칫솔질을 시키며, 소아치과에서 검진을 받는 것이 바람직하다.

6. 유아의 식생활관리

1) 식사 횟수와 방법

어린이들은 위의 용량이 작아서 한번에 식사를 많이 할 수 없으므로 영양 요구가 증가하는 유아기에는 하루 3끼 식사만으로 적절한 에너지를 섭취할 수 없다. 따라서 간식을 유아 초기는 오전과 오후에 각 한 번씩 주며, 유아 후기에는 오후 한 번만 준다.

최근 아침을 결식하는 어린이가 늘어나고 있으며 점심에 아침식사 분까지 합하여 많이 먹게 되면 소화기 장애를 일으키기 쉽고 비만의 원인이 된다. 또 아침과 점심을 겸하여 한 끼만 먹거나, 맞벌이 가정에서는 어머니의 귀가가 늦어지면 저녁을 먹지 않고 잠드는 경우도 있다. 2020년도 국민건강영양조사 결과에 의하면 아침 결식 비율이 1~2세는 8.4%, 3~5세는 12.1%로 보고되었다. 식사는 생활습관의 중요한 부분이므로 규칙적인 식사를 하며 충분한 식사시간을 가지고 잘 씹어 먹도록 한다. 유아기 식사습관은 성인이 된 후에는 개선하기 어려우므로 바른 식사습관을 가지도록 관리한다.

2) 간식

유아에게 간식은 세 번의 식사로 부족하기 쉬운 에너지와 영양소의 보충 외에도 정서적인 만족을 주는 역할을 한다. 유아에게 주는 간식의 양은 하루 에너지필요량의 10~15%가 적당하다. 간식으로 다음 식사의 식욕이 감퇴되어서는 안 되므로 알맞은 만족감을 주는 데서 그치도록 한다. 1~2세에는 오전 10시와 오후 2시경 2회, 3~5세는 오후 2시경 1회가 바람직하나, 횟수를 엄격하게 정할 필요는 없다. 다만 간식 후 다음 식사시간까지 2시간 정도의 간격을 두는 것이 좋다.

간식의 내용은 성인의 간식과는 달리 종류, 양, 주는 방법에서 여러 조건과 제약이 있다. 영양적으로 에너지, 단백질, 비타민, 무기질, 수분을 공급하는 동시에 소화가 잘 되는 것이어야 한다. 또 맛있고 시각적으로 식욕을 자극하는 것이 좋다. 간식으로 좋은 식품 종류는 다음과 같으며 식품별 유의사항을 고려하여 공급한다.

- 에너지 공급 식품 : 비스킷, 쿠키, 샌드위치, 빵, 감자, 고구마, 떡, 쌀과자, 밀전병
- 단백질 및 칼슘 공급 식품 : 우유, 우유음료, 아이스크림, 요구르트, 치즈, 달걀, 푸딩, 콩과자, 콩미숫가루, 땅콩
- 비타민 공급 식품 : 신선한 과일 및 주스, 채소주스

유아의 간식 선택과 제공할 때의 유의사항은 **표 5-11**과 같다.

표 5-11 유아의 간식 선택과 제공할 때 유의사항

식품	유의사항	연령
아몬드, 땅콩, 콩류 등	• 깨물었을 때 조각이 많이 나서 기도를 막을 수 있는 것은 피해야 하며, 제공 시에는 잘게 부수거나, 얇게 썰어 제공할 수 있으나 주의를 요함 • 알레르기에도 유의해야 함	1~2세
짜먹는 요구르트, 컵에 주는 음료	• 쉬지 않고 또는 급하게 계속 빨거나 마실 경우에 기도로 들어가는 경우가 있으므로 주의함 • 두세 모금 정도 마시면 꼭 쉬어서 완전히 삼켰는지 확인한 후 또 먹을 수 있도록 함	
포도	• 껍질째 주면 알맹이를 빨아서 먹을 경우 기도를 막을 수 있기 때문에 껍질을 벗겨서 씹어 먹을 수 있도록 하며, 주의를 요함	
파인애플	• 브로멜린이라는 단백질분해효소가 있어서 혀나 구강의 단백질을 분해하여 구강염을 일으킬 수 있으므로 과량을 섭취하지 않도록 하며, 특히 빨아먹지 않게 주의함	
고구마, 백설기, 강력분으로 만든 빵	• 음료와 함께 제공하지 않으면 너무 퍽퍽해서 삼키기가 어렵고, 삼키면서 목이 메는 경우가 있으므로 주의함	1~5세
젤리, 찹쌀떡, 꿀떡, 새알심 등	• 형태가 유동적이어서 기도를 막을 경우 조금의 틈도 생기지 않게 되므로 항상 주의함	
메추리알, 새알심, 방울토마토	• 표면이 미끄러운 음식은 씹기 전에 삼켜버릴 수 있으므로 잘라서 제공함	
인절미, 경단 등	• 찹쌀로 만든 떡처럼 끈적이는 음식은 기도를 막을 수 있으므로 주의함	

자료 : 식품의약품안전처, 어린이 급식관리지침서, 2015

3) 식사구성

식사가 유아의 영양소 섭취기준을 충족시키기 위해서는 5가지 식품군들로 균형 있게 구성되어야 한다. 표 5-12, 표 5-13은 각각 1~2세와 3~5세 어린이의 권장식사패턴과 대표식단을 보여준다. 1~2세 어린이의 권장식사패턴은 에너지 900kcal 기준으로 하여 곡류 1회, 고기·생선·달걀·콩류 1.5회, 채소류 4회, 과일류 1회, 그리고 우유·유제품류 2회로 구성한다. 3~5세 어린이의 권장식사패턴은 에너지 1,400kcal 기준으로 하여 곡류 2회, 고기·생선·달걀·콩류 2회, 채소류 6회, 과일류 1회, 우유·유제품류 2회로 구성한다.

표 5-12 1~2세의 권장식단(900kcal, A타입)

메뉴	분량	아침	점심	저녁	간식
		버섯채소죽 돼지고기장조림 숙주나물 오이초무침	차조밥 시금치된장국 삼치구이 감자조림 백김치	쌀밥 미역국 닭고기조림 파프리카볶음 무생채	오렌지 바나나 방울토마토 우유 호상요구르트

곡류	1회	쌀밥 63g (0.3)	차조밥 63g (0.3) 감자 47g (0.1)	쌀밥 63g (0.3)	
고기·생선·달걀·콩류	1.5회	돼지고기 30g (0.5)	삼치 35g (0.5)	닭고기 30g (0.5)	
채소류	4회	표고버섯 9g (0.3) 당근 7g (0.1) 양파 7g (0.1) 숙주나물 35g (0.5) 오이 35g (0.5)	시금치 28g (0.4) 배추김치 20g (0.5)	미역(마른 것) 2g (0.2) 파프리카 28g (0.4) 무 35g (0.5)	방울토마토 35g (0.5)
과일류	1회				오렌지 50g (0.5) 바나나 50g (0.5)
우유·유제품류	2회				우유 200mL (1) 요구르트(호상) 100g (1)
유지·당류	2회	유지 및 당류는 조리 시 가급적 적게 사용할 것을 권장함			

총 에너지(kcal): 897.3kcal; 탄수화물, 단백질, 지방 섭취비율: 탄수화물(52.6%), 단백질(17.3%), 지방(30.2%)

자료 : 보건복지부·한국영양학회, 2022

표 5-13 3~5세의 권장식단(1,400kcal, A타입)

메뉴	분량	아침	점심	저녁	간식
		감자달걀샌드위치 브로콜리스프 과일채소샐러드 우유	쌀밥 무채된장국 돼지고기버섯카레 오이나물 배추김치	현미밥 배추국 메추리알장조림 콩나물무침 깍두기	구운밤 키위 호상요구르트

곡류	2회	식빵 35g (0.3) 감자 140g (0.3)	쌀밥 126g (0.6)	현미밥 105g (0.5)	밤 60g (0.3)
고기·생선·달걀·콩류	2회	달걀 60g (1)	돼지고기 30g (0.5)	메추리알 30g (0.5)	
채소류	6회	브로콜리 70g (1) 양상추 35g (0.5) 토마토 35g (0.5)	무 28g (0.4) 양송이버섯 24g (0.8) 당근 21g (0.3) 양파 21g (0.3) 오이 35g (0.5) 배추김치 20g (0.5)	배추 21g (0.3) 콩나물 28g (0.4) 깍두기 20g (0.5)	
과일류	1회	사과 30g (0.3) 바나나 20g (0.2)			키위 50g (0.5)
우유·유제품류	2회	우유 200mL (1)			요구르트(호상) 100g (1)
유지·당류	4회	유지 및 당류는 조리 시 가급적 적게 사용할 것을 권장함			

총 에너지(kcal): 1355.2kcal; 탄수화물, 단백질, 지방 섭취비율(%): 탄수화물(57.9%), 단백질(15.3%), 지방(26.8%)
자료 : 보건복지부·한국영양학회, 2022

그림 5-2는 미국의 2~6세 유아의 식사지도를 위한 피라미드pyramid이다. 피라미드는 하루에 곡류를 6회servings, 채소 3회, 과일과 우유 및 육류는 각각 2회 제공할 것을 나타낸다. 그리고 어린이의 건강을 위해 균형 잡힌 식사뿐만 아니라 활발한 운동이 매우 중요함을 강조한다.

그림 5-2 Food Guide Pyramid(2~6세)

4) 식사관리

유아기에는 자아와 사회성의 발달로 사물을 수용·거부하는 의사를 나타내며, 취사선택 능력이 뚜렷하게 형성된다. 따라서 음식에 대해 '좋음, 싫음'의 확실한 의사를 표명한다. 그 결과 식욕 부진, 식품 기호, 편식, 식품 거부, 무분별한 간식 섭취 등의 행동이 나타날 수 있다.

좋은 식습관을 형성하고 어린이에게 새로운 음식을 제공하기 위해서는 참을성이 있어야 한다. 왜냐하면 어린이들의 식욕은 예측하기가 힘들고, 식품에 대한 호감과 혐오감이 빨리 바뀌기 때문이다. 그러나 일반적으로 유아기 어린이들은 자신들에게 규칙적으로 제공되는 음식을 먹고 즐기고, 그 음식에 대한 기호를 발달시키는 경향이 있다. 어린이에게 새로운 음식을 공급하고 건강하게 먹도록 격려하는 여러 방법이 있다.

유아의 좋은 식습관을 격려하는 식사관리 방법

- 식사와 간식을 예정된 시간에 공급하여 합리적으로 일정한 식사 스케줄을 유지한다. 계획대로 하면 어린이가 식사시간에 배가 고파서 음식을 좀 더 쉽게 받아들이게 된다. 3~4시간 간격으로 음식을 공급하는 것이 효과적이다.
- 어린이에게 억지로 먹도록 강요하지 않아야 한다. 끼니마다 다양한 종류의 음식을 제공하여 먹고 싶은 것을 스스로 선택하게 한다.
- 싫어하는 음식을 먹는 대가를 다른 음식으로 보상하지 말아야 한다.
- 음식을 기분전환이나 어린이를 달래기 위한 수단, 다른 행동에 대한 보상으로 제공해서는 안 된다.
- 유아에게 새로운 음식을 소개할 때에는 한 입은 최소한 먹도록 한다. 특히 어린이가 배가 고픈 시간에 새로운 음식을 소개한다.
- 처음에 많은 양을 주지 말고 오히려 일상적으로 먹는 양보다 적게 주고, 어린이가 더 요구하면 다시 더 주도록 한다.
- 새로운 음식을 받아들이는 데는 같이 먹는 사람들의 역할이 중요하다. 유아의 식품 선택에는 부모의 음식 기호가 큰 영향을 미친다.
- 새로운 음식을 만드는 데에 어린이가 참여하도록 한다.
- 어린이들은 음식의 온도, 맛, 질감, 그리고 외관에 대해 매우 까다롭다. 차거나 뜨거운 것보다 실온 상태의 음식을 선호하며, 향이 강한 것을 싫어하고 염분이 약간 있으며 바삭바삭한 질감을 가진 음식을 먹는 것을 선호한다.
- 어린이가 채소 먹기를 싫어하면 어린이가 좋아하는 음식과 섞거나, 또는 향이 좋고 영양가가 있는 양념을 해서 제공한다.

5) 보육시설에서의 유아 영양관리

보육사업은 아동과 부모를 위해서 마련된 서비스로서, 가정에서 부득이 아동보호를 할 수 없을 때 낮 동안 가정 외의 곳에서 부모의 양육과 보호를 대신해 아동의 신체적·정서적·지적 성장을 돕거나 보호자가 근로, 질병, 기타 사정으로 아동을 보육하기 어려운 경우에 보호자의 위탁을 받아 아동을 보호하는 것이다(영유아보육법 제1조). 그러나 시대적 변천에 따라 이와 같은 사정의 가정이 아니더라도 부모의 자녀양육 책임을 분담해 주거나 보충해 주고, 아동에게 조기교육 경험을 제공해 주기를 바라는 부모들이 늘어나고 있으므로 보육의 대상이 점차 확대되었다.

유아기의 균형 잡힌 영양 공급의 중요성을 고려할 때 유아들의 보육을 담당하고 있는 탁아기관에서의 급식은 영양적으로 균형을 이루어야 하며, 유아의 영양섭취기준을 충족시켜야 한다. 유아기에 형성된 식습관은 일생에 걸쳐 이어지므로 평생 건강을 위해서는 어려서부터 영양관리가 필요하다.

보육시설 유아의 식사관리를 위한 사례로 **표 5-14**는 식품의약품안전처에서 제시하는 영유아를 위한 2주 식단이다. 그 외에도 계절별 표준식단과 표준식단 레시피가 제공된다.

표 5-14 급식정보 제공을 위한 식단표의 예

		4(월)	5(화	6(수)	7(목)	8(금)	9(토)
둘째 주	오전 간식	카스텔라 우유	버섯크림수프	단감 우유	애호박 조개살죽	포도 우유	치즈 오이스틱
	점심	쌀밥 들깨배춧국 고등어조림 참나물 깍두기	보리밥 두부새우젓국 쇠고기청경채볶음 양배추/쌈장 배추김치	중국식볶음밥 짬뽕국 컬리플라워/참깨 잣소스 배추김치	기장밥 김칫국 시금치달걀말이 진미채볶음 무초절임	밤콩밥 열무된장국 치킨커틀릿/소스 양상추샐러드 배추김치	해물오므라이스 팽이버섯장국 배추김치 방울토마토
	오후 간식	볶음우동	비빔만두 옥수수차	녹두전 매실주스	무지개떡 우유	호박죽	
	열량(kcal)/ 단백질(g)	510.69/17.19	421.68/13.79	424.18/15.73	569.34/19.91	535.79/16.91	328.27/10.06
	원산지 표시사항	쌀 : 국내산 김치 : 국내산	쌀 : 국내산 쇠고기 : 호주산 김치 : 국내산	쌀 : 국내산 돼지고기 : 국내산 김치 : 국내산	쌀 : 국내산 김치 : 국내산 쌀 : 국내산	닭고기 : 국내산 김치 : 국내산	쌀 : 국내산 김치 : 국내산

자료 : 식품의약품안전처, 어린이 급식관리지침서, 2017

표 5-15는 3~4세 어린이를 대상으로 보육시설에서의 식사지도 내용을 식사 전, 식사 중, 식사 후로 나누어 구체적으로 제시하였다.

표 5-15 3~4세 어린이의 식사지도

구분	어린이의 식사지도
식사 전	• 용변 후 손씻기는 혼자서 한다. • 자리에 앉아 식사가 준비될 때까지 조용히 기다린다. • "잘 먹겠습니다"라고 인사말을 한다.
식사 중	• 자기 혼자서 숟가락과 포크를 사용하여 먹는다. • 되도록 흘리지 않고 먹는다. • 바닥에 떨어진 것은 먹지 않는다. • 침착하게 잘 씹어 먹는다. • 식사 중에 큰 소리로 이야기하거나 자리를 뜨지 않는다.
식사 후	• 흘린 것은 스스로 주워서 자기 주위를 깨끗이 한다. • 식사 후 "잘 먹었습니다"라고 인사한다. • 양치질을 한다. • 조용히 휴식한다.

CHAPTER

6 아동 영양

1. 아동 영양의 특성
2. 아동의 성장과 발달
3. 아동의 영양소 섭취기준
4. 아동의 식행동
5. 아동의 영양실태 및 영양문제
6. 아동의 식생활관리
7. 학교급식

아동기는 만 6세부터 11세까지로 신체적 성장과 기관 및 조직의 발달과 더불어 인지적, 감정적 및 사회적 성장이 꾸준히 이루어지는 시기이다. 이 시기에는 개인 간의 성장과 활동 양상, 영양소 필요량, 인성발달과 식품 섭취 등에서 차이가 두드러지게 나타나므로, 개인의 특성을 고려한 균형 잡힌 적절한 영양 공급이 매우 중요하다.

1. 아동 영양의 특성

아동기는 영아기의 왕성한 성장 시기와 사춘기 급성장pubertal growth spurt 시기 사이의 느리고 꾸준한 성장 기간이다. 완만한 신장 및 체중의 증가와 함께 내장의 여러 기관과 조직이 발달하고 그 기능은 충실하게 된다.

아동은 심신의 성장과 발달 면에서 학교라는 새로운 장으로 들어가게 되며 부모 외에 친구나 선생님의 중요성을 지각하게 된다. 인지적인 면에서는 자기 자신이 특정한 일을 할 수 있다는 자기효능감self efficacy이 형성되며, 합리적으로 이해하고 체계화할 수 있는 능력도 갖추게 된다. 만약 이 시기에 영양의 불량이나 과다로 건강에 장애가 오면 정서적·지적 발달에 큰 영향을 미치게 된다. 또한 아동기의 건강은 청소년기의 성장은 물론 성적 성숙과 성인 건강의 밑거름이 되며, 아동기의 체질과 식습관이 성인까지 계속되므로 이 시기에 올바른 식습관을 형성하는 것이 중요하다.

아동기의 대표적인 문제 식행동으로 잦은 매식, 단순당 음료, 고지방식품·편이식품의 과다한 섭취, 과일·채소의 섭취량 부족 등이 있다. 이는 과다한 에너지 섭취로 이어져 비만의 원인이 되고 향후 당뇨병, 심혈관질환 및 고혈압과 같은 만성질환에 노출될 위험성을 높이는 결과를 낳으므로 아동의 영양문제를 미리 파악하여 교정하는 것이 중요하다.

2. 아동의 성장과 발달

1) 신체 성장

아동기의 성장은 지속적·수직적 형태를 보이며 개개의 아동들은 자신의 성장패턴을 가진다. 따라서 연속적인 측정 관찰을 통한 신체 발육의 추이를 잘 관찰하는 것이 중요하다.

아동의 신체 발육을 측정할 수 있는 객관적인 지표로 외국에서 많이 사용되고 있는 도표로는 미국의 CDC 성장도표growth chart와 WHO 성장표준치growth standards가 있다. 국내 기준치로는 2017년 제정된 한국 소아·청소년 표준성장도표를 활용하여 아동의 성장과 발달을 평가할 수 있다. 이 성장도표는 통계적 모형을 통하여 표준화된 연령별 신장, 체중 및 체질량 지수와 신장별 체중도표를 제공하고 있으며, 신체계측의 '정상' 기준을 5~95백분위수, 이에 벗어나는 것을 '비정상'으로 규정하고 있다.

(1) 신장과 체중

신장의 증가량은 남자는 12~14세에 가장 크게 나타나고, 여자는 남자보다 2~3년 더 빠르게 성장한다. 따라서 10~12세 여자의 신장은 남자를 상회하나 그 후에는 남자 우위 그대로 차이가 점점 벌어진다**그림 6-1**. 아동기의 연간 신장 증가량은 약 4~6cm 정도이다.

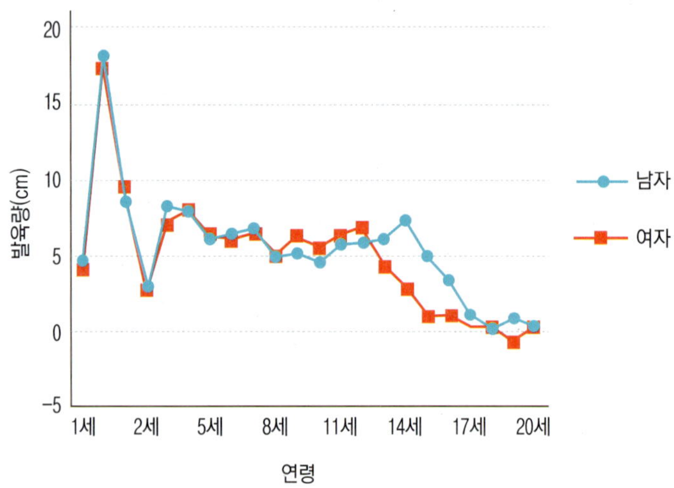

그림 6-1 연령별 신장의 연간 발육량

체중의 증가는 남자가 14~16세, 여자는 11~12세에 정점을 이룬다. 대체로 신장이 증가한 1년 후에 체중이 증가한다. 체중에서는 10~13세에는 여자가 남자를 상회하나, 청소년기인 15세경에서부터 남녀의 신체 크기에 차이가 많이 나며 남자가 여자를 상회한다. 아동기의 연간 체중 증가량은 약 3~5kg 정도이다**그림 6-2**.

쇠약wasting이나 성장 지연stunting은 아동 저성장의 두 가지 형태로, 쇠약은 일반적으로 신장의 성장에 비하여 단기간에 영양섭취가 부족하여 체중 증가가 적은 경우이며, 성장

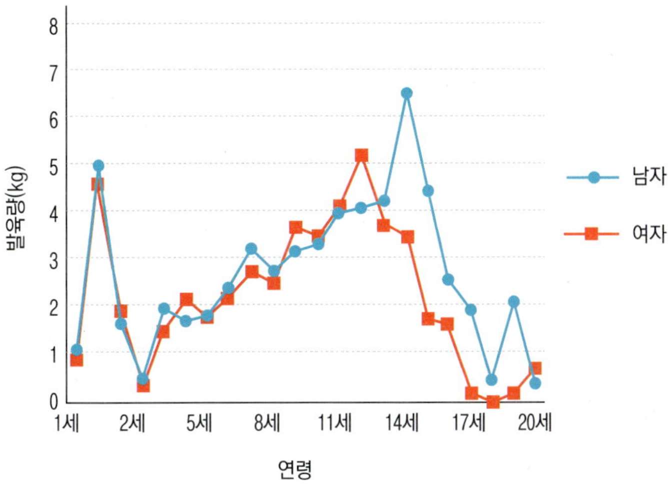

그림 6-2 연령별 체중의 연간 발육량

지연은 체중과 신장 모두 연령에 비해 작은 비정상적인 성장 형태를 보이는 경우를 말한다. 아동의 성장은 저영양이나 질병 시에는 성장속도가 느려지나, 다시 적절한 식사를 하면 성장속도가 정상 이상으로 증가하여 미리 예정된 성장경로로 복귀하는 따라잡기 성장 catch-up growth의 특징을 보인다.

(2) 신체 구성

근육의 성장은 성장호르몬과 갑상샘호르몬 및 인슐린의 영향을 받아 아동기 동안 꾸준히 증가한다. 체지방률은 여아 16%, 남아 13%를 최저점으로 하여 6.0~6.3세경에 지방조직의 만회adipose rebound, 체질량지수 만회BMI rebound가 발생하고, 이후 서서히 지방조직이 증가한다. 총 체지방량은 지방세포의 수와 크기에 따라 달라져서 비만 아동의 경우 정상 아동에 비해 지방세포의 수도 많으며 그 크기도 큰 특징을 가진다. 소아비만의 평가는 체질량지수를 이용하여 각 연령에 해당되는 체질량지수 95백분위수 이상이거나, 성인의 비만 기준인 체질량지수 25kg/m^2 이상인 경우는 백분위수와 무관하게 비만으로 정의한다. 같은 연령군에서 85백분위수 이상에서 95백분위수 미만인 경우에는 과체중으로 정의한다그림 6-3.

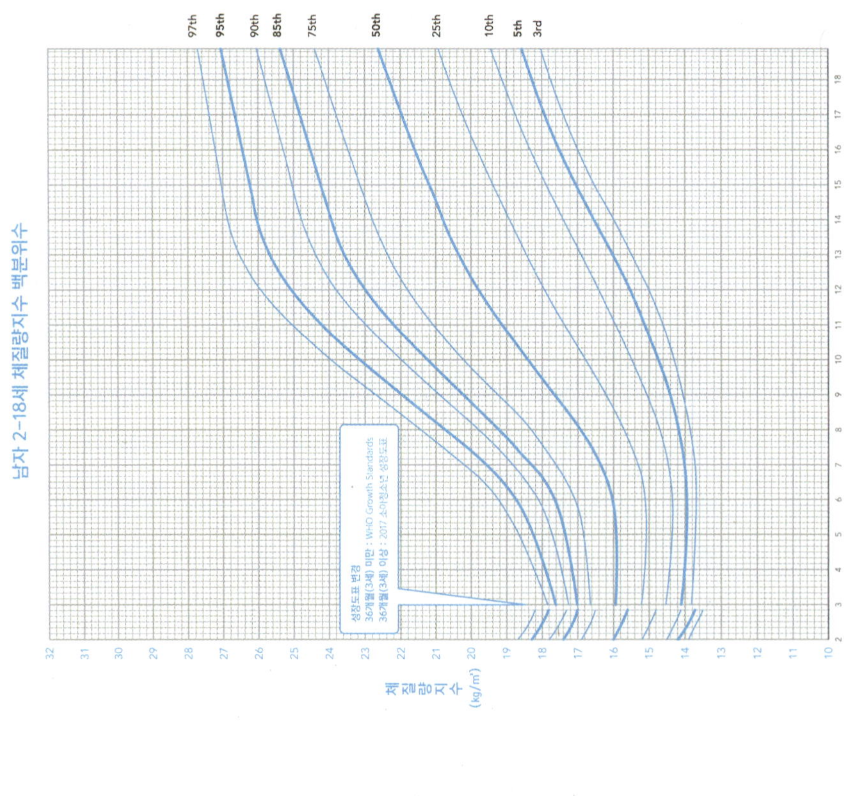

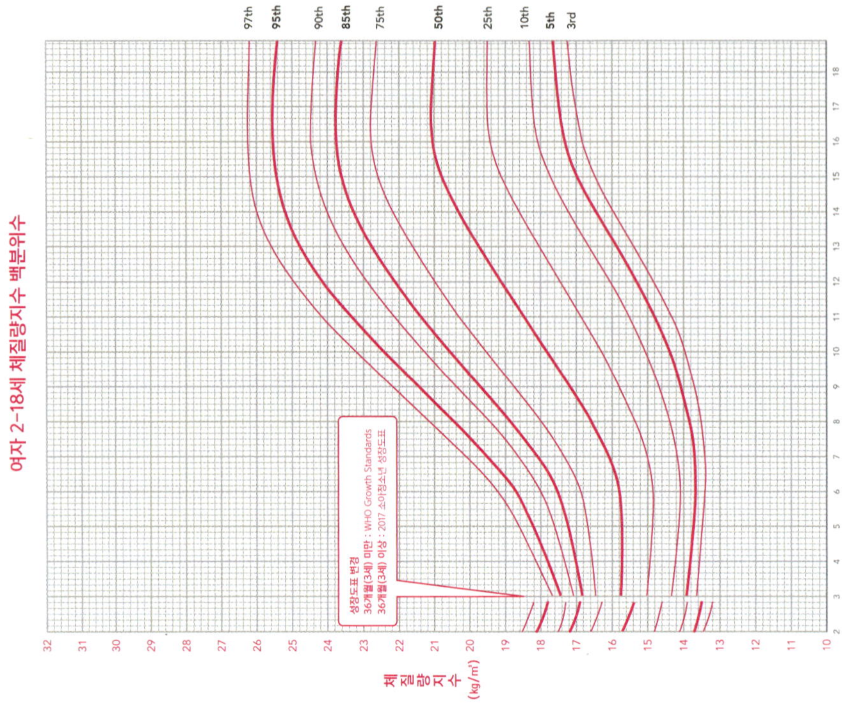

그림 6-3 연령별(2~18세) 체질량지수

자료 : 질병관리본부 홈페이지(https://knhanes.kdca.go.kr/knhanes/sub08/sub08_02.do)

(3) 기관과 조직

아동기에 신장은 성인의 60%, 심장과 간은 약 30% 정도 발달되며, 폐는 약 22%로 느리게 발달된다. 신장, 심장, 폐, 췌장, 위 등의 조직은 아동기 이후에, 간기능은 사춘기까지 가장 많이 발달되는 것을 볼 수 있다.

(4) 골격

아동기의 골격 형성은 현저하며, 대개 여아는 남아보다 성장과 성숙이 빠르게 일어나서, 여아가 남아보다 2~3세 일찍 성장의 정점에 이르며 성장도 일찍 완료된다. 골격 발달은 결합조직, 연골, 골격 등의 성장에 의하며, 콜라겐의 분해와 재생성 및 무기질의 침착이나 손실이 일어나면서 재구성되고, 머리둘레, 상완위, 다리길이 등이 각각 특유한 발육을 나타낸다. 특히 아동기에는 다리뼈의 길이 성장으로 말미암아 머리 부분은 상대적으로 비율이 더 낮아져 신체 부분의 비가 유아기와 비교하여 달라진다. 골격 성숙(골격나이)은 성적 성숙 및 총체적 신체성장과 높은 상관을 나타내기 때문에, 골격의 특정 비례를 X-ray로 찍으면 신체적 성숙 정도를 평가할 수 있다. 보통 손, 손목관절 등을 6개월 간격으로 검사하여 그 발달 정도를 알아본다. 골격 성숙은 인종이나 성 그리고 연령에 따라 차이가 있으므로 어떤 아동이 다른 아동들에 비해 성장이 느리다고 하여 비정상이라고 단정할 수는 없다.

2) 내분비계

아동기의 성장에 가장 영향을 주는 성장호르몬은 모든 조직과 기관에서 단백질 합성을 촉진하고 세포를 증식시키며, 연골조직과 골단의 단백질 합성을 촉진하고 골아세포의 세포분열속도를 증가시켜서 뼈의 성장을 촉진한다. 성장호르몬은 영유아기와 아동기에 가장 많이 분비되며 하루 중 대부분 수면시간 동안 생성된다.

갑상샘호르몬은 에너지 생산과 탄수화물·단백질·지질 대사에 영향을 주어서 성장과 신체 발달을 증진한다. 갑상샘호르몬은 포도당 흡수율을 증가시키고 세포 내에 포도당

신생합성을 증가시키며, 세포 구성에 필요한 단백질 합성에 관계하므로 신체 발달과 성장에 필수적이다. 갑상샘호르몬의 부족으로 발생되는 크레틴증cretinism은 왜소증과 유아적인 체형의 특징을 보인다. 특히 중추신경계의 발달이 완전히 끝나지 않은 유아기에 갑상샘기능부전증이 나타나면 성장 후에도 정신기능의 회복이 어렵다.

췌장의 β세포에서 분비되는 인슐린insulin은 에너지 대사에 관여하고 정상적인 성장에 필수적이다. 아동기 후기부터 성적 성숙이 일어나는데, 호르몬의 양상에 따라 성숙속도가 달라진다. 남성호르몬인 테스토스테론testosterone, 여성호르몬인 에스트로겐estrogen과 프로게스테론progesterone의 분비는 뇌와 생식샘 사이의 일련의 작용들에 의해 정교하게 조절되어 이루어진다.

3) 인지발달

아동기에는 정서적으로 독립하여 본인의 가족, 학교 및 더 나아가 사회에서의 역할을 인지하게 되며, 특히 또래친구와의 관계가 형성되는 특징을 보인다. 따라서 자신이 어떤 일을 해야 하는가를 알게 되며, 자기 자신이 특정한 일을 할 수 있다는 자기효능감도 형성되는 시기이다. 또한 읽기·쓰기 능력과 이성적으로 어떤 일의 원인과 결과를 규명하려는 능력 및 합리적으로 일을 체계화할 수 있는 능력도 향상된다. 이 시기에는 식품, 영양소, 건강 등의 영양지식에 대한 지적 호기심도 생기는 시기이므로 영양교육이 적절하게 시행되면 인지적 측면에서 효율적인 수용이 일어날 수 있어 교육의 극대화를 꾀할 수 있다.

3. 아동의 영양소 섭취기준

아동기의 영양소 필요량은 신체 크기 및 조성, 활동 양상과 성장속도 등에 의해 영향을 받는다.

1) 에너지 및 다량영양소

(1) 에너지

기초대사율은 급속한 성장기에 특히 높으며, 성장에 따른 생합성작용의 증가와 관계가 있다. 또한 성별에 따라 기초대사량이 차이가 있는데 이는 남자와 여자의 체구성성분의 차이에 의한 것이며, 체지방률이 높은 여성의 기초대사량은 남성보다 약 10% 정도 낮다. 활동에 필요한 에너지는 신체 크기와 활동 정도에 따라 달라진다. 즉, 작은 체구보다 큰 체구를 움직이는 데 더 많은 에너지가 필요하며, 책을 읽거나 TV를 보는 등 주로 앉아 있는 아동과, 뛰거나 활발히 행동하는 아동과는 에너지소모량에 큰 차이가 있다. 그러므로 같은 식사를 해도 앉아 있기를 좋아하는 아동은 비만해지기 쉽다.

아동기에는 지속적으로 성장·발육하고 있으므로 발육에 지장을 주지 않도록 충분히 활동할 수 있는 에너지를 공급해야 한다. 6~11세의 건강한 남아는 매일 총 에너지 중 기초대사에 50%, 열생산에 5%, 신체 성장에 12%, 활동에 25%의 에너지를 소비하며, 나머지 8%의 에너지는 전혀 이용되지 않고 대변으로 배설된다. 여아도 비슷한 경향을 보이나, 여아의 최대 성숙기가 남아보다 빠르기 때문에 여아에서의 최대 에너지필요량를 보이는 시기는 남아보다 약 2년 정도 빠르다. 아동의 에너지필요추정량은 에너지 소비량에 성장에 따른 추가 필요량, 즉 6~8세 아동은 남녀 모두 20kcal/일, 9~11세 아동은 25kcal/일을 더하여 산출하였다. 우리나라의 아동기 에너지필요추정량은 **표 6-1**

표 6-1 아동의 체위, 에너지 및 다량영양소 섭취기준

연령(세)		체중(kg)	신장(cm)	에너지(kcal)	단백질(g)		식이섬유(g)
				EER	EAR	RNI	AI
남자	6~8	25.6	124.6	1,700	30	35	25
	9~11	37.4	141.7	2,000	40	50	25
여자	6~8	25.0	123.5	1,500	30	35	20
	9~11	36.6	142.1	1,800	40	45	25

EER(Estimated Energy Requirements) : 에너지필요추정량, EAR(Estimated Average Requirements) :평균필요량, RNI(Recommended Nutrient Intake) : 권장섭취량, AI(Adequate Intake) : 충분섭취량

자료 : 보건복지부·한국영양학회, 2020 한국인 영양소 섭취기준, 2020

에 제시된 바와 같이 6~8세 남아는 1일 1,700kcal, 여아는 1,500kcal, 9~11세 남아는 2,000kcal, 여아는 1,800kcal이다.

(2) 단백질

① 단백질 필요량

아동기에는 성장을 위한 새로운 세포와 조직이 형성되기 위해 단백질이 체내에서 합성된다. 단백질은 세포, 각종 효소와 호르몬의 성분이며 근육 수축·이완과 면역체계에도 중요한 역할을 한다. 또한 연골, 골격, 피부, 모발, 손톱, 발톱 등의 체구성물질로서 작용한다. 그러므로 아동의 정상적인 성장을 위해 적절한 단백질 섭취가 필요하다. 성장기 아동의 단백질 필요량은 질소 평형을 유지하는 데 필요한 단백질 양에 성장에 필요한 단백질 양을 더하여 요인가산법으로 산정하였으며, 단백질의 체단백질 전환효율은 58%로 추정하였다**표 6-1**. 6~8세 남아·여아의 1일 단백질 권장섭취량은 35g/일, 9~11세 남아는 50g/일, 여아는 45g/일로 설정하였다. 단백질 섭취량이 충분해도 지질이나 탄수화물의 섭취가 부족하면 단백질이 에너지원으로 사용될 수 있으므로, 성장기 아동의 경우 에너지 섭취가 부족하지 않도록 유의해야 한다.

② 아미노산 필요량

성인보다는 아동기에 체중당 필수아미노산의 양이 더 많이 필요하며, 단백질 필요량에 대한 필수아미노산의 필요량 비율도 연령에 따라 변한다. 즉, 신생아기에서는 43%에서, 후기 아동기에서는 36%로 낮아지고, 성인기에는 19%로 더욱 낮아진다. 아동의 필수아미노산 필요량은 **표 6-2**와 같다. 필수아미노산과 함께 아르기닌, 글루타민, 시스테인과 같은 조건적 필수아미노산은 체내 합성이 대사적 요구에 충분하지 않을 경우 식이를 통한 공급이 반드시 이루어져야 한다. 그러므로 아동에게는 필수아미노산이 함유된 양질의 단백질은 물론 다양한 아미노산을 함유한 단백질 급원식품을 충분히 섭취하는 것도 중요하다.

표 6-2 아동의 필수아미노산 섭취기준

(단위: g/일)

연령		6~8세		9~11세	
성별		남	여	남	여
신장(cm)		124.6	123.5	141.7	142.1
체중(kg)		25.6	25.0	37.4	36.6
히스티딘	EAR	0.3	0.3	0.5	0.4
	RNI	0.4	0.4	0.6	0.5
이소류신	EAR	0.5	0.5	0.7	0.6
	RNI	0.6	0.6	0.8	0.7
류신	EAR	1.1	1.0	1.5	1.5
	RNI	1.3	1.3	1.9	1.8
라이신	EAR	1.0	0.9	1.4	1.3
	RNI	1.2	1.3	1.8	1.6
메티오닌	EAR	0.5	0.5	0.7	0.6
	RNI	0.6	0.6	0.8	0.7
페닐알라닌 +티로신	EAR	0.9	0.8	1.3	1.2
	RNI	1.0	1.0	1.6	1.5
트레오닌	EAR	0.5	0.5	0.7	0.6
	RNI	0.6	0.6	0.9	0.9
트립토판	EAR	0.1	0.1	0.2	0.2
	RNI	0.2	0.2	0.2	0.2
발린	EAR	0.6	0.6	0.9	0.7
	RNI	0.7	0.7	1.1	1.1

EAR: 평균필요량, RNI: 권장섭취량

자료 : 보건복지부·한국영양학회, 2020 한국인 영양소 섭취기준, 2020

(3) 식이섬유

식이섬유는 위장의 포만감을 유발하고 배변량을 증가시키며 영양소의 흡수를 낮추는 작용을 한다. 아동기의 적당한 식이섬유 섭취는 정상 배변을 도우며, 비만과 제2형 당뇨병의 위험을 감소시켜 최적의 건강을 유지하는 데 도움을 준다. 식이섬유의 충분섭취량은 한국인 평균 식이섬유 추정섭취량(12g/1,000kcal)을 기준으로 아동의 성별 연령별 1일

에너지 섭취량에 근거하여 계산하였으며, 남아 25g, 여아의 경우 6~8세 20g, 9~11세 25g으로 설정하였다표 6-1.

2) 무기질

무기질은 성장 발육에 필요한 조직의 구성과 생체기능의 조절을 담당하는 중요한 물질이다. 무기질의 함량은 출생 시에는 체중의 약 3%이나 아동기를 거치면서 상승하여 성인은 약 4.3% 정도가 된다. 성장 발육이 현저한 아동기에는 무기질의 필요량이 증대되며, 따라서 결핍증도 쉽게 나타난다. 정상적인 성장 발육을 위하여 매 식사 때 무기질 공급이 중요하다.

(1) 칼슘

발육이 왕성한 아동기에는 골격의 생성, 치아의 영구치로의 전환 등으로 칼슘필요량이 성인에 비하여 매우 높다. 체내 칼슘의 99%가 골격과 치아를 구성하고 있다. 성장기 아동의 칼슘 필요량은 칼슘의 축적량과 기본 손실량을 합한 양에 흡수율 45%를 고려하여 평균필요량을 책정하였으며, 권장섭취량은 변이계수 10%를 적용하여 구하였다. 칼슘 권장섭취량은 남아·여아 모두 6~8세는 1일 700mg이며, 9~11세는 800mg이다표 6-3. 칼슘의 좋은 급원은 뼈째 먹는 생선, 치즈, 우유, 아이스크림, 콩 제품 등과 색이 진한 녹색 엽채류이다. 칼슘의 흡수율은 20~40%이나 단백질, 유당, 비타민 D 등과 함께 섭취하면 흡수율을 높일 수 있다.

(2) 철

철은 혈액의 헤모글로빈 성분이며, 근육색소와 시토크롬계 효소 합성 등에 필요하다. 성장기에는 새로운 헤모글로빈의 생성 속도가 빠르고 근육 증가로 성인보다 절대적으로 많은 양의 철이 필요하다.

식이 철의 흡수이용률은 체내의 필요량에 따라 다르다. 일반 성인의 철 흡수율은 10~15% 정도로 추산되고 있으나, 성장이 빠른 아동기에는 철 흡수량이 현저히 증가하여

표 6-3 아동의 무기질 섭취기준

연령		칼슘(mg)			인(mg)			나트륨(g)	
		EAR	RNI	UL	EAR	RNI	UL	AI	만성질환 위험감소 섭취량
남자	6~8	600	700	2,500	500	600	3,000	1.2	1.9
	9~11	650	800	3,000	1,000	1,200	3,500	1.5	2.3
여자	6~8	600	700	2,500	480	550	3,000	1.2	1.9
	9~11	650	800	3,000	1,000	1,200	3,500	1.5	2.3

연령		염소(g)	칼륨(g)	마그네슘(mg)			철(mg)		
		AI	AI	EAR	RNI	UL	EAR	RNI	UL
남자	6~8	1.9	2.9	130	150	130	7	9	40
	9~11	2.3	3.4	190	220	190	8	11	40
여자	6~8	1.9	2.9	130	150	130	7	9	40
	9~11	2.3	3.4	180	220	190	8	10	40

연령		아연(mg)			구리(μg)			불소(mg)	
		EAR	RNI	UL	EAR	RNI	UL	AI	UL
남자	6~8	5	5	13	360	470	3,700	1.3	2.6
	9~11	7	8	19	470	600	5,500	1.9	10.0
여자	6~8	4	5	13	310	440	3,700	1.3	2.5
	9~11	7	8	19	420	550	5,500	1.8	10.0

연령		망간(mg)		요오드(μg)			셀레늄(μg)			몰리브덴(μg)
		AI	UL	EAR	RNI	UL	EAR	RNI	UL	UL
남자	6~8	2.5	4.0	75	100	500	30	35	150	200
	9~11	3.0	6.0	85	110	500	40	45	200	300
여자	6~8	2.5	4.0	75	100	500	30	35	150	200
	9~11	3.0	6.0	85	110	500	40	45	200	300

EAR: 평균필요량, RNI: 권장섭취량, UL: 상한섭취량, AI : 충분섭취량

자료 : 보건복지부·한국영양학회, 2020 한국인 영양소 섭취기준, 2020

30~50%에 달한다. 철은 비타민 C나 유기산 등과 함께 섭취하면 3가의 철이온이 2가의 철이온으로 전환되어 흡수율이 높아진다. 아동의 철 평균필요량 추정에는 흡수율 12%, 체중 증가량과 체표면적에 근거한 기본 손실량, 헤모글로빈 철과 조직철 및 저장철의 증가에 필요한 양을 고려했으며, 권장섭취량은 15% 변이계수를 적용하여 산출하였다. 철 권장섭취량은 6~8세 남아·여아 모두 1일 9mg이며, 9~11세 남아는 11mg, 여아는 10mg이다.

(3) 요오드

요오드는 아동기 성장에 중요한 호르몬인 갑상샘호르몬의 구성성분이다. 생후 3~4개월 후에 요오드가 결핍될 경우 크레틴병에 걸릴 수 있다. 요오드는 해조류에 다량 함유되어 있고 생선류에도 함유되어 있어서, 우리나라에서는 요오드 결핍증은 흔치 않다.

(4) 아연

아연은 체내 여러 효소의 구성성분이며 핵산의 합성이나 면역작용에 관여한다. 성장기에 아연이 결핍될 경우 성장 부진, 왜소증, 생식기의 부전증 및 면역기능 저하 등이 나타날 수 있다. 아연은 주로 육류, 간, 굴, 게, 새우 등 동물성식품에 다량 함유되어 있으며 전곡류와 콩류도 비교적 좋은 아연의 급원식품이다. 아연 필요량은 위장관 손실, 소변 등 기타 손실에, 성장에 요구되는 양을 추가한 후 흡수이용률 30%를 고려하여 평균필요량을 추정하였으며, 권장섭취량은 10%의 변이계수를 이용하여 계산하였다. 아연의 권장섭취량은 6~8세 남아·여아 모두 1일 5mg이며, 9~11세 남아·여아는 모두 8mg이다

3) 비타민

(1) 지용성 비타민

비타민 A는 성장을 촉진하며 시각세포의 구성성분으로 작용한다. 그리고 상피세포의 성장과 분화에 중요한 역할을 하므로 성장·발달에 따라 적절한 양을 섭취해야 한다. 만약 비타민 A가 부족하면 뉴골, 턱에 이상이 생기며 성장이 지연된다. 눈에도 영향을 미치

는데, 시각세포 중 간상세포의 생성이 적어져서 암적응이 지연되고 야맹증이 생긴다. 결막건조증이나 각막연화증이 생기고, 심해지면 각막이 녹아 액화되며, 홍채가 튀어나와 실명되는 수도 있다. 호흡기 점막이 건조해지고 섬모가 빠지며, 세균의 침입이 쉽게 일어나고 영양소의 흡수율이 감소하며 치아도 약해진다. 비타민 A의 권장섭취량은 6~8세 남아·여아 각각 450μgRAE, 400μgRAE이며, 9~11세는 남아·여아 각각 600μgRAE, 550μgRAE이다**표 6-4**. 동물성 식품 중 간·버터·난황·유제품과, 등황색 채소인 고추·당근·늙은호박과 짙푸른 채소 등이 비타민 A의 좋은 급원식품이다.

비타민 D는 칼슘의 흡수와 이용을 증대시키므로 성장에 중요한 영향을 미친다. 비타민 D는 식품으로만 공급되어야 하는 다른 비타민과 달리, 자외선에 의해 피부에서 합성이 가능하므로 식품으로부터 권장량을 설정하는 것이 어렵다. 따라서 우리나라의 경우 아동의 영양소 섭취기준을 충분섭취량 5μg으로 설정하였다.

(2) 수용성 비타민

비타민 B 복합체 중 티아민, 리보플라빈, 니아신은 뇌활동과 신체활동의 주된 에너지원인 포도당의 산화분해과정에 필수적인 조효소로서 작용한다. 그러므로 이들 비타민은 섭취하는 에너지에 따라 필요량이 달라진다. 티아민이 부족하면 각기병에 걸리며, 잠재적 부족상태에서도 쉽게 피로하고 졸음이 오고 의욕이 떨어지게 된다. 리보플라빈의 부족 시에는 에너지 대사에 장애가 오며, 이 때문에 발육 저지와 구각염이 발생하고, 피부와 점막에도 이상이 생긴다. 구각염은 유아나 아동기에 많이 발생하며, 구각염의 초기에는 입 주위에 백태가 생기고 빨개지며 갈라진다. 니아신이 부족하면 피부, 소화관, 신경계통에 결핍 증세가 나타난다. 니아신의 대표적인 결핍증은 펠라그라인데 피부염, 설사, 정신질환 증세를 보이며 심한 경우에는 사망에 이르게 한다. 특히 아동기에 결핍되면 성장이 지연되고 몸이 쇠약해진다.

비타민 B_6는 단백질 대사에 필수적이며, 지방산 대사에도 관여하고 뇌와 신경의 발달에도 관여한다. 그러므로 비타민 B_6는 성장에 필수불가결한 영양소이다. 엽산과 비타민 B_{12}는 적혈구의 생성과 성숙을 돕는 비타민으로 이 두 영양소가 결핍되면 거대적아구성 빈혈이 나타난다. 각 비타민의 권장섭취량과 평균필요량은 **표 6-4**와 같다.

비타민 C는 뼈, 연골, 결합조직에 많은 콜라겐의 형성을 도와주므로 성장기에 필요량이 증가한다. 그 외에도 비타민 C는 트립토판과 티로신의 대사에도 관여하며, 철의 흡수를 돕고 지질대사와 엽산의 대사를 돕는다. 또한 저항력을 증가시키므로, 스트레스에 견디기 위해서는 필요량보다 많은 양을 섭취할 것을 권장하고 있다. 비타민 C가 결핍되면 성장이 지연되며, 근육이 쇠약해지고 정신불안증이 오며, 관절이 붓는 현상이 나타난다. 이러한 현상들은 비타민 C를 보충함으로써 치료할 수 있다. 6~8세 남아와 여아 모두 1일 50mg을 권장하고 있으며, 9~11세 남아와 여아 모두 1일 70mg이 권장되고 있다.

표 6-4 아동의 비타민 섭취기준

연령		비타민 A (μgRAE)			비타민 D (μg)		비타민 E (mg α-TE)		비타민 K (μg)
		EAR	RNI	UL	AI	UL	AI	UL	AI
남자	6~8	310	450	1,100	5	40	7	200	40
	9~11	410	600	1,600	5	60	9	300	55
여자	6~8	290	400	1,100	5	40	7	200	40
	9~11	390	550	1,600	5	60	9	300	55

연령		비타민 C(mg)			티아민(mg)		리보플라빈(mg)		니아신(mgNE)	
		EAR	RNI	UL	EAR	RNI	ERA	RNI	EAR	RNI
남자	6~8	40	50	750	0.5	0.7	0.7	0.9	7	9
	9~11	55	70	1,100	0.7	0.9	0.9	1.1	9	11
여자	6~8	40	50	750	0.6	0.7	0.6	0.8	7	9
	9~11	55	70	1,100	0.8	0.9	0.8	1.0	9	12

연령		비타민 B_6 (mg)			엽산 (μgDFE)			비타민 B_{12} (μg)		판토텐산 (mg)	비오틴 (μg)
		EAR	RNI	UL	EAR	RNI	UL	EAR	RNI	AI	AI
남자	6~8	0.7	0.9	45	180	220	500	1.1	1.3	3	15
	9~11	0.9	1.1	60	250	300	600	1.5	1.7	4	20
여자	6~8	0.7	0.9	45	180	220	500	1.1	1.3	3	15
	9~11	0.9	1.1	60	250	300	600	1.5	1.7	4	20

EAR: 평균필요량, RNI: 권장섭취량, UL: 상한섭취량, AI : 충분섭취량

자료 : 보건복지부 · 한국영양학회, 2020 한국인 영양소 섭취기준, 2020

4. 아동의 식행동

1) 식행동에 영향을 미치는 환경요인

(1) 대중매체

대중매체는 정신적·심리적으로 영향을 미치고, 아동의 식품에 대한 태도와 특정 식품에 대한 기호에도 영향을 준다. 특히 TV는 유아기부터 대부분 아동이 많이 보기 때문에 파장이 크다. TV에 주로 광고되는 제품은 초콜릿, 과자, 탄산음료, 아이스크림, 소시지, 피자, 햄버거, 라면 등 주로 단 맛과 칼로리가 많은 가공식품이나 즉석식품이다. 대중매체를 통한 식품 광고는 어린이로 하여금 자신의 욕구 충족을 위하여 직접 소비행동에 참여하도록 유도하고 있으며, 부모의 통제하에서 벗어나 독립적으로 식품 선택과 구매행동이 가능한 아동들은 충동적으로 이러한 식품을 선택할 수 있다. 이러한 TV 광고는 아동의 간식 패턴에도 영향을 주어, 아이들은 달고 기름진 맛을 선호하게 되고 이는 비만을 초래하는 요인으로 작용한다. 어린이의 이러한 매식 행동은 규칙적인 식사의 리듬을 방해할 수 있으며, 식품에 대한 정확한 판단을 하기 어려운 어린이들에게 영양 측면뿐만 아니라 식품의 안전성 측면에서 문제를 야기할 수 있다. 이에 정부에서는 2010년 '어린이 식생활 안전관리 특별법'에 의거 어린이비만 및 영양 불균형을 초래할 수 있는 고열량·저영양 식품의 TV 광고를 오후 5~7시에는 금지하는 정책을 시행하고 있다.

장시간의 TV 시청은 앉아 있는 상태와 수동적 활동 습관을 조장하며, 이러한 아동의 생활습관은 비만을 초래할 수 있다. 아동기의 TV 시청시간과 비만의 유병률과는 매우 밀접한 상관관계가 있는 것으로 보고되는데, 이는 운동 부족과 더불어 아동이 TV를 보는 동안 간식을 많이 먹기 때문이다. 따라서 어린이를 대상으로 식품을 상업적으로 광고를 할 경우에는 어린이들이 보다 좋은 식습관을 가질 수 있도록 계획하며 영양에 대한 교육적 내용을 포함하는 등, 식품관련 기업의 특별한 관심과 노력이 필요하다.

(2) 또래친구

아동기의 학생들은 학교에서 시간을 많이 보내며 학교 환경에 적응하고 친구들을 사귀는 등의 경험을 한다. 이 시기에는 부모보다는 교사나 친구의 충고를 더 잘 받아들이고 많은 선택과정에서도 친구의 영향을 쉽게 받게 된다. 식품의 기호도와 선택도 주위 친구의 영향을 받게 되어, 친구 성향에 따라 식품 선택의 기호도가 급격히 변하는 특징을 보이기도 한다.

(3) 가족

가족과 함께하는 식사는 가족 간 동질성을 확인하고, 가족 상호 간 의사소통이나 가족관계를 원활하게 할 수 있는 환경의 조성에 도움이 된다. 그러나 현대 가정은 가족 구성원 각자의 바쁜 생활로 가족 구성원과 공유하는 시간이 줄어들고 핵가족화가 진행되며, 일부 아동의 경우 부모의 바쁨과 무관심 속에서 식사를 혼자 해결하는 경우가 많아지고 있다. 혼자 식사하는 아이들의 특징으로는 아무 때나 식사를 하고, 식사내용은 패스트푸드·인스턴트식품·냉동식품에 의존하며, 제한된 가짓수의 음식으로 불규칙한 식생활을 하고 있는 것으로 나타나 어린이의 영양방임nutritional neglect이 심각한 식생활 문제로 대두되고 있다.

어린이의 식행동 지도에서 가정의 역할은 매우 크며, 가족의 식품관과 식사패턴은 아동의 식품 선택에 영향을 미치는 것으로 보고되었다. 가족 전체가 모여서 하는 식사일수록 다양한 음식을 충분한 양으로 섭취할 수 있어, 각자 따로 식사를 하는 것보다 영양면에서 균형 있고 우수한 것으로 나타났다. 또한 가족식사의 횟수가 많은 집단이 적은 집단에 비하여 심리적 만족감이나 안정감이 유의적으로 높게 나타났다. 따라서 가정 내에서 가족과 함께하는 식사의 중요성과, 부모가 자녀의 중요한 역할모델role model임을 인식시키는 부모 대상의 교육이 필요하며, 이를 통하여 어린이의 식행동을 건전하게 유도할 수 있다.

(4) 신체상body image

아동기는 체형의 변화와 체중 증가와 같은 신체 발달이 시작되는 시기로서, 이 시기의 아동은 자신의 신체에 대한 인식을 점차 확대하기 시작한다. 하지만 마른 체형에 대한 사회적 선호가 확산되어 성인들뿐 아니라 아동들도 비만을 많이 염려하고 있으며, 날씬한 몸매를 유지하기 위해 자의로 절식이나 식사 조절을 선택하기도 한다.

국내 4학년 초등학생을 대상으로 현재 희망하는 아동 신체상을 조사한 연구에 의하면 자신의 모습으로 인지하는 신체상보다 더 마른 모습을 선호하였으며, 미래 희망하는 신체상도 건강하다고 생각되는 정도보다 더 마른 모습이었다. 특히 여학생은 남학생에 비해 더 마른 모습을 동경하는 현상이 두드러지게 나타났다. 이러한 결과는 마른 체격을 선호하는 사회적 분위기가 청소년기 이전의 여아에게도 작용하여 마른 신체상을 바람직한 신체상으로 여기는 왜곡된 인식을 심어 주었기 때문이다. 이러한 아동들은 체중 감량을 원하며 절식행동을 시도하려는 경향이 있다. 그러나 성장기에 있는 여학생들의 잘못된 신체상의 인지에 의한 부적절한 영양소 섭취는 영양불균형과 건강한 신체발달을 저해할 수 있다. 따라서 정상적인 신체상을 확립하고 자신의 신체에 대한 만족감을 높일 수 있도록 하는 교육이 필요하다.

2) 식행동 문제

(1) 아침 결식

아침 식사로 밤 동안에 고갈된 글리코겐 저장고를 재충전하고 오전 활동을 위한 에너지를 공급하게 된다. 아침식사를 거르면 어린이의 주의집중력이 감소하고 학교에서의 아침활동, 놀이 또는 스포츠를 잘할 수 없게 된다. 2019년 국민건강 영양조사 결과, 아침식사 결식률은 6~11세 아동의 12.0%를 차지하였으나 청소년기에는 39.5%로 급격히 증가하여 아침식사 결식률이 심각한 수준인 것으로 조사되었다. 아침식사를 자주 거르는 어린이들은 배고프지 않아서, 시간이 없어서, 좋아하는 음식이 아침 메뉴에 없어서 등의 이유로 식사를 하지 않는 것으로 나타났다. 아동의 아침 결식은 하루 전체 생활에 지장을 초래하며 건강장애를 유발할 가능성이 높으므로 아이들이 맛있고 쉽게 먹을 수 있는 아침메뉴의 제공이 필요하다.

(2) 패스트푸드 위주의 매식

어린이 본인의 의사결정에 의해 식품을 섭취하는 매식행위는 자율성을 존중해 주고, 간편하게 미각의 만족을 줄 수 있다는 장점이 있으나, 다양한 종류의 패스트푸드 위주의 선택은 식품에 대한 지식이 부족한 어린이에게 건강 및 영양의 불균형을 가져올 수 있다. 아이들이 많이 선택하는 패스트푸드는 에너지의 밀도가 높고 포화지방산·나트륨 함량이 높으며, 또한 과일·채소가 적기 때문에 칼슘·티아민·리보플라빈·철이 부족하기 쉽다는 점이 지적되고 있다. 최근에는 조리과정 중에 형성된 유해물질 때문에 이들 패스트푸드의 식품 안전성이 더욱 문제시되고 있다. 그러나 이와 같은 식품은 비만은 물론 영양 불균형을 초래하는데도 맛, 가격, 신속성, 편리함 등의 장점으로 말미암아 널리 이용되고 있다. 실제로 우리나라도 햄버거나 피자 같은 패스트푸드를 즐겨 찾는 서구식 식생활이 보편화되었으며, 이 때문에 성인병에 걸리는 어린이들도 증가하는 경향을 보이고 있다.

(3) 탄산음료의 소비 증가

아동들이 즐겨 마시는 음료인 탄산음료의 소비 증가로 칼슘 급원식품인 우유의 섭취량 감소와 함께 당류의 과다섭취 문제가 제기되고 있다. 전반적인 음료의 섭취량은 간식 섭취빈도가 높고, 간식비로 쓸 수 있는 가용 용돈이 풍족한 어린이에서 많게 나타났으며, TV 시청이나 컴퓨터 사용시간이 길어질 때 탄산음료의 섭취량이 많은 것으로 보고되었다. 탄산음료 맛에 익숙해진 어린이는 청소년으로 성장하면서 탄산음료의 섭취량은 더욱 늘어나는 경향을 보이므로, 청소년의 바른 음료 섭취 습관 확립을 위해서도 아동기의 초등학생을 대상으로 한 체계적이고 지속적인 영양교육이 필요하다.

5. 아동의 영양실태 및 영양문제

1) 영양실태

아동의 일일 평균 영양소 섭취량은 2019 국민건강영양조사 결과 대부분의 영양소에서 해당 영양소의 권장섭취량 수준 이상을 상회한 것으로 조사되었으나, 칼슘의 경우는 심각하게 부족한 것으로 나타났다**표 6-5**. 단백질은 권장섭취량의 약 2배를 섭취한 것으로 조사되었으며, 나트륨의 경우 약 1.4배 섭취한 것으로 조사되었다. 에너지필요량의

125% 이상 섭취하는 아동은 17.7%인 반면 75% 미만을 섭취하는 아동은 20.3%로, 에너지 섭취에 양극화 현상이 뚜렷이 나타났다. 성장에 필요한 대표적 영양소인 칼슘, 철, 비타민 A·C 등은 평균필요량의 75% 미만으로 섭취하는 비율이 30~80%에 달해 많은 아동이 저영양 상태에 있는 것으로 나타났다**표 6-6**.

표 6-5 영양소별 섭취기준에 대한 섭취비율(6~11세)

영양소	섭취량	%영양섭취기준
에너지(kcal)	1,768.8	100.0
단백질(g)	64.4	195.2
칼슘(mg)	511.9	68.6
인(mg)	954.7	120.8
철(mg)	9.1	98.4
나트륨(mg)	2,428.3	136.7
칼륨(mg)	2,117.2	75.8
비타민 A(RE)	358.1	73.2
티아민(mg)	1.18	148.9
리보플라빈(mg)	1.56	161.3
니아신(mg)	10.7	103.1
비타민 C(mg)	62.8	96.8

에너지 : 필요추정량, 나트륨, 칼륨 : 충분섭취량, 그 외 영양소 : 권장섭취량 기준
자료 : 2019 국민건강영양통계, 2020

표 6-6 아동기의 영양소별 영양섭취기준 75% 미만 섭취비율

영양소	75% 미만(%)
에너지	20.3
단백질	2.6
칼슘	69.6
철	35.6
비타민 A	58.8
비타민 C	55.2

에너지 : 필요추정량의 75%, 그 외 영양소 : 평균필요량의 75%
자료 : 2019 국민건강영양통계, 2020

2) 영양문제

(1) 영양성 빈혈

철결핍성 빈혈은 우리나라에서 가장 일반적인 형태의 빈혈이며, 영양성 빈혈은 철의 부족뿐만 아니라 단백질, 이외 조혈과정에 필요한 비타민 B_{12}, 엽산, 비타민 C 등의 부족에 의한 복합적인 질환이다. 그러므로 빈혈을 예방하기 위해서는 전체적인 영양균형을 위해 노력해야 하며, 특히 철의 체내 흡수와 이용을 돕는 동물성 단백질 및 비타민 C의 섭취를 증가시켜서 철의 이용률을 높이도록 해야 한다. 철이 부족한 아동은 식욕이 저하되고 감염될 확률이 높으며, 성장이 느리게 진행된다. 또한 성격적으로도 참을성이 부족하고 소극적이며, 심한 경우 지적 발달도 저해될 수 있다. 아동의 철결핍성 빈혈을 예방하기 위해서는 철이 강화된 아침식사용 시리얼, 녹색 채소, 살코기 등의 식품을 규칙적으로 섭취하게 한다.

(2) 아동비만

아동기의 비만율은 유아의 비만율에 비해 4배 이상 급등하는 양상을 보인다. 서울 지역의 소아비만율을 체질량지수를 기준으로 2017년 소아청소년 성장발육표준치를 이용하여 1998년과 비교하면, 과체중은 13.0%에서 19%로, 비만은 5.8%에서 9.7%로 약 1.5배 증가하였다. 미국의 경우도 학령 전 아동의 비만율이 최근 30년 동안에 2배 증가한 반면에, 아동기 아동의 비만율은 같은 기간에 3배가 증가하였다. 이러한 증가는 부모가 돌보는 유아기에 비만의 원인이 내재되어 있다가 아동기에 외부 식생활 환경 요인과 접하게 되면서 비만으로 급속히 이행됐기 때문으로 알려졌다. 일반적으로 과체중이나 비만은 연령이 증가할수록 비만도가 가중되는 경향으로 진행되며, 비만아는 비만 성인과 마찬가지로 고지혈증·고혈압·당뇨병 같은 대사성 질환이 조기에 나타나고, 어린이비만은 성인비만으로 이행될 확률이 높은 것으로 보고되었다. 소아비만에 나타나는 신체 특징으로는 신장은 표준 이상이고, 골연령은 신장에 비하여 약간 촉진되어 있으며, 여러 가지 내분비계 이상이 나타나고, 사춘기가 조기에 발현되는 것을 들 수 있다.

비만의 원인으로는 유전적 요인보다는 환경적 요인이 특히 중요하며, 여기에는 식이섭취의 과잉과 신체활동의 부족, 심리적 원인과 식습관 등이 있다. 비만아의 경우 신체 활동량이 정상아의 1/3 정도인 것으로 보고되었다. 비만증은 대부분이 잘못된 식습관과 행동습관 때문에 생기므로, 에너지 섭취 조절과 동시에 행동수정요법과 운동요법을 병행하면서 새로운 식습관을 익히게 함으로써 그 효과가 영구적으로 진행되게 해야 한다.

(3) 충치

충치의 원인으로는 주로 서당류, 즉 사탕류, 캐러멜, 아이스크림, 초콜릿, 과자류 등의 과잉섭취와 청결관리 소홀에서 온다. 서당류가 치아에 그대로 남아 있으면 세균에 의해서 젖산이 형성되며, 이 산은 우식원cariogenic promoter으로 작용하여 상아질을 부식시켜 충치의 원인이 된다. 또한 건포도나 젤리같이 치아에 오래 달라붙는 식품은 충치를 더 유발하기 쉽다. 따라서 충치를 예방하기 위하여 단순당, 탄산음료, 사탕 등의 섭취를 줄이고 복합당질, 즉 과일, 채소, 잡곡류의 섭취를 늘리도록 한다. 지질과 단백질은 우식성 박테리아에 의해 대사될 수 없어 에나멜층을 보호하는 역할을 하므로 아동의 간식으로는 탄수화물, 단백질, 지질이 골고루 함유된 식품을 선택하도록 하며, 치아를 우식원에 지속적으로 노출시키면 충치의 위험이 더욱 증가하므로 불규칙한 잦은 간식을 삼가고 시간을 정해서 간식을 섭취한 후 반드시 칫솔질하게 한다. 치아의 무실로 서삭이 어렵거나 치통 때문에 식품을 잘 섭취하지 못하면 성장기 아동의 영양공급에 문제가 생길 수 있으므로 고기 등을 잘게 다지거나 과일을 잘게 썰어 제공하여 부족한 영양소가 없도록 주의해야 한다.

(4) 과잉행동증

주의력결핍 과잉행동증ADHD : attention deficit hyperactivity disorder은 학령기 아동에서 5~8% 정도의 유병률을 보이고 있으며, 원인은 정확히 알려지지 않았지만 유전적 및 환경적 인자의 복합요인에 의해 발생된다고 여겨진다. 과잉행동증은 집중력 부족, 과격한 행동, 충동적이고 참을성이 없는 특징을 나타내며 대개 지능은 정상이다.

1970년대 소아과의사인 페인골드Feingold는 인공향신료와 색소 등의 식품첨가물과 아스피린이나 식품에 함유된 살리신산염 화합물을 과잉행동증의 원인으로 지적한 바 있다. 또한 과다한 설탕이나 지나친 카페인 섭취가 아동의 과잉행동증의 원인으로 작용한다고 알려졌다. 그러나 최근까지 증상을 완화하는 과학적으로 입증된 식사요법은 없고, 현재로는 약제를 사용한 전문가의 치료가 최선이다. 대부분 ADHD 치료 약제들은 식욕을 저하하는 부작용이 있다. 이들 약제는 특히 ADHD 아동이 학교에 있는 동안 약효가 최대로 발휘하도록 처방되고 있어 낮에는 아동의 식욕이 떨어지게 된다. 따라서 ADHD 아동의 정상적인 성장을 위하여 식욕이 비교적 좋은 저녁시간에 충분한 간식을 제공하여 영양섭취 부족을 예방해야 하며, 체중과 신장을 규칙적으로 측정하여 영양상태 및 성장을 점검해야 한다.

(5) 심혈관질환

성인의 질병 사망순위에서 우위를 차지하는 심혈관질환은 그 뿌리를 소아기에 두고 있다. 동맥경화는 생애 초기부터 시작해서 성인기까지 서서히 진행된다. 소아기의 콜레스테롤 증가는 동맥경화의 시작과 발달에 작용하고, 소아기의 총콜레스테롤과 LDL-콜레스테롤 수준은 사춘기의 조기 동맥경화 정도와 상관관계가 있다. 따라서 아동기에도 심혈관질환을 예방하기 위하여 지질과 콜레스테롤의 섭취량을 조절해야 한다.

미국소아과협회는 심혈관질환 예방을 위하여 다음과 같이 식사 조절 기준을 권고하고 있다. 아동기는 정상적인 성장과 발달이 이루어져야 하므로 적절한 에너지 섭취를 유지하면서 총 지질의 섭취량은 총 에너지의 25~35%, 포화지방산 7% 미만, 콜레스테롤 300mg 미만, 트랜스지방산은 총에너지섭취량의 1% 미만, n-3 지방산 섭취를 위하여 최고 2회/주 이상의 생선을 섭취토록 하며, 과일주스, 가당음료 및 소금을 제한토록 하고 있다.

아동기의 혈압 증가는 과도한 체지방, 운동량의 감소 또는 나트륨 과다 섭취와 관련되어 있으므로 이러한 위험요인을 줄이기 위하여 식사요법 및 운동요법을 시행해야 하며, 특히 고혈압 가족력이 있는 경우 특별한 주의를 요한다. 2017년 제정된 한국 소아청소년 표준성장도표에서는 연령별 신장 백분위별 혈압기준치를 제공하고 있다. 고혈압 위험군은 수축기/이완기 혈압 90~95백분위수 또는 연령별 백분위수 분포와 무관하게 130/80mmHg 이상인 경우로 정의하며 고혈압은 95백분위수 초과로 정의하였다.

(6) 건강기능식품의 섭취

최근 어린이 및 청소년의 건강기능식품의 판매량이 증가하고 있다. 대전 지역 초등학생을 대상으로 조사한 결과에 의하면, 건강기능식품을 현재 섭취하거나 과거에 섭취한 경험이 있는 경우가 63.2%로, 아동의 건강기능식품의 섭취율이 성인 수준에 근접하는 것으로 나타났다. 또한 주로 섭취한 건강기능식품은 비타민, 홍삼, 무기질, 녹용 및 한방보약 등이었으며, 일부 초등학생은 기능성이 인정되지 않은 비고시형 제품들도 섭취한 것으로 나타났다. 따라서 아동의 건강증진과 성장발달을 위해 건강기능식품을 이용할 때에는 제품의 기능·용도·사용방법에 대하여 부모가 정확한 정보를 습득하여 건강기능식품의 오용 및 남용을 미연에 방지하고 적절하게 활용하도록 해야 한다. 미국소아과학회에서는 특별한 상황의 어린이 이외에 건강한 어린이가 보충제를 상용하는 것을 권장하지는 않고 있으며, 사용 시 보충제의 영양소 기준은 영양섭취기준량 이하로 섭취할 것을 권고 하고 있다.

6. 아동의 식생활관리

1) 식사 횟수와 방법

영양적인 요구량이 증가하는 아동기의 어린이는 한꺼번에 식사를 많이 할 수 없으므로, 식사시간을 정하여 충분한 시간을 가지고 잘 씹어 먹게 하며, 가능한 한 에너지 필요량은 세끼 식사를 통해 공급하되 소량의 간식을 포함하여 적당히 배분하도록 한다. 특히 어린이의 경우는 성장을 고려하여 부족하기 쉬운 칼슘을 보충할 수 있도록 우유·유제품류의 간식 섭취를 권장한다.

2) 식사구성

아동기의 영양권장량을 감안하여 식품군별 대표식품과 1인 1회 분량을 기준으로 작성한 권장식사패턴은 표 6-7, 표 6-8과 같다. 어떤 식품을 어느 영양소의 급원으로 하는 것은 가정의 경제, 기호, 식습관에 따라서 다르므로 단순한 메뉴보다는 여섯 가지 기초식품군이 골고루 들어 있는 다양한 식품으로 메뉴를 구성하여 균형 잡힌 식사를 제공하는 일이 중요하다.

- 탄수화물은 발육과 활동이 왕성한 아동에게 필수에너지원으로 지질의 케톤 분해를 방지하기 위해 최소 1일 100g 이상의 탄수화물을 섭취토록 하며, 탄수화물 대사에 관여하는 비타민 B군의 섭취도 부족하지 않도록 해야 한다.
- 영양밀도가 낮은 후식이나 간식이 포함되지 않도록 하며 단 음식, 짠 음식, 자극성이

표 6-7 6~11세 남아 권장식단(1,900kcal, A타입)

메뉴	분량	아침	점심	저녁	간식
		쌀밥 감자국 소불고기 버섯파프리카볶음 치커리새콤무침 깍두기	채소볶음밥 두부된장국 달걀후라이 브로콜리데침 배추김치 액상요구르트	현미밥 콩나물국 닭조림 시금치나물 무생채 백김치	바나나 우유

곡류	3회	쌀밥 189g (0.9) 감자 140g (0.3)	쌀밥 189g (0.9)	현미밥 189g (0.9)	
고기·생선·달걀·콩류	3.5회	소고기 60g (1)	두부 40g (0.5) 달걀 60g (1)	닭고기 60g (1)	
채소류	7회	표고버섯 15g (0.5) 파프리카 28g (0.4) 치커리 35g (0.5) 깍두기 40g (1)	당근 21g (0.3) 양파 21g (0.3) 브로콜리 35g (0.5) 배추김치 40g (1)	콩나물 35g (0.5) 시금치 35g (0.5) 무 35g (0.5) 백김치 40g (1)	
과일류	1회				바나나 100g (1)
우유·유제품류	2회		요구르트(액상) 150g (1)		우유 200mL (1)
유지·당류	5회	유지 및 당류는 조리 시 가급적 적게 사용할 것을 권장함			

총 에너지(kcal): 1869.9kcal; 탄수화물, 단백질, 지방 섭취비율(%): 탄수화물(55.3%), 단백질(15.4%), 지방(29.2%)

자료 : 보건복지부 · 한국영양학회, 2020 한국인 영양소 섭취기준 활용연구, 2021

강한 음식은 아동의 미각 발달을 저해하므로 제한한다.

- 식이섬유가 풍부한 채소, 과일, 해조류를 충분히 섭취하도록 한다.
- 지질은 지용성 비타민의 흡수매체로서 필수적이며 필수지방산인 리놀레산과 리놀렌산, 아라키돈산 등의 부족은 성장지연과 피부염을 일으키므로 적당한 지방 섭취는 권장되나, 고지방 식품과 튀긴 음식은 제한하도록 한다.

표 6-8 6~11세 여아 권장식단(1,700kcal, A타입)

메뉴	분량	아침	점심	저녁	간식
		달걀샌드위치 당근스프 키위 우유 	흑미밥 무채양파국 가자미구이 감지멸치조림 김구이 배추김치 	쌀밥 시금치된장국 돼지목살구이 상추무침 깍두기 	방울토마토 호상요구르트 
곡류	2.5회	식빵 70g (0.6)	흑미밥 168g (0.8) 감자 140g (0.3)	쌀밥 168g (0.8)	
고기·생선·달걀·콩류	3회	달걀 60g (1)	가자미 49g (0.7) 멸치 5g (0.3)	돼지고기 60g (1)	
채소류	6회	양상추 21g (0.3) 당근 35g (0.5)	무 14g (0.2) 양파 14g (0.2) 김 2g (1) 배추김치 40g (1)	시금치 21g (0.3) 상추 35g (0.5) 깍두기 40g (1)	방울토마토 70g (1)
과일류	1회	키위 100g (1)			
우유·유제품류	2회	우유 200mL (1)			요구르트(호상) 100g (1)
유지·당류	5회	유지 및 당류는 조리 시 가급적 적게 사용할 것을 권장함			

총 에너지(kcal): 1660.9kcal; 탄수화물, 단백질, 지방 섭취비율(%): 탄수화물(55.3%), 단백질(16.5%), 지방(28.1%)

자료 : 보건복지부·한국영양학회, 2020 한국인 영양소 섭취기준 활용연구, 2021

3) 식생활 지침

그림 6-4 어린이를 위한 식생활 지침

자료 : 보건복지부, 2010

학령기 아동들은 식생활에 관한 기본지식 및 기초적인 영양지식을 교육을 통해서 이해하고 스스로 식품을 선택할 수 있다. 따라서 학령기는 아동들이 올바른 식행동이나 식습관을 가지도록 지도하기에 가장 적합한 시기이다. 또한 선생님이나 친구들의 영향을 크게 받는 시기이므로 학교급식을 통한 영양교육이 효과를 크게 발휘할 수 있다. 최근 아동들에서 영양섭취의 과잉이나 부족뿐만 아니라 식환경의 변화로 다양한 식생활 관련 영양문제가 대두되고 있다. 이에 아동의 올바른 식습관 형성을 위해 '어린이를 위한 식생활 지침'이 실생활에서 활용될 수 있도록 널리 홍보되고 있다.

7. 학교급식

1) 학교급식의 현황

우리나라의 학교급식은 1953년 국제아동기금UNICEF과 미국원조물자발송협회CARE, 미국국제개발처USAID의 원조를 받아 분유를 결식아동들에게 제공하는 것으로 시작되었다. 정부는 아동의 영양과 건강 향상을 위하여 학교급식을 정부 시책으로 채택하였으며, 1981년에 학교급식법을 제정하여 학교급식 실시의 법적 근거를 마련하였다. 이후 초등학교를 중심으로 학교급식을 실시하고 1995년부터는 중·고등학교 급식을 부분적으로 시작하였으며, 학교급식의 전면 확대를 지향하는 정부 정책에 의해 특수학교는 1992년에, 초등학교는 1998년에 전면 급식이 이루어졌으며, 초·중·고 특수학교를 모두 합하여 2020년 현재 평균 100%의 학교에서 급식을 실시하고 있다. 학교급식 현황은 **표 6-9**와 같다. 급식 학교 수는 전체 학교(11,903개교)의 100%인 11,903교에서 급식을 실시하고 있으며, 급식 행태별로는 직영급식 98%(11,663개교), 위탁급식 2%(240개교)이다. 급식 학생수는 전체 학생의 99.9%인 547만 명(교당 평균 452명)이고, 교직원 40만 명을 포함하면 총 600만 명 규모이다.

1996년 학교급식법의 개정에 따라 외부 위탁급식 업체에 의한 학교급식이 허용됐으나, 2006년 6월 수도권지역 위탁급식학교에서 집단식중독 사고로 3,613명의 설사환자가 발생한 것을 계기로 2007년에 5년간 추진되는 '학교급식개선 종합대책'이 마련되었다. 그 주요 내용은 '학교급식법'을 개정하여 영양교사의 역할 강화를 통한 식생활 지도와 영양상담을 실시하도록 규정하였으며 학교급식 영양관리 강화의 일환으로 성장발달 단계에 맞는 연령대별, 성별 '학교 급식의 영양 기준량'을 설정하여 급식운영 및 관리체제를 개선토록 하였다.

표 6-9 학교급식의 현황

구분	학교수(교)			학생수(천명)			운영형태(교)	
	전체	급식	%	전체	급식	%	직영(%)	위탁(%)
초등학교	6,127	6,127	100	2,698	2,698	100	6,121(99.9)	6(0.1)
중학교	3,226	3,226	100	1,316	1,316	100	3,200(99.2)	26(0.8)
고등학교	2,372	2,372	100	1,337	1,336	99.9	2,167(91.4)	205(8.6)
특수학교	178	178	100	26	25	99.3	175(98.3)	3(1.7)
계	11,903	11,903	100	5,377	5,375	99.9	11,663(98)	240(2)

2) 학교급식의 효과와 영양교육 활동

학교급식은 성장기 학생들에게 영양적으로 균형 잡힌 양질의 식사를 제공함으로써 체위·체력·건강의 증진뿐만 아니라, 급식을 통하여 올바른 식습관지도, 편식의 교정, 공동체의식, 전통 식문화 및 세계 식문화의 체험, 식품의 생산과 소비에 대한 올바른 이해에 기여할 수 있는 등 중요한 영양교육의 수단이 된다. 아동의 올바른 식습관, 식사태도는 건강의 지름길이며 아동의 영양교육을 통하여 가정에서의 식생활을 합리적으로 개선하는 데도 기여할 수 있어 국민 식생활 개선에도 큰 영향을 미친다.

학교에서 실시되고 있는 영양교육 활동으로는 합리적인 영양섭취, 올바른 식습관 형성, 급식을 통한 영양교육, 협동·봉사·질서의식 같은 공동체의식 함양, 전통 식문화 계승 등이 있다. 영양교사는 급식을 통한 영양교육뿐 아니라 영양상담을 통한 교육도 실시하고 있다. 별도로 특별활동 시간을 이용하여 식생활문화반, 조리실습반, 영양정보 및 식품자원 활동반을 운영하거나, 편식 교정반 운영을 통해 균형 잡힌 식습관이 형성되도록 지도하고 있다. 또한 초등학생의 비만이 심각하게 증가되고 있어서 이들을 위한 영양상담실 운영도 하고 있다.

CHAPTER

7

청소년 영양

1. 청소년 영양의 특성
2. 청소년의 성장과 발달
3. 청소년의 영양소 섭취기준
4. 청소년의 영양실태 및 영양문제
5. 청소년의 식생활관리

청소년기는 아동기에서 성인기로 전환되는 과정으로 제2의 성장기이며, 성적 성숙이 함께 진행되어 성장이 완성되어 가는 시기이다. 청소년기에 각 개인의 성장과 성숙 속도는 유전과 환경의 상호작용에 의해서 결정되므로, 청소년기 영양은 최대의 유전능력을 발휘하고 보완할 수 있는 영양 필요량을 공급하는 것이 중요하다.

1. 청소년 영양의 특성

2차 성징이 나타나기 시작하는 청소년기 초기 2~3년을 사춘기라고 한다. 이 시기는 신체적으로 급격한 성장과 성적 성숙이 이루어지나 정서적으로는 불안정하다. 사춘기가 진행되면서 친구 그룹이 행동의 표준이 된다. 친구 그룹이 가장 중요해지면서 이들에게 수용되는 것이 가장 우선시되며, 부모와 가정에서 멀어지고자 한다.

청소년기 후기에는 이성이 동료나 부모보다 행동에 더 큰 영향을 주며, 자아정체감의 발달이 사회적·신체적 성장에 영향을 준다. 따라서 이 시기에 청소년으로 하여금 신체적인 변화에 따른 성에 대한 자각과 역할을 정상으로 받아들이고, 학교·가정·사회생활을 활발하게 할 수 있도록 도와주는 것이 필요하다.

청소년기에 남자와 여자의 성장은 비슷하지만 성장 양상에는 분명한 차이가 있다. 남녀 모두 머리 부분의 비례가 작아져 6~8등신이 된다. 여자는 2차 성징이 남자보다 빨리 나타나며, 성장도 남자보다 일찍 완성된다. 남자는 골격과 근육이 발달하고, 여자는 피하지방·유방·골반이 발달하면서 곡선형의 체형을 이루기 시작한다.

각 개인의 성장과 성적 성숙 속도는 유전과 환경의 상호작용에 의해서 결정된다. 영양공급과 환경요인이 결합하면 유전능력을 최대로 발휘할 수 있다. 따라서 청소년기에는 최대의 유전능력을 발휘하고 보완할 수 있는 영양필요량을 공급함과 동시에 올바른 식습관을 형성하여 성장과 성적 성숙이 정상적으로 이루어지도록 해야 한다. 또한 사회적·심리적·정서적 안정을 이루게 해서 건강한 성인이 되도록 하는 것도 중요하다. 만약 이 시기에 영양부족이나 심리적 불안정을 극복하지 못하면, 성장과 성적 성숙이 지연될 뿐만 아니라 건강한 사회인으로의 성장이 지장을 받게 된다.

2. 청소년의 성장과 발달

청소년기는 가장 급격한 성장기인 영아기 이후 제2의 급성장기로, 신장과 체중이 급속히 증가하며 신체 조성의 변화와 함께 성적 성숙이 이루어지는 시기이다.

1) 신체 성장

(1) 신장과 체중

청소년기의 특성으로는 신체 크기의 급격한 성장, 특히 신장과 체중이 급격하게 증가하는 것을 들 수 있다그림 7-1. 여자는 신체 크기의 성장이 남자보다 먼저 일어나며, 그 성장 정도는 남자보다 작다.

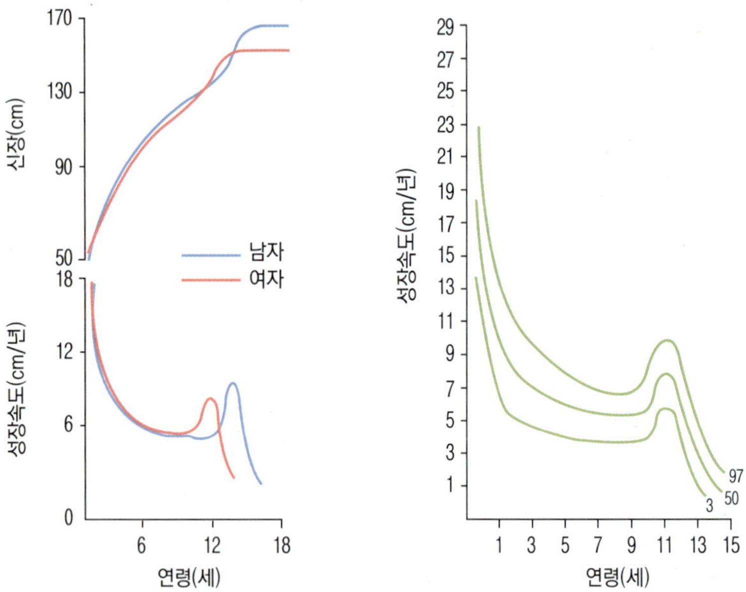

그림 7-1 연령별 신장 성장속도와 누적곡선

(2) 가슴둘레와 앉은키

가슴둘레의 발달은 신장보다 1년쯤 늦게 진행된다. 남자는 16세 이후 가슴둘레의 발육이 급격히 증가하며, 여자는 11세 이후 16세까지 급격히 증가하지만, 16세 이후부터 20세 후반까지는 다소 성장이 둔화된다. 11세 이전까지는 여자가 남자보다 가슴둘레가 다소 작지만 12세 이후 16세까지 급속히 증가하여 16세에는 남자보다 훨씬 크다그림 7-2.

앉은키도 청소년기에 급성장한다. 유아기에는 머리가 크고 다리가 짧다가 청소년기에 이르러 신장이 증가함에 따라 몸체와 다리가 길어져서 6~8등신으로 자라는 데 기인한다.

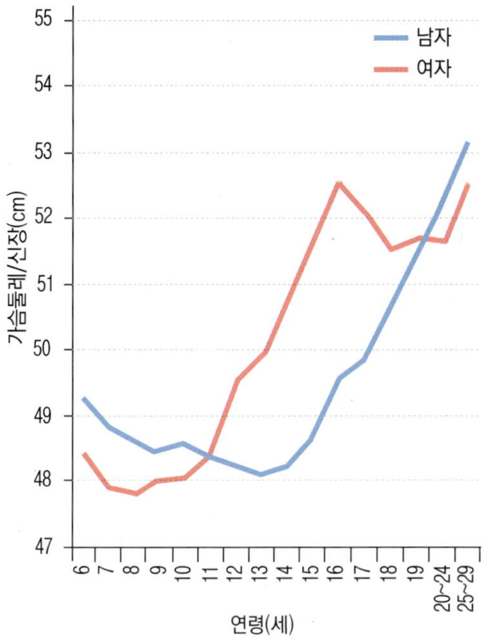

그림 7-2 연령별·성별 신장에 대한 가슴둘레의 발육 비율

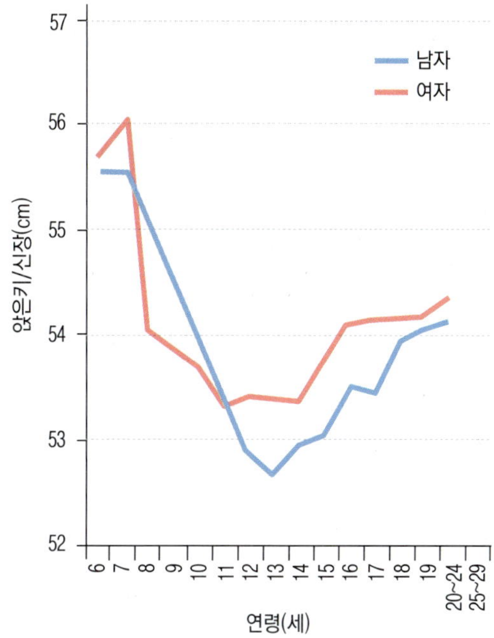

그림 7-3 연령별·성별 신장에 대한 앉은키의 발육 비율

남자는 13세 이후, 여자는 15세 이후에 앉은키가 다소 증가하나 거의 일정한 수준에 머문다. 남녀 간 앉은키의 차이는 11세 이전에는 거의 없지만, 11세 이후에는 남자가 여자보다 다리가 길어져서 키에 대한 앉은키의 비율이 훨씬 낮게 나타난다**그림 7-3**.

2) 기관과 조직의 발달

(1) 기관과 조직

신체기관과 조직은 학동기 이후 청소년기에도 계속 발달한다. 청소년기 기관의 발달을 보면 신장은 성인의 50~55%, 간은 94% 정도 발달하며, 폐는 성인의 34%로 매우 느리게 발달한다**그림 7-4**.

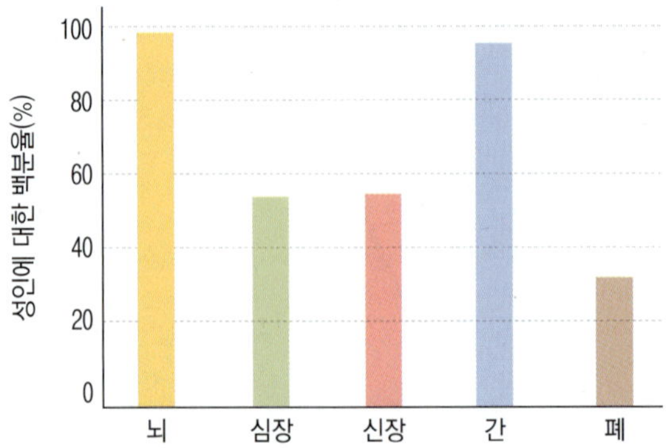

그림 7-4 청소년기 신체기관의 발달

(2) 골격

청년기에 특기할 만한 것은 여자의 골반너비가 현저히 증가한다는 점이다. 이는 여성의 성숙에 필수적인 요소이다.

또한 근육과 지방량의 증가로 남자와 여자의 신체 모습이 변하게 된다. 상대적으로 남자는 근육이 더 발달하고, 여자는 체지방이 축적되어 체형이 곡선을 이루게 된다.

(3) 근육

근육의 넓이는 연령이 증가함에 따라 계속적으로 증가한다그림 7-5. 여자는 16세 이후에는 근육량이 일정하며, 남자는 성인이 될 때까지 증가한다.

근육량은 상완둘레가 커지면서 많아진다. 근육 넓이의 증가량은 여자는 11~13세에 0.6cm 정도 되며, 남자는 14~16세에 0.8~0.9cm 정도 된다. 발육 기간에 근육량의 증가는 주로 근섬유의 비대에 의하며, 상완둘레가 증가하고 근력도 증가하게 된다.

근육량의 증가로 악력도 증가한다그림 7-5. 악력은 13세경까지는 남녀가 비슷하다. 그러나 13세 이후에는 남녀 간에 차이가 나타나, 남자는 약 2배 증가하지만 여자는 거의 일정하다.

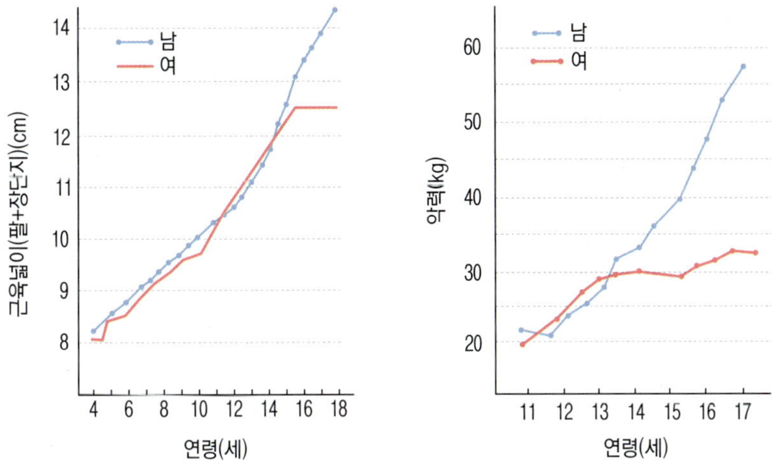

그림 7-5 청소년기 근육 성장과 악력 증가

(4) 체지방

여성은 근육조직의 증가에 비해 저장지방조직의 증가가 훨씬 크다그림 7-6. 사춘기 전에는 비지방조직이 약 16~18%를 차지하며, 남녀 간에 비지방조직과 지방조직의 비율이 비슷하고 근력도 비슷하다. 그러나 사춘기에는 여자는 체지방이 남자에 비해 2배 정도 많으며, 남자는 비지방조직이 여자보다 50% 더 많다. 따라서 성인 남녀의 체지방 차이는 사춘기에 주로 이루어진다.

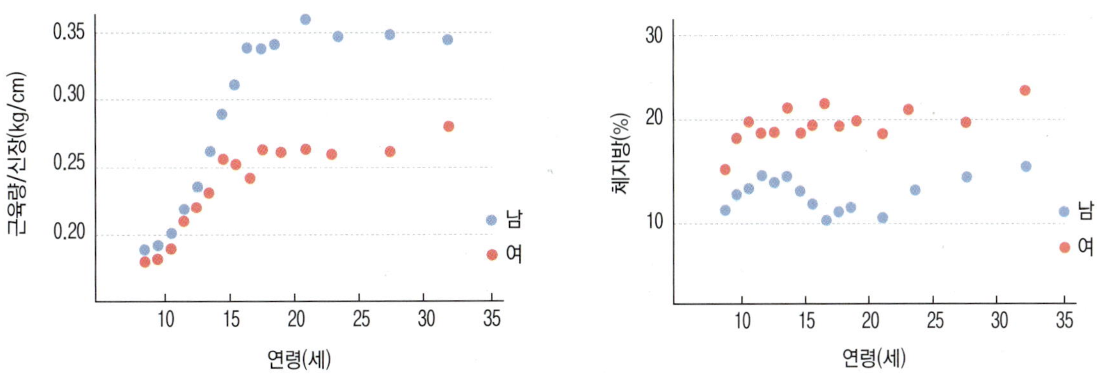

그림 7-6 청소년기 근육량/신장과 체지방량의 변화

신장이 증가한 시기의 전후를 나누어 보면, 최대로 신장이 증가한 시기에는 피하지방의 증가가 최소를 보이고 있다가 그 후에 지방이 급격히 증가하는데, 여자가 남자보다 지방의 증가량이 훨씬 더 많은 것을 볼 수 있다. 사춘기에 남녀 간 체지방의 증가와 근육과 골격성장의 차이로 말미암아 사춘기 이후에는 남녀의 신체 모습의 차이가 뚜렷해진다. 남자는 골격과 근육의 발달로 우람해지고, 여자는 지방의 축적과 유방의 발달로 곡선미를 갖춘 모습이 된다.

3) 성적 성숙

사춘기의 급속한 성장과 성적 성숙은 청소년기의 가장 두드러진 특징이다. 2차 성징은 남자와 여자의 여러 가지 외모상의 차이를 나타낸다. 즉, 신체 모양과 체모의 부위 등이 사춘기 때부터 달라진다. 월경은 여성의 대표적인 성적 성숙의 표시이며, 사정은 남성의 대표적인 성적 성숙의 표시이다. 생식샘이나 부수 생식기관은 태어나면서부터 존재하나 사춘기가 될 때까지는 비교적 작고 작용하지 않고 있다가 사춘기를 전후하여 2차 성징과 함께 발달한다.

청소년기 생식기관의 발육은 기관에 따라 조금씩 다르지만 사춘기 이후 급격히 이루어진다. 여자의 자궁은 10세 이후 급격히 발육하고 20세까지 발육이 지속되며, 남자의 고환은 11세 이후 급격히 성장하여 20세까지 계속 성장한다. 전립샘과 난소도 크기가 증가하지만 성장속도는 다소 느리다. 난소는 9세경에 발육이 증대되기 시작하는 반면, 전립샘은 12~13세경에야 비로소 발육이 증대되기 시작한다. Tanner에 의해 분류된 남녀의 성적 성숙단계는 **그림 7-7**과 같다.

청소년기 성적 성숙은 대체로 순서에 따라 진행되지만 성숙하는 시기는 개인에 따라 다양하다. 이를테면 16세에 완전히 성적 성숙이 완료되는 청소년이 있는가 하면, 그때서야 비로소 성적 성숙이 시작되는 청소년도 있다. 여기에는 유전과 영양 및 사회적·심리적 요인 등이 관계된다. 영양의 개선은 특히 여자에게 성적 성숙을 빨리 오게 한다.

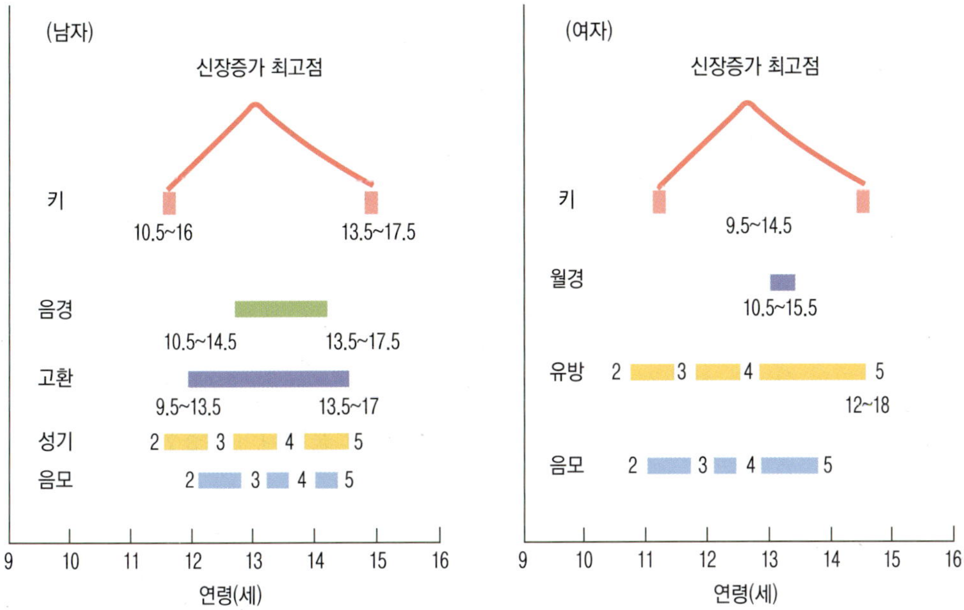

그림 7-7 청소년기 남녀별 성적 성숙의 순서

(1) 남자

남자의 2차 성징은 목소리 변성으로 알 수 있다. 2차 성징이 나타나는 순서와 나이를 보면 **그림 7-7**과 같다. 고환과 음낭이 급격히 성장하면서 음모와 겨드랑이 털과 수염이 나타나고 음경이 커진다. 또한 목의 갑상샘 연골의 발달과 남성적 흉곽의 발달이 이루어진다. 최초의 사정은 사춘기 중에 일어나는데, 음경이 커지기 시작한 1년 정도 후에 일어난다.

(2) 여자

여자의 생식기 발육상태는 **그림 7-7**과 같다. 먼저 젖멍울이 나타나기 시작하고, 다음으로 음모가 생기며 초경이 일어난다.

초경은 대개 10~16세에 나타나는데, 초경 후 8~13개월이 지나면 배란이 되어 임신이 가능하다. 월경과 관련된 특이한 현상은 산업화된 사회일수록 초등학교 고학년부터 일찍 초경이 시작되며, 우리나라도 예외는 아니다. 초경이 빨라진 것은 여러 사회적·심리적 요인이 복합적으로 작용하여 이루어진 현상이다.

유방은 8~13세에 젖멍울이 생기면서 발달하기 시작한다. 먼저 젖멍울이 생기고 그다음 유두가 나타나면서 조금씩 높아지고 원형을 이룬다. 그 후 유선의 발달이 이루어지고, 그다음에 유두가 튀어나오며 유방 전체가 둥그렇게 된다. 아름다운 가슴을 갖는 것은 모든 여성의 소망이며, 정상적인 유방의 발달은 향후 모유수유에도 대단히 중요하다.

4) 성장과 성적 성숙 관련 호르몬

청소년기의 성장과 성적 성숙에 가장 크게 작용하는 호르몬은 성호르몬과 안드로겐이다. 성호르몬은 남성의 고환과 여성의 난소에서 합성되고 분비되어 작용한다.

(1) 남성호르몬

남성은 남성호르몬 분비가 증가하면서 생식기관이 성숙해지고 생식이 가능해진다. 14세를 전후하여 남성호르몬인 테스토스테론testosterone의 분비가 증가하면서 2차 성징이 나타난다. 세정관에서 정자를 생성하기 시작하고, 생식샘관과 음경이 커지고 발기되며, 2차 성징이 나타나고 성충동도 시작된다.

남성의 2차 성징은 모두 테스토스테론에 의해 나타난다. 사춘기 전에 고환을 제거하면 남성은 수염, 겨드랑이털, 음모가 나지 않고 목소리의 변성도 일어나지 않는다. 이와 달리 성인에서 고환을 제거하면 모든 부수 생식기관의 크기가 작아지며 발기와 사정이 일어나지 않는다. 이러한 현상은 테스토스테론을 주사하면 없어진다. 성충동과 행위도 테스토스테론의 영향을 받는다.

테스토스테론은 체내 대사에도 영향을 준다. 테스토스테론은 기초대사율을 5~15% 증가시키고, 질소·나트륨·칼륨을 체내에 잔류시키며, 골격 기질의 단백질 함량을 증가시켜 신장의 성장에도 작용한다. 그러나 다른 한편으로는 골단폐쇄를 일으켜 신장의 성장을 정지시키기도 한다.

남성의 어깨가 벌어지거나 근육량이 증가하는 것도 2차 성징의 하나이다.

테스토스테론은 남성에게만 존재하는 호르몬은 아니며, 여성에게도 매우 낮은 수준으로 발견된다.

(2) 여성호르몬

여성호르몬은 에스트로겐estrogen과 프로게스테론progesterone이 있으며 난소의 발달, 배란 및 황체의 발달을 조절한다. 남성호르몬이 안정적이고 계속적으로 분비되는 것과 달리, 여성호르몬은 매월 주기에 따라 분비량이 달라진다.

① 에스트로겐

에스트로겐은 아동기에는 매우 적게 분비되나, 사춘기 이후에는 분비가 급격히 증가한다그림 7-8. 증가된 에스트로겐은 사춘기에 일어나는 변화를 촉진하며, 뇌하수체에 영향을 주어서 월경이 시작된다. 그 후 40대 후반에 이르면 에스트로겐 양이 급격히 감소하면서 폐경기가 나타난다.

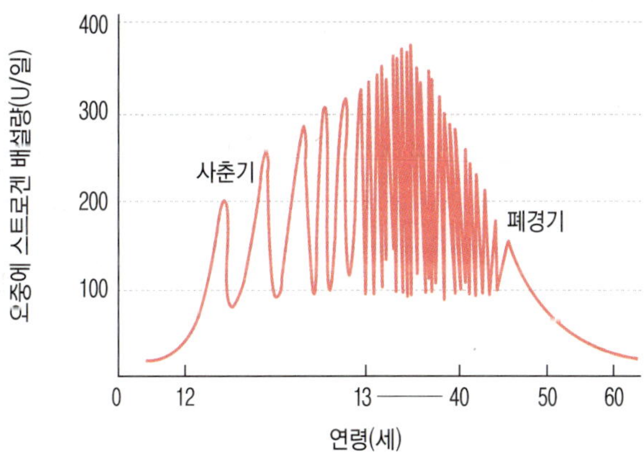

그림 7-8 여성의 연령별 에스트로겐 분비량의 변화

에스트로겐은 여성의 성기관인 자궁, 난관, 질 및 외성기, 유방 등을 성장시키고 유지시키는 역할을 한다. 또한 에스트로겐은 뼈의 골아세포의 작용을 증가시켜 사춘기 이후 수년 동안 급속히 신장을 증가시킨다. 그러나 테스토스테론과 마찬가지로 장골간과 골단을 빨리 통합하여 골격의 성장을 중지시킨다.

에스트로겐은 골반을 넓게 하는 효과도 있어서, 여성의 골반을 학동기의 좁은 원통 모양에서 둥근형의 모습으로 바뀌도록 한다.

에스트로겐은 총 체단백질을 증가시키고 지방을 피하에 축적하는 작용이 있어 좁은 어깨, 넓은 엉덩이와 여성스런 곡선이 이루어지게 하며, 살결을 부드럽고 탄력 있게 한다. 또한 신장의 작용을 증진시켜서 나트륨과 물의 저류가 일어나게 하는데, 이는 임신 시 부종이나 고혈압이 일어나는 이유 중의 하나이다.

② 프로게스테론

프로게스테론도 에스트로겐과 같이 성적 성숙에 관여하지만 그 효과는 비교적 적다. 프로게스테론은 유방과 난관 및 자궁의 연조직에 영향을 미친다. 질의 상피세포 형성에도 영향을 주며, 이 상피세포 조직으로 배란 여부를 알 수 있다. 프로게스테론은 월경주기 중 분비기에 혈액 내에 많은 양이 존재하며, 자궁내막의 변화에 가장 큰 영향을 준다.

(3) 안드로겐

안드로겐androgen은 남녀 모두 부신피질에서 분비되는 호르몬으로, 청소년기에 분비가 증가된다. 안드로겐은 체내 많은 기관에서 단백질 합성을 촉진하지만 생식기관만은 제외된다. 남녀 모두 청소년기 성장곡선의 일부는 안드로겐의 단백질 동화작용에 의해서 이루어진다. 여성에 비해 남성의 근육량 증가가 많은 것도 안드로겐이 남성에서 더 많이 분비되기 때문이다. 안드로겐은 뼈의 성장을 촉진하지만, 한편 골단조직을 골화함으로써 성장을 정지시킨다.

3. 청소년의 영양소 섭취기준

청소년기는 신장과 체중이 증가하고 각 조직이 급속히 성장하며 생식기관의 성숙이 일어나는 시기이다. 각 기관의 크기뿐만 아니라 근육, 골격, 적혈구량도 크게 증가한다. 따라서 에너지, 단백질, 비타민, 칼슘, 철 등의 필요량이 증가하므로 이 시기에는 충분한 에너지와 영양소를 섭취하여 각 기관의 성장과 성적 성숙을 지지할 수 있어야 한다.

1) 에너지 및 다량영양소

(1) 에너지

청소년기는 그 어느 시기보다 에너지의 필요량이 많기 때문에 에너지의 공급이 중요하다. 각 기관의 성장과 신장·체중의 증가는 기초대사량을 증가시킨다. 사춘기가 지나면 남자는 여자보다 기초대사량이 약 10% 많아지고, 에너지필요량은 약 25% 증가한다.

성장에 따라 식품 섭취가 증가하므로 열생산 작용도 증가한다. 청소년기의 열생산 작용(식사성 열발생)은 체중당 약 6kcal로 제시되어 있다. 또한 청소년기의 총 활동대사량은 16세를 전후하여 최고값에 도달한다.

청소년기의 에너지필요량은 기초대사량, 열생산 작용, 배설, 성장 및 활동으로 나눌 수 있다. 와트슨Watson의 1일 에너지소모량을 보면 청소년기의 에너지필요량은 기초대사량이 가장 많고, 다음이 활동, 성장의 순서로 많은 것을 알 수 있다**표 7-1**.

표 7-1 요인별 소요 에너지(kcal/kg)

요인	10세	15세	성인
기초대사	31	28	25
열생산 효과	6	6	6
배설	8	7	6
활동	29	28	10
성장	9~11	9~10	0
합계	83~85	78~79	47

청소년기의 신장, 체중, 연령 및 평균 활동계수를 고려하여 책정된 에너지필요추정량은 남자의 경우 12~14세에는 2,500kcal, 15~18세에는 2,700kcal이며, 여자는 12~18세 모두 2,000kcal이다**표 7-2**.

청소년(12~18세)의 에너지필요추정량 산출공식

남 : 88.5－61.9 × 연령(세)＋PA[26.7 × 체중(kg)＋903 × 신장(m)]＋25kal/일

PA = 1.0(비활동적), 1.13(저활동적), 1.26(활동적), 1.42(매우 활동적)

여 : 135.3－30.8 × 연령(세)＋PA[10.0 × 체중(kg)＋934 × 신장(m)]＋25kal/일

PA = 1.0(비활동적), 1.16(저활동적), 1.31(활동적), 1.56(매우 활동적)

표 7-2 청소년의 체위, 에너지 및 다량영양소 섭취기준

연령(세)		신장(cm)	체중(kg)	에너지(kcal)	단백질(g)		식이섬유(g)	수분(mL)	
								AI	
				EER	EAR	RNI	AI	액체	총수분
남자	12~14	161.2	52.7	2,500	50	60	30	1,100	2,400
	15~18	172.4	64.5	2,700	55	65	30	1,200	2,600
여자	12~14	156.6	48.7	2,000	45	55	25	900	2,000
	15~18	160.3	53.8	2,000	45	55	25	900	2,000

EER(Estimated Energy Requirement) : 에너지필요추정량, EAR(Estimated Average Requirement) : 평균필요량,
RNI(Recommended Nutrient Intake) : 권장섭취량, AI(Adequate Intake) : 충분섭취량
자료 : 보건복지부·한국영양학회, 2020 한국인 영양소 섭취기준, 2020

(2) 단백질

골격의 성장, 장기조직의 발달 및 성숙에 작용하는 호르몬과 효소의 주성분은 모두 단백질이다. 그러므로 청소년기에는 단백질 섭취가 매우 중요하다. 단백질필요량은 체내 질소보유량이 감소하고 식사를 통한 에너지섭취량이 부족하면 증가한다. 이는 에너지섭취량이 부족하면 단백질이 에너지로 사용되기 때문이다. 필수아미노산의 함량이 낮아져도 단백질 필요량은 증가한다. 단백질의 질이 낮으면 필수아미노산을 충분히 섭취해야 하므로 섭취량을 증가시켜야 한다. 여성은 초경 이후 질소보유량이 현저히 저하되며, 월경에 의한 혈액의 손실과 식사섭취의 부족으로 쉽게 질소평형이 음(−)이 되기 쉽다. 따라서 초경 이후에는 단백질 필요량이 증가하므로 양질의 단백질을 충분히 공급해 주어야 한다.

우리나라 청소년의 1일 단백질 권장섭취량은 남자의 경우 12~14세 60g, 15~18세

65g이며, 여자는 12~18세 55g이다표 7-2.

2) 무기질

(1) 칼슘과 인

청소년기에는 급격한 골격 성장으로 칼슘과 인의 필요량이 크게 증가한다. 뼈 성장의 1/2이 청소년기에 이루어짐에 따라 청소년기에 칼슘 보유량이 증가하며, 칼슘 축적량은 여자 13세, 남자 14.5세 정도에서 최대에 도달한다.

칼슘의 체내 축적량은 청소년기 남자에서는 1일 평균 12~14세 220mg, 15~18세 160mg이고, 여자는 1일 평균 12~14세 190mg, 15~18세 90mg으로 여자보다 남자가 더 많다.

지난 20년간 많은 청소년이 우유 대신 탄산음료를 마셔온 관계로 칼슘 섭취가 부적절해졌고, 이 때문에 청소년들의 골질량이 감소했으며 노년기 골절의 증가와도 밀접한 관계를 나타냈다. 따라서 청소년기에는 하루에 3컵 이상의 무지방 혹은 저지방 우유나 유제품을 섭취하도록 한다. 신체활동(운동)은 뼈를 강하게 하며, 반면에 흡연은 골다공증의 위험인자이다.

우리나라 청소년기의 칼슘의 권장섭취량은 12~14세에는 남자 1,000mg, 여자 900mg을, 15~18세에는 남자 900mg, 여자 800mg을 권장하고 있다. 칼슘과 인의 섭취비율은 '1:1'을 권장한다. 칼슘은 과잉 섭취하면 독성을 나타내므로 상한섭취량이 설정되어 있으며, 남녀 모두 3,000mg이다표 7-3.

(2) 철

청소년기에는 혈액량이 급격히 증가한다. 따라서 적혈구의 생성이 많아지고 근육에 미오글로빈이 증가하므로 많은 양의 철이 필요하게 된다. 근육량과 혈액 부피, 헤모글로빈, 적혈구량은 여성보다 남성이 더 많다. 그러나 여성은 월경에 의한 철 손실이 많아서 여성의 철 권장섭취량도 남성과 똑같은 비율로 책정하고 있다.

표 7-3 청소년의 무기질 섭취기준

연령(세) \ 무기질		칼슘 (mg/일)			인 (mg/일)			마그네슘 (mg/일)			나트륨 (g/일)		염소 (g/일)	칼륨 (g/일)
		EAR	RNI	UL	EAR	RNI	UL	EAR	RNI	UL*	AI	CDRR	AI	AI
남자	12~14	800	1,000	3,000	1,000	1,200	3,500	260	320	270	1.5	2.3	2.3	3.5
	15~18	750	900	3,000	1,000	1,200	3,500	340	410	350	1.5	2.3	2.3	3.5
여자	12~14	750	900	3,000	1,000	1,200	3,500	240	290	270	1.5	2.3	2.3	3.5
	15~18	700	800	3,000	1,000	1,200	3,500	290	340	350	1.5	2.3	2.3	3.5

연령(세) \ 무기질		철 (mg/일)			아연 (mg/일)			구리 (μg/일)			요오드 (μg/일)			불소 (mg/일)	
		EAR	RNI	UL	EAR	RNI	UL	EAR	RNI	UL	EAR	RNI	UL	AI	UL
남자	12~14	11	14	40	7	8	27	600	800	7,500	90	130	1,900	2.6	10
	15~18	11	14	45	8	10	33	700	900	9,500	95	130	2,200	3.2	10
여자	12~14	12	16	40	6	8	27	500	650	7,500	90	130	1,900	2.4	10
	15~18	11	14	45	7	9	33	550	700	9,500	95	130	2,200	2.7	10

*식품 외 급원의 마그네슘에 해당

EAR : 평균필요량, RNI : 권장섭취량, AI : 충분섭취량, UL : 상한섭취량, CDRR : 만성질환위험감소섭취량

자료 : 보건복지부 · 한국영양학회, 2020 한국인 영양소 섭취기준, 2020

연령에 따른 철 필요량의 변화는 그림 7-9와 같이 남녀 모두 사춘기에 급격히 증가함을 볼 수 있다. 이는 신장과 체중의 증가는 물론 각 장기의 성장에 맞추어 적혈구 생성이 증가하기 때문이다. 특히 여성은 월경의 시작으로 말미암아 1일 1mg 정도로 철에 대한 요구가 증가한다. 그러나 성장이 완료되면 남녀 모두의 철 요구량이 감소하는 것을 볼 수 있다. 청소년기 남자는 급성장하는 동안 철 식사섭취량이 체내 필요량을 따르지 못하기 때문에 철이 결핍될 수도 있다. 청소년기 여자 또한 특히 철이 풍부한 식품의 섭취가 부족하고, 월경으로 과도한 혈액 손실이 있으면 철 결핍증의 위험에 빠지게 된다. 체내 철이 부족하면 피로가 증가하고 집중력과 학습력이 떨어지게 된다.

우리나라 청소년기의 철 권장섭취량은 12~14세에는 남자 14mg, 여자 16mg이며, 15~18세에는 남녀 모두 14mg이다표 7-3.

철의 상한섭취량은 남녀 모두 12~14세에는 40mg, 15~18세에는 45mg이다.

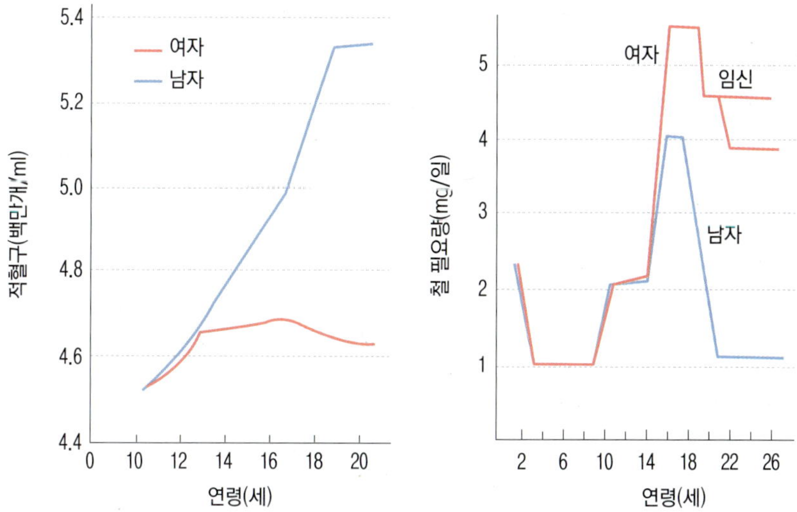

그림 7-9 연령별 적혈구량의 증가와 철 요구량의 변화

(3) 아연과 요오드, 기타 미량원소

아연은 단백질 합성에 관여하므로 청소년의 성장과 성적 성숙에 필수적이며, 근육과 골격에 저장된다. 청소년기에 아연이 부족하면 남자의 경우 성장과 성적 성숙이 지연된다는 보고가 있다. 우리나라에서는 12~14세 남녀 모두 8mg, 15~18세 남녀는 각각 10mg과 9mg의 아연 섭취를 권장하고 있다. 아연의 상한섭취량은 남녀 12~14세 27mg, 15~18세 33mg이다.

요오드는 갑상샘호르몬의 성분으로서 체내 대사를 활발히 돕는다. 이 외에 마그네슘, 구리, 코발트, 불소 등도 중요하다.

3) 비타민

(1) 지용성 비타민

청소년기에는 골격의 성장이 빠르게 일어나기 때문에 비타민 D의 필요량은 성인보다 증가한다. 비타민 E는 새로운 세포의 기능적 특성 유지에 중요한 역할을 하므로, 청소년기에 그 필요량이 증가한다. 비타민 A도 세포분화와 증식에서 중요한 역할을 하므로, 정

칼슘, 철, 비타민 A가 풍부한 식품

- 칼슘 : 우유, 아이스크림, 요구르트, 뼈째 먹는 생선(멸치, 뱅어포), 녹색채소, 해조류
- 철 : 살코기, 간, 선지, 달걀노른자, 콩류, 녹색채소
- 비타민 A : 달걀노른자, 당근, 단호박, 시금치 등 녹황색채소

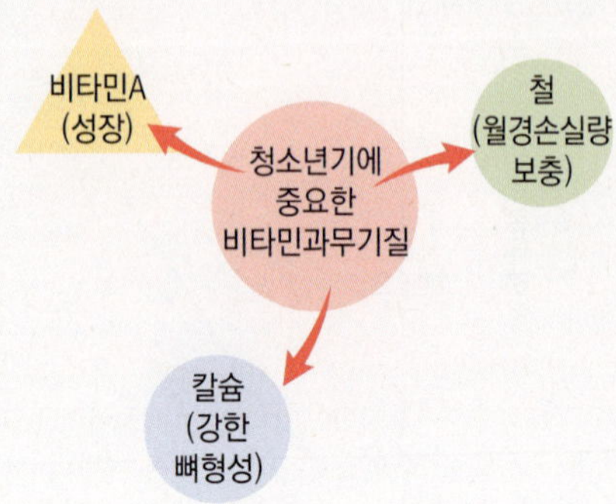

상적인 성장을 위하여 필요량이 증가한다. 청소년기 비타민 A의 권장섭취량은 12~14세에는 남자 750μgRAE, 여자 650μgRAE이고, 15~18세에는 남자 850μgRAE, 여자 650μgRAE이다**표 7-4**.

비타민 A의 상한섭취량은 남녀 모두 12~14세는 2,300μgRAE이고, 15~18세는 2,800μgRAE이다.

(2) 수용성 비타민

청소년기에는 에너지필요량이 급증하므로 이에 따라 에너지 대사를 돕는 비타민 B군의 필요량도 증가하여, 생애주기 중 10대 때 비타민 B군의 필요량이 가장 많다. 비타민 B군은 에너지대사를 도울 뿐만 아니라 뇌 활동에도 중요한 작용을 한다. 청소년기에 성장하는 동안 체내에 새로운 단백질이 많이 합성된다. 따라서 혈장단백질, 근육·결합조직 등을 합성하는 데 많은 양의 비타민 B_6가 필요하다. 또한 청소년기에는 성장과 조직세포의 분열 및 DNA·RNA 합성으로 엽산과 비타민 B_{12}의 필요량이 증가하므로 이들의 섭취에도 각별한 관심을 가져야 한다. 특히 채식주의자는 비타민 B_{12}가 부족하기 쉽다.

우리나라 청소년의 1일 비타민 권장섭취량은 **표 7-4**에 제시하였다. 티아민의 권장섭취량은 12~14세에는 남녀 모두 1.1mg이고, 15~18세에는 남녀 각각 1.3mg, 1.1mg이다. 리보플라빈의 권장섭취량은 남자는 12~14세 1.5mg, 15~18세 1.7mg이며, 여자

표 7-4 청소년의 비타민 섭취기준

연령(세) \ 비타민		비타민 A (μgRAE/일)			비타민 D (μg/일)		비타민 E (mg α-TE/일)		비타민 K (μg/일)	비타민 C (mg/일)		
		EAR	RNI	UL	AI	UL	AI	UL	AI	EAR	RNI	UL
남자	12~14	530	750	2,300	10	100	11	400	70	70	90	1,400
	15~18	620	850	2,800	10	100	12	500	80	80	100	1,600
여자	12~14	470	650	2,300	10	100	11	400	65	70	90	1,400
	15~18	450	650	2,800	10	100	12	500	65	80	100	1,600

연령(세) \ 비타민		티아민 (mg/일)		리보플라빈 (mg/일)		니아신 (mgNE/일)				비타민 B_6 (mg/일)			엽산 (μgDFE/일)			비타민 B_{12} (μg/일)	
		EAR	RNI	EAR	RNI	EAR	RNI	UL[1]	UL[2]	EAR	RNI	UL	EAR	RNI	UL	EAR	RNI
남자	12~14	0.9	1.1	1.2	1.5	11	15	25	700	1.3	1.5	80	300	360	800	1.9	2.3
	15~18	1.1	1.3	1.4	1.7	13	17	30	800	1.3	1.5	95	330	400	900	2.0	2.4
여자	12~14	0.9	1.1	1.0	1.2	11	15	25	700	1.2	1.4	80	300	360	800	1.9	2.3
	15~18	0.9	1.1	1.0	1.2	11	14	30	800	1.2	1.4	95	330	400	900	2.0	2.4

[1] 니코틴산, [2] 니코틴아미드

EAR : 평균필요량, RNI : 권장섭취량, AI : 충분섭취량, UL : 상한섭취량

자료 : 보건복지부·한국영양학회, 2020 한국인 영양소 섭취기준, 2020

는 12~18세 1.2mg이다. 니아신의 권장섭취량은 남자는 12~14세 15mgNE, 15~18세 17mgNE이고, 여자는 12~14세 15mgNE, 15~18세에 14mgNE이다. 니아신의 상한섭취량은 남녀 12~14세 700mgNE이고, 15~18세 800mgNE이다. 비타민 B_6의 권장섭취량은 12~18세 남자 1.5mg, 여자 1.4mg이며, 비타민 B_6의 상한섭취량은 남녀 모두 12~14세 80mg, 15~19세 95mg이다.

비타민 C는 콜라겐 합성에 필수적인 성분이며 성장과 흡연 시 필요량이 증가한다. 비타민 C의 1일 권장섭취량은 성인을 기준으로 하여 체중과 성장인자를 고려한 값으로 12~14세 남녀 90mg, 15~18세 남녀 100mg이며, 비타민 C의 1일 상한섭취량은 남녀 모두 12~14세 1,400mg, 15~18세에 1,600mg이다.

4) 수분

체내에서는 1kcal의 에너지를 소비하는 데 약 1~1.5mL의 수분이 필요하다.이러한 필요량은 주위의 온도, 습도에 따라 매우 다르다. 또한 질병, 열, 구토, 설사 등의 상태에 따라서 증가한다.

청소년기는 신체 대사작용과 신체활동이 왕성하여 수분의 공급이 대단히 중요하다. 수분은 음식뿐만 아니라 음료, 우유 등을 통해서도 많이 섭취할 수 있다. 그렇지만 탄산음료나 단 음료들의 과잉 섭취는 바람직하지 않다.

청소년기의 체중 1kg당 1일 수분 필요량은 연령이 증가함에 따라 감소한다. 청소년기에 수분의 1일 충분섭취량은 12~14세에는 남자 2,400mL, 여자 2,000mL이며, 15~18세에는 남자 2,600mL, 여자 2,000mL이다.

4. 청소년의 영양실태 및 영양문제

1) 영양실태

(1) 식품 섭취

2019년 국민건강통계에 의하면 청소년기의 1일 총 식품섭취량은 약 1,339.9g으로 남학생이 1,451.6g을 섭취하여 여학생 1241.5g에 비해 201.1g을 더 많이 섭취하였다**표 7-5**.

식품군별 섭취량을 보면 곡류, 감자·전분류, 두류 섭취량이 368.8g이었으며, 육류와 난류의 섭취량은 197.9g이었고, 우유류는 146.1g이었다. 전반적으로 남학생의 식품섭취량이 여학생보다 많았지만, 종실류, 과실류는 남학생에 비해 여학생이 더 많이 섭취한 것으로 나타났다.

(2) 영양소 섭취

2019 국민건강통계에 의하면 청소년기 전체의 에너지 섭취량은 에너지필요추정량의 90.1%(남 88.9%, 여 91.5%)로 남녀 모두 에너지필요추정량보다 부족하게 섭취하였다.

표 7-5 청소년의 식품군별 1일 섭취량

식품군 \ 연령, 성별	12~18세		
	전체	남자	여자
곡류	313.2	342.6	280.3
감자·전분류	31.5	31.5	31.5
당류	14.5	14.6	14.3
두류	24.1	25.0	23.1
종실류	2.5	2.2	2.9
채소류	200.6	227.0	171.1
버섯류	5.3	6.1	4.3
과실류	87.4	78.9	97.0
해조류	2.0	2.7	1.1
음료류	232.8	242.8	221.5
주류	1.0	0.7	1.3
양념류	39.2	44.5	33.3
육류	165.0	198.7	127.3
난류	32.9	32.7	33.0
어패류	33.2	37.7	28.2
우유류	146.1	153.8	137.4
유지류	8.5	9.9	6.9
기타	0.1	0.2	0.0
총식품 섭취량(g, 일)	1,339.9	1,451.6	1,214.5

자료 : 보건복지부·질병관리청, 2019 국민건강통계, 2020

영양소섭취기준에 대한 평균 영양소 섭취비율을 보면, 전체적으로 청소년의 골격 형성에 중요한 영양소인 칼슘과 비타민 A 섭취비율이 각각 56.5%, 51.9%로 심각하게 부족하였으며, 그 외에도 비타민 C, 엽산, 칼륨, 철, 니아신, 인의 섭취도 권장섭취량에 비해 부족하게 섭취한 것으로 나타났다.

특히 비타민 C와 엽산, 칼륨의 섭취비율이 64.2~69.6%로 칼슘과 비타민 A 다음으로 심각하게 부족하였다. 반면에 단백질, 나트륨, 티아민, 리보플라빈은 권장섭취량보다 많이 섭취하였다. 특히 청소년기 남학생은 여학생에 비해 비타민 C와 리보플라빈의 섭취비율이 낮은 것으로 나타났다**표 7-6**.

한편 영양소 섭취기준의 75% 미만을 섭취하는 청소년의 비율이 칼슘의 경우 82.1%, 철 61.2%, 비타민 A 79.4%, 엽산 69.3%, 비타민 C 71.9%로 상당히 심각한 것으로 나타났다. 특히 여학생이 남학생에 비해 이들 영양소의 75% 미만 섭취 비율이 더 높았다**표 7-7**.

표 7-6 청소년의 영양소섭취기준[1]에 대한 1일 영양소별 평균섭취 비율

(단위: %)

식품군 \ 연령, 성별	12~18세		
	전체	남자	여자
에너지	90.1	88.9	91.5
단백질	142.5	151.9	131.9
칼슘	56.5	57.7	55.1
인	90.3	102.3	76.9
나트륨[2]	164.4	184.1	142.2
칼륨[2]	69.6	77.4	60.9
철	78.1	88.9	66.0
비타민 A	51.9	52.5	51.3
티아민	123.7	142.5	102.6
리보플라빈	127.0	120.6	134.2
니아신	86.2	96.9	74.2
엽산	67.8	74.1	60.8
비타민 C	64.2	60.9	67.9

[1] 영양소 섭취기준 : 2015 한국인 영양소 섭취기준(보건복지부, 2015), [2] 충분섭취량 AI(adequate intake) 적용

자료 : 보건복지부 · 질병관리청, 2019 국민건강통계, 2020

사춘기의 주요 영양위험 지표

- 하루 2회 미만의 우유 및 유제품 섭취
- 주 3회 이상의 잦은 패스트푸드 섭취
- 채식
- 식욕 부진
- 과거 6개월간 과도한 체중 변화
- 주 5회 미만의 운동 부족이나 과도한 운동
- 철결핍성 빈혈, 치아우식증
- 영양제 및 식사보충제 오 · 남용
- 채소 하루 3회 미만, 과일 하루 2회 미만의 채소 및 과일류 섭취
- 주 3회 이상의 잦은 결식
- 경제적 이유로 식품섭취 부족
- 다이어트, 식행동 장애, 왜곡된 신체상
- BMI 3백분위수 미만 또는 97백분위수 이상
- 만성질환(당뇨병, 고혈압, 고지혈증, 신부전증 등), 치료 약물 복용
- 임신
- 흡연, 음주, 마약의 사용

표 7-7 청소년의 영양소별 영양소섭취기준[1] 미만 섭취자 비율

(단위: %)

식품군 \ 연령, 성별	12~18세		
	전체	남자	여자
에너지	39.2	39.9	38.5
단백질	16.8	11.9	22.3
지방	10.4	8.9	12.0
칼슘	82.1	80.5	83.9
인	53.1	41.8	65.7
철	61.2	51.2	72.4
비타민 A	79.4	77.8	81.2
티아민	33.8	28.8	39.4
리보플라빈	26.7	30.7	22.2
니아신	47.2	39.1	56.3
엽산	69.3	66.9	72.0
비타민 C	71.9	71.5	72.4

[1] 영양소 섭취기준 : 2015 한국인 영양소 섭취기준(보건복지부, 2015); 에너지, 필요추정량의 75%; 지방, 지방에너지적정비율의 하한선; 그 외 영양소, 평균필요량

자료 : 보건복지부·질병관리청, 2019 국민건강통계, 2020

청소년기 영양소섭취부족자의 비율이 19.0%이고, 125% 이상을 섭취하는 고영양상태인 에너지/지방 과잉섭취자의 비율은 8.2%로 이들 비율은 각각 전 연령대 중 성인기 초반인 20대(19.9%, 9.0%) 다음으로 심각한 수준이다**그림 7-10**. 이러한 결과는 청소년기는 20대 성인기로 바로 이어지는 시기로 청소년을 대상으로 영양관리와 지도가 절대적으로 필요한 실정이다.

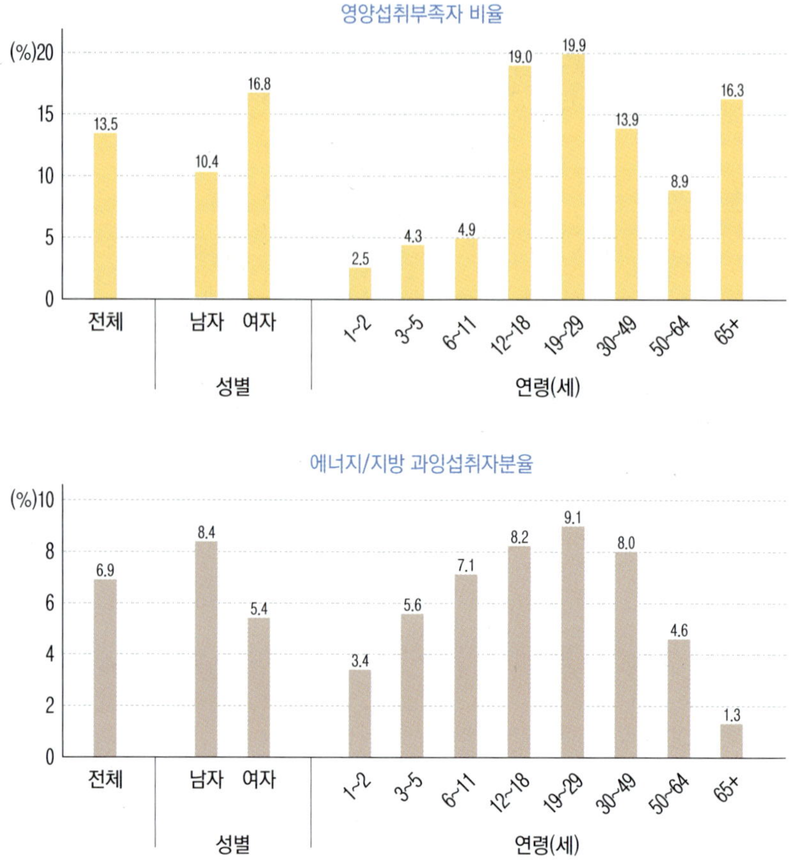

1) 에너지 섭취량이 필요추정량의 75% 미만이면서 칼슘, 철,비타민 A, 리보플라빈 섭취량이 평균필요량(또는 영양권장량의 75%) 미만인 분율
2) 에너지 섭취량이 필요추정량의 125% 이상이면서 지방섭취량이 지방에너지 적정비율 상한선을 초과한 비율

그림 7-10 영양섭취부족자 비율 및 에너지/지방 과잉섭취자분율

자료 : 보건복지부 · 질병관리청, 2019 국민건강통계, 2020

2) 영양문제

(1) 아침식사 결식률

10대 청소년의 많은 수가 식사를 거르거나 외식을 하는 경우가 늘고 있는 것은 집 밖에서 지내는 시간이 많기 때문이다. 우리나라의 고등학생들은 학교에서 점심과 저녁을 먹는 경우가 많다.

2020년 청소년건강행태조사 결과 청소년기 아침식사 결식률(최근 7일 동안 5일 이상 아

표 7-8 아침식사 결식률

학년 \ 성별	아침식사 결식률(%)[1]		
	전체	남자	여자
청소년기 전체	37.3	35.5	39.2
중학생(1~3)	35.5	33.4	37.7
고등학생(1~3)	39.0	37.4	40.7

[1] 아침식사 결식률 : 주 5일 이상 아침식사 결식률

자료 : 교육부 · 보건복지부 · 질병관리청, 2020 제16차 청소년건강행태조사통계, 2021

침식사를 하지 않은 학생 비율)은 37.3%(남 35.5%, 여 39.2%)로 여학생이 남학생에 비해 높았으며, 고등학생(남 37.4%, 여 40.7%)이 중학생(남 33.4%, 여 37.7%)보다 더 높았다.

아침식사 결식률은 전체 연령 중 남녀 모두 19~29세가 가장 높았다(남자 51.0%, 여자 57.4%). 청소년기 남자(12~18세)는 36.0%로, 19~29세(51.0%), 30~49세(42.8%) 다음으로 높은 아침결식률을 나타냈고, 청소년기 여자(12~18세)는 43.5%로 19~29세에 이어 높은 아침결식률을 나타냈다**그림 7-11**.

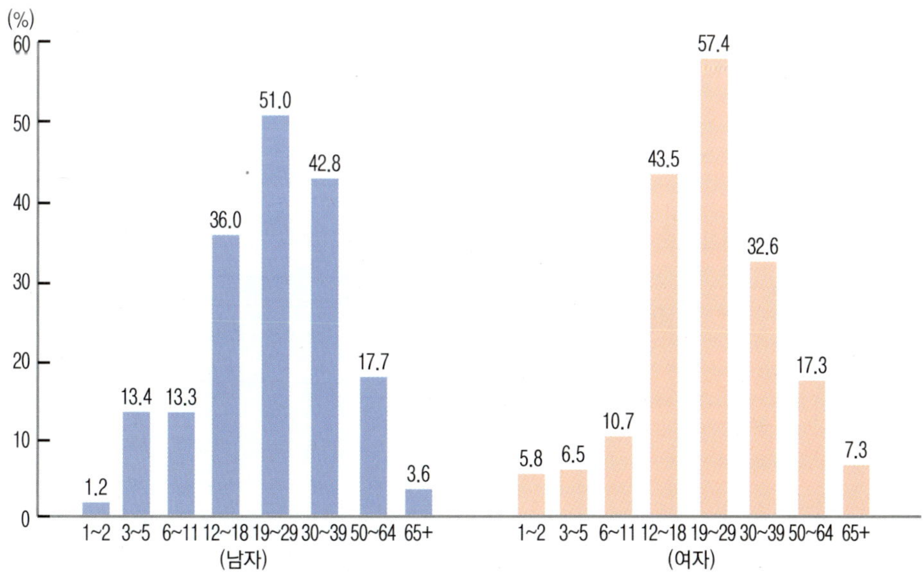

그림 7-11 연령별 아침식사 결식률

*아침식사 결식률 : 조사 1일 전 아침식사를 결식한 분율, 만 1세 이상

자료 : 보건복지부 · 질병관리청, 2019 국민건강통계, 2020

청소년들이 아침을 거르는 주된 이유는 시간이 급하고 늦잠 때문인 것으로 나타났다. 그러나 청소년기의 아침 식사는 대단히 중요하다. 청소년기 결식은 기력 약화, 정신기능 약화, 학습능력 저하 등을 야기한다. 또한 결식은 한꺼번에 폭식을 하게 만들어 건강상 해를 미치거나 심하면 두통, 집중력 감소, 빈혈, 신경성 소화불량, 비만 등 심각한 건강장애를 초래한다. 따라서 1일 3끼를 섭취하는 식습관이 형성되도록 교육하고 지도하는 것이 중요하다.

(2) 빈혈

청소년기 여자를 대상으로 한 연구들에서 20% 이상이 빈혈을 나타내고 있는 것으로 보고되었다. 이는 초경 이후 급격한 철 필요량의 증가를 식사로 충분히 보충하지 않았기 때문이다. 모든 장기의 성숙과 신장 증가에 따른 적혈구 생성의 증가는 남녀 모두에게서 볼 수 있으나 특히 여성은 월경에 의한 혈액 손실이 있으므로 철 필요량은 남성보다 많다. 그런데 식사를 통한 철 섭취 부족, 체중 조절을 위한 식사량의 감소로 빈혈이 더욱 악화되는 경우가 많다. 특히 청소년기 여자는 가임기의 상태에 있으므로 빈혈은 건강상 대단히 중요한 문제가 된다. 충분한 철과 함께 동물성 단백질, 비타민 C 등을 섭취해서 이와 같은 빈혈을 미연에 방지해야 한다. 청소년기 철결핍성 빈혈을 판정하기 위한 기준은 **표 7-9**와 같다.

표 7-9 철결핍성 빈혈 판정 기준: 헤모글로빈농도와 헤마토크릿값

지표	헤로글로빈(g/dL)		헤마토크릿(%)	
연령 \ 성별	남자	여자	남자	여자
8~12세	11.9	11.9	35.4	35.4
12~15세	12.5	11.8	37.3	35.7
15~18세	13.3	12.0	39.7	35.9
18세 이상	13.5	12.0	39.9	35.9

자료 : CDC, 1998

(3) 섭식장애

섭식장애는 신체적·영양적인 면이 크지만 그 원인은 심리적인 것이다. 청소년기는 외모에 관심이 높아지면서 특히 여자는 날씬한 몸매를 유지하기 위한 욕구로 섭식장애가 생길 수 있다. 섭식장애에는 신경성 식욕부진과 폭식증, 마구먹기장애가 있으며, 이들을 비교하면 **표 7-10**과 같다. 체중의 감소는 식사 조절과 운동요법에 의해 이루어져야 하는데, 배고픈 것을 참고 과도한 운동을 계속하는 것은 건강에 위협을 준다.

표 7-10 심리적 섭식장애의 특징과 원인, 진단 및 치료법의 비교

	신경성 식욕부진증	신경성 폭식증	마구먹기장애
취약군	사춘기 소녀	성인 초기	다이어트에 실패한 경험이 많은 비만인
식습관의 특징	성공적 다이어트에 대해 자부심을 느껴 식사량을 극도로 줄임	폭식과 장 비우기를 교대로 반복함	문제 발생 때마다 끊임없이 먹음
현실 자각과 식행동의 원인	자신이 비만하다고 왜곡하여 믿고 자신의 행동이 비정상임을 부정함	자신의 행동이 비정상적임을 인정하고 폭식과 장 비우기를 비밀리에 행함	자신을 통제할 수 없다고 포기함
진단기준	• 체중 감소 : 적어도 본래 체중의 15% 감소(1등급) 혹은 최소 25% 감소(2등급) • 저체중임에도 비만해지는 것에 대한 강한 두려움을 지님 • 체중 감소를 향한 심한 활동 시도 • 계속해서 3회 이상의 무월경이 나타남 • 체중 감소를 설명하는 알려진 신체적인 질병이 없음	• 정상 혹은 과체중임 • 뚱뚱해지는 것에 대한 강한 두려움을 지님 • 섭식패턴이 비정상적임을 깨닫고 있음 • 남몰래 음식을 실컷 먹기도 함 • 복통, 졸음, 의도적인 구토 등으로 갑자기 먹는 것을 멈춤 • 폭식, 굶기, 폭식을 반복함으로써 체중의 변화폭이 10kg 이상임 • 자신의 식습관에 문제가 있음을 알면서도 고칠 수 없다고 두려워함 • 폭식한 후에 후회하고 스스로 자책하면서 우울해함	• 한 가지 다이어트 방법에서 다른 다이어트 방법으로 계속 옮겨감 • 체중이 많이 나갈 때는 남들 앞에서 적게 먹음 • 한꺼번에 너무 많은 음식을 먹음 • 배가 고프지 않아도 많은 양의 음식을 먹음 • 일단 먹기 시작하면 폭식을 통제할 수 없음 • 폭식 후에는 심한 자책감과 우울감에 빠짐 • 폭식 후 구토를 동반하지는 않음
치료법	우선 기초대사량을 유지할 수 있도록 열량 섭취를 증가시켜 체중을 회복한 후 문제의 원인을 찾도록 정신과 치료를 병행함	영양교육과 함께 자신을 인정하도록 하는 정신과 치료를 병행함	생리적으로 배고플 때만 먹도록 학습시킴

① 신경성 식욕부진

신경성 식욕부진은 섭식장애의 대표적 증후로서 체중의 급격한 감소가 두드러진 특징이다. 체중 증가에 대한 두려움과 날씬한 몸매를 선호하다 보니 실제 자신의 신체 상태보

다 비대하다고 느끼므로, 음식을 먹으면 울렁거리고 토기를 느끼며 음식을 거부하게 되는 것이 신경성 식욕부진이다.

대개 저체중인 여자들이 비만을 두려워하면서 지나치게 다이어트를 해서 정상적인 성장과 발육이 저해되고 영양실조를 나타내게 된다. 이러한 여성들은 무월경, 빈혈, 영양결핍, 골다공증의 위험성이 높아진다. 섭식장애의 초기 증상으로 체중 감소, 생리주기 소실 등이 나타난다.

신경성 식욕부진은 그 원인이 무엇인지 정확히 찾아내서 치료해야 한다. 대개는 의사와 심리학자, 영양사의 협동과 노력으로 효과적인 치료방법을 찾을 수 있다. 영양적인 치료는 체중 회복과 영양 증진을 목적으로 하며, 음식을 스스로 선택해서 섭취하도록 격려해 주는 것이 좋다. 마치 어린아이가 음식 먹는 것을 배울 때 칭찬해 주는 것처럼, 먹는 것에 익숙해지도록 도와주는 가족의 배려가 중요하다.

거식증

거식증은 음식을 거부하는 섭식장애로, 계속 자신이 뚱뚱하다고 생각하므로 극도로 수척해질 때까지 음식을 거부하는 장애이다. 날씬함의 왜곡된 척도를 자신에게만 적용한다. 이들은 정서적으로 불안정하고 공격적이고 비판적이며, 우울하고 가족과 친구들로부터 멀어지게 된다. 결국은 극심한 체중과 체지방의 감소, 체온과 맥박수의 감소, 철결핍성 빈혈, 백혈구수의 감소, 탈모, 변비, 혈중 칼륨의 감소 및 월경 중단 같은 신체적인 증상이 나타난다.

② 폭식증

폭식증은 폭식과 토하는 일을 교대로 반복하는 증상을 말한다. 폭식증 환자는 저열량 식사를 하지만, 깨어 있는 동안 계속 먹는 생각만 한다. 결국 극소량의 식사량으로는 만족하지 못하고 남몰래 폭식한다. 절제를 못한 데서 오는 수치심과 과식에 의한 생리적 고통으로 다시 토하게 된다. 인위적으로 구토를 일으키며, 하제를 사용하여 설사를 유발하기도 하고, 과다한 운동을 하기도 한다. 계속되는 구토로 위의 산성 토사물에 의해 입·식도·후두의 점막이 부식된다. 폭식증 환자는 자긍심의 부족에다 다이어트를 지속하지 못한 데서 오는 죄책감이 더해지고, 심하면 극단적인 절망감으로 자살의 충동까지 느끼기도 한다. 폭식과 장 비우기를 비밀리에 행하므로 주위에서 알아차리기도 힘들다. 폭식증의 치료를 위해서는 문제를 해결하는 데 음식이 개입되지 않도록 하는 것이 필요하다.

③ 마구먹기장애

거식증이나 폭식증보다 훨씬 흔한 섭식장애이다. 다이어트에 실패한 경험이 많은 비만인에게서 자주 발견된다. 어떤 문제가 생기면 문제를 극복하지 못하고 음식으로 해결하려 한다. 기분이 우울하거나 무력감에서 벗어나려고 음식을 마구 먹게 되는데, 일시적으로 불안감이나 공허감을 덜어낼 수는 있지만 심한 포만감으로 배가 거북해지고 이어 죄책감과 우울증에 빠진다. 배가 고프지 않아도 충동적으로 폭식하는 바람에 과체중 또는 비만으로, 결국 각종 비만 합병증이 발생하기 쉽다. 마구먹기장애와 폭식증의 차이는 마구먹기장애는 폭식 후 인위적으로 장을 비우는 행동을 하지 않는다는 점이다. 음식에 대한 통제는 욕구 불만을 더 증가시킬 수 있으므로 생리적으로 배고플 때만 먹도록 지도한다.

(4) 비만

2019 국민건강통계에 따르면 비만 유병률이 청소년기에 15.7%로 학동기 11.2%에 비해 상당히 증가하였다. 청소년기의 남녀 비만 유병률(남 17.4%, 여 13.8%)은 남학생이 여학생에 비해 더 높았고, 저체중률(남 3.1%, 여 4.0%)은 여학생이 남학생에 비해 더 높았다 **표 7-11**.

특히 우리나라 청소년들은 운동을 거의 하지 못하고 입시공부에만 신경을 쓰다 보니 심한 입시 스트레스로 비만이 늘고 있다. 청소년 비만은 고혈압, 당뇨, 고지혈증의 발생 위험을 높이며, 성인비만으로 이어질 가능성이 높다.

비만한 청소년은 자신의 체중에 대한 고민으로 소극적이거나 고립적이 되기도 하며, 혼자 TV를 보거나 컴퓨터 게임에 빠져들기 쉽다. 특히 게임 등에 의한 활동량 감소는 더더욱 체중을 증가시키며, 활동량 감소에 따른 골다공증 위험률도 증가시킨다.

청소년 비만이 신체적·심리적으로 부정적인 영향을 줄 뿐만 아니라 건강에도 악영향을 끼치므로, 비만은 조기에 치료되어야 한다. 치료는 정상체중의 유지를 위해 저열량식을 하되 일주일에 0.5~1kg씩 체중을 꾸준히 줄이도록 하고, 균형식을 섭취하도록 한다.

또한 규칙적으로 운동을 하고 간식과 저녁을 늦게 먹지 않도록 하며, 음식은 열량이 적은 과일이나 채소, 우유 등을 섭취하도록 한다.

표 7-11 소아청소년 비만 유병률(성별, 만 6~18세, 2019)

(단위: %)

구분		n	저체중[1]	과체중[2]	비만[3]
전체	6~18세	1,062	3.5	10.4	13.6
	6~11	573	3.6	10.5	11.2
	12~18	489	3.5	10.3	15.7
남자	6~18세	553	3.6	10.7	14.8
	6~11	295	4.2	11.9	11.7
	12~18	258	3.1	9.7	17.4
여자	6~18세	509	3.5	10.0	12.3
	6~11	278	2.9	9.1	10.6
	12~18	231	4.0(1.3)	10.9	13.8

[1] 저체중:「2017년 소아·청소년 성장도표」 연령별 체중기준 5백분위수 미만

[2] 과체중:「2017년 소아·청소년성장도표」 연령별 체질량지수기준 85백분위수 이상 95백분위수 미만

[3] 비만:「2017년 소아·청소년성장도표」 연령별 체질량지수기준 95백분위수 이상

자료 : 보건복지부·질병관리청, 2019 국민건강통계, 2020

(5) 고혈압과 고지혈증

고혈압과 고지혈증은 성인기 동맥경화와 심장질환의 주요 위험요인이다. 우리나라는 특히 고혈압 환자가 많으며, 가족 중 고혈압·고지혈증 병력이 있거나 청소년기라도 비만 상태에 있으면 발병 위험이 높다. 또한 정상 혈압이라도 고혈압의 경계 수준에 가까우면 성인이 되었을 때 고혈압의 발병 가능성이 높다. 우리나라 10대들은 흡연과 음주의 증가 및 심한 입시 스트레스 등으로 고혈압의 위험이 높아지고 있다. 이러한 위험을 가진 청소년을 찾아내서 향후 성인기에 고혈압 및 고지혈증으로의 진행을 미연에 방지하는 것이 중요하다.

고혈압과 고지혈증의 치료를 위해서는 청소년기 비만인 경우 우선적으로 체중 감량과 운동을 통해서 혈압과 혈중 지질 수준을 낮춘다. 10대 환자들은 6개월간 규칙적으로 유

산소운동을 하면 혈압과 혈중 지질이 감소한다는 보고도 있다. 특히 고혈압과 고지혈증의 유전 요인이 있는 경우 정상체중을 유지하고 활발한 활동 및 규칙적인 운동을 하는 것이 필요하다. 또한 저열량식이나 나트륨이 적은 식사를 하며, 음주를 피해야 한다.

3) 10대의 임신

10대의 임신은 날로 증가하고 있으며, 임산부와 태아 모두 위험에 처할 확률이 대단히 높다. 10대의 임신은 심각한 사회문제이다. 청소년기는 최대로 성장이 이루어지는 시기이므로 임신한 10대에게는 필요한 영양소의 양이 가중되며, 거의 두 배를 섭취해야 하는 영양소도 있다. 좋은 환경에서도 임신한 10대가 자신과 태아를 유지하고 성장시킬 수 있는 영양소를 섭취하기는 매우 어렵다. 불행하게도 대개의 10대 임산부는 부모와 자기 자신이 아기를 원하지 않거나 낳을 수 없는 처지인 경우가 많고, 영양적인 환경은 더욱 나빠서 영양결핍상태에 놓이기 쉽다.

10대 임산부는 체내에 영양소의 저장량이 많지 않을 때는 임신 중의 저영양 때문에 극단적인 상태에 놓이게 된다. 게다가 자신의 정신적 스트레스, 부모와의 갈등, 학업의 중도포기, 경제력의 빈약 등으로 영양섭취 양상도 달라지게 된다. 여기에 교육수준까지 낮으면 임신 시 영양에 대한 지식이 없어서 잘 먹기가 어려워지므로 영양상태는 더욱 나빠진다.

이처럼 10대의 임신은 모체의 미성숙, 즉 자궁이나 골반의 미성숙과 태아에 대한 보살핌 부족, 영양 공급의 부족이라는 문제가 부각된다. 이 때문에 10대의 임산부는 이중의 위험에 처하게 되는데, 성인 임산부에 비하여 임신부 합병증인 빈혈·임신중독증·산욕열·감염·출혈의 위험이 높고, 태아의 발육도 불량해서 저체중아와 기형아를 낳을 확률도 높은 것으로 나타나고 있다.

이러한 10대 임산부를 돕기 위해서는 정부와 사립기관, 보건진료기관이 함께 협조체계를 이룩해야 한다. 영양문제는 단순하지 않으며, 10대 임신의 예방법과 영양개선방법에 대해서 10대 임산부와 부모, 학교 그리고 지역사회가 관련 기관과 협력해서 해결해 나가야 한다.

4) 흡연과 음주

(1) 흡연

10대의 흡연은 폐는 물론 신체 건강에도 해를 끼친다. 특히 폐는 가장 서서히 발달하는 장기로, 사춘기에도 성인 폐의 약 1/3 정도밖에 발달하지 않는다. 그러므로 이 시기에 흡연을 하게 되면 폐세포에 무리한 부담이 가해져 폐의 성장이 저해되며, 그로 인해 폐기능이 약화되어 폐결핵, 폐세포의 섬유질화, 폐암 등의 발병 위험이 높아지게 된다. 특히 흡연의 시작시기가 빠르면 빠를수록 손상 정도는 더 커진다.

호기심으로 혹은 스트레스의 해소로 10대 청소년의 흡연 비율이 날로 증가하고 있으며, 또한 연령도 낮아지고 있다. 남성의 흡연율은 감소하고 있는 반면 여성의 흡연율은 증가하고 있으며, 특히 여성은 체중 조절을 목적으로 한 흡연이 크게 증가하고 있다. 여성의 흡연이 임신기에도 계속되면 지진아, 저체중아 등을 낳을 확률이 높으며 임신부 합병증도 더 많이 나타난다. 특히 10대 임신부의 흡연은 유산 및 조산율과 기형아 출산율, 신생아 사망률을 높인다.

담배의 독성

타르 : 독성물질, 발암물질

- 담배연기를 통해 폐로 들어가 혈액에 스며들어 세포장기에 피해를 줌
- 잇몸이나 기관지에 직접 작용하여 표피세포 등을 파괴하거나 염증을 일으킴

니코틴 : 마약과 비슷한 습관성 중독물질

- 말초혈관을 수축하여 맥박을 빠르게 하고 혈압을 높임
- 콜레스테롤을 증가시켜 동맥경화증을 악화시킴
- 소화기계, 내분비계, 호흡기계에 악영향

일산화탄소

- 혈액의 산소 운반능력을 감퇴시켜 만성 저산소증을 일으킴
- 신진대사장애, 노화 촉진

(2) 음주

2020년 청소년 건강행태조사 결과 청소년(12~18세)의 현재 음주율은 남학생이 12.1%로 여학생 9.1%보다 높았으며, 고등학생(남 18.3%, 여 13.2%)이 중학생(남 5.8%, 여 5.0%)에 비해 높았다. 특히 고등학생의 현재 음주율이 중학생에 비해 급격히 증가했는데, 이는 고등학생들이 대입 스트레스를 해소하기 위해 음주를 많이 하는 것으로 나타났다**그림7-12**.

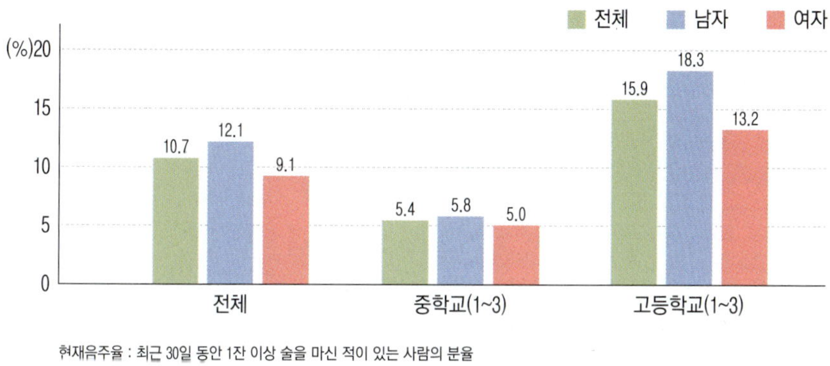

그림 7-12 청소년의 현재 음주율

자료 : 교육부·보건복지부·질병관리청, 2020 제16차 청소년건강행태조사통계, 2021

청소년기 음주는 청소년의 주요 사망원인으로 작용하며, 대개 음주로 말미암아 교통사고, 싸움, 흡연 및 약물 복용을 동반하게 된다.

알코올은 1g당 7kcal의 에너지를 제공하므로 당질보다 많은 에너지를 제공하지만 다른 필수영양소들이 거의 포함되어 있지 않다. 또한 음주량이 많을수록 상대적으로 다른 음식들의 섭취량은 감소하게 된다. 대개 청소년들은 음식은 거의 먹지 않고 술만 마시는 경우가 많아 영양불균형이나 영양불량의 위험이 높다. 특히 청소년기는 급성장 시기이므로 알코올을 만성적으로 섭취하면 뇌세포에 비타민 같은 필수영양소의 공급에 차질이 생길 수 있으며, 간, 심장, 소화기계 및 순환계의 장애와 암 등이 유발될 수 있다.

5. 청소년의 식생활관리

1) 식행동 관리

청소년기의 식행동은 성장발달은 물론 정서적·사회적 발달에도 영향을 준다. 그러므로 청소년의 식행동에 영향을 주는 요소를 이해하고 대처함으로써 올바르고 합리적인 식행동을 할 수 있도록 지도해야 한다. 청소년의 식행동에 영향을 주는 요소는 **그림 7-13**과 같다.

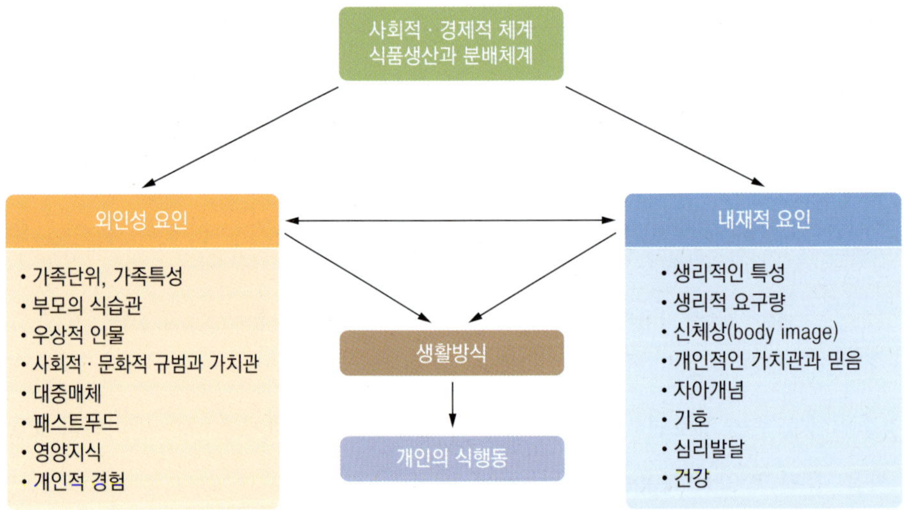

그림 7-13 청소년기 식행동에 영향을 주는 요소

(1) 식품광고 및 TV 프로그램

식습관의 기본은 가족에서 찾을 수 있으나 가정 밖에서 유래된 요소들도 식행동에 큰 영향을 준다. 10대들은 광고 메시지에 매우 민감하며, 10년 이상 접한 식품광고의 영향으로 잘못된 식습관을 가질 수 있다. 대부분 10대는 다양한 식품광고의 영향으로 에너지가 많고 지질 함량이 높으면서 무기질과 비타민이 부족한 그런 식품들을 좋아하게 된다.

(2) 패스트푸드

패스트푸드는 자판기, 패스트푸드점, 24시간 편의점 등에서 손쉽게 이용할 수 있어 10대의 식행동에 큰 영향을 준다.

성장의 정점에 이르는 청소년기에는 자주 많이 먹고 에너지를 많이 섭취해야 한다. 대부분 청소년은 영양소 필요량의 1/4을 간식을 통해 얻고 있다. 그러나 간식의 종류가 제한되어 있고 주로 '빈열량 식품'이기 때문에 영양문제가 발생하게 된다.

청소년들은 간식으로 손쉽게 먹을 수 있는 패스트푸드를 많이 이용하고 있다. 패스트푸드는 에너지와 지질 및 나트륨 함량이 높고 비타민과 무기질 및 식이섬유 함량이 매우 적은 것이 특징이다. 특히 패스트푸드는 칼슘, 철, 비타민 A, 리보플라빈, 엽산 및 비타민 C 함량이 낮으므로 탄산음료보다는 우유와 함께 먹는 것이 바람직하며, 과일주스나 샐러드와 함께 먹는다면 마그네슘과 비타민 C의 보충으로 패스트푸드의 영양적 가치를 높여줄 수 있다.

이처럼 패스트푸드는 영양소를 제공하기는 하지만 10대의 완전한 영양소 요구량을 충족시킬 수는 없다. 따라서 패스트푸드는 판단력을 가지고 이용하되 균형있는 식사의 한 부분이 되도록 유의해야 한다. 무비판적으로 패스트푸드를 계속 먹는 10대들의 식사형태는 훗날 건강장애로 이어질 수 있다.

(3) 가공식품의 섭취

청소년기에 불규칙한 식사습관과 집 밖에서의 식사 기회의 증가로 가공식품의 섭취빈도가 높아지고 있다. 이에 따라 파생되는 문제점 중 하나가 트랜스지방의 섭취가 증가하게 되는 것이다. 트랜스지방은 음식의 맛이나 바삭거리는 질감을 향상시키므로 가공식품에 널리 이용되지만, 포화지방과 같은 특성을 지닌 관계로 혈중 콜레스테롤 수치를 높여서 심장질환 발병률을 증가시킨다. 가공식품에 트랜스지방 함량을 반드시 표시하도록 의무화되어 있으므로, 식품 구입 시 확인하고 섭취함으로써 트랜스지방의 지나친 섭취를 줄이도록 한다.

트랜스지방

불포화지방 함량이 높은 액체 형태의 식물성 기름에 수소를 첨가(경화, 가수소화)하면 포화지방 함량이 증가하면서 고체형태를 갖춘 마가린이나 쇼트닝 같은 경화유가 만들어진다. 이들이 녹는 과정에서 시스 형태의 불포화지방산이 트랜스 형태로 바뀌게 된다.

2) 식사구성

성장과 성적 성숙을 위한 각 영양소의 필요량을 알고 적절한 식사를 공급하는 것은 무엇보다 중요한 일이다. 식사구성은 6가지 기초식품군을 균형 있게 배합하고, 기호나 가정 경제에 맞는 식품을 선택하도록 음식을 정하는 과정이다. 이는 청소년의 급식에서 무엇보다도 중요한 부분에 해당된다.

청소년을 위한 권장식사패턴으로 제시한 청소년기(12~18세) 남자의 2,600kcal 식사구성안은 곡류 및 전분류 3.5회, 고기·생선·달걀·콩류 5.5회, 채소류 8회, 과일류 4회, 우유 및 유제품 2회, 유지 및 당류 8회로 이루어진다. 청소년기(12~18세) 여자의 2,000kcal 식품구성안은 곡류 및 전분류 3회, 고기·생선·달걀·콩류 3.5회, 채소류 7회, 과일류 2회, 우유 및 유제품 2회, 유지 및 당류 6회로 이루어진다. 식사구성은 가정경제와 식습관 등을 고려하여 작성하도록 한다.

표 7-12 청소년기(12~18세)의 권장식사패턴

성별	열량 (kcal)	식품군(섭취횟수)					
		곡류	고기·생선·달걀·콩류	채소류	과일류	우유·유제품류	유지·당류
남자	2,600	3.5	5.5	8	4	2	8
여자	2,000	3	3.5	7	2	2	6

자료 : 보건복지부·한국영양학회, 2020 한국인 영양소 섭취기준 활용, 2022

3) 식생활 지침

청소년기에 좋은 건강과 알맞은 영양상태를 이루도록 보건복지부는 2009년에 청소년을 위한 식생활지침 개정안을 발표하였다. 청소년 식생활지침 개정 부분에 추가되어 강조한 것은 우유 2잔을 매일 마시고 충분한 철 섭취를 위해 고기나 생선을 포함한 반찬을 매일 먹도록 한 내용이다. 이는 2007년 국민건강영양조사 결과와 2005년 청소년 건강행태조사 결과 청소년기에 우유 2잔 이상 마시는 비율이 전체 13.4%로, 남자 18.9% 여자 7.1%이었고, 학년이 높을수록 필요량이 증가하는데 오히려 매일 우유 2잔 이상 섭취하는 비율은 감소했다는 사실과, 여학생의 지나친 다이어트와 패스트푸드 섭취에 의해 초래될 심각성을 반영한 결과이다.

10대의 좋은 영양상태는 정상적인 성장과 발달을 보장하며 장차 발생할 수 있는 만성질병의 위험을 줄일 수 있다.

청소년을 위한 영양지도의 내용은 다음과 같다.

- 모든 영양소를 충분히 섭취하기 위해서 균형 있는 다양한 식품을 섭취한다.
- 정상체중 유지를 위해 에너지 섭취를 조절하고 규칙적으로 운동을 한다.
- 대부분 에너지는 복합당질의 형태에서 얻도록 한다. 매일 4~5회 이상의 쌀, 잡곡, 시리얼, 국수를 섭취함으로써 전분과 복합당질의 섭취를 늘리며, 도정이 덜 된 곡류를 섭취하도록 한다.
- 칼슘과 철이 풍부한 식품을 충분히 섭취한다. 칼슘의 충분한 섭취를 위해서는 케일이나 두부같이 칼슘이 풍부한 식품과 함께 매일 3~4회 이상의 유제품(우유, 요구르트, 치즈)을 섭취한다. 또한 철이 풍부한 식품인 철이 강화된 시리얼, 살코기, 간, 콩류 등을 자주 섭취한다.
- 매일 5회 이상 다양한 과일과 채소를 섭취한다.
- 간식이나 지질, 염분, 설탕 함량이 높은 식품은 제한한다.
- 음주와 흡연은 피하도록 한다. 이는 청소년기의 건강을 유지하는 데 매우 중요하다.

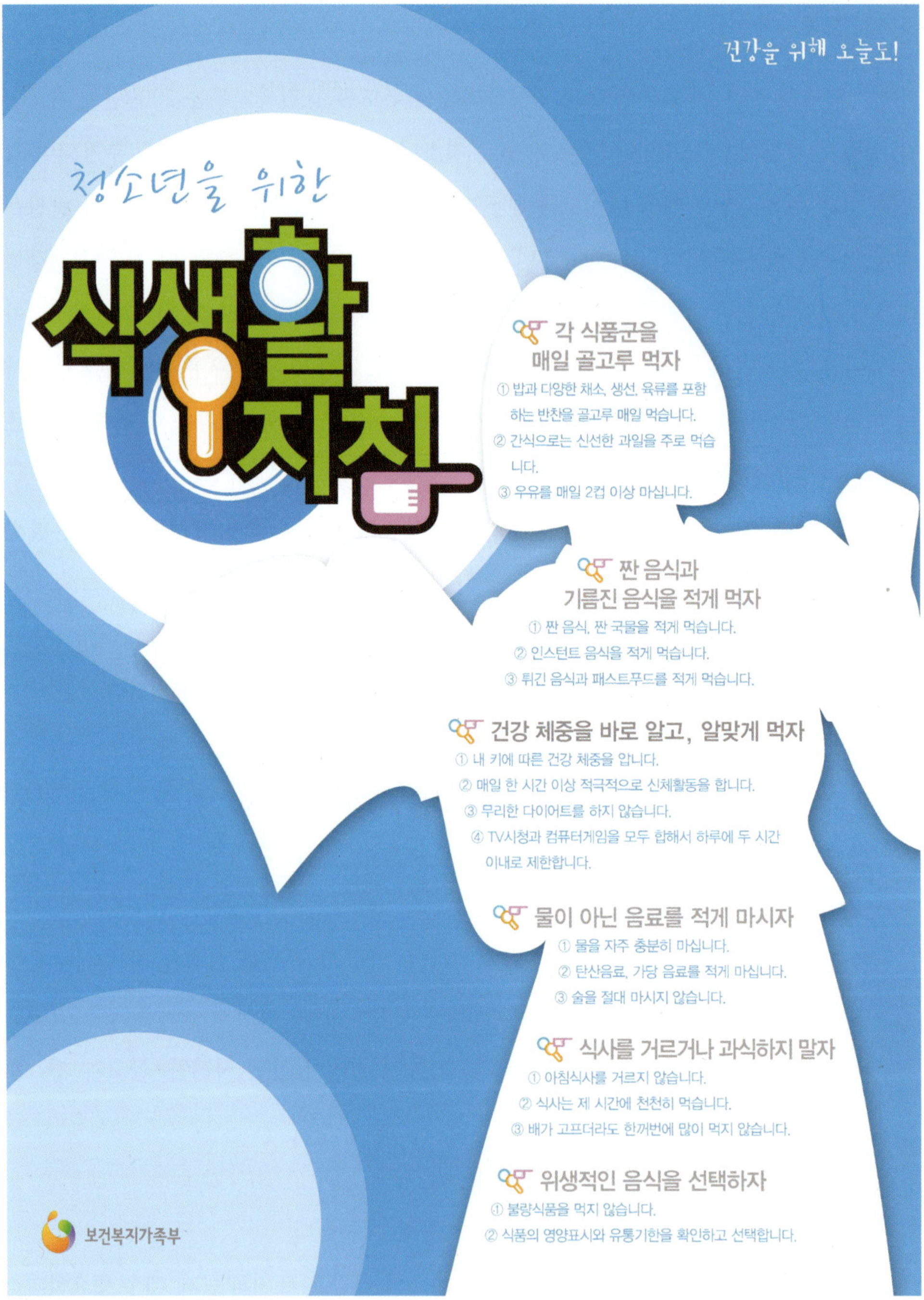

그림 7-14 청소년을 위한 식생활 지침

자료 : 보건복지부, 2009

CHAPTER

8

성인 영양

1. 성인 영양의 특성
2. 성인의 영양소 섭취기준
3. 성인의 영양실태 및 만성질환
4. 갱년기 여성의 건강문제
5. 성인의 건강 및 식생활관리

성인기는 사춘기를 지나 골격의 성장과 성적 성숙 등 신체적인 성장 발달이 완성된 이후의 기간으로, 일생 중 가장 왕성하게 사회활동을 하는 시기이다. 따라서 최적의 신체적 · 정신적 건강 유지를 위해 좋은 식습관, 운동습관, 규칙적인 생활습관을 가지는 것이 중요하다. 아울러 중년기 이후에 오기 쉬운 심장병, 당뇨병, 암 등 생활습관병을 예방하기 위해 건강 및 영양관리에 관심을 두어야 한다.

1. 성인 영양의 특성

성인기는 대개 19~64세로 아주 넓은 연령층이며 신체적·정신적 변화가 끝나고 부분적인 노화가 시작되나 인생에서 가장 안정된 기간이다. 또한 정신적·육체적으로 사회활동을 가장 왕성하게 하는 시기이므로 최적의 건강을 유지하는 것이 절대 중요하다. 하지만 오늘날 성인은 운동 부족과 과다한 스트레스, 흡연, 음주 등으로 건강을 해치기 쉽다. 특히 여성의 경우에는 폐경이라는 큰 생리적 변화를 경험하게 된다. 따라서 성인기의 건강은 건전한 식습관뿐만 아니라, 운동 어부, 흡연, 음주, 스트레스 관리방법에 따라 많이 좌우된다.

1) 생리적 측면

성인기는 사춘기의 급격한 성장발달과는 달리 신체적 변화가 적으며 기능적으로도 안정된 시기이다. 대부분 신체기관은 19세 정도에 생리적 성숙에 도달한다. 근골격계 발달 중 최대신장은 20세 초반에 완성되나 최대근육강도는 최대신장 5년 후에 나타나며, 골질량은 30대 초반까지도 축적되어 약 35세에 최대골질량에 도달하게 된다. 일단 골격이 완성되면 완전한 성숙에 이르게 되어 유지, 평형, 균형이 성인기의 주요한 특징이 된다.

신체기능은 조직 종류에 따라 다소 차이는 있으나 소화계, 신장계, 호흡계 등 대부분의 조직기능은 20~30세에 최대기능을 발휘하고 그 이후 서서히 기능이 퇴화하게 되며, 퇴화 정도는 개인의 영양상태나 운동 및 활동 정도에 따라 차이가 난다.

성인기의 체조성 변화를 보면 성장이 끝난 후부터 제지방량lean body mass이 10년마다 2~3%가 감소하고 지방량이 서서히 증가한다. 따라서 기초대사량이 서서히 감소하므로 운동량이 늘지 않으면 체중이 증가하게 된다. 우리나라 성인의 체질량지수는 남자는 30대에 체질량지수BMI가 25.1kg/m^{2}으로 가장 높은 반면, 여자는 연령이 증가함에 따라 60대까지 증가하다가 그 이후에 감소한다. 체질량지수 25kg/m^2 이상인 성인의 성별, 연령별 비만율을 **표 8-1**에 제시하였다.

표 8-1 성인의 성별 연령별 체질량지수 및 비만율

연령(세)		19~29	30~39	40~49	50~59	60~69	70+
체질량지수[1]	남자	24.4	25.1	25.0	24.7	24.3	23.6
	여자	21.9	22.5	23.3	23.7	24.2	24.1
비만율[2]	남자	41.5	58.2	50.7	48.1	44.0	31.9
	여자	22.8	22.7	26.8	32.4	38.4	37.8

비만율 : 체질량지수가 25kg/m^2 이상인 분율
자료 : [1] 2019 국민건강통계, 2020 [2] 2020 국민건강통계, 2021

여성의 경우에는 45~55세에 폐경기를 경험하게 되고, 안면홍조와 같은 여러 가지 갱년기 증상이 나타난다. 특히 에스트로겐의 분비 감소로 골다공증이나 심혈관계 질환의 위험이 증가하게 된다. 따라서 성인기에는 건강 증진 및 생활습관병 예방을 위한 영양관리에 중점을 두어야 한다.

2) 사회심리적 측면

성인기에는 신체적 변화보다는 사회심리적 요인이 영양상태에 큰 영향을 미친다. 특히 직장인들은 연봉제, 능력별 대우 등 심한 경쟁체제 속에서의 사회활동에 의해 스트레스가 많이 쌓이게 된다. 그리고 여성은 가사노동, 육아와 자녀교육에 대한 부담, 특히 직장여성의 경우 일과 가정을 병행해야 하는 이중 부담을 안고 있다.

중년기는 사회적·경제적 지위가 정점에 도달하였으나 성취감보다는 하강과 은퇴를 감지하여 무기력해지기 쉬운 시기이다. 특히 조기퇴직을 한 경우에는 경제적 압박, 소외감, 우울감 등 사회심리적 변화도 크지만 신체적으로도 갱년기 증상이 나타나며 여러 변화를 겪게 된다. 더구나 중년기 이후의 여성들에게는 폐경을 전후한 갱년기 증상으로 심리적 불안, 우울증 등이 오기 쉽다.

3) 생활습관 측면

현대인들은 직장 및 가정에서 작업수단의 기계화와 자동화, 교통 및 통신 수단의 발달로 생활의 편리를 누리는 반면, 신체활동의 기회가 줄어들었다. 이에 따라 운동부족 현상이 초래되어 질병의 위험요인으로 작용하고 있다. 더구나 현대인들은 음주 및 외식의 기회가 많아 과다한 열량 섭취에 의한 체중 증가도 우려되는 상황이다. 특히 우리나라 40대 남성의 경우에는 경제활동에 의한 스트레스와 과다한 음주, 흡연 등으로 OECD 회원국 중 40대 사망률 1위에 이르고 있다. 따라서 정상체중을 유지하고 규칙적인 운동을 하며 여러 가지 식품을 바르게 섭취하고 음주, 흡연 및 스트레스를 줄이는 것이 무엇보다 필요하다.

2. 성인의 영양소 섭취기준

성인기는 19~64세이며, 이를 19~29세, 30~49세, 50~64세로 구분하여 영양소 섭취기준이 책정되었다. 성인기는 신체적으로 남녀의 차이가 뚜렷하게 나타난다. 즉, 여성은 남성에 비하여 체격이 작을 뿐만 아니라 체조성에도 차이가 있다. 남성은 근육질이 많은 반면 여성은 피하지방 축적량이 많아 대부분의 권장섭취량이 남성에서 더 높다. 성인기 이후 근육량은 10년에 2~3%씩 감소하여 기초대사량도 줄어들게 된다.

1) 에너지 및 다량영양소

(1) 에너지

에너지의 섭취기준은 평균필요량에 해당하는 에너지필요추정량EER : Estimated Energy Requirement을 제시한다. 에너지필요추정량은 이중표식수법Double labeled water technique이란 방법으로 에너지소비량TEE : Total energy expenditure을 측정하여, 이를 근거로 총 에너지 필요량을 계산하는 산출식을 이용하여 계산한다. 성인 남녀의 에너지필요추정량은 연령, 체중, 신장과 활동 정도를 알면 다음의 공식에 의하여 계산할 수 있다.

성인 남자

총 에너지소비량(TEE) = 662 − 9.53 × 연령(세) + PA[15.91 × 체중(kg) + 539.6 × 신장(m)]

PA = 1.0(비활동적), 1.11(저활동적), 1.25(활동적), 1.48(매우 활동적)

성인 여자

총 에너지소비량(TEE) = 354 − 6.91 × 연령(세) + PA[9.36 × 체중(kg) + 726 × 신장(m)]

PA = 1.0(비활동적), 1.12(저활동적), 1.27(활동적), 1.45(매우 활동적)

자료 : 보건복지부 · 한국영양학회, 2020 한국인 영양소 섭취기준, 2020

한국 성인의 신체활동 수준은 운동선수와 특수 노동자를 제외하고는 대부분 신체활동 수준Physical Activity Level, PAL=TEE/BEE(기초대사량) 1.60 미만인 저활동적 상태로 보고되었다. **표 8-2**는 신체활동 수준별 일상생활 패턴 및 1일 활동 구성을 제시한 것이고, **표 8-3**은 신체활동 강도별 신체활동의 종류를 제시한 것이다. 우리나라 성인 남녀의 에너지필요추정량은 남녀 각각 저활동적 수준에 해당하는 신체활동단계별 계수PA : Physical Acivity Coefficient 1.11과 1.12를 적용하였다. 성인 남자와 여자의 연령별 에너지필요추정량은 **표 8-4**에 제시하였다. 그러나 실제로 에너지필요추정량은 위의 공식을 이용하여 개별화하여 계산할 수 있다.

표 8-2 신체활동 수준별 일상생활 패턴 및 1일 활동 구성

		저활동적 1.50* (1.40~1.59)	활동적 1.75* (1.60~1.89)	매우 활동적 2.00* (1.90~2.19)
일상생활		대부분의 시간을 앉아서 하는 정적 활동으로 보냄	주로 앉아 있지만, 서서 하는 작업, 통근, 물건 구입, 가사, 가벼운 운동 등 포함	주로 서서 하는 작업 종사 및 운동 등 활발한 여가 활동
1일 활동 구성 (시간/일)	수면(1.0*)	8	7~8	7
	휴식 및 여가활동(1.5: 1.1~1.9*)	13~14	11~12	10
	저강도 활동(2.5: 2.0~2.9*)	1~2	3	3~4
	중강도 활동(4.5: 3.0~5.9*)	1	2	3
	고강도 활동(7.0: 6.0 이상*)	0	0	0~1

* 신체활동 수준(PAL : Physical Activity Level)

일반적으로 여성이 남성보다 체중이 적고 키가 작으며 근육조직보다 지방조직이 많으므로 에너지필요추정량이 남성보다 낮다. 또한 성인기 이후 근육량이 10년에 2~3%씩 감소하여 기초대사량도 줄어들게 되므로 연령이 증가할수록 에너지필요추정량은 줄어든다.

표 8-3 신체활동 수준별 신체활동의 예

신체활동 수준	활동 예
1.0	수면
1.1~1.9(휴식, 여가활동)	옆으로 눕기, 앉아서 책읽기, 서예, TV시청, 대화, 요리, 식사, 세면, 배변, 바느질, 재봉일, 꽃꽂이, 다도, 카드놀이, 악기 연주, 운전, 서류 정리, 워드작업, 사무용 기기 사용
2.0~2.9(저강도 활동)	지하철/버스 서서 탑승, 쇼핑, 산책, 세탁(세탁기 사용), 청소(청소기 사용)
3.0~5.9(중강도 활동)	정원 손질, 보통 속도 걷기, 목욕, 자전거 타기, 아기 업고 보행, 케이블, 캐치볼, 골프, 가벼운 댄스, 하이킹(평지), 계단 오르기, 이불 널고 거두기, 체조
6.0(고강도 활동)	근력 트레이닝, 에어로빅, 노젓기, 조깅, 테니스, 배드민턴, 배구, 스키, 축구, 스케이트, 수영, 달리기

표 8-4 성인의 체위 및 에너지 섭취기준

구부	연령(세)	신장(cm)[1]	체중(kg)[2]	에너지필요추정량(kcal/day)
남자	19~29	174.6	68.9	2,600
	30~49	173.2	67.8	2,500
	50~64	168.9	64.5	2,200
여자	19~29	161.4	55.9	2,000
	30~49	159.8	54.7	1,900
	50~64	156.6	52.5	1,700

1) 신장은 국민건강영양조사 자료 활용 2) 체중은 남성 BMI 22.6, 여성 BMI 21.4가 되는 체중으로 함

자료 : 보건복지부·한국영양학회, 2020 한국인 영양소 섭취기준, 2020

(2) 탄수화물 및 지질

탄수화물과 지질의 섭취기준은 다른 영양소와는 달리 에너지적정비율AMDR : acceptable macronutrient distribution range을 설정하였다. 2020년 섭취기준에서는 탄수화물의 에너지적

정비율은 55~65%, 지질은 15~30%로 정하였다. 포화지방산의 에너지적정비율은 7% 미만, 심혈관질환의 위험요인으로 알려진 트랜스지방산은 1% 미만의 섭취가 권장되고 콜레스테롤은 300mg 미만을 섭취하도록 하였다**표 8-5**.

표 8-5 한국인 성인 남녀의 지질 섭취기준

구분	연령(세)	총 지방 (%에너지)	포화지방산 (%에너지)	트랜스지방산 (%에너지)	콜레스테롤 (mg)
남자	19~29	15~30	<7	<1	<300
	30~49				
	50~64				
여자	19~29	15~30	<7	<1	<300
	30~49				
	50~64				

자료 : 보건복지부 · 한국영양학회, 2020 한국인 영양소 섭취기준, 2020

(3) 단백질 및 아미노산

성인기는 단백질의 합성과 분해가 균형을 이루고 있다. 우리나라 성인의 단백질 평균필요량은 질소 균형 실험자료에 의하여 남녀 구분없이 0.66g/kg/일에 이용효율 90%를 적용하여 0.73/kg/일을 질소평형 유지를 위한 단백질 필요량으로 정하였고, 권장섭취량은 변이계수 12.5%를 적용하여 산출하였다. 따라서 성인의 기준체위에 따라 계산하여 남자의 권장섭취량은 19~49세 65g, 50~64세 60g, 여자는 19~29세 55g, 30~64세 50g으로 정하였다**표 8-6**. 성인 남녀의 9가지 필수아미노산에 대한 평균필요량과 권장섭취량도 제시되었다(326쪽 부록 참조).

(4) 식이섬유 및 수분

식이섬유의 충분섭취량 설정은 건강한 성인의 식이섬유 섭취량 중앙값이나 식이섬유 섭취량에 따른 잠재적인 건강상의 이점을 필요량 추정을 위한 지표로 사용하였다. 충분섭취량은 최근 국민건강영양조사 자료 분석에서 얻은 식이섬유 충분섭취량 기준을

표 8-6 성인의 단백질, 식이섬유 및 수분 섭취기준

구분	연령(세)	단백질		식이섬유	수분
		EAR	RNI	AI	AI
남자	19~29	50	65	30	2,600
	30~49	50	65	30	2,500
	50~64	50	60	30	2,200
여자	19~29	45	55	20	2,100
	30~49	40	50	20	2,000
	50~64	40	50	20	1,900

EAR(Estimated Average Requirements) : 평균필요량, RNI(Recommended Nutrient Intake) : 권장섭취량, AI(Adequate Intake) : 충분섭취량

자료 : 보건복지부·한국영양학회, 2020 한국인 영양소 섭취기준, 2020

12g/1,000kcal로 유지하고, 성별/연령별 에너지 섭취량의 중앙값을 사용하여 산출하였다. 그 결과 성인 남자 30g, 성인 여자 20g이다**표 8-6**.

수분의 충분섭취량은 음식의 수분량과 액체 섭취량을 합하여 산출한다. 성인은 물과 음료인 액체 섭취량을 구하고, 음식 수분량은 한국인 일상식(물과 음료 제외) 수분 함량비인 0.53mL/kcal를 이용하여 추정한 후, 두 섭취량을 합산하여 정하였다**표 8-6**. 성인의 식이섬유와 수분의 충분섭취량은 모두 에너지섭취량에 따라 달라지므로 연령이 증가할수록 감소한다.

2) 무기질

칼슘, 인, 나트륨, 염소, 칼륨, 마그네슘의 6개 다량무기질과 철, 아연, 구리, 불소, 망간, 요오드, 셀레늄, 몰리브덴, 크롬 등 9개의 미량무기질에 대한 영양소 섭취기준이 설정되었다**표 8-7**.

(1) 칼슘

칼슘은 성인기에 체내에 축적되지 않고 동적 평형상태를 이룬다. 성인기에 장골의 성장은 이루어지지 않으나 골질량의 축적은 계속적으로 이루어져 30대 중반에 최대골질량

표 8-7 성인의 무기질 섭취기준

연령(세) \ 무기질		칼슘 (mg)			인 (mg)			나트륨 (g)		염소 (g)	칼륨 (g)	마그네슘 (mg)		
		EAR	RNI	UL	EAR	RNI	UL	AI	CDRR	AI	AI	EAR	RNI	UL
남자	19~29	650	800	2,500	580	700	3,500	1,500	2,300	2,300	3,500	300	360	350
	30~49	650	800	2,500	580	700	3,500	1,500	2,300	2,300	3,500	310	370	350
	50~64	600	750	2,000	580	700	3,500	1,500	2,300	2,300	3,500	310	370	350
여자	19~29	550	700	2,500	580	700	3,500	1,500	2,300	2,300	3,500	230	280	350
	30~49	550	700	2,500	580	700	3,500	1,500	2,300	2,300	3,500	240	280	350
	50~64	600	800	2,000	580	700	3,500	1,500	2,300	2,300	3,500	240	280	350

연령(세) \ 무기질		철 (mg)			아연 (mg)			구리 (μg)			불소 (mg)		망간 (mg)		요오드 (μg)		
		EAR	RNI	UL	EAR	RNI	UL	EAR	RNI	UL	AI	UL	AI	UL	EAR	RNI	UL
남자	19~29	8	10	45	9	10	35	650	850	10,000	3.4	10	4.0	11	95	150	2,400
	30~49	8	10	45	8	10	35	650	850	10,000	3.4	10	4.0	11	95	150	2,400
	50~64	8	10	45	8	10	35	650	850	10,000	3.2	10	4.0	11	95	150	2,400
여자	19~29	11	14	45	7	8	35	500	650	10,000	2.8	10	3.5	11	95	150	2,400
	30~49	11	14	45	7	8	35	500	650	10,000	2.7	10	3.5	11	95	150	2,400
	50~64	6	8	45	6	8	35	500	650	10,000	2.6	10	3.5	11	95	150	2,400

연령(세) \ 무기질		셀레늄 (μg)			몰리브덴 (μg)			크롬 (μg)
		EAR	RNI	UL	EAR	RNI	UL	AI
남자	19~29	50	60	400	25	30	600	30
	30~49	50	60	400	25	30	600	30
	50~64	50	60	400	25	30	550	30
여자	19~29	50	60	400	20	25	500	20
	30~49	50	60	400	20	25	500	20
	50~64	50	60	400	20	25	450	20

EAR : 평균필요량, RNI : 권장섭취량, AI : 충분섭취량, UL : 상한섭취량, CDRR : 만성질환 위험감소 섭취량

자료 : 보건복지부 · 한국영양학회, 2020 한국인 영양소 섭취기준, 2020

에 도달하게 된다. 성인의 칼슘 필요량은 성인 대상의 통제된 환경에서 실시된 최근의 대사실험 연구 결과를 통합하여 통계 분석한 외국 자료를 근거로 설정하였다. 칼슘 섭취량과 칼슘 배설량(대변+소변 배설량)과의 관계를 연구하여 칼슘 필요량을 체중당으로 환산한 결과 9.39mg이었으며, 남녀 연령에 따른 차이는 없었다. 이 결과를 이용하여 한국 성인의 표준체중을 적용하여 필요추정량을 산출하였고, 여기에 변이계수 10%를 적용하여 권장섭취량을 계산하였다.

칼슘의 흡수율은 30%로 간주하였고 폐경기 여성의 경우 흡수율을 25%로 간주하여 평균필요량과 권장섭취량을 계산하였다. 특히 50대 이후 여성에게는 권장섭취량에 임상적 가중치인 100mg을 추가하여 800mg을 제시하였다.또한 칼슘의 상한섭취량으로는 우유-알칼리증후군을 독성 종말점으로 하여 식사와 보충제로부터 칼슘 섭취량 5.0g을 최저유해용량으로 정하였고, 불확실계수 2를 적용하여 2.5g으로 정하였다. 그러나 50세 이상은 신장결석의 위험이 있다는 보고를 기반으로 상한섭취량을 2,000mg으로 낮추었다.

(2) 나트륨과 칼륨

다량무기질 중 나트륨과 칼륨은 권장섭취량 대신 충분섭취량을 설정하였고, 상한섭취량은 설정하지 않았다. 특히 나트륨은 상한섭취량 대신 만성질환 위험감소를 위한 섭취기준CDRR : chronic disease risk reduction intake을 설정하였다. 나트륨의 만성질환 위험감소를 위한 섭취기준은 2,300mg/일이다. 만성질환 위험감소를 위한 나트륨 섭취기준의 해석은 나트륨 섭취량을 일일 2,300mg 이하로 감소시키라는 의미가 아니라, 나트륨 섭취량이 일일 2,300mg보다 높을 경우에 전반적으로 섭취량을 줄이면 만성질환 위험을 감소시킬 수 있다는 근거를 중심으로 도출된 섭취기준이다.

칼륨의 충분섭취량은 성인의 연령과 성별 구분 없이 3.5g/일이다.

(3) 철과 아연

성인 남자의 경우 철 평균필요량은 기본 손실량을 보충할 수 있는 철 섭취량으로 14μg/kg/일이며 철 흡수율 12%를 고려하고 개인차를 위한 계수 1.3을 곱하여 권장섭취량 10mg으로 정하였다. 가임기 여성(19~49세)의 경우에는 월경에 의한 부가적 철 손실 500μg/일을 첨가하여 철 권장섭취량은 14mg이다. 그러나 폐경기 이후의 여성인 경우에는 권장섭취량이 8mg이다. 또한 철의 상한섭취량은 위장장애를 독성 종말점으로 하여 설정하였고, 그 값은 45mg이다.

아연도 성인의 경우 1일 아연 손실량을 구한 후 흡수율 40%를 적용하고 변이계수 10%를 적용하여 권장섭취량을 설정하였다. 아연의 권장섭취량은 성인 남자는 19~64세 10mg, 성인 여자는 19~64세 8mg이다. 아연의 상한섭취량은 최대무독성량 50mg을 불확실계수 1.5로 나눈 값 35mg을 성인의 상한섭취량으로 정하였다.

(4) 기타 무기질

미량무기질 중에는 불소, 망간, 크롬은 다른 미량무기질과는 달리 충분섭취량이 설정되었으며, 구리, 요오드, 셀레늄, 몰리브덴은 평균필요량, 권장섭취량, 상한섭취량이 모두 설정되었다.

3) 비타민

(1) 지용성 비타민

비타민 A 평균필요량은 영양상태가 좋은 사람들의 체내 비타민 A 풀pool을 유지하는데 필요한 식사 중의 비타민 A 양을 기초로 아래의 공식에 의하여 계산되었다. 권장섭취량은 변이계수 20%를 적용하여 평균필요량의 140%로 정하였고, 상한섭취량은 가임기 여성의 태아 기형 발생을 독성종말점으로 하여 최대무해용량 4,500μgRAE, 불확실계수 1.5를 적용하여 3,000μgRAE/일로 정하였다. 비타민 A의 단위는 RAEretinol activity equivalents이다**표 8-8**.

비타민 D는 최저필요량에 대한 근거가 부족하고 햇빛을 쬐면 피부에서 합성되는 유일한 영양소이므로, 권장섭취량 결정이 어려워 충분섭취량을 정하였다. 특히 최근 국민건강영양조사에서 비타민 D 부족 인구가 높고, 생활패턴의 변화로 자외선을 통한 비타민

표 8-8 성인의 비타민 섭취기준

연령(세)		비타민 A (μgRAE)			비타민 D (μg)		비타민 E (mgα-TE/일)		비타민 K (μg)	비타민 C (mg)			티아민 (mg)		리보플라빈 (mg)	
		EAR	RNI	UL	AI	UL	AI	UL	AI	EAR	RNI	UL	EAR	RNI	EAR	
남자	19~29	570	800	3,000	10	100	12	540	75	75	100	2,000	1.0	1.2	1.3	1.5
	30~49	560	800	3,000	10	100	12	540	75	75	100	2,000	1.0	1.2	1.3	1.5
	50~64	530	750	3,000	10	100	12	540	75	75	100	2,000	1.0	1.2	1.3	1.5
여자	19~29	460	650	3,000	10	100	12	540	65	65	100	2,000	0.9	1.1	1.0	1.2
	30~49	450	650	3,000	10	100	12	540	65	65	100	2,000	0.9	1.1	1.0	1.2
	50~64	430	600	3,000	10	100	12	540	65	65	100	2,000	0.9	1.1	1.0	1.2

연령(세)		니아신 (μg)				비타민 B_6 (mg)			엽산 (μgDFE)			비타민 B_{12} (μg)		판토텐산 (mg)	비오틴 (μg)
		EAR	RNI	UL[1]	UL[2]	EAR	RNI	UL	EAR	RNI	UL	EAR	RNI	AI	AI
남자	19~29	12	16	35	1,000	1.3	1.5	100	320	400	1,000	2.0	2.4	5	30
	30~49	12	16	35	1,000	1.3	1.5	100	320	400	1,000	2.0	2.4	5	30
	50~64	12	16	35	1,000	1.3	1.5	100	320	400	1,000	2.0	2.4	5	30
여자	19~29	11	14	35	1,000	1.2	1.4	100	320	400	1,000	2.0	2.4	5	30
	30~49	11	14	35	1,000	1.2	1.4	100	320	400	1,000	2.0	2.4	5	30
	50~64	11	14	35	1,000	1.2	1.4	100	320	400	1,000	2.0	2.4	5	30

EAR : 평균필요량, RNI : 권장섭취량, UL : 상한섭취량, AI : 충분섭취량

[1] 니코틴산(mg/일) [2] 니코틴아미드(mg/일)

자료 : 보건복지부 · 한국영양학회, 2020 한국인 영양소 섭취기준, 2020

D 합성을 기대하기 어려워 성인의 비타민 D 충분섭취량을 10μg으로 상향 조정하였다.

비타민 E도 한국인 대상 최저필요량에 대한 자료 및 근거가 부족하여 충분섭취량 및 상한섭취량을 설정하였다. 한국인 섭취량과 혈청 농도 자료에 근거하여 성인의 충분섭취량을 12mgα-TE로 정하였다. 그러나 한국인 비타민 E의 상한섭취량은 인체 대상 용량 반응평가를 적용하여 540mg α-tocopherol을 최대무해용량으로 하고 불확실계수 1.0을 적용하여 540mgα-TE/일을 상한섭취량으로 정하였다. 비타민 K도 충분섭취량은 설정하였으나 지용성 비타민 중 근거자료가 불충분하여 상한섭취량은 없다.

비타민 A 평균필요량 = A×B×C×D×E×F

A : 비타민 A가 제거된 식사를 섭취할 때 하루에 손실되는 신체 비타민 A 저장량의 백분율(0.5%)

B : 용인될 수 있는 최소의 간 비타민 A 저장량(20μg/g)

C : 체중에 대한 간 무게 비율(0.03)

D : 특정 연령층과 성별에 해당하는 기준 체중(g)

E : 신체 전체 : 간 비타민 A 저장량의 비율(1.1)

F : 섭취한 비타민 A의 저장 효율(40%)

자료 : 보건복지부 · 한국영양학회, 2020 한국인 영양소 섭취기준, 2020

(2) 수용성 비타민

비타민 C의 평균필요량은 성인의 고갈보충연구 자료에 따라 소변의 비타민 C 배설이 없으면서 호중구의 비타민 C 농도가 최대 수준의 80%를 유지할 수 있는 섭취량인 75mg/일로 산정하였고, 성별에 따른 차이는 고려하지 않았다. 권장섭취량은 변이계수 15%를 적용하여 100mg/일로 정하였다. 비타민 C는 수용성 비타민이나 상한섭취량이 있으며 위장관 장애를 독성 종말점으로 최저독성량을 3,000mg, 불확실계수를 1.5로 하여 상한섭취량을 2,000mg으로 정하였다.

티아민, 리보플라빈, 니아신은 에너지 대사에 관여하므로 종전에는 에너지섭취량에 따라 그 필요량이 달라졌다. 그러나 성인의 영양소 섭취기준에서는 티아민의 평균필요량은 적혈구 트랜스케톨라아제 활성erythrocyte transketolase activity과 티아민의 소변 배설량을 적절히 유지할 수 있는 섭취량인 남자 1.0mg/일, 여자 0.9mg/일로 설정하였다. 권장섭취량은 평균필요량의 120%로 적용하였다.

리보플라빈은 리보플라빈 소변 배설량을 적절히 유지할 수 있는 섭취량을 고려하여 평균필요량을 성인 남자 1.3mg, 성인 여자 1.0mg으로 정하였고, 권장섭취량은 변이계수를 10%로 평균필요량의 120% 수준으로 하여 성인 남자 1.5mg, 성인 여자 1.2mg이다.

니아신의 평균필요량은 니아신 대사물인 메틸니코틴아미드N^1-methyl-nicotinamide 배설량을 1.0mg으로 유지하는 니아신 섭취량이다. 따라서 니아신의 평균필요량은 성인 남자는 12mgNE, 성인 여자는 몸의 크기와 에너지 섭취량이 남자보다 적으므로 11mgNE로 결정하였으며, 권장섭취량은 변이계수 15%로 간주하여 평균필요량의 130%로 하였다. 특히 니아신은 니코틴산과 니코틴아미드가 유해 영향과 독성이 매우 다르므로 상한섭취량을 분리하여 설정하였고, 니코틴산의 독성 종말점을 홍조 증세로, 니코틴아미드는 간 독성으로 하여 각각 상한섭취량을 35mgNE와 1,000mgNE로 설정하였다. 또한 니아신은 60mg의 트립토판으로부터 1mg의 니아신으로의 전환이 가능하다.

비타민 B_6의 평균필요량은 혈장 PLPpyridoxal phosphate를 20nmol/L 이상 유지하는 섭취량으로 우리나라는 생체이용률이 낮은 식물성 급원이어서 성인 남자 1.3mg, 성인 여자 1.2mg으로 정하였다. 권장섭취량은 평균필요량의 120%로 정하였다. 상한섭취량은 신경장애를 독성종말점으로 보고 100mg으로 정하였다.

엽산의 평균필요량은 적혈구 엽산, 혈장 호모시스테인, 혈청 엽산이 적절히 유지되는 섭취량으로 하였고, 권장섭취량은 변이계수 10%로 하여 400μgDFE/일로 하였다. 특히 섭취기준 단위를 식이엽산당량DFE : dietary folate equivalents을 사용하는데, 식이엽산당량은 천연식품으로 섭취한 엽산 함량과 엽산강화식품이나 보충제로 섭취한 엽산섭취량×1.7배 한 것을 합한 값이다. 이는 천연식품에 들어 있는 다양한 형태의 엽산은 약 50% 정도만 흡수되나 엽산 형태로 강화식품에 들어 있을 경우 85%가 흡수되기 때문이다. 엽산은 천연식품으로만 섭취할 경우 유해 영향이 없는 것으로 알려졌으나, 강화식품이나 보충제 형태로 많이 복용하면 문제가 생길 수 있으며, 특히 비타민 B_{12}결핍 환자가 엽산을 경구로 많이 투여할 경우 신경증세가 진행될 수 있기 때문에 상한섭취량 1,000μgDEF/일이 제시되었다.

비타민 B_{12}의 평균필요량은 악성빈혈 환자, 또는 식이 비타민 B_{12}를 아주 낮은 수준으로 섭취하는 사람의 적절한 혈액 상태(헤모글로빈, 평균세포용적MVC : mean corpuscular volume, 망상적혈구reticulocyte 반응), 혈청 비타민 B_{12} 농도를 유지하는 데 필요한 섭취량 등 3가지 접근방법이 이용되어 도출되었으며 성인 남녀 모두 2.0μg/일, 권장섭취량은 변이계수 10%를 적용하여 평균필요량의 120%인 2.4μg/일로 제정되었다. 또한 50세 이상인 경우 비타민 B_{12}강화식품이나 보충제를 섭취하도록 권장하였다.

판토텐산은 자료의 불충분으로 미국의 영양소 섭취기준을 활용하여 충분섭취량 5mg/일만 제시되었다. 비오틴은 평균필요량을 설정할 충분한 근거자료가 없어 충분섭취량만 설정하였고, 남녀 구분 없이 모두 30μg/일로 정하였다.

3. 성인의 영양실태 및 만성질환

1) 영양실태

2020년 국민건강영양조사에서 19세 이상 성인 남녀의 영양소별 권장섭취량에 대한 섭취비율을 조사한 결과, 비타민A, 비타민C, 칼슘, 엽산, 철, 니아신의 섭취가 권장섭취량에 비해 낮게 나타났으며, 그 외의 영양소 섭취량은 양호한 것으로 나타났다. 특히 비타민 A, 비타민 C, 칼슘은 권장섭취량의 75%에 미치지 못하였다. 여성은 비타민 A, 비타민 C, 칼슘뿐만 아니라 엽산과 철도 권장섭취량의 75%에 미치지 못하였다. 나트륨의 섭취는 목표섭취량(2015 KDRI)의 1.7배 이상 섭취하였다. 또한 성인 중 에너지 섭취량이 필요추정량의 75% 미만이면서 칼슘, 철, 비타민 A, 리보플라빈의 섭취량이 평균필요량 미만인 영양섭취부족자 분율이 전체적으로 19~29세에서는 17.5%, 30~39세 14.8%, 40~49세 15.0%, 50~59세 9.3%였다.

영양섭취부족자 분율은 여자가 남자보다 훨씬 높았고 소득수준이 낮을수록 높은 경향을 보였다. 에너지/지방 과잉섭취자 분율은 19~29세 5.9%, 30~39세 12.9%, 40~49세 5.7%, 50~59세 6.3%였다.

또한 식습관 조사에서 19~29세의 아침 결식이 전 연령층 중 가장 높은 58.2%였으며, 30~39세 45.1%, 40~49세 34.0%, 50~59세 24.9%로 나타났다. 20대는 주로 늦잠을 자거나 시간이 없어서 아침을 결식하는 경우가 많았고, 30대와 40대는 시간이 없거나 식욕이나 반찬 맛이 없어서, 50대 이후는 주로 식욕이나 반찬 맛이 없어서 아침 결식을 하는 것으로 조사되었다.

또한 2020년 국민건강영양조사에서 우리나라 성인 남녀의 약 38.4%가 BMI 25kg/m^2

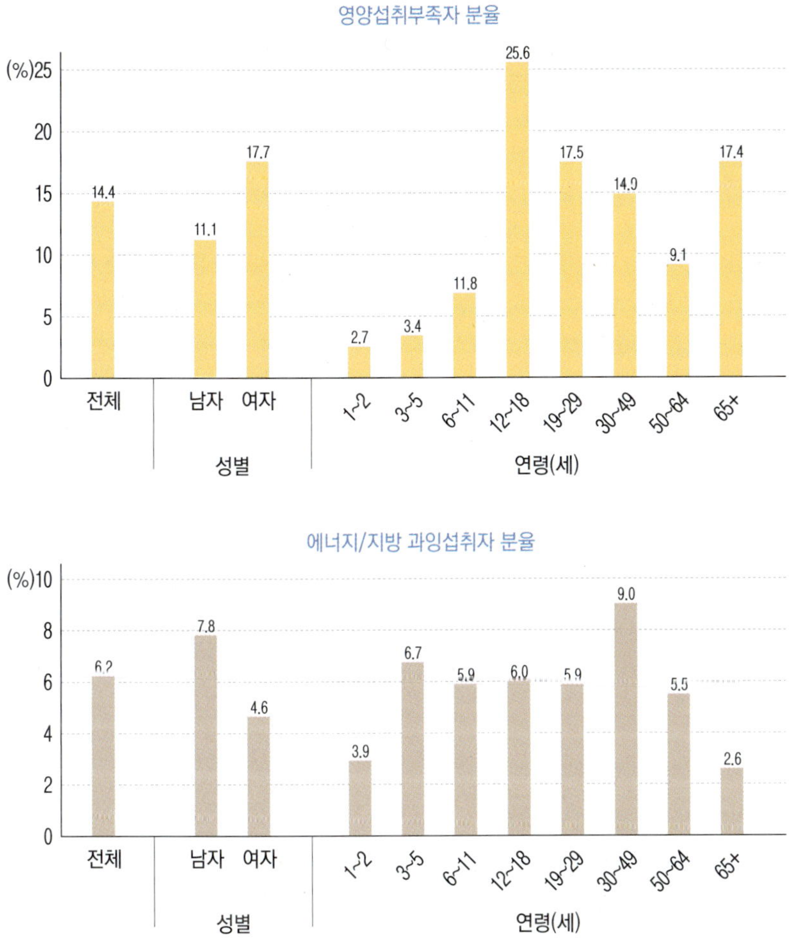

※ 영양섭취부족자 분율 : 에너지 섭취량이 필요추정량의 75% 미만이면서 칼슘, 철, 비타민 A, 리보플라빈의 섭취량이 평균필요량 미만인 분율, 만1세 이상
※ 에너지/지방 과잉섭취자 분율 : 에너지 섭취량이 필요추정량의 125% 이상이면서 지방 섭취량이 에너지적정비율을 초과한 분율

그림 8-1 영양섭취부족자 및 에너지/지방 과잉섭취자 분율
자료 : 국민건강통계, 2020

이상으로 조사되었다. 그러나 최근 비만에 못지않게 심한 다이어트에 의한 저체중도 심각한 사회문제가 되고 있다. 특히 젊은 여성의 경우 무리한 다이어트는 단백질, 무기질, 비타민 등 필수영양소의 결핍이나 면역기능 악화를 가져올 뿐만 아니라 노후에 골다공증의 위험이 증가하므로, 이에 대한 교육과 홍보도 필요한 실정이다.

2) 만성질환

통계청의 2020년 사망원인 통계결과에 의하면 한국인 남녀 전체의 사망원인 1위가 악성신생물이고, 2위 심장질환, 3위 폐렴, 4위 뇌혈관질환, 5위 고의적 자해(자살)의 순서로 나타났다. 연령별로 보면 20~30대는 고의적 자해가 많았고, 40~50대는 암에 의한 사망률이 높은 것으로 나타났다. 특히 40대는 간질환에 의한 사망률도 다른 연령층에 비하여 높게 나타났다**표 8-9**.

표 8-9 2020년 성인의 연령층별 사인 순위 및 구성비

(단위 : %)

연령	1위		2위		3위	
20대	고의적 자해	54.4	악성신생물	10.2	운수사고	9.4
30대	고의적 자해	39.4	악성신생물	19.1	심장 질환	6.0
40대	악성신생물	28.3	고의적 자해	20.8	간 질환	8.2
50대	악성신생물	36.6	고의적 자해	9.9	심장 질환	8.5
60대	악성신생물	42.4	심장 질환	8.8	뇌혈관 질환	6.1

자료 : 통계청, 2021

표 8-10 만성 퇴행성질환과 식이 및 생활양식 요인

퇴행성 질환 / 식이 및 생활양식의 위험인자	암	고혈압	당뇨병	골다공증	동맥경화	비만	심근경색
과량의 지질 섭취	✓	✓	✓		✓	✓	✓
탄수화물과 식이섬유의 낮은 섭취	✓		✓		✓	✓	✓
낮은 칼슘 섭취	✓	✓		✓			
비타민과 무기질 섭취의 저하	✓	✓		✓	✓		
짠 음식과 염장식품 섭취의 증가	✓	✓		✓			
과량의 알코올 섭취	✓	✓			✓	✓	✓
흡연	✓	✓		✓	✓		✓
유전자	✓	✓	✓	✓	✓	✓	✓
나이	✓	✓	✓	✓	✓		✓
습관적인 생활양식	✓	✓	✓	✓	✓	✓	✓
스트레스	✓	✓		✓	✓		✓

자료 : 최혜미 등, 2016

우리나라 10대 사인에 포함되어 있는 만성질환은 대부분 식습관이나 생활습관과 밀접한 관련을 가지고 있다. 표 8-10은 여러 만성질환에 대한 식이 및 생활양식의 위험요인을 나타낸 것이다. 그러므로 성인기에서 만성질환을 예방하기 위해서는 건전한 식습관과 생활양식을 유지하는 것이 무엇보다 중요하다.

(1) 심뇌혈관계 질환

순환기계 질환의 경우 10년 전과 비교하여 고혈압성질환과 뇌혈관질환의 사망률은 감소하고 허혈성심장질환(심근경색 등)의 사망률은 증가하였다.

미국의 역학연구나 우리나라 건강보험관리공단 연구에 의하면 고콜레스테롤혈증, 고혈압, 흡연이 관상심장질환의 가장 중요한 위험인자로 알려졌다. 그러나 최근 역학연구나 실험적 연구들을 통하여 심혈관계질환 발생의 가장 중요한 원인이 LDL-콜레스테롤의 증가임이 밝혀졌다. 따라서 미국의 콜레스테롤 교육프로그램National Cholsterol Education Program's Adult Treatment Panel III, NCEP-ATP III에서도 증가된 LDL-콜레스테롤을 감소시키는 것을 고지혈증의 주된 치료방법으로 삼았다. NCEP ATP III의 고지혈증 선별기준에서는 혈청 콜레스테롤이 240mg/dL 이상, LDL-콜레스테롤은 160mg/dL 이상이 되면 위험수준으로 분류하고, 혈청 HDL-콜레스테롤 농도는 40mg/dL 이하이면 낮은 수준으로 분류한다.

2018년 한국인의 이상지질혈증 진단기준에서도 혈청 콜레스테롤 농도가 240mg/dL 이상이면 고콜레스테롤혈증으로 분류하였다. LDL-콜레스테롤도 160mg/dL 이상이면 높은 LDL-콜레스테롤군으로 분류하였다표 8-11.

관상심장질환의 위험요인에는 LDL-콜레스테롤 외에도 흡연, 고혈압, 낮은 HDL-콜레스테롤, 가족력, 연령증가 등이 있다표 8-12. 따라서 심혈관질환의 위험도에 따라 LDL-콜레스테롤과 비HDL-콜레스테롤에 대한 치료목표가 제시된 이상지질혈증의 치료지침이 만들어졌다표 8-13.

한국인의 혈청 콜레스테롤 농도와 중성지질의 농도는 과거에 비해 증가 추세에 있는 반면, HDL-콜레스테롤은 감소 추세에 있다. 특히 우리나라의 경우 에너지 섭취 중 당질의 비중이 높으므로 고중성지방혈증이 고지혈증의 상당 부분을 차지하며, 이는 비만이나 당뇨병과 밀접한 관련이 있다. 중성지질 농도도 200mg/dL 이상이면 위험 수준으로 분류된다.

표 8-11 한국인의 이상지질혈증 진단 기준

구분	분류	기준
총 콜레스테롤(mg/dL)	높음	≥240
	경계치	200~239
	적정	<200
LD-콜레스테롤(mg/dL)	매우 높음	≥190
	높음	160~189
	경계치	130~159
	정상	100~129
	적정	<100
HD-콜레스테롤(mg/dL)	낮음	<40
	높음	≥60
중성지질(mg/dL)	매우 높음	≥500
	높음	200~499
	경계치	150~199
	적정	<150

자료 : 한국지질·동맥경화학회, 2018

표 8-12 LDL-콜레스테롤을 제외한 심혈관계질환의 주요 위험요인

위험요인	보호요인
연령 남자 45세 이상 여자 55세 이상	고HDL콜레스테롤(≥60mg/dL)이면 총 위험인자 수에서 하나를 감함
관상동맥질환 조기 발병 가족력 부모, 형제자매 중 남자 55세 미만, 여자 65세 미만이면서 관상동맥질환이 발병한 경우	
고혈압 수축기혈압 140mmHg 이상 또는 이완기혈압 90 mmHg 이상 또는 항고혈압제 복용	
흡연	
저HDL콜레스테롤(<40mg/dL)	

자료 : 한국지질·동맥경화학회, 2018

표 8-13 위험도에 따른 LDL-콜레스테롤 및 비HDL-콜레스테롤 목표치

위험도	LDL 콜레스테롤	Non-HDL 콜레스테롤
초고위험군 관상동맥질환 죽상경화성 허혈뇌졸중 일과성 뇌허혈발작 말초동맥질환	<70	<100
고위험군 경동맥질환 복부동맥류 당뇨병	<100	<130
중등도 위험군 주요위험인자 2개 이상	<130	<160
저위험군 주요위험인자 1개 이하	<160	<190

자료 : 한국지질·동맥경화학회, 2018

최근에는 대사증후군을 가진 경우 심혈관질환의 위험도가 높고 아포지단백 E의 특정 형태를 가지는 경우 동맥경화가 촉진됨이 밝혀졌다. 그리고 엽산, 비타민 B_6나 비타민 B_{12} 부족 시 호모시스테인의 혈중 농도가 높아 동맥경화증의 위험성이 증가한다. 또한 항산화 영양소의 충분한 섭취 및 보충이 심혈관질환의 예방 및 진전을 억제할 수 있는 것으로 보고되었다.

결국 심혈관계질환의 위험요인들은 식습관 및 생활양식과 밀접한 관련이 있으므로 고혈압·고콜레스테롤혈증·고LDL-콜레스테롤·저HDL-콜레스테롤·비만·당뇨병은 식사의 변화를 통하여, 흡연·스트레스·운동 부족은 생활양식을 변화시킴으로써 조절이 가능하다.

(2) 고혈압

고혈압은 수축기 혈압이 140mmHg 또는 이완기 혈압이 90mmHg 이상일 때로 정의한다. 오랜 기간 고혈압을 지니고 있으면 동맥벽에 높은 압력을 받게 되어 매끄러운 동맥벽이 손상되므로 콜레스테롤과 지방이 동맥벽에 축적된다. 또한 고혈압을 치료하지 않은

심뇌혈관계 질환의 위험을 낮추는 식습관 및 생활양식

1. 흡연을 금한다.
2. 규칙적인 운동을 한다.
3. 건강체중을 유지한다.
4. 혈중 콜레스테롤 농도를 낮춘다.
   포화지방 섭취를 총 에너지의 10% 이하로, 식이성 콜레스테롤을 300mg 이하로 섭취한다.
5. 복합당질과 식이섬유의 섭취를 늘리고, 저지질 · 고칼륨 · 고칼슘 · 저나트륨 식사로 고혈압의 위험을 낮춘다. 특히 나트륨 민감성인 경우 나트륨 섭취에 유의한다.
6. 음주자는 하루 한두 잔으로 제한한다.
7. 항산화제가 풍부한 채소와 과일을 충분히 섭취한다.
8. 스트레스를 줄인다.

상태로 방치하면 뇌졸중, 심부전, 신장질환 및 눈질환을 일으킬 수 있다.

고혈압의 주요 위험요인은 비만, 음주(하루 3잔 이상), 노화, 고혈압의 가족력, 인종 등이다. 따라서 고혈압은 나이가 들어감에 따라 흔히 발생하며, 고혈압의 가족력을 가진 사람은 발병 위험률이 3배나 높다. 인종도 백인에 비해 흑인의 고혈압 발병률이 높다. 비만, 특히 복부비만은 고혈압과 관련이 매우 크다. 대체로 체중이 10kg 증가할 때마다 수축기 혈압은 3mmHg씩 증가한다. 따라서 체중 감소는 혈압을 낮추는 효과적인 방법이다. 규칙적 유산소운동도 고혈압 발생 위험을 낮추고 고혈압 환자의 혈압을 낮추는 데 효과적이다.

만성적인 음주도 고혈압의 원인이 되므로 식사요법으로 알코올의 섭취를 줄이면 고혈압 관리에 도움이 된다. 최근 채소와 과일의 섭취가 풍부하고 포화지방과 총 지방량이 적은 저지방 유제품 식사DASH diet : dietary approaches to stop hypertension가 고혈압 예방과 관리를 위한 식사로 이용되고 있다. 소금의 섭취는 대부분의 사람에게서 혈압에 영향을 미치지 못하나, 일부 사람은 소금에 함유된 나트륨 양에 매우 민감하다. 즉, 고혈압 가족력이 있는 사람, 55세 이상, 비만자, 칼륨 섭취가 부족한 사람, 알코올 중독자 등은 나트륨 과다 섭취 시 고혈압이 초래될 수 있다. 고혈압인 사람은 나트륨의 섭취를 조금만 제한해도 적정 혈압 유지를 위한 약제의 복용량을 줄일 수 있다.

칼륨 섭취 또한 고혈압을 감소시키는 효과가 있으며, 뇌졸중 위험과도 역의 상관관계가 있다. 칼륨의 급원식품으로는 녹색채소, 감자, 오렌지주스, 살구, 바나나 등이 있다. 또한 칼슘의 섭취 부족도 고혈압 위험과 관련이 있으므로, 고혈압환자의 경우 충분한 칼슘 섭취도 필요하다.

고혈압 유병자는 실제로 본인이 고혈압인지 모르고 지내는 경우가 많으므로, 성인은 규칙적인 검사를 통하여 초기에 진단을 받아 식습관 및 생활양식 개선을 통하여 적정혈압을 유지하도록 해야 한다. 결국 고혈압 환자는 식사요법, 체중 감량, 약물요법을 함께 시행할 때 심혈관계질환의 위험 상태를 현저하게 개선할 수 있다.

(3) 당뇨병

성인기에 주로 나타나는 당뇨는 인슐린 비의존형, 제2형 당뇨병이다. 전체 당뇨의 90% 이상을 차지하며, 주로 40세 이후의 비만인에게서 나타난다. 제2형 당뇨병은 심혈관계 질환의 위험인자이며 남성에는 2배, 여성에는 4~6배의 위험을 증가시킨다. 특히 성인 당뇨병은 생활양식과 밀접하게 관련되어 있다.

당뇨병 위험도 자가 측정법(미국 당뇨병학회 자료)

문항	예(점수)	아니오(점수)
비만이다(BMI > 27).	5	0
65세 미만이지만 운동을 거의 하지 않는다.	5	0
나이가 45~65세에 속한다.	5	0
나이가 65세 이상이다.	9	0
4kg 이상인 아기를 낳은 적이 있다.	1	0
형제, 자매 중 당뇨병인 사람이 있다.	1	0
부모 중 한 사람이 당뇨병이다.	1	0

- 합계가 3~9점이면 현재 당뇨병에 걸려 있을 가능성이 낮다. 그러나 45세 이상이면 3년에 1번 당뇨병 검사를 한다.
- 합계가 10점 이상이면 당뇨병에 걸려 있을 확률이 크므로 병원에 가서 혈당검사를 한다.

당뇨병 환자는 식사요법으로 혈당과 정상체중을 유지하여 합병증의 발생을 지연시킬 수 있다. 당뇨병의 식사요법은 약물요법의 병행 여부에 따라 차이가 있으며, 인슐린을 사용하는 경우에는 식사량과 식사시간에 세심한 주의가 필요하다.

당뇨병 환자의 식사요법의 기본은 적절한 열량을 섭취하고, 영양소를 균형 있게 섭취하며, 규칙적인 식사를 하는 것이다.

(4) 암

우리나라 2020년 사망원인 1위가 악성신생물이며 사망률은 인구 10만 명당 160.1명으로 전체 사망자의 약 27.0%였다. 지난 10년간 각종 암에 의한 사망률의 변화를 보면**표 8-14**, 위암·간암·자궁암의 사망률은 감소하였으나 폐암·대장암·췌장암·전립선암·식도암·유방암의 사망률은 증가하였다.

표 8-14 각종 암에 의한 사망률 변화

(단위: 인구 십만 명당, 명)

	각종 암	폐암	위암	간암	대장암	췌장암	자궁암	전립선	식도암	유방암
2010	144.4	31.3	20.1	22.5	15.4	8.6	2.6	2.7	2.7	3.7
2020	160.1	36.4	14.6	20.6	17.4	13.2	2.5	4.3	3.0	5.3
증감률	15.7	5.1	-5.5	-1.9	2.0	4.6	-0.1	1.6	0.3	1.6

자료 : 통계청, 2021

더구나 폐암은 조기진단이 어렵고 흡연, 환경오염, 인구의 노령화 등으로 크게 증가하여 2000년 이후부터 암 중에 가장 높은 사망률을 보였다. 대장암·췌장암·유방암·전립선암은 고지방식 식생활, 환경오염물질의 증가 등에 기인한 것으로 나타났다.

또한 암 사망률은 연령이 증가할수록 높아지고 40대 이후에 급증하였으며 20대 백혈병, 30대 위암, 유방암, 40~50대 간암, 60대 이상은 폐암에 의한 사망률이 가장 높았다. 암을 발생시키는 원인 중 환경적 요인은 전체 암 발생의 70~80%를 차지하며, 특히 우리가 섭취하는 음식물이 각종 암 발생과 밀접하게 관련되어 있다.

일반적으로 과다한 열량 섭취는 암 발생을 촉진하는 것으로 알려졌다. 이러한 현상은 비만과도 연관되는데, 비만인 경우에는 암에 의한 사망률이 증가하게 된다. 특히 비만 여성의 경우에는 에스트로겐 분비와 관련된 유방암과 자궁암의 발생률이 정상 여성에 비해 2~5배 높다.

역학조사에 의하면, 지방 섭취량이 높은 나라에서 유방암·대장암·전립선암의 발생이 높은 것으로 나타났다. 그러나 모든 종류의 지방이 암 발생을 촉진하는 것은 아니다. 즉, 생선기름에 많은 n-3 지방산과 올리브기름에 많은 올레산은 암 발생을 오히려 억제하는 효과가 있다. 그러나 옥수수기름에 많은 n-6 계열의 불포화지방산인 리놀레산은 암 발생을 촉진하는 지방산이지만 인체에도 필요한 필수지방산이다.

식이섬유는 대장암의 예방에 매우 효과적이다. 식이섬유가 대장암의 발생을 감소시키는 메커니즘은, 장내에서 발암물질과 결합하여 이를 불활성화하거나 대장을 통과하는 시간을 단축시켜 체외로 빠르게 배설시켜서, 결과적으로 발암물질이 대장의 조직과 접촉하는 기회를 차단하기 때문이다.

채소와 과일은 베타카로틴과 비타민 C가 풍부해 항암효과가 있는 것으로 알려졌다. 또한 채소와 과일은 항산화 비타민 외에도 여러 미량식이성분phytochemicals도 함께 함유하여 발암억제 기능을 가지고 있다.

결국 식사요인은 암 발생에 촉진인자로 작용할 수도 있고 항촉진인자로 작용할 수도

암 예방을 위한 식생활 지침

1. 비만을 피하고 정상체중을 유지한다.
2. 총 지방의 섭취를 20% 이내로 제한하고 n-3계 지방산이나 단일 불포화지방산을 많이 섭취한다.
3. 식이섬유의 섭취를 위해 정제되지 않은 곡류나 신선한 채소를 많이 섭취한다.
4. 감귤류의 과일과 녹황색 채소, 십자화과 채소를 많이 섭취한다.
5. 염장이나 질산염으로 보존된 식품의 섭취를 줄인다.
6. 식품첨가제가 많이 들어간 가공식품의 섭취를 줄인다.
7. 알코올은 적당량만 마신다.
8. 높은 온도에서 튀긴 식품의 섭취를 제한한다.
9. 탄 음식이나 곰팡이가 핀 음식을 섭취하지 않는다.
10. 암을 예방하는 것으로 알려진 식품들의 섭취를 증가한다.

있다. 암 발생 위험을 증가시키는 요인은 비만·고지방식·음주이고, 채소·과일·식이섬유는 항촉진인자로 작용한다.

(5) 비만

우리나라는 경제 발전과 더불어 식생활이 서구화되고, 아울러 컴퓨터 통신과 교통수단의 발달로 생활양식이 많이 바뀌면서 비만율이 증가하고 있다. 특히 중년 남자들은 무분별한 외식으로 과다한 지질 섭취 및 음주에 의한 부가적인 열량 섭취가 증가하고 있다.

만 19세 이상 연령에서 BMI 25 이상인 비만 유병률은 2020년 38.4%로 나타났다. 남자의 비만 유병률은 46.9%, 여자는 29.9%로 남자가 여자보다 더 높았고, 남자는 30대에 비만 유병률이 가장 높은 반면, 여자는 60대가 가장 높았다. 소득수준에 따라 비만 유병률이 다른데, 소득수준 상그룹이 비만 유병률이 가장 낮았다.

비만은 심혈관질환과 고혈압 등 여러 생활습관병의 위험요인이며 혈청 콜레스테롤을 상승시키는 위험요인이다. 또한 뼈의 유연성과 신체 운동성을 감퇴시켜 관절염, 퇴행성 뼈관절 질병의 진행을 촉진하며 성인 당뇨 발생의 주요 요인이 된다. 특히 복부비만인 경우에 관상심장질환, 당뇨, 고혈압 등의 위험도가 더욱 증가한다. 복부비만은 중년 이후의 남성과 폐경기 이후의 여성에서 많이 나타난다.

(6) 대사증후군

대사증후군은 당불내인성, 고혈압, 이상지질혈증 등 당뇨병 및 심혈관질환의 위험인자를 복합적으로 지니고 있는 상태를 의미한다. 대사증후군은 장기적으로 만성질환의 발병 위험도를 나타내므로, 대사증후군을 미리 진단하여 치료하는 것이 당뇨병과 심혈관질환의 예방을 위하여 무엇보다 중요하다. 대사증후군의 위험인자로는 복부비만, 고혈당증, 혈중 중성지방 증가, HDL-콜레스테롤 감소, 높은 혈압 등을 들 수 있으며, 이들 다섯 가지의 비정상치cutoff points를 제정하여 세 가지 이상이 이들 기준치를 벗어나면 대사증후군으로 진단한다**표 8-15**.

표 8-15 대사증후군의 위험인자

위험인자	진단 기준치	
	NHLBI[1]	대한비만학회[2]
복부비만 (허리둘레)		
남자	> 90cm (> 35in)	≥90cm
여자	> 80cm (> 31in)	≥85cm
중성지방	> 150mg/dL	
HDL-콜레스테롤		
남자	<40mg/dL	
여자	<50mg/dL	
혈압	> 130/85mmHg	
공복 시 혈당	> 100mg/dL	

[1] American Heart Association/National Heart, Lung, and Blood Institute, Diagnosis and Management of the Metabolic Syndrome(2005) 기준

[2] 2020년 대한비만학회 비만 진료지침 기준

4. 갱년기 여성의 건강문제

갱년기란 가임 연령에서 노년기로 넘어가는 중간 시기로, 사춘기만큼 큰 변화가 오는 시기이다. 여성에서 갱년기는 폐경기와 같은 의미로 쓰이지만 갱년기는 폐경을 전후한 시기를 말한다. 의학적으로 폐경이란 월경이 영구히 정지되어 임신 능력을 상실했을 때를 말하는데, 이는 난소에서 생성되는 에스트로겐과 황체 호르몬인 프로게스테론의 생성이 감소하여 나타난다.

대개 여성은 45~55세에 폐경을 맞이하게 된다. 이때 신체적·정신적으로 여러 변화가 생기며, 이를 폐경기 증상이라고 한다. **그림 8-2**는 폐경 후 여성의 소변 에스트로겐 배설량이 급격히 감소함을 보여주며, 이는 혈중 에스트로겐 농도가 폐경 후 현저히 감소함을 의미한다.

폐경기 증상은 여성호르몬의 감소로 자율신경이 불안정해져서 얼굴이 화끈거리고 가슴이 뛰거나 자다가 식은땀을 흘리고 불안감이나 우울감을 느끼는 등, 신체적·정신적 증상을 경험한다**표 8-16**.

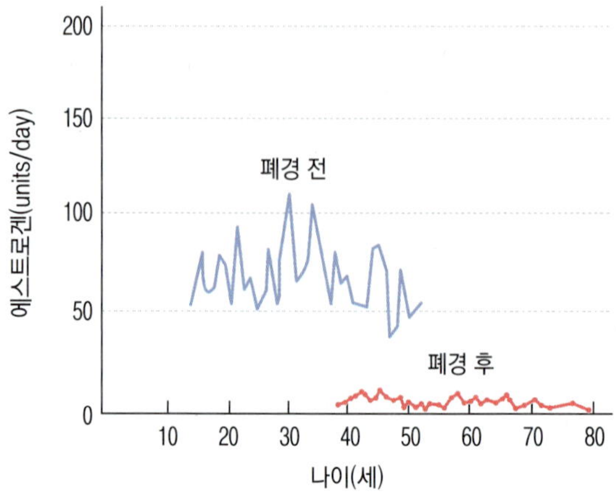

그림 8-2 폐경 전과 폐경 후 여성의 소변 에스트로겐 배설량 비교

표 8-16 갱년기 여성의 신체적·정신적 변화

신체적 자각 증세	정신적 변화
• 월경이 불규칙해짐 • 얼굴과 앞가슴 부위의 화끈거림과 함께 식은땀이 나며 심장이 두근거리며 불안, 초조감을 느낌 • 소변을 자주 보고 밤에도 화장실을 자주 감 • 팔목, 발목, 손·발가락 관절 등에 통증 • 두통, 어지럼증 • 상복부 팽만감	• 왠지 불안하고 신경이 예민해짐 • 우울감, 고독감, 만사가 귀찮고 피로감 느낌 • 수면장애로 생활력 저하

폐경기 이후의 대표적 질환은 골다공증과 심혈관계질환이다. 골다공증이란 뼈에 있는 무기질이 빠져서 구멍이 난 상태로 보이며, 골질량 감소로 골절이 일어나기 쉬운 상태를 말한다. 골다공증은 폐경기 이후의 여성에게 흔하며, 이는 뼈의 손실을 막아주는 에스트로겐의 감소에 기인한다. 뼈의 양이 가장 많은 시기는 20대 후반부터 35세 사이이며, 그 이후로는 매년 골질량의 손실이 일어나 폐경기 후에는 골질량의 손실 비율이 가장 높다. 골다공증을 예방하기 위해서는 젊어서부터 칼슘의 섭취를 충분히 하고, 걷기, 달리기, 등산, 에어로빅 등 체중 하중운동을 규칙적으로 하는 것이 좋다.

심혈관계질환은 남성이 여성보다 발생 빈도가 높다. 이는 여성이 남성보다 HDL-콜레스테롤의 농도가 높기 때문이다. 그러나 폐경 후에는 성별 차이가 급격히 적어지면서 혈

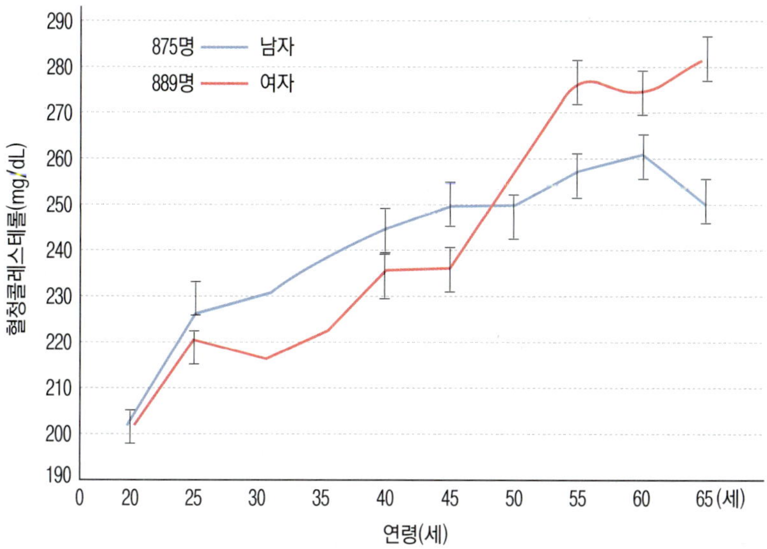

그림 8-3 연령 증가에 따른 혈청 콜레스테롤 농도의 변화

중 총 콜레스테롤과 LDL-콜레스테롤 농도는 여성이 폐경 전에는 남성보다 낮으나 폐경 후에는 남성보다 높아져서 심혈관계질환의 위험이 높다그림 8-3. 에스트로겐은 혈중 콜레스테롤을 감소시켜 심장질환을 보호하는 기능이 있는데, 폐경 후에는 에스트로겐 부족으로 이런 기능이 없어진다.

⌛ 갱년기 여성의 영양관리

1. 콩류에 함유된 이소플라본은 여성호르몬과 유사한 기능으로 갱년기 증상 완화에 도움된다. 콩밥과 두부의 섭취를 자주 한다.
2. 과식하지 않고 소량씩 자주 먹는 것이 안면홍조 예방에 도움된다.
3. 지질과 당질의 섭취를 줄이고 콩, 두부, 생선 등 양질의 단백질을 섭취한다.
4. 비타민 E는 밤에 땀이 많이 나는 증상이나 안면홍조, 피로, 신경과민, 불면증 등 갱년기 증상의 완화에 도움이 된다. 씨앗류, 견과류, 콩, 배아유 섭취를 늘린다.
5. 현미 잡곡밥을 중심으로 매끼 균형 있는 식사가 되도록 한다. 변비가 생기지 않도록 물과 식이섬유를 충분히 섭취한다.
6. 전반적인 영양결핍이 노후의 골다공증 발생에 영향을 주므로 잦은 결식이나 편식은 피한다.
7. 골다공증 예방을 위해 유제품 등 고칼슘 식품을 섭취한다. 그 외 구리, 망간, 아연 등을 부족하지 않게 섭취한다.
8. 비타민 C는 뼈의 콜라겐 합성에 필수적이며 비타민 A와 E와 함께 노화를 지연시켜 주는 항산화 영양소이므로 충분히 섭취한다.
9. 알코올음료와 탄산음료를 삼가고 심혈관계질환의 위험을 줄이기 위해 지질과 짠 음식을 줄인다.
10. 흡연을 삼가고 균형 있는 식사와 적절한 운동을 한다.

5. 성인의 건강 및 식생활관리

성인기 이후의 건강수준은 식습관, 운동, 흡연 및 음주 유무, 스트레스 관리방법에 따라 많이 좌우된다. 따라서 일생 건전한 식습관 및 생활양식을 가지면 여러 생활습관병을 미리 예방할 수 있다.

1) 식사 및 식생활 지침

건강한 성인은 한국인을 위한 식사지침을 활용하여 식사관리를 하고, 질병을 앓고 있는 사람은 질병의 증세에 따라 특정 영양소를 제한하거나 금지하는 식사요법을 하면 된다.

중년 성인의 경우 건강에 대한 자신감 부족이나 대사증후군이나 질병에 대한 불안 때문에, 또는 건강보조식품과 보약에 대한 과신 때문에 영양적으로 합리적이지 못한 특정 강장제·정력제를 복용하는 사례가 많다. 하지만 이런 건강보조식품이나 보약을 많이 복용할 경우 오히려 건강을 해치는 결과를 가져올 수도 있으므로 주의해야 하며, 과학적으로 입증이 안 된 보약이나 건강보조식품은 먹지 않도록 한다.

사회경제적 발전과 생활양식 변화로 과거에는 공복 해소를 위해 식사했으나, 현재는 영양과 기호를 고려하여 식품을 선택하는 것으로 변했다. 또한 직장인들은 가정이 아닌 외부에서 하루 한 끼 이상 식사를 하는데, 외식에는 영양상 문제가 많다. 특히 남성들은 육류 위주의 외식으로 높은 열량과 동물성 지방의 섭취가 많다. 아울러 과다한 음주에 의한 부가적인 열량 섭취로 비만의 발생 위험이 높다. 따라서 외식을 할 경우 여러 식품을 고루 갖춘 식사를 선택하고 매번 다른 음식으로 다양하게 주문하며, 되도록 싱겁게 먹고 가공식품과 인스턴트식품의 섭취를 줄인다. 하루의 식사에서 식품구성자전거 각 식품군의 식품을 골고루 섭취하도록 자신의 식사를 관리하는 능력을 기른다. 일주일에 3일 이상은 금주하고 커피도 하루에 3잔 이상 마시지 않는 것이 바람직하다.

2021년도에 개정된 한국인을 위한 식생활 지침(보건복지부·대한영양사협회, 2021)은 **그림 8-4**에 제시되어 있다. 성인의 식사구성에서 영양소 섭취기준을 충족시키기 위해서는 5가지 주요 식품군을 균형있게 구성해야 한다. **표 8-17**, **표 8-18**는 각각 19~64세 남성과

그림 8-4 한국인을 위한 식생활 지침

자료 : 보건복지부·대한영양사협회, 2021

2021 한국인을 위한 식생활지침

1. 매일 신선한 채소, 과일과 함께 곡류, 고기 · 생선 · 달걀 · 콩류, 우유 · 유제품을 균형있게 먹자
2. 덜 짜게, 덜 달게, 덜 기름지게 먹자
3. 물을 충분히 마시자
4. 과식을 피하고, 활동량을 늘려서 건강 체중을 유지하자
5. 아침식사를 꼭 하자
6. 음식은 위생적으로, 필요한 만큼만 마련하자
7. 음식을 먹을 땐 각자 덜어 먹기를 실천하자
8. 술은 절제하자
9. 우리 지역 식재료와 환경을 생각하는 식생활을 즐기자

여성의 권장식단의 예시이다. 19~64세 남성의 에너지필요추정량은 1일 2,400kcal로 성인에 해당하므로 B타입 권장식사패턴을 적용하여, 곡류 4회, 고기·생선·달걀·콩류 5회, 채소류 8회, 과일류 3회, 우유·유제품류 1회를 제공하고, 19~64세 여성의 에너지필요추정량은 1일 1,900kcal로, B타입 권장식사패턴으로 곡류 3회, 고기·생선·달걀·콩류 4회, 채소류 8회, 과일류 2회, 우유·유제품류 1회를 제공한다.

표 8-17 19~64세 남성 권장식단 (2,400kcal, B타입)

메뉴	분량	아침	점심	저녁	간식
		쌀밥 아욱된장국 조기구이 도토리묵&양념장 풋마늘무침 배추김치 	바지락칼국수 미니주먹밥 감자채소전 깍두기 사과 	잡곡밥 육개장 달걀말이 도라지나물 배추김치 	파인애플 키위 두유 호상요구르트 
곡류	4회	쌀밥 210g (1) 도토리묵 70g (0.1)	칼국수 200g (1) 쌀밥 147g (0.7) 감자 93g (0.2)	잡곡밥 210g (1)	
고기·생선·달걀·콩류	5회	조기 60g (1)	바지락 80g (1)	소고기 60g (1) 달걀 60g (1)	두유 200mL (1)
채소류	8회	아욱 35g (0.5) 풋마늘 35g (0.5) 배추김치 40g (1)	당근 28g (0.4) 애호박 28g (0.4) 부추 28g (0.4) 김 2g (1) 양파 35g (0.5) 깍두기 40g (1)	무 7g (0.1) 고사리 7g (0.1) 숙주나물 7g (0.1) 도라지 70g (1) 배추김치 40g (1)	
과일류	3회		사과 100g (1)		파인애플 100g (1) 키위 100g (1)
우유·유제품류	1회				요구르트(호상) 100g (1)
유지·당류	6회	유지 및 당류는 조리 시 가급적 적게 사용할 것을 권장함			

총 에너지(kcal): 2384.4kcal; 탄수화물, 단백질, 지방 섭취비율(%): 탄수화물(60.5%), 단백질(14.6%), 지방(25.0%)

자료: 보건복지부·한국영양학회, 2020 한국인 영양소 섭취기준 활용연구, 2022

표 8-18 19~64세 여성 권장식단 (1,900kcal, B타입)

메뉴	분량	아침	점심	저녁	간식
		쌀밥 닭곰탕 돼지고기브로콜리볶음 미역줄기나물 깍두기	열무비빔국수 삶은달걀 채소튀김 동치미 오렌지	잡곡밥 대구탕 두부조림 숙주나물 배추김치	방울토마토 키위 우유

곡류	3회	쌀밥 210g (1)	소면 90g (1)	잡곡밥 210g (1)	
고기·생선·달걀·콩류	4회	닭고기 60g (1) 돼지고기 30g (0.5)	달걀 60g (1)	대구 70g (1) 두부 40g (0.5)	
채소류	8회	파 35g (0.5) 브로콜리 35g (0.5) 미역줄기 35g (0.5) 깍두기 40g (1)	열무김치 20g (0.5) 당근 35g (0.5) 양파 35g (0.5) 동치미 40g (1)	무 35g (0.5) 숙주나물 35g (0.5) 배추김치 40g (1)	방울토마토 70g (1)
과일류	2회		오렌지 100g (1)		키위 100g (1)
우유·유제품류	1회				우유 200mL (1)
유지·당류	4회	유지 및 당류는 조리 시 가급적 적게 사용할 것을 권장함			

총 에너지(kcal): 1882.3kcal; 탄수화물, 단백질, 지방 섭취비율(%): 탄수화물(55.3%), 단백질(19.2%), 지방(25.5%)
자료: 보건복지부·한국영양학회, 2020 한국인 영양소 섭취기준 활용연구, 2022

2) 운동관리

2020년 국민건강영양조사 결과 19세 이상 성인에서 최근 일주일 동안 중강도 신체활동을 2시간 30분 이상, 또는 고강도 신체활동을 1시간 15분 이상 실천한 사람의 비율(유산소 신체활동 실천율)은 전체 44.0%로, 남자 47.1%, 여자 40.8%였다. 또한 최근 일주일 동안 걷기를 1회 10분 이상, 1일 총 30분 이상, 주 5일 이상 실천한 걷기 실천율은 전체 39.2%, 남자 39.3%, 여자 39.1%였다. 유산소 신체활동 실천율은 남자는 20대, 여자도 20대가 가장 높았고, 걷기실천율은 남자는 20대, 여자는 60대가 높았다.

성인기에는 규칙적으로 운동하는 좋은 생활습관을 가지는 것이 건강을 유지하는 지름

길이다. 규칙적인 운동으로 신체가 단련되면 혈액 순환이 좋아지고 근육량이 늘어나 기초대사량이 증가할 뿐만 아니라 체지방을 쉽게 에너지원으로 이용할 수 있게 된다. 또한 규칙적인 운동은 심폐기능을 좋게 하고 아울러 혈청의 총 콜레스테롤은 감소시키며 HDL-콜레스테롤을 증가시키므로 심혈관계질환의 위험을 낮출 수 있다. 또한 혈압을 조절하고 체중을 줄일 수 있으며 당뇨병에도 효과적이다. 아울러 규칙적인 운동은 스트레스를 감소시켜 준다. **표 8-19**은 운동이 건강에 미치는 좋은 효과를 제시하였다.

표 8-19 운동의 효과

건강문제	운동의 효과
심혈관계질환	심장 및 전반적인 심혈관 기능 증진. 정상혈압 유지 혈액 HDL-콜레스테롤 증가, LDL-콜레스테롤 및 중성지방 감소
비만	제지방조직량 유지, 지방조직량 감소 식욕 조절에 도움, 에너지 소모 증진 비만과 관련된 질환, 즉 제2형 당뇨병, 고혈압, 심혈관질환 등 억제
근육 향상	근육조직량 증가와 근육강도 증가
당뇨병	근육조직으로의 포도당 흡수 증가 에너지 균형에 기여하여 제2형 당뇨병과 합병증 발생 억제
골다공증	골격과 관절 건강에 기여
감염	면역능을 증대함으로써 호흡계 및 기타 감염성 질환에 대한 민감도 감소
암	결장암, 유방암의 위험도 감소
위장관계	연동작용 촉진, 결장 내 내용물 부피 증가, 담석증과 담낭질환 위험 감소
사고	균형, 민첩함 증가로 사고 감소
정신적 건강	세로토닌과 엔도르핀과 같은 호르몬의 생성으로 만족감, 자신감 증가, 수면 패턴 호전 등으로 우울, 불안, 정신적 스트레스 감소

3) 스트레스 관리

2020년 국민건강영양조사에 의하면, 19세 이상 성인의 스트레스 인지율은 29.0%로 나타났다. 남자는 27.5%, 여자는 30.6%로 여자가 남자보다 높게 나타났다. 남자는 30대(40.7%), 여자는 20대(42.6%)가 스트레스 정도가 높았고, 특히 여자는 소득수준이 낮을수록 높았다. 스트레스는 정신건강뿐만 아니라 신체건강에도 큰 영향을 미치는 것으로 알려져 있다. 따라서 스트레스를 적절히 대처하는 것이 무엇보다 중요하다. 스트레스는 일상생활의 일부분으로서 피할 수 있는 것이 아니지만, 오랜 기간 스트레스를 받는다면 건강문제가 발생할 수 있으므로 잘 관리해야 한다.

스트레스는 일상생활에서 일어나는 사건에 대한 특별한 생리적 혹은 심리적 반응이다. 스트레스에 의한 생리적 증세로 구토·설사와 같은 소화기계 이상, 불규칙한 수면, 근육강직, 두통이 나타나며, 뒷골이 땅기고 뻐근하며, 혈관이 수축되거나 심장박동이 빨라지는 등 심혈관계 반응이 나타난다. 이는 스트레스 시에 교감신경을 흥분시켜 카테콜아민 catecholamine이라는 호르몬의 분비를 증가시키기 때문이다.

스트레스를 줄이기 위해서는 먼저 스트레스의 원인을 파악하고 무엇이 스트레스를 주는지를 이해함으로써 현실적인 대처방법을 모색해야 한다. 아울러 스트레스를 긍정적으로 해소할 수 있는 운동, 휴식, 음악감상 등의 취미생활을 통하여 자기 나름대로의 해소방법을 찾는다.

4) 흡연과 식생활관리

세계보건기구WHO는 "사람의 건강을 증진시키는 가장 효과적인 것은 흡연자가 금연하는 것이다"라고 한다. 개인과 국가의 건강 증진에서 금연의 중요성은 아무리 강조해도 지나치지 않다. 흡연은 폐암·후두암·구강암·식도암·췌장암을 유발할 뿐만 아니라 만성 폐질환, 동맥경화성 심혈관질환 등 많은 질환의 유발에 밀접한 관련이 있다. 따라서 흡연자는 비흡연자에 비하여 평균 약 5~8년이나 수명이 단축되며, 이는 흡연자가 하루 1개비의 담배를 피우면 수명이 약 5분 30초 단축되는 셈이다.

(1) 흡연 실태

2020년 국민건강영양조사에 따르면 전체 흡연율은 20.6%로, 특히 남자의 흡연율은 1998년 66.3%에서 꾸준히 감소하여 2020년에는 34.0%가 되었고, 여자 흡연율은 6.6%로 나타났다. 성별·연령별 조사에서 남자는 40대(41.5%)에 흡연율이 가장 높았고, 여자는 20대(10.9%)에 흡연율이 가장 높았다**그림 8-5**.

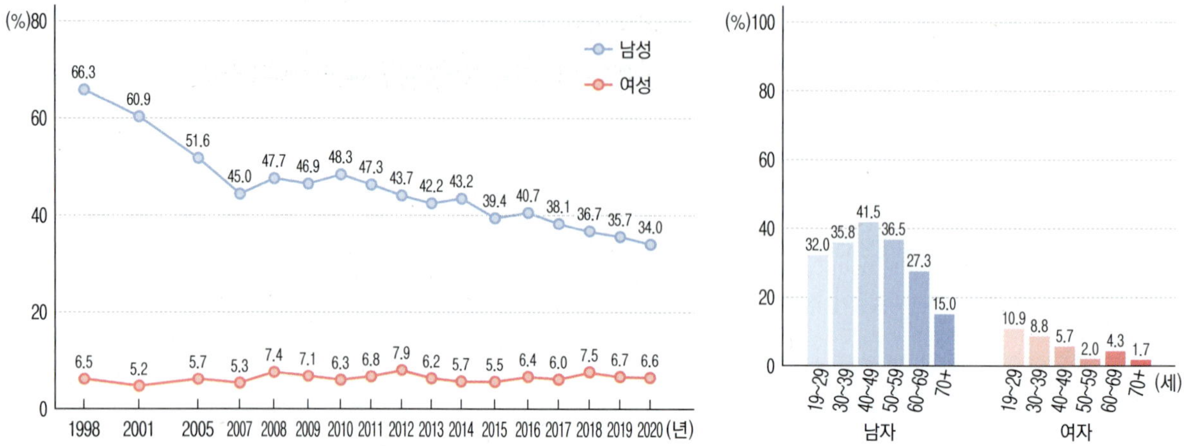

※ 현재흡연율 : 평생 담배 5갑(100개비) 이상 피웠고 현재 담배를 피우는 분율, 만 19세 이상
※ 2005년 추계인구로 연령표준화

그림 8-5 남녀의 흡연율 변화 추이와 연령별 현재 흡연율

자료 : 국민건강통계, 2020

(2) 흡연자 식생활관리

흡연자는 비흡연자에 비해 아침 결식률이 높고, 식사의 불규칙성, 일일 식사횟수의 부족 등 식습관이 좋지 않다. 특히 흡연은 미각의 예민도를 저하하므로 식품 선택에 영향을 줄 수 있다. 따라서 흡연자는 알코올, 탄수화물 등 고열량 식품과 기름진 음식의 섭취가 높은 반면, 비타민의 급원식품인 채소류 및 과일류의 섭취가 낮다.

또한 흡연자는 비흡연자에 비해 불건전한 생활양식을 가지고 있으며, 규칙적인 신체활동은 덜 하는 것으로 보고되었다. 이처럼 흡연자의 생활습관과 식습관은 흡연에 부가적으로 악영향을 끼친다. 특히 담배연기에는 지질과산화를 개시하고 촉진할 수 있는 유리기가 다량 함유되어 있어 흡연자는 체내 항산화 영양소의 요구량이 증가된다. 비타민 A와 C가 풍부한 채소와 과일을 많이 섭취하는 것이 좋다. 흡연은 항산화 비타민 중 특히 비타민 C 대사에 해로운 영향을 미친다.

흡연자들의 평균 혈청 비타민 C 농도는 비흡연자에 비해 낮은데, 그 이유는 주로 담배연기에 의해 비타민 C의 대사가 증가했기 때문이다. 흡연자의 비타민 C 영양상태를 개선

⌛ 담배를 끊는 16가지 방법

1. 물이나 주스를 하루 10잔 이상 마신다.
2. 천천히 심호흡한다.
3. 식사 후 산책을 한다.
4. 적당한 운동을 한다.
5. 스트레스 해소를 위해 체조 및 근육 이완 체조를 한다.
6. 100부터 거꾸로 센다.
7. 취미활동을 한다.
8. 입안을 청결하게 양치질한다.
9. 온수 목욕을 한다.
10. 채식 위주의 식사를 한다.
11. 견과류를 먹는다.
12. 은단이나 껌을 씹는다.
13. 친구와 전화 통화를 한다.
14. 신맛 나는 과일을 먹는다.
15. '나도 할 수 있다'는 자신감을 가진다.
16. 1분씩 참는다(3회).

하기 위하여 금연이 최선의 방법이지만, 그것이 어려우면 항산화 비타민이 풍부한 채소와 과일을 충분히 먹는 것이 무엇보다 중요하다.

5) 음주와 식생활관리

술은 소량을 섭취하면 기분 전환을 위해서도 좋고 혈액 순환에도 도움이 되어 건강에 유익할 수 있으나, 과량을 만성적으로 섭취하면 알코올성 간질환 등 여러 건강문제를 야기한다. 알코올은 높은 열량을 지닌 식품이며, 가장 널리 쓰이는 향정신성 약물이기도 하다. 한편, 습관적으로 복용하면 중독되기 쉬운 중독성 물질이기도 하다.

특히 알코올은 1g당 7.0kcal의 열량을 내지만 열량 외 다른 어떤 영양소도 가지고 있지 않기 때문에 '빈열량원empty calorie'이라고 한다. 흔히 만성적으로 알코올을 섭취하는 사람은 열량을 열량영양소보다 알코올로부터 얻는 경우가 많다. 따라서 알코올의존자는 다른 영양소의 섭취부족 때문에 영양불량이 되기 쉽고, 더욱이 알코올 섭취로 말미암아 여러 다른 영양소의 흡수와 대사가 방해를 받으므로 영양불량 정도는 더욱 심해진다. 결국 술은 음주습관에 따라 영양 및 건강에 미치는 효과가 크게 차이가 난다.

(1) 성인의 음주 현황

2020년도 국민건강영양조사에 의하면 19세 이상 성인의 월간음주율은 남자 70.2% 여자 47.8%였다. 연령별로는 남자 30대와 여자 20대에서 월간음주율이 높았으며, 이후 연령이 증가할수록 감소하였다. 19세 이상 성인의 음주 정도를 보면 전체 14.1%, 남자 중 21.6%, 여자 중 6.3%가 고위험 음주자(1회 평균 음주량이 7잔여자 5잔 이상이며, 주 2회 이상 음주하 는 자)로 파악되었다**그림 8-6**.

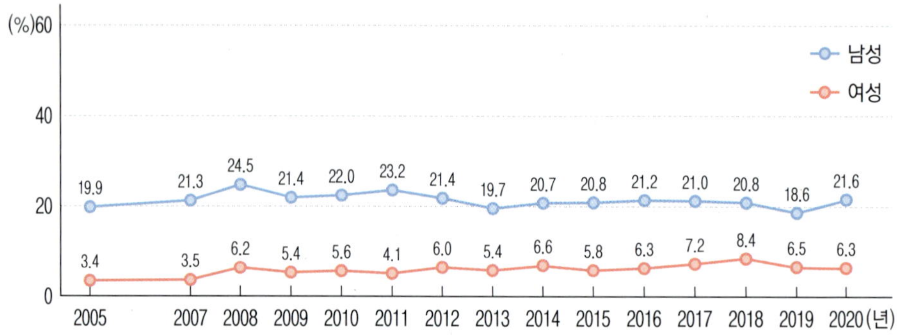

※ 고위험 음주율 : 1회 평균 음주량이 7잔(여자 5잔) 이상이며, 주 2회 이상 음주하는 분율, 만 19세 이상
※ 2005년 추계 인구로 연령표준화

그림 8-6 고위험 음주율 추이

자료 : 국민건강통계, 2020

(2) 알코올과 질환

만성적으로 알코올을 섭취할 경우 생명을 위협하는 요인으로 작용한다. 만성적인 알코올 섭취가 질병 발생에 미치는 영향은 **표 8-20**과 같다.

표 8-20 만성 알코올 섭취와 질환 발생

질환 종류	발생원인 및 특성
간질환	• 지방간, 간염, 간경화 등 간질환 초래 - 혈중 지질 상승, 간 지방 합성 촉진 및 분해를 저해하여 지방간 유도 - 간세포의 산소 및 영양소 결핍을 초래하여 간괴사, 간경화로 진행 - 만성 과음자의 90% 지방간, 10~35% 알코올성 간염, 10~20% 알코올성 간경화로 발전
심장순환계질환	• 고혈압, 심장질환, 관상동맥질환 유발 - 혈압 상승 호르몬 분비 증가 - 고지혈증 유발, 관상동맥 수축, 체내 과산화지질을 유발시켜 혈관벽에 침착 - 하루 3잔 이상 음주자는 고혈압 위험률 50% 증가, 심혈관계질환에 의한 사망률이 증가하나, 하루 한두 잔 음주는 HDL-콜레스테롤 상승으로 심혈관계질환 위험률 감소
위장질환	• 위염, 위궤양, 식도 및 장 출혈의 원인 • 장 점막 손상으로 영양소 흡수 저하, 영양불량 초래 • 담즙 분비 이상으로 지질의 소화·흡수 장애로 설사 유발
생식기능	• 남성 음주자는 테스토스테론 분비 감소로 여성형 유방, 성욕 감퇴 • 정자의 정상 발달 및 운동을 저해, 중독자는 성기능 부전 • 여성은 월경 불순, 월경 정지, 조기폐경 등 생식기능 장애
신경증상	• 신경세포 파괴하여 지능 저하, 기억력 상실, 집중력 부족 • 신경전달물질 생성에 영향 • 중독자의 경우 비타민 B군의 결핍으로 행동상의 변화 및 정신적 이상인 경우 있음

(3) 음주자의 식생활관리

① 적당한 음주

기분전환이나 사교를 위하여 술을 마시되, 적당량의 술을 올바른 방법으로 마셔야 한다. 적당한 음주량은 음주자의 체질, 연령, 술의 종류 등 여러 요인이 복합적으로 작용하기 때문에 정확히 결정하는 것은 어렵다. 그러나 일반적으로 여자는 하루에 1잔 이하, 남자는 하루 2잔 이하를 적당한 음주량으로 인정한다. 여기에서 1잔은 소주 $1\frac{1}{3}$잔, 청주 1/2컵, 맥주 1캔, 포도주 1잔, 위스키 1잔 등을 말한다. 이들은 각각 술의 양은 달라도 그 안에 포함된 알코올의 양은 비슷하게 약 12~14g 정도이다. 그러나 이 음주량은 임신부나 미성년자, 노약자, 심장질환자, 알코올 중독자에게는 해당되지 않는다. 남자들도 나이가 들면 체지방이 증가하기 때문에 하루에 1잔을 적당한 음주량으로 본다.

② 음주자의 식생활관리

음주를 할 때는 공복에는 절대로 하지 말고 영양가 높은 식품을 함께 먹어야 한다. 음주 전에 미리 우유나 아이스크림 같은 유제품을 먹어두어 위벽을 보호해 준 후에 술을 먹는 것이 좋다. 술은 가급적 알코올 농도가 낮은 것으로 마시고, 독한 술은 물 또는 주스와 섞어서 마신다. 독한 술을 희석하지 않고 그냥 마시면 인후·식도·위에 손상을 줄 수 있고, 체내 탈수를 촉진할 수 있기 때문이다. 섭취한 알코올의 약 10% 정도는 호흡을 통해 배설되므로 술은 대화를 하면서 천천히 마시는 것이 좋다.

만성적인 알코올 섭취 시 영양불량이 되기 쉽다. 만성적인 음주자는 알코올 섭취로 상당량의 열량을 공급받기 때문에 다른 식품의 섭취가 감소하기 쉽다. 따라서 이들은 인체에 필요한 비타민 및 무기질의 섭취 부족으로 일차적 영양불량이 초래된다. 더구나 알코올은 그 자체의 독성이나 대사에 의해 영양소의 흡수장애 및 영양소의 대사 변화나 이용률 감소로 이차적인 영양불량을 초래할 수 있다. 따라서 알코올의존자의 경우 티아민, 리보플라빈, 비타민 B_6, 엽산, 비타민 A 등과 아연이나 철 같은 무기질 영양결핍 증세를 보이는 것으로 알려졌다.

실제 만성적인 음주자 중 총 에너지 섭취량의 30%를 알코올로 섭취하면 단백질과 지질 섭취량이 크게 감소하고, 동시에 비타민과 무기질이 필요량에 미치지 못하게 된다. 따라서 만성적인 음주자는 가능하면 적당한 음주를 하고 아울러 단백질과 비타민 및 무기질이 풍부한 식품을 평소 충분히 섭취해야 한다.

③ 숙취 해소법

숙취 상태란 알코올이 아직도 완전히 대사되지 못하고 체내에 남아 있는 상태를 의미한다. 따라서 숙취 증상으로 대개 두통, 갈증, 위장장애, 설사, 조바심 등이 나타나며 개인에 따라 그 정도가 다르다.

이러한 숙취를 해소하기 위해서는 꿀물, 과일과 같이 과당이 많은 것을 섭취하는 것이 좋다. 특히 예부터 감홍시가 숙취에 좋다고 알려졌는데, 이는 감이 과당을 많이 가지고 있기 때문이다. 또한 충분한 단백질을 섭취하고, 열량을 충분히 공급하면서 비타민과 무기질을 공급해 주는 것도 숙취 해소에 좋다.

식사는 당질 위주의 식사가 좋은데, 이는 뇌에 부족하기 쉬운 당질 대사를 촉진하기 위해서이다. 특히 비타민 C 공급을 위해 과일을 먹는 것이 매우 좋다. 아침식사 때 아스파르트산이 많이 든 뿌리째 끓인 콩나물국을 먹거나 북엇국을 먹으면 숙취 해소에 도움이 된다. 술을 마시면 신장의 재흡수 기능이 줄어들고 수분 배설량이 늘어 탈수증상이 나타나므로, 충분한 물을 마시는 것도 도움된다. 비타민이나 무기질이 많이 든 차나 꿀물, 오이즙을 마시면 부족한 영양소를 채울 수 있고, 수분도 보충해 줄 수 있어 더욱 좋다.

또한 사우나나 목욕, 안마 등도 혈액 순환을 돕고 피로를 풀어주므로 숙취 해소에 도움이 된다. 목욕은 신진대사를 촉진하며 알코올의 분해를 증가시킨다.

⌛ 좋은 음주 습관 10계명

1. 자신의 주량을 지키며 동료에게 억지로 권하지 않는다.
2. 알코올 도수가 낮은 술을 마시며 폭탄주는 절대 금한다.
3. 빈속에 술을 마시지 않는다.
4. 술을 되도록 천천히 마신다.
5. 술잔을 돌리지 않는다.
6. 원치 않을 때는 마시지 않겠다는 표현을 확실히 한다.
7. 매일 계속해서 술을 마시지 않는다
8. 술자리는 1차에서 끝낸다.
9. 조금이라도 음주한 후에는 자동차를 운전하지 않는다.
10. 약을 복용하는 경우 술을 마시지 않는다.

부록 한국인의 1일 아미노산 섭취기준(19세 이상)

연령		19~29세		30~49세		50~64세		65~74세		75세 이상		임신부	수유부
성별		남	여	남	여	남	여	남	여	남	여	여	여
메티오닌(g/일)	EAR	1.0	0.8	1.1	0.8	1.1	0.8	1.0	0.7	0.9	0.7	1.1	1.1
	RNI	1.4	1.0	1.3	1.0	1.3	1.1	1.3	0.9	1.1	0.9	1.4	1.5
류신(g/일)	EAR	2.4	2.0	2.4	1.9	2.3	1.9	2.2	1.8	2.1	1.7	2.5	2.8
	RNI	3.1	2.5	3.1	2.4	2.8	2.3	2.8	2.2	2.7	2.1	3.1	3.5
이소류신(g/일)	EAR	1.0	0.8	1.1	0.8	1.1	0.8	1.0	0.7	0.9	0.7	1.1	1.3
	RNI	1.4	1.1	1.4	1.0	1.3	1.1	1.3	0.9	1.1	0.9	1.4	1.7
발린(g/일)	EAR	1.4	1.1	1.4	1.0	1.3	1.1	1.3	0.9	1.1	0.9	1.4	1.6
	RNI	1.7	1.3	1.7	1.4	1.6	1.3	1.6	1.3	1.5	1.1	1.7	1.9
라이신(g/일)	EAR	2.5	2.1	2.4	2.0	2.3	1.9	2.2	1.8	2.2	1.7	2.3	2.5
	RNI	3.1	2.6	3.1	2.5	2.9	2.4	2.9	2.3	2.7	2.1	2.9	3.1
페닐알라닌+티로신(g/일)	EAR	2.8	2.3	2.9	2.3	2.7	2.2	2.5	2.1	2.5	2.0	3.1	3.1
	RNI	3.6	2.9	3.5	2.8	3.4	2.7	3.3	2.6	3.1	2.1	3.9	4.0
트레오닌(g/일)	EAR	1.1	0.9	1.2	0.9	1.1	0.8	1.1	0.8	1.0	0.7	3.0	3.7
	RNI	1.5	1.1	1.5	1.2	1.4	1.1	1.3	1.0	1.3	0.9	3.8	4.7
트립토판(g/일)	EAR	0.3	0.2	0.3	0.2	0.3	0.2	0.2	0.2	0.2	0.2	0.3	0.4
	RNI	0.3	0.3	0.3	0.3	0.3	0.3	0.3	0.2	0.3	0.2	0.4	0.5
히스티딘(g/일)	EAR	0.8	0.6	0.7	0.6	0.7	0.6	0.7	0.5	0.7	0.5	1.2	1.3
	RNI	1.0	0.8	1.0	0.8	0.9	0.7	1.0	0.7	0.8	0.7	1.5	1.7

EAR : 평균필요량, RNI : 권장섭취량

자료 : 보건복지부 · 한국영양학회, 2020한국인 영양소 섭취기준, 2020

CHAPTER

9

노인 영양

1. 노인의 특성
2. 노화
3. 노인의 영양소 섭취기준
4. 노인의 영양위험요인 및 영양실태
5. 노인기 질환
6. 노인의 식생활관리

우리나라는 2000년 65세 이상 노인 인구가 총 인구의 7%가 넘는 고령화사회에 진입하였고 2010년 11%에 달하였으며, 2017년에는 14%를 넘어 고령사회가 되었다. 노인은 생리적 기능의 감소, 잦은 질병, 사회경제적 위축 등으로 영양에 취약하기 쉬우므로 건강한 장수를 위해서 영양 및 식사습관의 적절한 관리가 필요하다. 아울러 건강관리를 포함한 다양하고 적극적인 노인복지정책이 요구된다.

1. 노인의 특성

UN은 이미 1999년을 '세계노인의 해'로 지정하여 신체적·사회적 및 정신적 모든 영역에서 '활기찬 노년 생활'을 강조하였다. 활기찬 노년 생활을 가능하게 하는 기초는 질병을 예방하고 건강을 유지하는 것으로 좋은 영양과 생활습관이 가장 중요한 요소가 된다.

수명이 유전성에 의존하는 비율이 19%인 데 비해 생활양식에 의존하는 비율은 51%나 된다고 미국질병예방통제센터가 제시한 바, 생활양식 요소 중에서 금연 외에 식사와 운동이 사망의 지연 또는 장수에 가장 중요하게 영향을 미친다고 하였다. 식사의 질적 수준은 노인의 수명과 연관되어 있으며, 좋은 건강습관은 죽음을 지연시키고 노인들이 질병을 앓는 기간이나 질병에 의한 기능적 감퇴 기간을 단축시키는 데 도움이 된다. 각종 질병은 거동의 부자유 등 각종 장애를 유발하고 생리적·병적 노화를 가속하여 수명을 단축시킨다.

6년간의 추적연구에 의하면, 매우 바람직한 건강한 식사를 한 여자 노인들이 6년간 사망한 비율은 전곡, 채소, 과일, 저지방 유제품 및 지방이 없는 살코기를 더 적게 먹은 여자 노인들에 비해 30%나 낮게 나타났다.

따라서 질 높은 식사를 통한 바람직한 영양관리는 노년의 삶에 활기와 자신이 원하는 것을 혼자서 할 수 있다는 자존감을 불어넣어 주어 건강한 장수를 누리게 하는 데 필수적이다.

1) 노인 인구의 증가 및 건강수명

(1) 노인 인구의 증가

우리나라 사람의 기대수명(평균수명)은 1930년에 남자 32.4세 여자 35.0세이던 것이, 40년 후인 1971년에는 남자 59.0세 여자 66.1세였다. 1971년부터는 거의 2년마다 한 살씩 높아져서 2005년에 남자 75.1세 여자 81.9세 전체 78.6세였으며, 2020년에는 남자는 80.5세 여자는 86.5세 전체 83.5세였다**그림 9-1**.

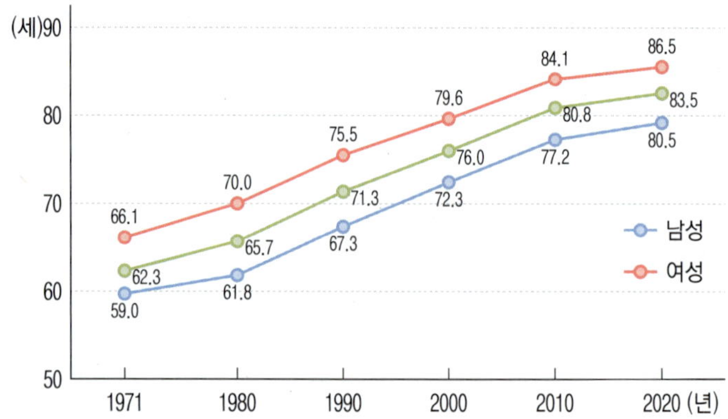

그림 9-1 우리나라 기대수명의 추이

자료 : 통계청, 2021

기대수명의 증가는 고령인구의 빠른 증가로 이어져 65세 이상 노인인구가 1970년 3.1%에서 2000년 7.2%, 2010년 11.0%로 급증하였다**표 9-1**. UN의 분류기준에 따라 노인인구가 2000년에 7.0%를 넘어 고령화사회aging society가 되었으며, 2017년에는 14%를 넘어 고령사회aged society, 2025년엔 20%를 넘어 초고령사회super-aged society가 될 것으로 추정된다. 2020년 고령자 통계에 따르면, 전국 17개 광역지자체 중에서 고령인구 비중이 20% 이상인 초고령사회 지역은 전남(23.1%), 경북(20.7%), 전북(20.6%), 강원(20.0%) 등 4개 지역이다. 2030년에는 세종(14.8%)을 제외한 모든 지역이 초고령화사회가 될 것으로 전망된다. 노인인구 중 75세 이상은 2005년 2.9%에서 2020년에는 6.7%로 증가하였다.

표 9-1 고령인구 구성비의 추계

연도	1970	1980	1990	1995	2000	2005	2010	2017	2020	2025	2030	2050
65세 이상(%)	3.1	3.8	5.1	5.9	7.2	9.1	11.0	14.0	15.7	20.6	25.5	40.1

자료 : 통계청, 2021; 2026~2050은 2021 추정치

(2) 건강수명

우리나라의 늘어나는 수명이 건강한 삶의 연장이 아닌 질병과 장애의 삶으로 연결된다면, 개인으로서는 삶의 질이 저하되고 가정과 사회에는 정신적·물질적 부담이 늘어나게 된다. 따라서 삶의 질이 온선한 상태로 살아갈 수 있는 건강수명이 증가하도록 개인과 사회, 국가가 노력해야 한다. 건강수명에 대한 여러 산출 접근법이 각기 달라 직접 비교하기는 어려우나 우리나라에서 2005년 건강보정 기대여명, 2020년 유병기간 제외 기대여명이 추정되었다.

2020년 기대수명은 여자 86.5세로서 남자 80.5세보다 6.0세가 높지만, 유병기간 제외 기대여명은 각각 65.6세, 67.2세로서 그 격차가 1.6세로 줄어들었다**표 9-2**. 이는 여자는 남자보다 오래 살지만 건강하지 못하여 활동장애 속에서 사는 기간이 길어 생존기간에서 삶의 질이 남자보다 낮을 수 있음을 의미한다. 65세 노인의 기대여명을 보면 2020년 기준으로 남자 19.2년, 여자는 23.6년을 더 살 것으로 예상된다. 이들의 유병기간 제외 기대여명은 각각 8.8세, 9.4세로서 65세의 기대여명 중에서 남사는 10.4년, 여자는 14.2년 동안을 각종 질병, 상병 및 사고 때문에 활동장애 속에서 살게 됨을 의미한다. 80세 이후 노인의 경우 기대여명에 대한 유병기간 제외 기대여명의 비율이 더욱 낮아져서 여자 30.6%, 남자 36.9%이다.

표 9-2 우리나라 노인의 기대여명과 건강수명

나이	2005						2020					
	기대여명		건강보정 기대여명		건강보정 기대여명/기대여명(%)		기대여명		유병기간 제외 기대여명		유병기간 제외 기대여명/기대여명(%)	
	남자	여자	남자	여자	남자	여자	남자	여자	남자	여자	남자	여자
0세	75.1	81.9	67.5	69.9	89.8	85.0	80.5	86.5	65.6	67.2	81.5	77.7
20세	55.9	62.5	49.0	51.0	87.7	81.5	60.9	66.8	46.4	48	76.2	71.9
65세	15.8	19.9	11.6	13.0	73.4	65.4	19.2	23.6	8.8	9.4	45.8	39.8
80세	7.0	8.7	4.3	5.0	61.0	57.0	8.4	10.8	3.1	3.3	36.9	30.6

자료 : 2005년 : 보건복지부·한국보건사회연구원, 2007
2020년 : 통계청, 2021

수명지표

평균수명(mean longevity) 또는 기대수명(life expectancy at birth)

평균수명은 영아부터 노인에 이르기까지 전체 인구의 사망 시 연령을 평균한 것이고, 기대수명은 0세에서 기대여명을 가리키는 것으로서 평균수명과 동의어이다.

기대여명(life expectancy)

어느 연령에서 예견할 수 있는 남아 있는 삶의 기간을 말하며, 0세에서 기대여명을 기대수명이라고 한다. 예를 들어, 현재 30세인 사람의 기대여명이 70세라면, 이는 30세 이후에 사망한 사람들의 사망연령을 평균한 값으로서 40년을 더 살 수 있다는 것을 의미한다.

최고수명(maximum longevity)

가장 오래 산 사람들의 사망 시 연령으로서, 약 120세로 추정된다.

건강수명(healthy life expectancy)

일상생활의 활동에 제한 없이 건강하게 살 수 있는 기대여명을 건강수명으로 정의한다. 측정방법에 따라 질병이나 사고에 의한 상병, 거동 부자유 등 활동 제한이 없는 건강여명, 사망과 상병의 공통 지표로서 일상생활 활동의 제한과 함께 통증/불편, 불안/우울 등 주관적 인식도 고려하여 산출한 건강보정 기대여명, 연령별 기대여명 중 질병이나 사고로 인하여 아프지 않은 기간으로 유병기간 제외 기대여명 등이 제시되었다. 예를 들어, 우리나라 남자의 출생 시 건강수명이 63.3세로 추산될 때 출생 시 기대여명이 70.6세라면, 7.3년간은 질병 및 사고로 활동 장애 속에서 산다는 뜻이다.

2) 생리적 변화

(1) 신체조직의 변화

성인의 신체는 약 6×10^{13}개의 세포로 구성되어 있는데, 세포의 수는 노화가 진행될수록 점차 감소한다. 기관이나 세포의 종류에 따라 약간 차이는 있으나, 70세 노인의 총 세포수는 20~30세 때의 2/3 정도로 감소하는 것으로 추산된다. **그림 9-2**는 노령에서 간肝의 세포 수가 젊은 연령층에 비해 감소했음을 보여준다. 성장 후 세포분열이 불가능한 신경세포와 근육세포는 손상되거나 노쇠하여 파괴되면 새로운 세포로 보완되지는 않는다. 또한 피부, 점막의 상피세포, 간이나 신장 세포같이 재생이 가능한 경우도 노화에 따라 재생속도가 느려지고 재생 효율도 떨어져 세포수가 줄어들게 된다. 체내 세포수의 감소는 노화에 수반되는 생리기능의 저하로 이어진다.

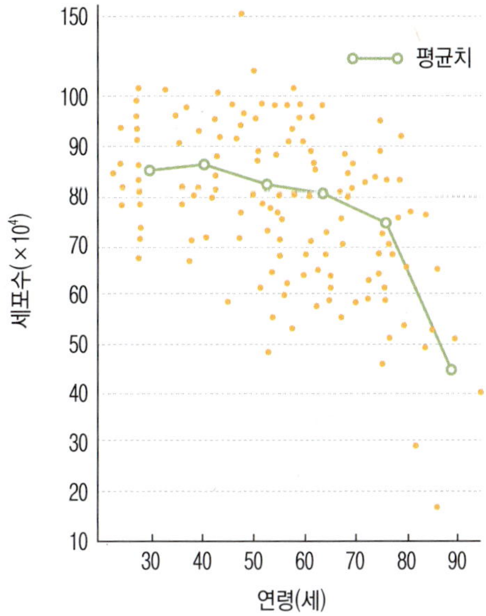

그림 9-2 연령 증가에 따른 간 세포수의 감소

신체 조성도 변하여 체내 수분 함량, 특히 세포내액이 현저하게 감소하며**그림 9-3**, 지방은 오히려 증가하나 근육, 연조직 및 골격을 포함하는 고형분의 양은 감소한다. 이는 주로 체내 세포수의 감소에 의한 것으로, 하지만 개개 세포의 수분 함량은 일정하게 유지된다.

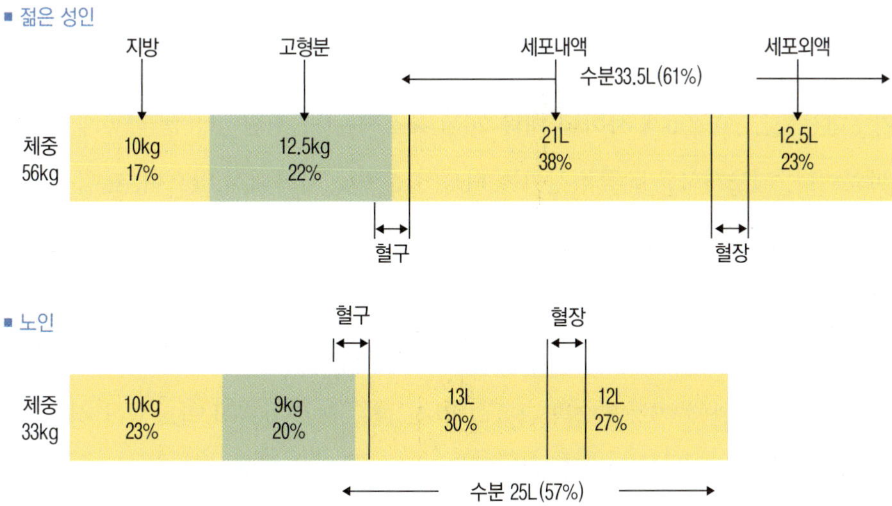

그림 9-3 노령에 따른 신체조성의 변화

또한 신체의 지지支持조직인 뼈조직도 감소하는데, 골세포수가 감소하고 뼈 망상구조를 이루는 콜라겐 합성과 무기질 침착이 부족하여 골질량이 감소함으로써 긴 뼈의 두께가 얇아지고 골수강이 넓어진다**그림 9-4**.

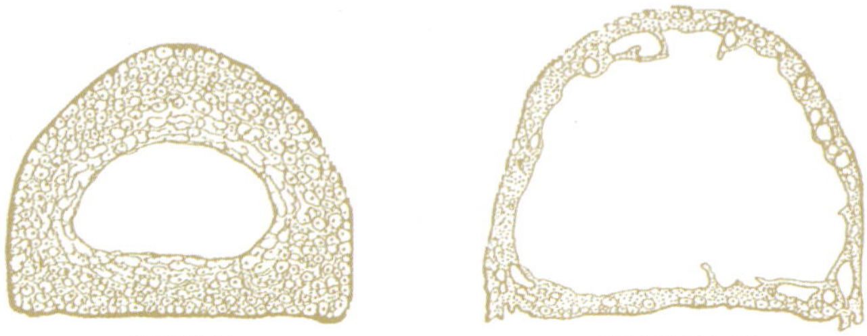

그림 9-4 노령에 따른 긴뼈 단면의 변화

(2) 생리기능 감소

신체의 생리기능 중에서 기본적 내부환경은 노화에 상관없이 항상성이 유지된다. 공복 시 혈당치, 총 혈류량과 적혈구 수, 체액의 pH와 삼투압을 안정 시 측정하면 비교적 일정하게 유지되고 있다. 그러나 대부분의 생리기능은 노화와 함께 서서히 저하되어**그림 9-5**, 각 기관의 능률이 떨어지고, 내적·외적 환경 변화에 대한 적응력이 감소하며, 항상성 유지능력이 약화되고 면역기능이 감퇴하여 질병에 대한 저항력과 회복능력이 떨어진다.

① 기초대사율

기초대사율은 30~90세 사이에 대략 20% 감소하는데, 주된 이유는 활동세포수의 감소 때문이다. 기초대사율을 증진시키는 티록신 분비는 약화되지 않으며, 단위세포당 기초산소소비량은 일정하게 유지된다.

② 장기 기능

혈액의 헤모글로빈 농도는 노령에서 약간 감소하며, 적혈구와 백혈구 함량도 어느 정도 감소한다.심혈관계 기능은 심장근육의 감소 때문에 박동력이 약화되어 심박출량이 80세에는 30세에 비해 약 30% 감소한다. 동맥의 팽창능력이 동맥경화 정도와 상관없이

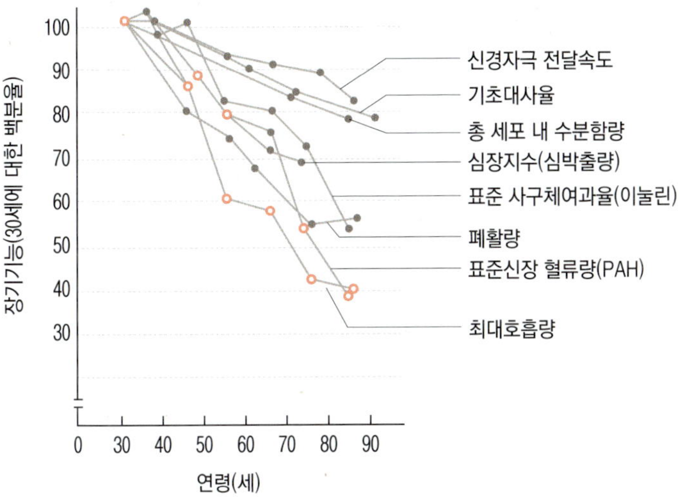

그림 9-5 노화에 따른 여러 생리기능의 감소

노령에 따라 감소하여 특히 수축기 혈압이 상승하며 심장활동에 부담을 주게 된다.

총 폐용량 및 총 폐활량이 연령 증가에 따라 감소하여 고령에서는 각각 40%, 50%까지로 저하된다. 폐는 여러 장기 중에서 기능의 감소율이 신장과 함께 가장 큰 곳이다. 신장의 기능은 네프론 수의 감소에 따라 약화된다. 신혈류량, 사구체여과율, 포도당 재흡수 등이 80~90세가 되면 30세 때의 50~60%까지 저하되며, 소변의 희석 또는 농축 능력도 감소한다. 결과적으로 소변량이 노령에서 감소하는데, 여기에는 총 체수분량의 감소도 한 원인이다. 그러므로 노인의 수분 필요량은 젊었을 때보다 줄어든다.

간은 중량이 80세에서 약 1.0kg으로 20~30세의 1.5kg에 비해 30% 정도 감소함에 따라 간 기능이 감퇴하여 단백질·탄수화물·지질의 대사에 영향을 미친다.

노화에 따라 위산 분비가 감소하고 타액을 비롯한 다른 소화액의 분비도 감소하여 소화율이 떨어진다그림 9-6. 장 점막의 위축, 모세혈관의 수축 등으로 일부 영양소의 흡수율이 저하된다. 탄수화물의 흡수율은 80세 이상에서도 감소하지 않으나, 칼슘 흡수율은 위산 분비의 저하로 감소하며, 위 점막 위축에 의한 내적인자의 분비 감소는 비타민 B_{12}의 흡수를 감소시킨다표 9-3. 치근 위축으로 치아가 탈락하고 위장의 연동성도 감소한다.

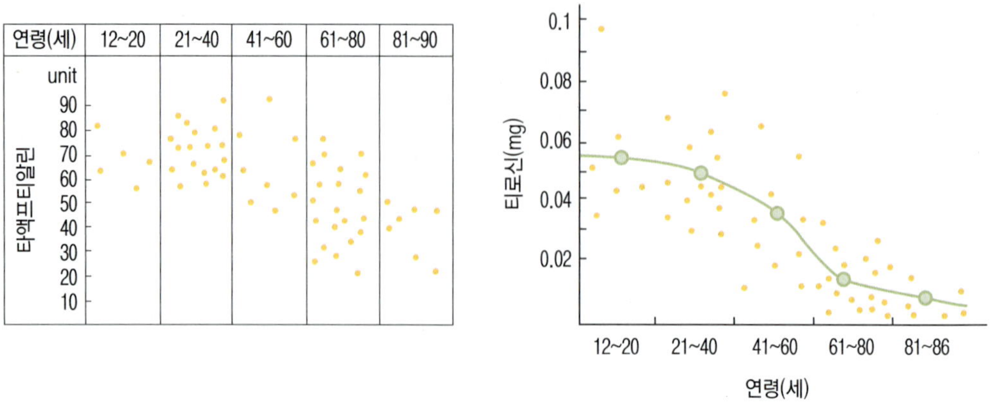

그림 9-6 타액 프티알린(왼쪽)과 위액 펩신 분비량(오른쪽 : 펩신의 소화물인 티로신 생성량)의 연령에 따른 변화

표 9-3 노령에 따른 비타민 B_{12} 흡수율의 변화

(단위 : %)

비타민 B_{12}	20~35(세)	60~90(세)
0	0	0
250μg	33	0
1,000μg	90	40

③ 뇌·신경계

뇌세포의 수가 노령에 따라 감소하지만, 그에 따라 뇌세포와 뇌세포 사이에 새로운 연결이 이루어져 신경자극 전달속도는 계속 유지된다. 그러나 동맥경화에 의한 뇌 조직의 혈류량 감소와 도파민, 아세틸콜린 등의 신경전달물질 합성의 감소는 뇌 기능을 저하시킬 수 있다.

악력handgrip strength 등 운동기능도 노화와 함께 점차 감소한다. 이는 연령 증가에 따른 기능적 운동단위motor unit인 근섬유의 양적 감소, ATPase 활성 저하와 칼슘 유용성 감소에 따른 근육 수축과 민첩성의 부족 등에 기인한다. 주위 환경의 자극에 대한 반응이 느려지고, 중추신경계의 일부에서 뉴런의 수가 감소한다.

여러 감각기관의 기능도 저하되어 시력·청력이 약해지고 냄새나 맛에 대한 민감성이 매우 무디어진다. 혀의 미뢰 수의 감소와 위축에 따라 미각의 감수성이 감퇴한다. 맛에 대한 역치threshold를 비교해 보면, 60세 이상의 노령에서는 30세 때보다 단맛은 2배, 짠맛은 3.5배, 신맛은 1.5배, 쓴맛은 3배 정도로 증가한다.

고통에 대한 감각도 매우 약화되어 보통은 매우 큰 질병인데도 통증을 별로 느끼지 못할 수도 있다. 갈증도 예민하게 느끼지 못하여 수분 섭취량이 부족하게 되고, 변비 또는 탈수현상이 일어나기 쉽다. 식욕 조절기능도 무디어진다.

④ 내분비계

노화에 따라 호르몬의 분비 및 배설 기능에 이상이 오고 표적세포의 감수성이 저하되는 등 평형을 유지하려는 능력이 약화된다. 갑상샘호르몬인 티록신의 분비량은 변동이 없으나 테스토스테론, 에스트로겐 등의 성호르몬과 알도스테론의 혈중 농도가 고령에서 감소한다. 부갑상샘호르몬의 분비는 약간 감소하나 표적조직의 감수성은 오히려 예민해진다. 췌장의 인슐린 분비능력이 감소하여 포도당 내성glucose tolerance이 떨어진다**표 9-4**.

표 9-4 연령에 따른 포도당 내구력의 변화

연령(세)	포도당 투여 1시간 후의 혈당량이 160mg/100mL 이상인 사람의 백분율(%)		
	남자	여자	전체
18~24	1	5	3
25~34	5	7	6
45~54	13	20	16
55~74	27	43	32
75~79	25	58	42

⑤ 기타

노인이 되면 표피에도 변화가 온다. 즉, 피부에 탄력이 없어지고 굵은 주름이 생기며 건조하고 광택이 없다. 이것은 피하지방조직이 감퇴하고 피지선, 땀샘이 위축되었기 때문이다. 그리고 색소의 침착 및 백색의 반점현상도 나타난다. 모발도 그 수가 줄어들며 멜라닌 색소의 생성도 감소하여 흰머리가 생기게 된다. 또한 치근의 위축으로 치아가 탈락된다.

3) 사회적·경제적·심리적 변화

성공적인 노년기의 요소에는 장수, 건강한 신체 및 삶에 대한 만족이 포함된다. 신체적·정신적 질병이나 장애의 위험이 적어 자율성 또는 자립성을 가지며, 경제적·사회적 수준에 만족해하고, 삶의 목적에 의미가 있어 자아실현을 느낄 때 건강한 장수가 가능해진다.

노인들은 대체로 심리적·행동적 불안으로 매우 위축되어 있다. 그 이유는 신체적 건강 약화, 질병 등에 따른 활동의 제약, 빈곤 또는 경제적 여유의 부족, 배우자 사망, 자녀와의 불편한 관계, 교우관계 부족, 사회활동으로부터 격리 및 그에 대한 불만과 좌절감, 생에 대한 욕구 감퇴와 우울, 과거에 대한 집착 때문이다. 우리나라 고령자 통계에 따르면 , 고령자의 가장 큰 어려움으로 경제적인 문제(38.6%)가 가장 많고, 다음은 건강문제(35.5%)이다. 농어촌 노인의 경우 건강문제가 가장 크며, 연령이 높아질수록 경제적 곤란보다는 건강문제가 증가하는 경향이 크며, 남자 노인에 비해 여자 노인은 경제적 곤란 외에 건강문제와 외로움이나 소외감 때문에 어려움이 더 크다.

2. 노화

1) 노화의 정의

노화老化, aging란 브리태니커 백과사전에 따르면 "유기체를 노쇠한 상태로 이끄는 점진적인 생리 변화, 또는 대사 스트레스에 대한 유기체의 적응 능력과 생체기능의 감퇴"라고 정의되어 있다. 하지만 보다 넓은 의미로서의 노화는 수정conception에서 시작되어 사망에 이르기까지 연속되는 과정으로, 가령加齡에 따라 신체 전반에 걸쳐 일어나는 기능적, 구조적 및 생화학적 변화로 정의될 수 있다. 따라서 노화는 가령현상이라고도 하며, 일생을 통한 보편성의 생물학적 자연현상으로 출생·성장·성숙 및 노쇠의 모든 과정을 포함한다.

사전적 정의처럼 노화는 노쇠현상을 가리킨다. 노쇠는 신체가 구조와 기능 면에서 질병, 상처 등의 퇴행성 변화로부터 회복되는 능력을 점차 상실해 가는 과정을 가리킨다. 이는 세포의 재생능력이 저하되고 활동세포 수가 감소하며, 그에 따른 체내 물질대사 장애의 결과로 나타난다. 노쇠현상은 이후 지속적으로 누적되어 백발, 주름, 근육 탄력 감소 등 임상적 징후가 중년기 이후부터 표출되기 시작한다.

노화속도는 개인에 따라 매우 차이가 나며, 한 개체 내 기관들도 서로 같은 속도로 노화하지 않는다. 더욱이 사람의 노화는 생물학적인 변화 이외에도 여러 가지 환경인자의 복합적인 영향을 받는다. 사회적·경제적 여건, 심리상태의 변화 등은 서로 영향을 미치고 상호 의존적으로 노화과정을 복잡하게 한다. 식사, 생활습관, 질병이나 사고, 신체의 사용 정도, 대기오염 등도 노화에 영향을 미친다. 따라서 개개인의 노화된 정도를 단순히 역연령으로 나타내는 것이 좋은 지표는 아니지만, 일반적으로 우리나라를 포함하여 국제적으로 65세 이상을 노인 인구로 규정하고 있다. 세계보건기구WHO는 노인 인구를 60세 이상으로 정하여 사용하고 있다.

⌛ 마라톤 경기기록과 노쇠 시작시기

사람은 언제부터 노화가 시작될까? 신체기관의 전반적인 기능 감소 시작을 노쇠 시작시기로 본다면 30세 전후로 제시된다. 그 근거의 하나로 마라톤 기록이 언급되는데, 마라톤 경주는 골격, 근육, 폐, 심장, 혈액 순환 등 신체 모든 기관이 총체적으로 작용하는 운동이기 때문이다. 마라톤 선수들의 연령과 경주기록을 표시한 다음 그림을 보면 30세 미만에서는 연령이 증가할수록 기록이 향상되다가 30세에 최고가 되고, 그 후 나이가 들어가면서 다시 기록이 떨어진다. 이는 신체기관의 전반적인 기능이 30세 이후부터 감퇴하며, 다시 말하면 노쇠가 시작되는 것으로 추정할 수 있다.

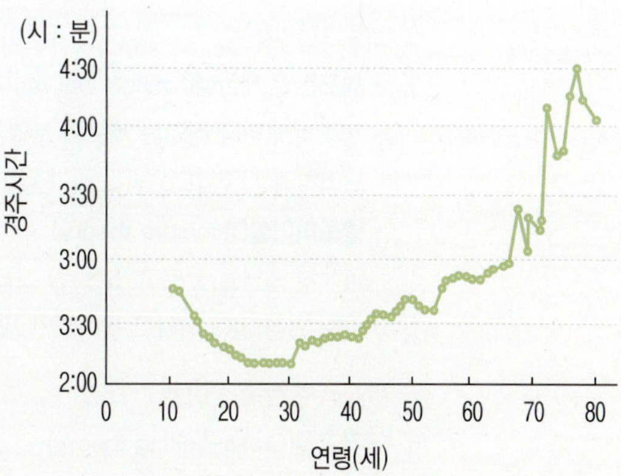

2) 노화 이론

사람은 왜 늙는 것일까? 노화의 원인이나 기제에 대해서 다양한 가설이 있지만, 일반적으로 유전적 요인에 의해 예정되어 있다는 프로그램 이론과 환경적 요인들에 의한 누적적 손상효과 이론으로 나뉠 수 있다. 프로그램 이론에는 세포분열 제한설, 텔로미어설 등이 있으며 누적적 손상효과 이론에는 유해산소 이론, 가교설 등이 있다. 그러나 이러한 이론들은 노화의 기능적·형태적 측면 등 일부분에 대해서 설명하고 있을 뿐, 노화의 전반적인 현상에 대해 포괄적으로 정의하지는 못한다.

(1) 세포분열 제한설Limited cell replication theory

생물이나 장기 등에 따라 세포의 분열횟수가 정해져 있으며Hayflick's limit 그 후에는 세포가 노쇠하여 죽는다는 이론으로서, 세포의 분열횟수는 세포 내 유전자 코드에 의해 결정된다고 추정한다. 인체 세포의 반복 분열횟수는 40~60회로 일반 세포의 평균 생명주기가 2년이므로 사람의 나이는 120세가 한계이며 따라서 능히 120세까지 살 수 있다고

노화 이론

프로그램 이론

- **세포분열 제한설(Limited cell replication theory)**
  개개 생물이나 장기는 세포의 분열횟수가 정해져 있으며(Hayflick's limit) 분열횟수를 다 채우면 세포가 노쇠하여 사멸함으로써 노화가 일어난다는 이론
- **텔로미어설(Telomere theory)**
  염색체 말단을 두르고 있는 긴 꼬리 모양의 핵산 부위인 텔로미어가 세포분열이 거듭할수록 점차 짧아져 일정 길이 이하로 짧아지면 세포분열이 중단되고 노화가 일어난다는 이론

누적적 손상효과 이론

- **가교설(Cross-linking theory)**
  결합 단백질의 분자 내 가교결합(cross-linkage)이 노화의 원인이 된다는 이론
- **유해산소 이론(자유래디칼설, Free radical theory)**
  체내의 정상적인 산화과정이나 자외선, 담배연기 같은 외부요인에 의해서 생성되는 유해산소가 과잉으로 생성될 때 세포막이나 염색체, 단백질 등에 손상을 줌으로써 노화와 함께 암, 동맥경화증 등의 질병을 일으킨다는 이론

추산한다. 그러나 인체 세포 중에서 척수, 뇌, 신경세포들은 재생 기능이 없으며, 아직까지 120세 넘게 산 사람이 없고 늙어서 죽는 경우보다 만성질환이 겹쳐서 죽는 경우가 많아, 이 이론은 증명되기 어려운 점이 있다.

(2) 텔로미어설Telomere theory

텔로미어는 염색체 말단을 두르고 있는 긴 꼬리 모양의 핵산 부위인데, 세포가 분열을 거듭할수록 점차 짧아지고, 분열횟수가 일정한 수에 도달하여 텔로미어가 어느 길이 이하로 짧아지면 세포분열이 중단되고 노화되어 죽게 된다는 이론이다. 텔로미어의 길이는 앞으로 몇 회를 분열하고 사망할 것인가를 나타내므로 노화의 정도를 가늠할 수 있는 생체 내 분자시계molecular clock 또는 노화시계clock of aging인 셈이다. 그런데 텔로미어의 짧아진 길이를 복원시키는 텔로머라제telomerase라는 효소가 있어 이 효소의 활성이 높아지면 텔로미어의 길이는 그대로 유지되어 세포의 노화가 지연될 수 있다. 다른 세포와는 달리 골수 안의 줄기세포나 남자의 정자가 계속 분열하고 만들어지는 이유는 바로 텔로머라제의 활동 때문이다. 만약 분열이 멈춘 인체 세포에 텔로머라제를 발현시켜 텔로미어를 젊었을 때의 길이로 회복시켜 준다면, 젊은 세포로 돌아가 다시 분열할 수 있을 것으로 예측된다. 암세포는 텔로머라제의 역할로 죽지 않고 지속적으로 분열할 수 있다고 한다.

(3) 가교설Cross-linking theory

심장·폐·근육·혈관의 결합조직인 콜라겐 등의 단백질 분자 사이에 비가역적인 가교결합cross-linkage이 일어나서 세포 내 물질이동, 단백질합성, 면역기능 등에 이상이 초래되어 조직이나 기관의 기능이 쇠퇴한다는 이론이다.

(4) 유해산소 이론(자유래디컬설Free radical theory)

유해산소란 불안정한 상태로 변화한 산소 자유래디컬의 하나로서 체내에서 필요한 정상적인 산화과정의 부산물로서 생성되며, 방사선·공해·자외선·담배연기 같은 외부요인에 의해서도 생성된다. 유해산소는 우리 몸의 중요한 세포막이나 염색체, 단백질 등을 변형시켜 손상을 준다. 노화현상은 물론 암, 동맥경화증, 백내장, 치매, 심장병 등 많은 질환도 유해산소의 과잉생산으로 생긴다. 젊은 시절에는 어느 정도의 유해산소가 발생해도 인체에서 스스로 SODsuperoxide dismutase, 글루타티온 퍼옥시다아제glutathione peroxidase, 카탈라아제catalase 같은 효소가 분비되어 유해산소를 없애주지만, 나이가 들면 이들의 생성도 점차 줄어들게 되어 더 이상 세포를 보호하기 힘들어진다. 유해산소 또는 자유래디컬을 환원시키거나 생성을 억제할 수 있는 항산화제인 비타민 E, 비타민 C, 베타-카로틴 등이 수명을 연장시킬 수 있으며, 마우스에게 자유래디컬 생성 억제제인 BHTbutylated hydroxytoluene를 투여했을 때 수명이 증가했다는 보고가 있다. 혈액 등 여러 조직 중 지질 과산화물 함량이 가령에 따라 증가했다는 연구들도 이 이론을 지지한다.

3) 열량 섭취와 수명

다양한 동물실험을 통해, 미량영양소를 충족시킬 때 열량 공급의 제한이 수명을 연장시킬 수 있다는 것이 보고되었다. 1930년 대에 처음으로 맥케이 McCay 등이 쥐에게 열량 공급을 제한했더니 노화가 지연되어 수명이 길어졌으며, 이는 성장발달이 지연되었기 때문이라고 발표하였다. 이후 여러 연구에 따르면, 성장발달이 끝난 후부터 열량 섭취를 제한했을 때도 쥐의 수명이 연장되었는데, 이는 체내 대사율의 감소, 호르몬 작용의 변화, 면역기능 감소의 지연 등이 수명 연장에 영향을 미친 것으로 제시되었다.

한 연구그림 9-7는 성장기 이후부터 열량 섭취를 제한한 것이 성장기에 열량 섭취를 제한한 경우에 비해 수명연장 효과가 더 컸으며, 성숙기 이전의 열량 섭취의 제한은 성장의 지연 및 구조적·기능적·행동적 결함을 일으키며, 성장기 이후의 열량 제한도 개체에 따라서는 반 굶주림의 상태와 그에 따른 질병 저항력의 감소 등을 나타냈다고 보고하였다.

사람도 열량 섭취가 낮은 경우 수명이 길어졌다는 연구들이 보고되었다.

중년 간호사 및 하버드대학교 동창생 11,500명을 대상으로 한 연구에서 체질량지수가 정상범위보다 낮을 때 상대적으로 더 건강하고 사망률이 낮게 나타났다.

스페인에서 수행된 3년간 연구는 노인의 식사량 제한이 질병 발생률을 감소시켰음을 보고하였다. 양로원에 사는 건강한 노인들을 120명씩(남자 60명, 여자 60명) 두 그룹으로

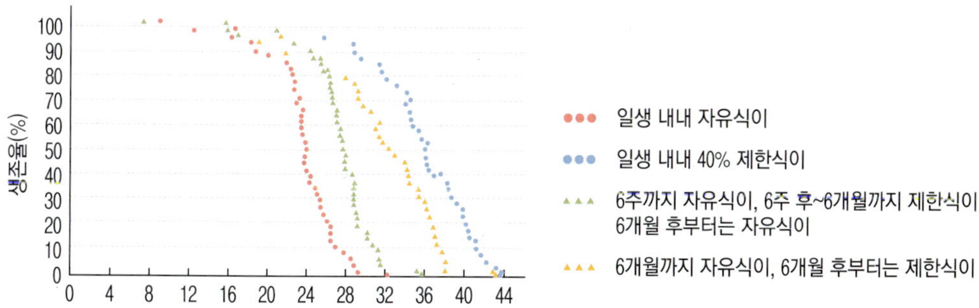

그림 9-7 열량섭취 제한 시기가 수명에 미치는 영향

나누고 한 그룹에는 매일 2,300kcal, 50g의 단백질과 40g의 지질이 함유된 식사를 홀수일에 주고, 짝수일에는 1L의 우유와 500g의 신선한 과일만을 주었다. 다른 그룹에게는 우유와 과일을 주지 않고 홀수일의 식사를 짝수일에도 주었다. 이러한 식사를 3년간 한 결과, 식이를 제한 공급한 노인들이 더 건강하여 총 123일을 병원에서 보냈고 6명이 사망하였다. 그러나 식이를 제한하지 않은 노인들은 총 219일을 병원에서 보냈으며 13명이 사망하였다.

일본의 100세 이상의 장수자들이 집중되어 있는 오키나와 주민들은 일본인의 평균치보다 20% 정도 적은 열량을 섭취하였고 녹황색 채소와 어류를 많이 먹고 있었음이 관찰되었다. 또한 우리나라의 장수 지역인 예천, 상주, 거창, 영광, 함평, 보성, 담양, 곡성, 구례 및 제주에 거주하는 100세 이상 노인 72명을 대상으로 조사한 결과, 영양적 균형도가 상당히 높고 열량은 권장량의 81% 정도가 되는 식사를 규칙적이고 일정한 양으로 하루 3끼 섭취하고 있었다. 이들은 된장, 고추장 등의 장류와 채소, 해조류, 과일, 버섯, 생선류를 좋아하며 자주 섭취하였다.

한편 노인의 심한 저체중은 사망률을 높이고 50세 이후 10% 이상의 체중감소는 허약, 신체적 불능, 건강상태 악화 등과 관련 있다는 보고도 있다.

그러므로 노인의 건강유지와 수명연장을 위해서는 유전성, 기후, 신체활동 등의 영향도 함께 고려해야 하지만 식사량 또는 열량 섭취가 결코 과하지 않으며 규칙적으로 식사하는 것이 바람직함을 알 수 있다.

3. 노인의 영양소 섭취기준

노인은 연령이 증가함에 따라 생리기능과 일상 활동량이 감소하므로 에너지 및 영양소 필요량이 젊은 성인에 비해 낮아진다. 우리나라의 노인을 위한 영양섭취기준은 65~74세와 75세 이상의 두 군으로 나누어 책정되어 있다.

1) 에너지 및 다량영양소

(1) 에너지

에너지 소비량은 기초대사량, 신체 활동량, 일의 효율에 따라 좌우되는데, 노인의 경우 일의 효율이 저하되지만**표 9-5** 기초대사량과 신체 활동량이 상당히 감소해 전체 에너지 필요량은 적어진다. 기초대사량은 대체로 35~55세에는 매 10년 증가에 따라 5%, 55~75세에서는 매 10년 증가에 따라 8%, 75세 이상에서는 매 10년 증가에 따라 10%가 감소하여, 80세 때는 30세 때보다 약 300kcal 정도 감소한다. 사회활동으로부터 은퇴, 가사 참여도의 감소, 여가활동 범위의 축소, 질병에 의한 활동의 부자유 등의 이유로 노인들은 신체 활동량이 감소하게 된다. 남자는 은퇴 직후 신체 활동량의 감소로 열량 소비량이 갑자기 400kcal 정도 저하하는 것으로 알려졌다.

표 9-5 표준운동에 소모되는 평균 열량(kcal/min)의 연령에 따른 차이

운동	청년(20~30세)	노인(55~67세)	차이
가벼움(arm ergometer)	4.12	4.36	5.8%
보통(treadmill)	5.72	6.68	16.8%
심함(treadmill)	7.04	8.50	20.7%

자료 : Albanese AA, 1980

우리나라는 **표 9-6**과 같이 65세 이상의 노인 에너지필요추정량은 남자 65~74세 2,000kcal, 75세 이상 1,900kcal, 여자 65~74세 1,600kcal, 75세 이상 1,500kcal로 정하였다.

표 9-6 노인의 체위, 에너지 및 다량영양소 섭취기준

연령(세)		신장(cm)	체중(kg)	에너지 (kcal)	단백질 (g)		식이섬유 (g)	수분 (mL)
				EER	EAR	RNI	AI	AI(액체)
남자	65~74	166.2	62.4	2,000	50	60	25	2,100 (1,000)
	75 이상	163.1	60.1	1,900	50	60	25	2,100 (1,100)
여자	65~74	152.9	50.0	1,600	40	50	20	1,800 (900)
	75 이상	146.7	46.1	1,500	40	50	20	1,800 (1,000)

EER(Estimated Energy Requirements) : 에너지필요추정량, EAR(Estimated Average Requirements) : 평균필요량, RNI(Recommended Nutrient Intake) : 권장섭취량, AI(Adequate Intake) : 충분섭취량

자료 : 보건복지부 · 한국영양학회, 2020 한국인 영양소 섭취기준, 2020

(2) 단백질

단백질 필요량에 영향을 주는 단백질 대사 속도와 효율이 모두 노년에서 저하하며, 체내 총 질소량도 성인에 비해 감소한다**표 9-7**. 이는 체세포 수의 감소에 의한 것으로, 노인의 단백질 필요량이 감소함을 의미한다. 한편 노인에게 빈번한 감염, 소화기관의 기능 저하, 만성 질병은 식이 단백질의 체내 이용률을 감소시키며, 질소 손실은 증가시킨다. 또한 노인의 단백질 섭취 부족은 근육 감소, 뼈의 약화, 면역력 저하, 상처 치유 지연 등으로 이어질 수 있으므로 체중당 단백질 필요량은 성인과 동일하게 보았다. 우리나라 영양소 섭취기준에서 단백질의 평균필요량은 65세 이상 남자 노인 50g, 여자 노인 40g으로 하고, 권장섭취량은 남자 노인 60g, 여자 노인 50g으로 정하였다.

(3) 탄수화물과 식이섬유

탄수화물의 만성적 과잉 섭취는 음식의 부피 증가로 위에 부담을 주고, 포도당내구력이 저하된 노인에서는 당뇨병 유발의 원인이 될 수 있으며, 혈중 중성지방 농도를 상

표 9-7 연령 증가에 따른 체내 질소량의 변화

연령군	체내 총 질소량(g)	체중당 질소(g/kg)
성인(25세)	1,320	18
노인(65~70세)	1,070	15

승시킬 수 있으므로 지나치게 먹지 않도록 한다. 탄수화물 섭취량은 총에너지 섭취량의 55~65%를 권장하고 있으므로 65%를 넘지 않도록 한다. 노인은 치아 탈락, 미각의 감퇴, 외로움 등으로 단맛이 강한 음식을 좋아한다. 그러나 동량의 에너지 급원이라도 당류는 전분에 비해 혈중 지질 농도를 증가시키므로 주의해야 한다. 총 당류 섭취량은 총 에너지 섭취량의 10~20%로 제한한다.

식이섬유는 변비의 완화, 혈청 콜레스테롤의 저하, 당 내구력의 개선, 유독성 유기물질의 흡착 및 희석 등의 효과가 있으므로 심혈관계 질환, 대장암, 당뇨병에 대한 위험률을 감소시킨다. 노인들은 저작 불편 등의 이유로 채소·과일을 기피하는 경향이지만 가급적 신선한 과일, 채소, 해조류, 부드러운 두류제품을 많이 섭취하여 식이섬유를 충분히 섭취하도록 한다. 우리나라에서는 식이섬유를 충분섭취량으로서 노인 남자 25g, 노인 여자 20g을 권장하고 있다.

(4) 지질

지질은 맛이 부드럽고 풍미가 있어 식욕을 돋우므로 노인에게 총 에너지 섭취량의 15~30%의 지질 섭취를 권장하고 있다**표 9-8**. 그러나 노령에는 담즙 및 리파아제 분비가 저하하여 지질의 소화·흡수가 약간 지연될 수 있으므로 과잉 섭취하지 않도록 주의해야 한다. 또한 지질의 과잉 섭취는 동맥경화 및 뇌·심장혈관 질환의 위험률을 높일 수 있으므로 유의한다. 지질을 종류별로 구분하여 리놀레산, 알파-리놀렌산, EPA+DHA의 충분섭취량을 **표 9-8**과 같이 설정하였다. 만성질환 위험감소를 위하여 포화지방산은 총에너지의 7% 미만, 트랜스지방은 총에너지의 1% 미만, 콜레스테롤은 1일 300mg 미만을 섭취하도록 권고한다.

표 9-8 노인기 지질 충분섭취량

연령(세)		지방(에너지적정비율, %)	리놀레산(g)	알파-리놀렌산(g)	EPA+DHA(mg)
남자	65~74	15~30	7.0	1.2	310
	75 이상	15~30	5.0	0.9	280
여자	65~74	15~30	4.5	1.0	150
	75 이상	15~30	3.0	0.4	140

자료 : 보건복지부·한국영양학회, 2020 한국인 영양소 섭취기준, 2020

(5) 수분

노인의 체내 총 수분량이 성인보다 적으므로 수분 필요량 역시 성인보다 적다. 그럼에도 노인들은 대체로 습관적 또는 식욕감퇴 및 갈증에 대한 감각의 둔화 등의 이유로 수분을 적정량보다 부족하게 섭취하며 탈수의 위험도 있다. 수분 섭취는 노인들이 잘 씹지 못하는 음식을 잘 내려가게 하며 배변과정에 도움을 주므로, 되도록 수분을 많이 섭취하는 것이 좋다. 우리나라는 수분의 충분섭취량으로서 노인 남자 2,100mL, 노인 여자 1,800mL를 권장하고 있다. 이 중에서 900~1,100mL를 물이나 음료 등의 액체로 마실 것을 권장하므로 매일 6~8컵의 물을 마시는 것이 좋다.

2) 무기질

(1) 칼슘과 인

노인은 성인에 비해 칼슘의 소변 손실이 증가하고 흡수율이 감소한다. 흡수율의 감소는 신장 네프론 수 감소에 의해 25-OH 비타민 D_3의 활성화가 감소하기 때문이다. 또한 옥외 신체활동 부족, 칼슘 섭취 감소에 대한 적응력 저하 등도 노인의 칼슘평형을 음(-)으로 만든다. 특히 폐경기 이후 여자 노인에서 골다공증과 골절의 발생 위험률이 높으므로, 노인의 충분한 칼슘 섭취는 체내 최대 골질량 형성과 골격 손실 억제를 통해 골다공증 예방 및 치료에 도움을 준다. 따라서 노인의 칼슘 권장섭취량은 65세 이상 남자는 700mg, 여자는 800mg으로 책정되었다**표 9-9**.

그런데 최근 골다공증 예방이나 치료 등의 이유로 칼슘제제의 복용이 빈번하여 과잉섭취의 우려가 있다. 칼슘의 과잉 섭취는 신장결석, 우유-알칼리증후군의 위험성을 증가시킬 수 있고, 칼슘과 상호작용하는 다른 무기질의 대사 이상 등을 유발할 수 있으므로 2,000mg의 상한섭취량을 정하였다.

노인이 복용하는 약물 중 코티코스테로이드, 알루미늄을 함유한 제산제, 이소니아지드, 테트라사이클린 등과 만성적 알코올 섭취는 칼슘 손실을 야기하므로 노령에서의 뼈 손실을 촉진한다. 노인을 대상으로 이러한 약물복용을 처방하는 의사는 칼슘의 추가 섭

표 9-9 노인의 무기질 섭취기준

연령(세) \ 구분		칼슘(mg)			인(mg)			나트륨(g)		염소(g)	칼륨(g)	마그네슘(mg)		
		EAR	RNI	UL	EAR	RNI	UL	AI	CDRR	AI	AI	EAR	RNI	UL*
남자	65~74	600	700	2,000	580	700	3,500	1.3	2.1	2.1	3.5	310	370	350
	75 이상	600	700	2,000	580	700	3,000	1.1	1.7	1.7	3.5	310	370	350
여자	65~74	600	800	2,000	580	700	3,500	1.3	2.1	2.1	3.5	240	280	350
	75 이상	600	800	2,000	580	700	3,000	1.1	1.7	1.7	3.5	240	280	350

연령(세) \ 구분		철(mg)			아연(mg)			구리(μg)			불소(mg)		망간(mg)		요오드(μg)		
		EAR	RNI	UL	EAR	RNI	UL	EAR	RNI	UL	AI	UL	AI	UL	EAR	RNI	UL
남자	65~74	7	9	45	8	9	35	600	800	10,000	3.1	10	4.0	11	95	150	2,400
	75 이상	7	9	45	7	9	35	600	800	10,000	3.0	10	4.0	11	95	150	2,400
여자	65~74	6	8	45	6	7	35	460	600	10,000	2.5	10	3.5	11	95	150	2,400
	75 이상	5	7	45	6	7	35	460	600	10,000	2.3	10	3.5	11	95	150	2,400

연령(세) \ 구분		셀레늄(μg)			몰리브덴(μg)			크롬(μg)
		EAR	RNI	UL	EAR	RNI	UL	AI
남자	65~74	50	60	400	23	28	550	25
	75 이상	50	60	400	23	28	550	25
여자	65~74	50	60	400	18	22	450	20
	75 이상	50	60	400	18	22	450	20

* 식품외 급원의 마그네슘에만 해당
EAR : 평균필요량, RNI : 권장섭취량, AI : 섭취충분량, UL : 상한섭취량, CDRR : 만성질환 위험감소 섭취량
자료 : 보건복지부·한국영양학회, 2020 한국인 영양소 섭취기준, 2020

취를 권장해야 한다.

인P은 체내 대사와 기능 면에서 칼슘과 밀접한 관련이 있으므로 같은 수준인 700mg의 섭취를 권장하고 있다. 칼슘 섭취에 비해 인의 섭취가 높으면 칼슘의 흡수를 방해하고 혈청 칼슘 농도를 일시적으로 감소시키며 뼈조직의 칼슘 방출 및 이에 따른 골다공증의 발생을 촉진할 수 있다. 칼슘과 인의 섭취비율이 2:1일 때 칼슘의 이용 및 뼈 형성이 가장 좋았다는 동물실험 보고가 있으나, 사람의 경우 이러한 효과도 확실치 않고 실제 식생활

에서 이러한 비율의 섭취가 가능하지 않으므로 칼슘과 인의 비율을 1:1로 권장하고 있다. 대체로 인의 섭취가 칼슘에 비해 너무 높으므로 주의해야 한다.

(2) 나트륨과 칼륨

미각이 둔화된 노인은 성인에 비해 더욱 짜게 먹게 된다. 나트륨의 과잉 섭취는 노인에게 빈번한 고혈압, 심장병의 중요 위험 요소이므로 가급적 싱겁게 먹고 신선한 식품을 많이 먹고 가공식품 섭취를 줄여서 나트륨 섭취를 만성질환 위험감소 섭취량에 가까워지도록 해야 한다. 칼륨의 경우 바람직한 식사의 나트륨과 칼륨의 몰mole 비는 1:1이고 노인은 성인에 비해 에너지 섭취량이 적으나 고혈압 위험도가 증가하므로 고혈압 예방을 위한 섭취량을 반영하여 성인과 동일하게 충분섭취량으로 3.5g으로 정하였다.

(3) 철과 아연

철 필요량은 철 손실량, 흡수율, 체내 저장상태 등에 의해 좌우된다. 노인은 철손실량이 성인에 비해 낮으며, 간과 골수의 철 저장량과 혈중 페리틴 농도가 높다. 특히 여자는 월경이 끝난 후부터 서서히 증가하여 60~79세에 체내 철 농도가 가장 높아진다. 그러나 노인이 되면 헴heme 철의 흡수율은 감소하지 않으나 비헴nonheme 철은 위산 분비가 감소해 흡수율이 저하된다. 또한 흡수된 철을 체내에서 효율적으로 이용하지 못한다. 노인의 적혈구 생성은 비효율적이며, 빈번한 소화기관의 출혈에 의한 만성적인 혈액손실, 무산증, 위장절제 수술, 만성적 설사 및 지방변 등은 철의 손실을 증가시키고 흡수율을 더욱 떨어뜨린다. 더욱이 노인의 식생활은 철 공급이 불량해지기 쉽다. 따라서 노인의 철 섭취 기준은 평균 필요량은 남자 7mg, 여자 65~74세는 6mg, 75세 이상은 5mg으로, 권장섭취량은 남자 9mg, 여자 65~74세는 8mg, 75세 이상은 7mg으로 정하였다**표 9-9**.

아연의 섭취 기준량은 체내 적정 저장량 유지를 위한 섭취 수준으로 하였으며, 권장섭취량으로 남자 노인 9mg, 여자 노인 7mg, 상한섭취량으로 35mg을 정하였다.

3) 비타민

(1) 지용성 비타민

대체적인 식사 불량에 따른 미량영양소의 섭취 부족을 우려하여 노인의 비타민 A와 E의 섭취기준은 성인과 비슷한 수준이며, 비타민 D는 성인의 1.5배로 책정되었다**표 9-10**.

비타민 A는 노령에서 흡수율이 증가하고 간에서의 대사율이 낮아지므로 젊은 성인에 비해 적은 양을 섭취해도 결핍증상이 잘 나타나지 않는다. 또한 노인의 시력이 비타민 A의 결핍이나 보충과는 관련성이 나타나지 않는다. 따라서 노인의 평균필요량을 남자 65~74세 510μgRAE, 75세 이상 500μgRAE, 여자 65~74세와 75세 이상은 동일하게 410μgRAE로 정하였다. 권장섭취량은 노인 남녀 각각 700μgRAE, 600μgRAE로서 성인에 비해 약간 낮게 책정하였다. 그러나 특히 베타카로틴은 항산화제로서 노화 관련 질병의 발생을 지연시킬 가능성이 있으므로 충분한 섭취가 바람직하다. 반면, 노인은 비타

표 9-10 노인의 비타민 섭취기준

연령(세) \ 구분		비타민 A (μgRAE)			비타민 D (μg)		비타민E (mgα-TE)		비타민 K(μg)	비타민 C (mg)			티아민 (mg)	
		EAR	RNI	UL	AI	UL	AI	UL	AI	EAR	RNI	UL	EAR	RNI
남자	65~74	510	700	3,000	15	100	12	540	75	75	100	2,000	0.9	1.1
	75 이상	500	700	3,000	15	100	12	540	75	75	100	2,000	0.9	1.1
여자	65~74	410	600	3,000	15	100	12	540	65	75	100	2,000	0.8	1.0
	75 이상	410	600	3,000	15	100	12	540	65	75	100	2,000	0.7	0.8

연령(세) \ 구분		리보플라빈 (mg)		니아신 (mgNE)				비타민 B_6 (mg)			엽산 (μgDFE)[3]			비타민 B_{12} (μg)		판토텐산 (mg)	비오틴 (μg)
		EAR	RNI	EAR	RNI	UL[1]	UL[2]	EAR	RNI	UL	EAR	RNI	UL	EAR	AI	AI	AI
남자	65~74	1.2	1.4	11	14	35	1,000	1.3	1.5	100	320	400	1,000	2.0	2.4	5	30
	75 이상	1.1	1.3	10	13	35	1,000	1.3	1.5	100	320	400	1,000	2.0	2.4	5	30
여자	65~74	0.9	1.1	10	13	35	1,000	1.2	1.4	100	320	400	1,000	2.0	2.4	5	30
	75 이상	0.8	1.0	9	12	35	1,000	1.2	1.4	100	320	400	1,000	2.0	2.4	5	30

[1]니코틴산(mg/일) [2]니코틴아미드(mg/일) [3] Dietary folate equivalents

EAR : 평균필요량, RNI : 권장섭취량, UL : 상한섭취량, AI : 충분섭취량

자료 : 보건복지부 · 한국영양학회, 2020 한국인 영양소 섭취기준, 2020

민 A 보충제를 권장량의 2~3배 정도만 섭취해도 간에 손상을 줄 수 있으므로 과잉 섭취하지 않도록 주의해야 한다. 비타민 A의 상한섭취량을 3,000μgRAE로 정하였다.

노인은 피부에서 비타민 D 전구체의 합성 능력이 감소하고 활동의 제약으로 자외선에 노출될 기회가 적다. 신장에서도 1,25-$(OH)_2$ 비타민 D의 합성능력이 감소하고, 장의 노화로 1,25-$(OH)_2$ 비타민 D에 의한 칼슘의 흡수 기능도 떨어진다. 또한 비타민 D의 부족은 골다공증의 위험률도 높인다. 노인에게 18개월간 매일 10~20μg의 비타민 D를 보충시킨 결과 척추와 엉덩이뼈 골절률이 30~40% 감소했다는 임상연구가 있다. 비타민 D의 부족은 심혈관계 질환, 당뇨병, 일부 암 등의 발병 위험을 증가시킬 가능성도 있다. 따라서 노인의 비타민 D 섭취기준은 충분섭취량으로서 성인의 1.5배인 15μg으로 정하였다.

(2) 수용성 비타민

노인의 모든 수용성 비타민의 섭취기준은 성인과 비슷한 수준으로 책정되었다**표 9-10**. 비타민 B_6의 결핍은 면역체계기능과 관련 있으며 또한 비타민 B_{12}가 호모시스테인homocysteine 대사에 관련되므로, 노인에서 이들의 충분한 섭취가 필요하다. 호모시스테인은 심장질환이나 뇌졸중의 위험인자로 알려졌는데, 이들 비타민의 섭취가 부족할 때 혈중 농도가 증가하게 된다.

비타민 B 복합체와 비타민 C 및 E를 노인에게 보충했을 때 일반적으로 활력이 개선됐으며 노쇠 및 뇌동맥경화에 따른 여러 증상도 완화됐다는 보고가 있다. 그러나 보충효과는 개인의 차가 매우 크고 확증되지 않았으며 독성작용도 보고되어 있으므로 무분별한 영양보충제의 과량 섭취는 피하도록 한다.

4. 노인의 영양위험요인 및 영양실태

1) 영양위험요인

노화에 수반되는 여러 생리적·사회적·경제적·심리적 변화들은 대개 노인의 식품 섭취에 불리하게 작용하며, 서로 영향을 끼쳐 여러 가지 영양문제 발생의 악순환을 반복하게 한다. 노인의 영양상태를 불량하게 하는 주요 인자들과 인자들 사이의 상호작용이 **그림 9-8**에 제시되었다. 특히 잦은 감염과 만성질환으로 노인은 한 가지 이상의 약물을 복용하는 경우가 많다. 장기적인 복용인 경우 약물은 종류에 따라 식욕 감퇴, 미각 변화, 변비, 설사, 메스꺼움, 소화흡수율 저하, 체내 대사이용률 감소 등의 부작용을 가져올 수 있어 영양상태에 나쁜 영향을 줄 수 있다.

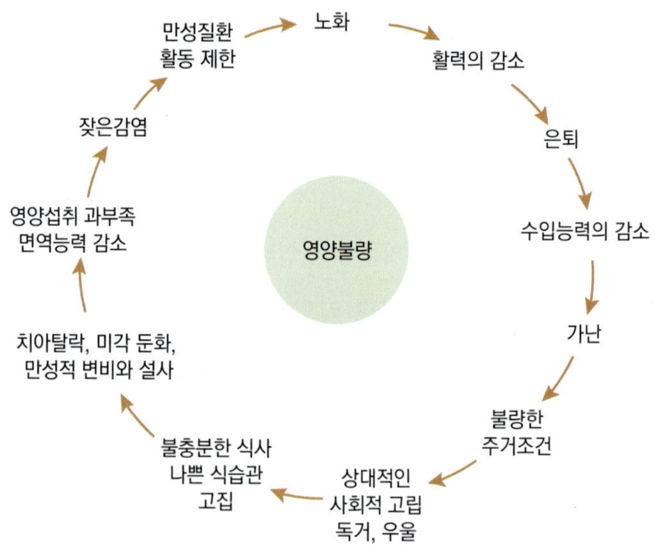

그림 9-8 노년기의 영양위험요인과 상호작용

노인들은 생소한 식품의 배척, 극단적인 식품기호, 영양에 관한 무지와 무관심 등으로 식습관이 더욱 불량해지기 쉽다. 그러나 노인의 식습관 개선은 특유의 보수성과 고집으로 매우 어렵다. 지나친 식습관 교정의 강요는 오히려 식욕을 더욱 저하할 수 있으므로, 개개 노인의 식습관과 기호를 최대한 존중하여 식욕을 증진시키면서 균형 잡힌 영양 공급을 하는 것이 현명하다.

2) 영양실태

우리나라 노인의 2019년 국민건강영양조사 결과를 보면**표 9-11**, 전반적인 영양섭취 부족율은 16.3%로서 노인 여자가 남자보다 높았으며 에너지/지방 과잉섭취율은 평균 1.3%였다. 노인의 영양상태는 노인 여자가 남자보다, 독거노인이 비독거노인보다 더 불량하였다**그림 9-9**.

노인의 영양섭취 불량은 식사량의 부족이 주요 원인으로서 2019년도 19세 이상 성인의 총 식품 섭취량이 1일 평균 1,609g인 데 반해 노인은 1,221g이었다. 특히 육류, 어패류, 난류, 우유 등의 동물성 식품의 섭취량은 257.8g으로 성인 345.7g의 75%에 불과하였다.

표 9-11 우리나라 65세 이상 노인의 영양 섭취 실태

	영양섭취 부족 비율[1]	에너지/지방 과잉섭취 비율[2]
전체	16.3	1.3
남자	14.0	1.6
여자	18.1	1.1

[1] 에너지 EER 75% 미만이고 칼슘, 철, 비타민 A, 리보플라빈 모두 EAR 미만인 경우
[2] 에너지 EER 125% 이상이고 지방에너지구성비가 상한선을 초과한 경우
자료: 보건복지부 · 질병관리본부, 2020

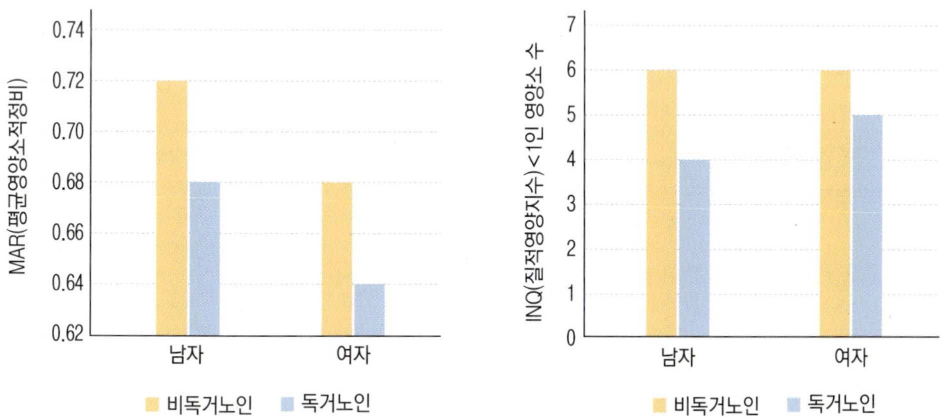

그림 9-9 독거 여부에 따른 남녀 노인의 질적 영양상태 비교

자료 : 오지홍 · 정복미, 2019

5. 노인기 질환

노인의 질병 이환은 거동의 부자유 등 각종 활동장애를 유발하고 생리적 및 병적 노화를 가속해 수명을 단축시키는 결정적 인자이다. 2019년 국민건강영양조사 결과에 따르면 65세 이상 노인의 연간 만성질병 유병자율을 보면 고혈압이 64.4%로서 가장 높고, 다음이 고콜레스테롤혈증, 당뇨병, 만성신장질환의 순이었다**표 9-12**. 대부분의 만성질환 유병자율은 노인 여자가 남자보다 높다. 2014년 65세 이상 노인의 사망원인 통계를 보면 1위는 암이었고, 다음이 뇌혈관질환, 심장질환, 당뇨병, 만성 하기도질환(기관지염, 천식, 폐기종 등 호흡 장애를 일으키는 폐질환 총합)의 순이었다.

노인의 질병은 노화에 따른 생리적 변화, 두 가지 이상 질병의 공존, 알코올 중독, 복합적인 약물 복용 등의 영향을 받아 질병의 증상이나 진행이 전형적인 패턴에서 벗어나고 복잡해지기 쉽다. 따라서 노인의 질병은 이러한 점에 유의해서 치료, 관리해야 한다.

표 9-12 우리나라 노인의 주요 질환 유병률

(단위: %)

질병	30세 이상 전체	65세 이상		
		전체	남자	여자
고혈압	32.9	64.4	59.4	68.2
당뇨병	14.5	29.0	30.1	28.2
만성 신장질환(중등도 이상)	11.4	27.0	27.7	26.4
빈혈	8.9	20.4[1)]	18.5[1)]	21.7[1)]
고콜레스테롤혈증	25.8	38.9	28.3	47
고중성지방혈증	14.4	11.8	13.5	10.5

[1)] 70세 이상

자료 : 보건복지부 · 질병관리본부, 2020

1) 저체중과 비만

우리나라 노인의 체중 상태는 비만뿐만 아니라 저체중 비율도 낮지 않다. 2019년도 저체중은 70세 이상 노인 남자 4.9%로서 노인 여자 3.4%보다 높고, 비만은 70세 이상 노인 여자에서 37.0%로 남자 30.4%보다 높다표 9-13. 저체중과 체중과다는 모두 여러 건강상의 문제를 일으키므로 지속적인 관리가 필요하다.

표 9-13 우리나라 노인의 저체중과 체중과다 비율

(단위: %)

	저체중			비만		
	전체	남자	여자	전체	남자	여자
70세 이상	4.0	4.9	3.4	34.3	30.4	37.0
19세 이상 전체	4.3	2.3	6.3	34.4	41.4	27.3

판정기준(BMI) : 저체중 < 18.5, 비만 ≥ 25

자료 : 보건복지부·질병관리본부, 2020

2) 고혈압 및 이상지질혈증

심장 및 대동맥과 세동맥의 기능적 감퇴로 55세 이후부터 수축기 혈압이 증가하고 외직 스트레스가 가해지면 고혈압이 발생되어 노인의 빈번한 사망원인이 된다. 고혈압과 이상지질혈증은 특히 심근경색, 뇌경색, 사지의 괴저, 복대동맥류 등을 초래한다. 특히 뇌경색 등의 뇌혈관질환은 후유증으로 지체장애 및 언어장애, 즉 뇌졸중(중풍)이 나타나 활동에 큰 제한을 주게 되므로 노인 환자 본인은 물론 가족·사회에까지 심각한 문제를 일으키는 질병이다. 우리나라 65세 이상 노인의 2019년 고혈압 유병률 64.4%, 고콜레스테롤혈증 유병률 38.9%, 고중성지방혈증 유병률 11.8%로 조사되었다표 9-12. 고혈압 및 이상지질혈증은 그 예방과 치료가 식생활과 관련이 깊다. 균형 있는 영양 섭취, 나트륨 섭취 제한, 칼륨의 충분 섭취, 지질의 섭취량과 P/M/S비 및 n-3계 다가 불포화지방산의 조절, 단순당 제한이 필요하다. 이 외에 비타민 A, C, E의 충분한 섭취가 바람직하다.

3) 당뇨병

우리나라 65세 이상 노인의 당뇨병 유병률은 2019년 29.0%로 동맥경화증, 신경염, 관절염, 백내장 등의 합병증을 유발한다. 노인의 당뇨병은 대부분 인슐린비의존성NIDDM으로서, 노화에 의한 포도당 내구력의 저하, 탄수화물 저장고인 근육층의 소실, 인슐린 분비의 저하 및 조직 감수성의 저하 등이 주요 원인이 된다. 규칙적인 운동과 함께 혈당의 상승을 막기 위한 식사 조절로는 적정 체중을 유지하면서 균형 있는 식사, 수용성 식이섬유가 풍부한 식사가 바람직하다. 농축된 당류는 피하고, 노인은 씹는 것이 어려우므로 부드럽게 조리된 채소, 과일류, 해조류 등을 충분히 먹도록 한다.

4) 골다공증

골다공증osteoporosis은 정도의 차이는 있으나 대부분 노인 여자에게 통증을 주고 활동에 제약을 주는 일종의 뼈 질환이다. 요통·관절통·척추통 등 소위 뼈가 쑤시는 통증은 골다공증에 부분적이라도 관련된 자각증상이라 할 수 있다. 골다공증을 앓으면 뼈조직의 손실로 척추가 굽거나 얇아져서 자세가 구부러지고 키가 위축되며, 척추·허리끝뼈·엉덩이뼈·손목뼈의 골절이 쉽게 일어난다**그림 9-10**.

우리나라 노인의 골다공증 유병률은 2008년 34.0%로서 노인 여자는 51.4%나 된다. 골다공증은 효과적인 치료법이 없고 회복이 어려우므로 예방이 중요하다. 골다공증의 예방을 위해서는 규칙적인 옥외 운동, 균형 잡힌 식사, 칼슘 섭취가 중요하다**표 9-14**. 질병,

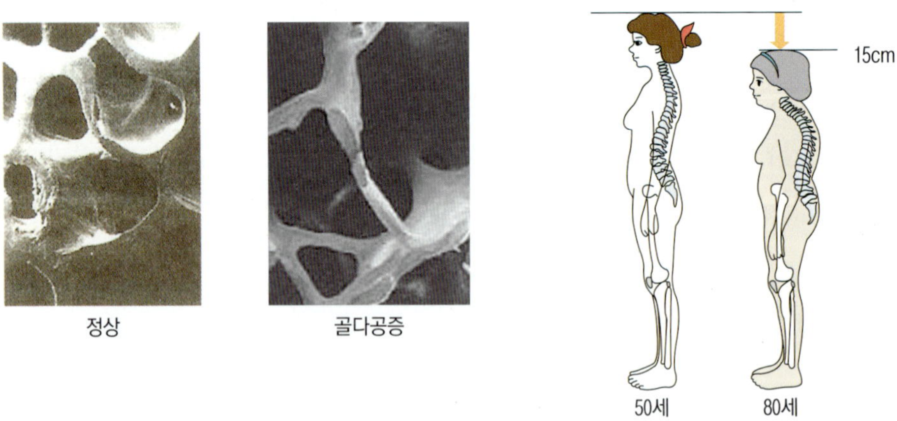

그림 9-10 골다공증에 의한 뼈조직의 감소와 신장의 위축

자료 : Rolfes SR et al., 1998

표 9-14 여자의 생애주기별 골격의 변화와 골다공증

	10대	20~34세	35~49세	50대	60대	70대	80대
	뼈 성장기	적극적 골밀도 축적기	예방적 골밀도 저장기	골절 예방 대책기			
골격의 변화	급속변화기	35세가 골밀도 정점		폐경에 의한 골소실 급증			
위험요소	다이어트 탄산음료	임신중독증, 조기진통, 갑상샘기능항진증 흡연, 음주, 카페인		폐경, 저체중, 마른 체격, 운동부족, 가족의 병력			
운동	적당한 운동	적극적 운동	속보, 등산, 걷기, 산책				
식사	균형 잡힌 식사, 결식과 다이어트는 금물	칼슘 보충(칼슘·비타민 D·무기질 보충제, 콩제품·멸치·녹황색 채소·깨·호도·자두), 당분과 카페인 적게 먹기, 금연, 음주 절제					
예방책	• 우유, 치즈 • 단백질 섭취 • 운동과 활동	• 적극적 운동 • 칼슘 풍부 음식 섭취	칼슘 풍부 음식 섭취	• 규칙적인 옥외운동, 균형식 • 칼슘·비타민 D 섭취 • 낙상이나 사고 예방 • 적극적 대책 : 골밀도 측정, 치료			

자료 : 차병원, 2002

활동의 부자유, 의욕상실 등으로 노인의 옥외 활동량이 감소하면 뼈조직이 급격히 손실된다. 운동 또는 활발한 신체활동은 뼈조직에 자극을 주어 뼈조직의 보존과 신생이 촉진된다. 특히 옥외 활동은 햇빛의 자외선에 의한 체내 비타민 D_3 생성도 자극할 수 있어 골다공증의 예방과 치료에 더욱 좋다.

식품과 보충제를 통한 칼슘의 충분한 섭취는 뼈의 석회화를 촉진해 골다공증 발생을 지연시킬 수 있다. 폐경기 여성의 경우 칼슘 섭취를 하루에 약 500mg 증가시키면 에스트로겐 부족에 따른 뼈 손실을 어느 정도 보완할 수 있다는 연구가 있다. 60세 이상 여성에서 하루 칼슘 섭취량이 1,100mg 이상이면 이보다 적게 섭취하는 경우에 비해 골반과 허리뼈의 골밀도가 증가하고 고관절의 골절 위험이 감소했다는 보고도 있다.

비타민 D_3 또는 불소를 칼슘과 동시에 보충 공급함으로써 칼슘 흡수와 석회화가 촉진되어 뼈조직이 증가했다는 임상보고도 있다. 이 외에 에스트로겐, 이소플라본 등의 대체 호르몬 공급의 방법도 있으나 부작용이 있을 수 있으므로 의사의 감독이 필요하다. 골격이 작은 사람이 골격이 큰 사람보다 노화에 따른 뼈 손실이 많으며, 성장 및 청년기의 영양섭취와 밀접한 관련이 있고, 30~40세에 나타나는 최대 뼈조직 양이 클수록 노령에서 뼈 손실이 적은 경향이 있다.

5) 관절염

관절염은 노인에게 매우 흔한 질병으로서 활동 제한의 주요 원인이다. 노화에 따른 약간의 관절통증과 강직은 거의 모든 노인이 경험한다. 우리나라 노인의 관절염 유병률은 특히 골관절염(퇴행성관절염)이 대부분으로 2012년 전체 20.6%, 노인 남자 7.0%, 여자 30.0%이었고 류머티즘성 관절염은 2014년 전체 3.3%, 노인 남자 1.1%, 여자 4.8%이었다. 골관절염은 비만하면 악화되므로 균형 잡힌 식사와 신체활동을 통해 정상 체중을 유지해야 한다. 류머티즘성 관절염을 앓는 사람은 식사가 통증이나 부어오름 같은 관절 증상을 악화시킬 수 있다. 밀, 보리, 옥수수, 돼지고기나 베이컨, 달걀, 소고기, 귤, 우유, 커피 등은 관절염 증상을 악화시킬 수 있는 식품들이다.

6) 빈혈

우리나라 70세 이상 노인의 2019년 빈혈 유병률은 20.4%로 높으며, 노인 남자 18.5%, 여자 21.7%로 보고되었다**표 9-12**. 빈혈의 원인은 주로 철결핍인 경우가 많다. 노인은 식사의 불량, 특히 육류와 신선한 채소를 기피하는 경향이 많아 철 섭취량이 줄어들고, 이와 함께 노령에 따른 생리기능의 저하로 철결핍성 빈혈의 발생률이 높다. 헴철은 흡수율이 높고 위산이나 다른 식이 인자에 의해 많은 영향을 받지 않는 바, 헴철이 많은 육류·간·생선을 부드럽게 조리해서 섭취한다. 한편, 신선한 채소 및 과일 섭취를 통해 비헴철의 흡수를 돕는 비타민 C를 충분히 섭취해야 한다.

노령에서는 비타민 B_{12}의 흡수가 빈약하고 혈청 수준이 점차 감소하는 경향이 있어서 비타민 B_{12} 부족에 의한 거대적아구성 빈혈이 나타날 수 있다. 거대적아구성 빈혈의 발병 연령이 평균 60세이므로, 예방을 위해 육류·간에 많이 함유된 비타민 B_{12}를 충분히 섭취하는 것이 좋다.

7) 노인성 치매

치매dementia란 뇌의 기능이 노화현상에 의해 전반적으로 저하되어 나타나는 무능 상태로서 노망이라고도 한다. 'dementia'는 라틴어로 '마음에서 떠난다'라는 의미이다. 노화에 따라 뉴런의 수가 약간 감소하지만 건강한 노인은 75세까지도 뇌 기능이 정상적으로 유지된다. 그러나 개인차가 있어 노인의 생리적·환경적 조건에 따라 뇌 기능이 손상되고, 손상 부위에 따라 언어, 인지력, 기억력, 성격 등에 장애가 온다. 우리나라 치매 이환율은 2020년 65세 이상 노인에서 2.1%로 조사되었다**표 9-15**.

표 9-15 우리나라 노인의 치매 유병률 추이

(단위 : %)

	2014	2017	2020
65세 이상 전체	2.1	1.5	2.1
남자	1.6	1.1	1.9
여자	2.4	1.8	2.2

자료 : 보건복지부, 노인실태조사, 2021

치매에는 알츠하이미병Alzheimer's disease, 다발성 뇌경색성multi-infarct 치매, 알코올성 치매 등이 있으며, 우리나라 노인에서는 알츠하이머 치매가 가장 많은 것으로 보고되었다. 다발성 뇌경색성 치매는 경미한 뇌졸중에서 비롯되며, 따라서 뇌졸중의 원인이 되는 고혈압, 당뇨병, 동맥경화 등의 철저한 관리와 치료가 치매 예방을 위해 중요하다. 아울러 비만을 방지하고 나트륨을 제한하며 칼륨과 칼슘 섭취를 증가시키고 지질 섭취를 조정하면 뇌졸중을 방지할 수 있으므로 치매증상의 악화를 지연시킬 수 있다.

또한 심한 굶주림, 알코올 중독, 위절제 수술 후 나타날 수 있는 영양결핍, 특히 비타민 B_{12}와 엽산, 니아신 부족에 의해서도 치매가 생길 수 있다. 이 밖에 티아민, 비타민 B_6, 비타민 C, 철분 또는 아연의 결핍 시에도 뇌 기능이 손상될 가능성이 있다. 그러므로 치매의 예방은 건강한 정신과 긍정적인 생각을 가지고 적당한 휴식과 충분한 영양공급으로 신체적 건강을 유지하는 것이다.

6. 노인의 식생활관리

노인들은 미각 감퇴, 소화기능의 약화, 심리적 위축, 거동불편 등으로 다양하고 풍부한 식품선택이 어려워지므로 질적으로 충분한 식사관리가 요구된다.

- 규칙적으로 적은 양을 자주 먹는다.
- 식사 때마다 영양소 밀도가 높은 음식을 포함한다. 노인은 성인과 비교해 에너지 필요량은 적으나 다른 영양소 권장량은 큰 차이가 없으며, 한꺼번에 많은 양을 먹지 못하므로 영양밀도가 높은 식단을 짜야 한다. 육류·우유·치즈·달걀·두부 등의 섭취가 중요하다.
- 노인의 기호, 치아상태, 소화능력을 고려하여 식품의 선택과 조리방법에 세심한 배려가 필요하다. 노인은 부드럽고 달고 따뜻한 음식을 좋아하고, 맵고 짜고 신 것을 싫어한다. 생선과 육류를 좋아하고 채소 및 과일을 별로 좋아하지 않는 경향이 있다.
- 색, 풍미, 형태가 다양한 음식을 차려 밝고 환한 곳에서 식사를 한다. 식사 전에 간단한 몸동작을 하거나 걸어보는 것도 식욕을 돋울 수 있다.
- 단맛의 역치가 증가하여 단맛이 강한 연질 음식이나 음료를 좋아하게 되므로 케이크·과자류·사탕·초콜릿·탄산음료를 과잉 섭취하지 않도록 주의한다.
- 신선한 과일, 채소, 해조류, 두류를 많이 섭취하도록 한다. 신선한 채소와 과일은 노인에게 부족하기 쉬운 비타민 A를 비롯한 여러 비타민과 무기질, 식이섬유의 좋은 급원식품이다.
- 칼슘 보충을 위해 우유 및 유제품, 뼈째 먹는 생선, 뼈곰국 등을 많이 섭취토록 한다.
- 미각의 둔화로 노인은 더욱 짜게 먹게 되므로 가능한 한 싱겁게 먹고 가공식품의 섭취를 감소시켜 나트륨 섭취를 줄이도록 한다.
- 편의식품을 준비해 두고 조리 작업량을 줄일 수 있는 조리기구를 마련한다.
- 가급적이면 친구나 친지 혹은 다른 사람들과 함께 식사를 하도록 한다.

일본의 노인을 위한 식사지침

1. 저영양에 주의하도록 하자.	– 체중 저하는 황색신호
2. 조리를 고안하여 다양한 식생활을 하도록 하자.	– 무엇이라도 먹도록, 그렇지만 과식 주의
3. 부식부터 먹도록 하자.	– 나이가 들면 반찬이 중요
4. 식생활에 리듬을 싣자.	– 식사는 천천히, 부족하지 않도록
5. 신체를 자주 움직이자.	– 공복감은 최고의 음식 맛을 냄
6. 식생활의 지혜를 습관화하자.	– 식생활의 지혜는 젊음과 건강유지의 나침반
7. 맛있게, 즐겁게 식사를 하자.	– 풍요로운 마음이 육성되는 건전한 고령기

1) 우리나라의 노인 급식영양서비스

노인을 위한 영양복지사업은 1991년부터 시행되어 주로 양로원이나 사회복지시설에 입소한 노인을 대상으로 한 급식서비스 중심이었으나, 1997년 노인복지법이 개정됨에 따라 재가 노인을 위한 급식사업도 함께 실시되고 있다.

2010년에는 국민영양관리법이 제정되어 그에 따라 마련된 국민영양관리기본계획에 준해, 지역에 적합한 노인 급식 및 영양 사업이 노인돌봄서비스 등의 관련 사업과 협업을 통해 실시되고 있다. 아울러 급식내용에 대한 영양관리 기준 및 급식관리 체계를 마련하거나 맞춤형 방문영양관리 체계와 콘텐츠를 개발하여 노인 영양관리의 질적 향상을 도모하고 있다.

보건복지부가 주관하여 실시되고 있거나 추진되고 있는 재가노인 대상의 사업은 크게 노인급식관리와 방문영양관리로 나눌 수 있다. 수혜대상은 가정형편이 어렵거나 부득이한 사정으로 결식이 우려되는 노인 즉 기초수급 노인, 차상위계층 노인 및 저소득층 독거노인들이다. 비용은 원칙적으로 무료이며 일정한 수준 이상의 경제능력이 있는 경우에는 바우처 방식의 실비용만 받는다.

노인급식관리 사업으로 경로당이나 복지관 식사제공, 도시락이나 밑반찬 등의 가정식사 배달, 푸드뱅크 마켓 약국을 통한 식품과 약품 제공 등이 실시되고 있다. 식사배달은 노인의 건강상태나 요구에 맞추어 밥과 국, 밑반찬, 죽, 건강과일도시락 등 다양한 형태로 제공하고 있다. 명절이나 휴가 기간에도 가정봉사원이나 자원봉사자를 통해 계속 지원하고 있다.

방문영양관리 사업은 보건소를 중심으로 영양전문가가 가정 방문을 하여 영양스크리닝, 영양상담 등을 통해 영양문제를 집중 관리하는 것으로 방문건강관리서비스, 건강가정지원센터, 노인급식관리사업 중 가정식 배달서비스와 연계하여 통합서비스를 꾀한다

또한 가정봉사원제도는 1989년부터 보건복지부의 부분적인 재정 지원 아래 일반 노인복지단체가 주관하고 여성 자원봉사자가 독거노인을 일주일에 1~2회 정기적으로 방문하여 가사를 돕는 것으로서 가정봉사원의 임무 중에 음식장만 등 식사 수발이 큰 비중을 차지한다. 노인돌봄서비스에는 노-노 케어, 가사와 간병 서비스, 말벗 서비스, 방문목욕 등의 건강서비스도 있어 수혜대상 노인의 삶의 질을 다소라도 높이도록 유도하고 있다.

이 밖에 복지기관이나 종교단체에서 자선사업의 일환으로 저소득층 재가노인들에게 점심 무료 제공 등이 실시되고 있으며, 일부 지역에서 요리에 관심 있는 남자 독거노인 대상으로 아버지 요리교실을 열어 식생활 향상을 도모하기도 한다.

한편, 저소득층 독거노인의 영양과 건강관리 문제가 해결돼야 할 중요한 사회적 과제가 되고 있다. 이들의 영양 및 건강 상태가 비독거노인에 비해 더욱 불량하다고 국민건강영양조사에서 밝히고 있다그림 9-9 참고.

우리나라 노인인구 중 독거노인의 비율은 2015년에 18.6%이었다. 2020년도 통계청에 따르면 2020년 고령자 가구 구성비가 22.8%로 지난 10년 동안 58% 증가하였으며, 2030

표 9-16 독거노인 가구 추이

(단위: 천 가구, %)

연도	총가구	고령자 가구[1]	고령자 가구 구성비	독거노인 가구[2]
2000	14,507	1,734	11.9	544
2010	17,495	2,923	16.7	991
2020	20,350	4,642	22.8	1,589
2030	22,036	7,438	33.8	2,064

[1] 가구주의 연령이 65 세 이상인 가구
[2] 65세 이상 노인이 혼자 사는 가구
자료 : 통계청, 2020

년에는 33.8%로 증가될 것으로 추산된다**표 9-16**.

노년기의 장기화와 노인의 수발을 담당할 수 있는 가족부양체계의 기능 약화로 이를 대신할 노인복지 서비스의 비중이 점차 증가하고 있다. 특히 재가 노인을 위한 복지서비스가 확충되어야 하며 저소득층 노인을 위한 급식프로그램의 확대와 함께 노인의 건강을 보호하는 의료서비스의 제도적 보완 등 보다 적극적인 영양 및 건강 복지대책이 요구된다.

CHAPTER

10

운동과 영양

1. 운동의 중요성
2. 운동에너지 급원
3. 운동 시 영양필요량
4. 운동 시 식사관리

운동은 인간의 동작, 특별히 신체 부위를 개선하고 유지하기 위하여 계획적이고 구조적이며 반복되는 몸의 움직임이다. 운동의 효율을 높이기 위해서는 운동 시 영양소의 대사 변화, 운동수행능력 향상을 위한 영양소의 대사 변화 및 적절한 영양소 공급방법 등을 고려하여 선수의 기록 향상을 위한 전문적인 영양관리가 매우 중요하다.

1. 운동의 중요성

적절한 운동은 대표적인 성인 질환인 심혈관계 질환, 고혈압, 골다공증, 암 등을 예방하고 치료하는 효과가 있으나 과도한 운동은 체내 활성산소의 과다한 생성에 의해 조직 손상을 유발하여 건강에 대한 위험인자로 작용할 수도 있다**그림 10-1**.

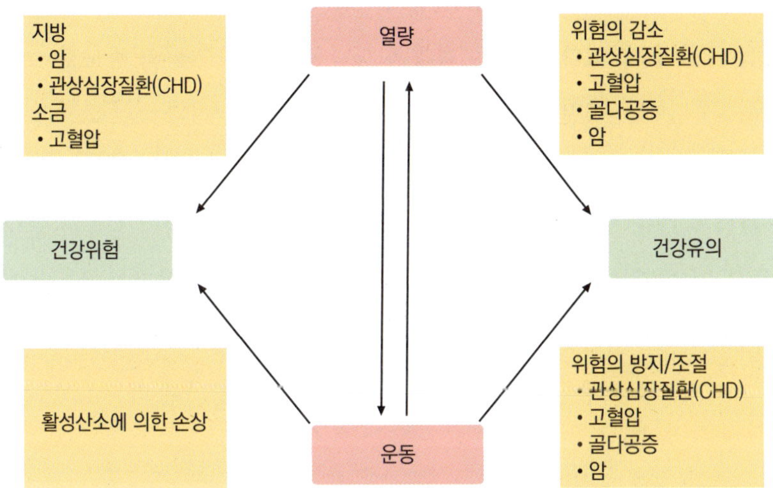

그림 10-1 영양과 운동의 건강 효과에 대한 조화

1) 신체 변화

체력은 인간이 살아가는 데 필요한 신체적인 활동 능력으로 크게 운동과 관련된 행동체력과 질병, 생리적·환경적 변화에 대응하는 방위체력으로 구분된다. 이러한 체력은 신체의 성장과 발달, 적절한 운동에 의하여 증가하는 반면, 연령의 증가와 운동부족에 의해 쇠퇴하기도 한다. 따라서 노화에 따른 체력 약화를 예방하기 위해서는 지속적인 운동 시행이 효과적이다. 운동은 체력을 향상시키고 신체 자극을 통하여 체내의 생리적·생화학적 변화에 긍정적인 효과를 줌으로써 신체가 안정 시나 힘든 일을 할 때 혹은 다양한 스트레스를 받을 때 신체기능이 급격하게 변화하는 것을 방지하며, 나아가 안정적으로 환경에 적응하게 한다.

운동으로 예방 가능한 질환
관상동맥 질환, 고혈압, 골다공증, 암, 당뇨병, 뇌졸중, 대사증후군

운동을 하면 심장과 근육으로의 혈액 흐름이 증가하며, 특히 지방조직에 흐르는 혈류량도 증가하여 축적된 지방이 분해되어 에너지원으로 사용되므로 체중조절에 효과적이다**표 10-1**. 운동 시에는 산소소모량, 심장박동수, 그리고 호흡반응도 증가한다. 나이가 들면서 심장박동수가 감소하게 되고 심장으로 분출되는 혈액 총량도 줄어들어, 결국 체내를 순환하는 혈액량의 감소로 체력이 저하된다. 그러나 지속적인 운동은 심장의 수축력을 강화시켜 일시에 분출하는 혈액량을 증가시킬 수 있으므로 노화의 진행에 따른 혈액량의 감소를 예방할 수 있다. 운동은 최대 심장박동수의 약 70%의 강도로, 20~30분간 연속적으로, 1주일에 3~5일의 유산소운동을 하는 것이 적당하다.

규칙적으로 골격근에 자극을 주는 운동을 실시하면 근섬유의 횡단면(굵기)이 증가하는 근비대와 근력 증가를 가져온다. 또한 근지구력이 증가하고, 따라서 힘줄과 인대 등이 강해지고 골밀도가 증가함으로써 운동 상해를 예방할 수 있다. 규칙적인 운동은 또한 대사산물의 체외배설의 촉진, 백혈구의 식균작용 강화 및 면역기능의 활성 등 생체 방어시스템에 매우 효과적으로 작용한다. 또한 운동은 지질의 대사 증가에 따른 LDL-콜레스테롤

표 10-1 운동 시 혈류 변화

조직	운동과 혈류 변화
근육	안정 시에는 체순환하는 총 혈액량의 20%만이 근육으로 보내지고 나머지는 소화기관, 간, 심장, 뇌 등으로 보내진다. 그러나 최대 운동 시에는 혈류 재분배가 이루어져 활동근은 전체 혈액량의 85~90% 정도를 분배받는다. 운동 시 간, 소화기관 등 비활동 부위의 조직에 분포된 혈관은 수축되어 혈류의 유입을 제한하는 대신 골격근에 분포된 혈관은 확장되어 혈류량을 증대시킨다.
내장영역	운동 시 내장영역(간, 비장, 위, 소장, 및 신장 등)의 혈액은 활동근으로 이동하는데, 심한 운동 시에는 약 80%까지 감소한다. 그것은 내장영역의 혈관에 분포된 교감신경계의 작용 때문이다.
피부혈류	최대한의 운동 초기에는 피부 혈류가 다소 감소하다가 운동이 지속되면서 혈액 중 일부가 피부로 전환되어 작업근에 의해 생성된 열을 외부, 즉 피부 쪽으로 전도한다. 이러한 혈류 전환은 휴식 시의 4~7배에 이른다.
심장	운동 중 심장근이 수축운동을 수행함에 따라 심장근 자체의 산소 수요량을 충족시키기 위해 심장에 분포된 혈관의 혈류는 5배까지 증가한다.
지방조직	장시간 운동 시 피하 및 신장 주변의 지방조직으로의 혈류는 4~7배까지 증가한다.
뇌혈류	운동 시에 뇌혈류에 흐르는 전체 혈액량에는 변화가 없다.

자료 : 조성숙, 2002

혈중 농도 감소로 관상동맥 질환, 고혈압 및 뇌졸중 예방에 도움이 된다. 이러한 운동 효과들은 현대인으로 하여금 보다 건강하고 활력 있는 생활을 가능하게 하며, 생활습관병의 예방에 도움을 준다.

2) 운동과 활성산소

지나친 운동은 운동기간에 과다하게 생성된 활성산소에 의해 조직의 손상을 초래하게 되어 오히려 건강에 위험인자로 작용할 수 있다. **그림 10-2**는 운동강도에 따른 활성산소 수준의 변화를 보여준다. 최대산소소모량VO_{2max}이 75%가 될 때까지는 활성산소의 수준이 크게 증가하지 않았으나, 75% 이상에서 급격한 증가를 보이고 있다.

심한 운동을 장시간 계속하면 에너지를 생산하는 미토콘드리아의 활성에 문제가 발생하고, 갑작스런 운동에 의한 산소결핍증이 초래되며, 무리한 운동 때문에 조직근육이 손상되어, 활성산소에 의한 심각한 장해가 유발된다. 심한 운동에 따른 활성산소의 생성에 의한 피해를 줄이기 위해서는 대표적인 항산화제인 비타민 C, 비타민 E, 카로티노이드 등의 충분한 공급이 필요하다.

한편 규칙적인 중강도의 운동은 항산화 효소의 생성에 도움을 주어 기관과 조직에

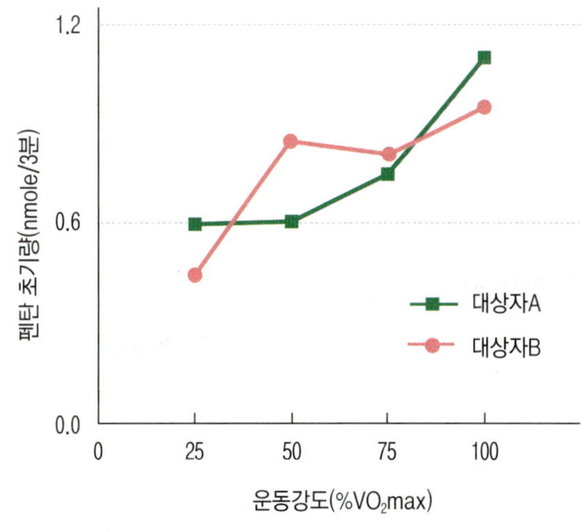

그림 10-2 운동강도에 따른 대상자의 활성산소 수준의 변화

대한 손상을 줄일 수 있다는 연구 결과도 있다. **그림 10-3**은 항산화 물질인 글루타치온 glutathione의 생성이 간과 폐 모두 운동 그룹에서 더 많이 생성되어 운동에 의해 항산화제의 체내 생성이 증가함을 보여준다. 일부 연구에서는 규칙적인 운동은 체내에 생성된 유리기의 제거력이 운동을 하지 않은 사람에 비하여 높다고 보고되었다**그림 10-4**.

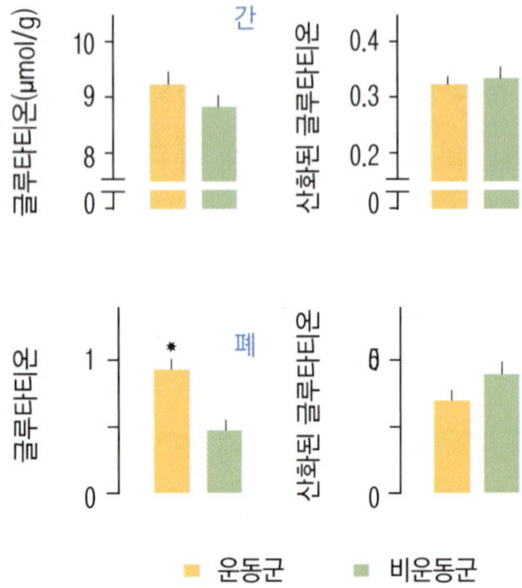

그림 10-3 장기간 신체적 트레이닝이 간과 폐에서 활성산소(GSH와 GSSG) 수준에 미치는 영향

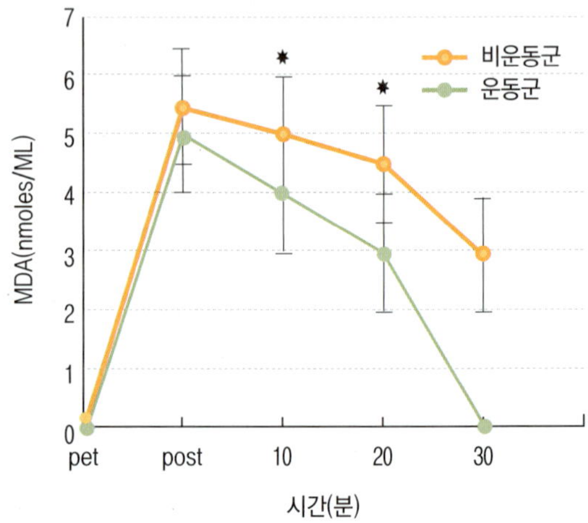

그림 10-4 트레이닝 유·무에 따른 쥐의 관류에서 말론디알데히드(MDA) 수준의 변화

2. 운동에너지 급원

운동을 하는 데 필요한 에너지원으로 체내에서 사용되는 물질은 **표 10-2**와 같이 여러 종류가 있으며, 이들 물질은 운동의 강도나 지속시간에 따라 다르게 사용된다.

표 10-2 운동 시 사용되는 에너지 급원

종류	작용
ATP	• 운동 시 즉시 사용 가능한 에너지 2~4초 정도 에너지 공급
포스포크레아틴	• 근육 수축 시 ATP 공급 포스포크레아틴 + ADP → 크레아틴 + ATP • 에너지원으로 1분 정도 ATP 공급 가능
포도당	• 7분 정도 휴식 후 포스포크레아틴 저장량의 95% 재충전 • 근육에 산소 공급이 제한되거나 운동이 격렬할 때 혐기적 해당과정을 통해 에너지 공급 • 혐기적 해당과정은 지방대사가 진행되기 전 근육에 ATP를 공급하는 가장 빠른 경로 포도당 + 2ADP + $2P_i$ → 2 젖산 + 2ATP + H_2O • 충분한 산소공급 시 호기적 해당과정 진행 포도당 + 2NAD + 2ADP + 2 P_i → 2 피루브산 + 2NADH + $2H^+$ + 2ATP + H_2O • 피루브산은 근육세포의 세포질에서 미토콘드리아로 이동하여 이산화탄소와 물로 완전히 산화하여 ATP를 생성
글리코겐	• 간(75~100g)과 근육(300~400g) 내 포도당의 저장 형태 • 2시간 이내로 지속되는 운동기간에 근육세포에 ATP를 공급하는 주된 포도당 급원
지방	• 운동이 저·중강도로 점진적으로 지속될 때의 주된 에너지원으로 에너지의 25~90%를 공급 • 유산소 훈련 후 근육세포 내 미토콘드리아의 수가 많아지고 크기도 커져 지방산과 피루브산의 미토콘드리아 내로 효율적인 운반이 가능하고 세포의 산화능력도 증가함
단백질	• 글리코겐이 고갈된 상태에서는 운동 시 아미노산을 연료로 사용하는 비중이 높아짐 • 근육의 곁가지 아미노산(branched-chain amino acid : 루신, 이소루신, 발린으로 근육에 이들 아미노산이 다량 함유되어 있음)은 아미노기 제거 후 탄소골격이 운동 중 에너지로 사용됨

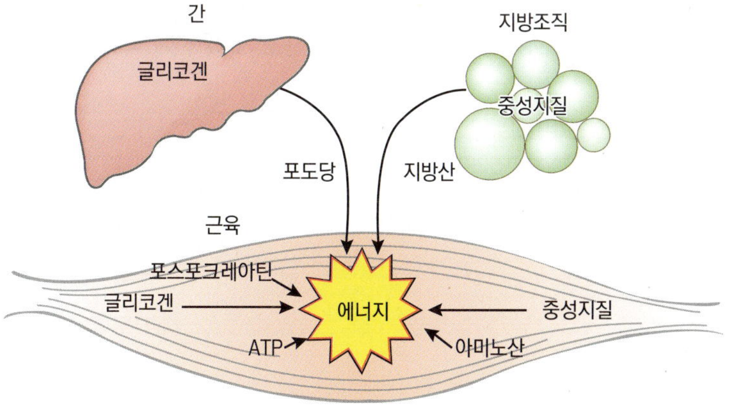

그림 10-5 운동에 이용되는 주요 에너지원

대개의 운동은 지방과 탄수화물의 동시 연소로 이루어지며, 움직이고 있는 근육은 지방산과 포도당이 동시에 필요하다. 그림 10-5, 표 10-3는 체내 저장된 에너지원이 활동 에너지로 이용 시 사용될 수 있는 급원과 기간을 보여준다.

표 10-3 체내 저장된 에너지원

	저장량		예상 소모일		
	(g)	(kcal)	절식	걷기	달리기
지방조직	9,000	80,543	34.00	10.80	3.85
글리코겐(간)	90	360	0.15	0.05	0.02
글리코겐(근육)	350	1,434	0.60	0.20	0.07
중성지방(근육)	400	3,597	1.50	0.48	0.17
포도당(혈액)	20	76	0.03	0.01	> 0.01
단백질	8,800	2,103	15.00	4.80	1.29

특히 순발력을 요구하는 운동경기 종목의 선수들은 포스포크레아틴phosphocreatine으로부터의 에너지 동원을 얼마만큼 효율적으로 사용하느냐에 따라 운동능력이 향상된다. 또한 훈련을 통해 이러한 에너지 동원 능력을 높여서 운동 능력을 향상시키기도 한다.

운동이 지속되면서 이용 가능한 두 번째 에너지 공급체계로서, 포도당이 분해되면서 ATP를 생성하는 과정을 들 수 있는데, 이 반응은 산소의 유무에 따라 무산소계와 유산소

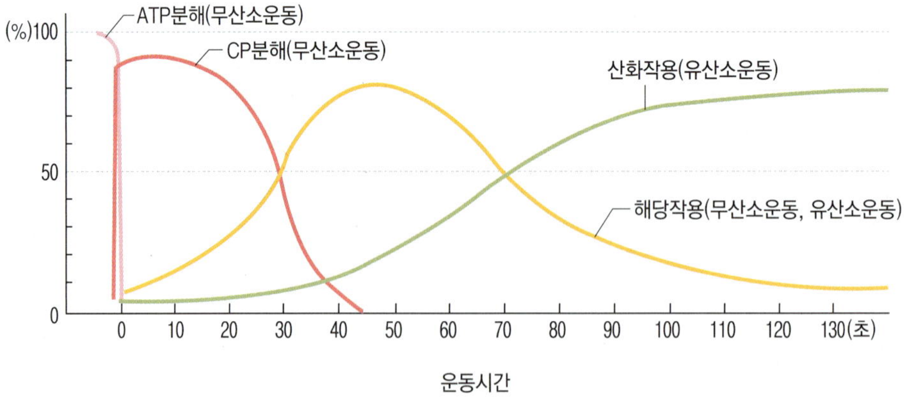

그림 10-6 중강도의 운동 시 시간경과에 따른 주된 에너지 공급원의 변화

계로 나누어진다그림 10-6.

포도당 1분자가 무산소계를 이용하여 분해될 경우에는 2 ATP를 생성하므로 유산소계를 이용할 경우보다 1/16에 불과한 에너지를 생성하지만, 근육활동에 필요한 에너지를 신속히 공급할 수 있는 장점 때문에 ATP-포스포크레아틴계와 함께 중요한 에너지 공급 체계이다. 무산소계의 해당과정은 60초 이내에서 최대 운동수행능력이 요구되거나, 짧고 강도가 높은 운동 시 탄수화물, 즉 포도당의 소비에 의해 이루어지므로, 지방의 소비는 거의 없다. 혐기적 해당과정은 지속적으로 ATP를 공급할 수 없으며, 포도당이 가지고 있는 잠재적 에너지의 단 5%만이 해당과정을 통해 제공 가능하다. 또한 젖산의 빠른 축적은 근육세포의 산도를 증가시키며, 이는 해당과정의 핵 효소들의 활성을 억제하여 ATP 합성을 감소시켜 피로감을 유발한다.

유산소계 운동은 젖산의 축적이 거의 없고 ATP를 제공하는 속도는 느리나 더 많은 ATP를 공급하기 때문에 장시간의 근육활동에 사용되는 에너지 체계이다. 중·저강도 운동을 지속하는 경우 주된 에너지원은 운동이 진행되면서 달라진다. 먼저 근육 중의 글리코겐이 연소하여 에너지로 이용되고, 이것이 부족하면 혈액 중의 포도당이 이용된다. 간에 저장되어 있던 글리코겐도 고갈되면 혈당치는 차차 감소하고 지방의 연소가 증가하게 된다.

이들 영양소의 체내 연소 상태는 호흡계수respiratory quotient, RQ를 조사함으로써 알 수 있다. 탄수화물이 연소한 경우에는 RQ가 1.0이고, 지방의 경우는 RQ가 0.7이며, 보통 혼합식의 경우 RQ는 0.80~0.85이다. 운동 초기에는 탄수화물의 연소비율이 상승하여 RQ는 1.0에 가까워지나, 활동시간이 길어지면 지방의 이용비율이 높아져 RQ는 차차 저하된다.

운동의 강도·종류·시간에 따라 포도당과 지방의 유산소계 사용 비율이 다르며, 6시간 이상 지속되는 낮은 강도의 지구력 운동 시 지방의 소비가 매우 높아진다. 그러나 지방은 대사과정에서 케톤체를 생성하여 산독증에 의한 피로를 유발할 수 있다. 단백질은 당질이나 지방의 소모가 현저한 경우에 비로소 에너지로 이용되는데, 탄수화물이나 지방의 산화에 비해 그 대사경로가 복잡하다. 먼저 탈아미노반응에 의하여 아미노기를 제거하고 요소회로에 들어가서 요소를 생성하며, 남은 탄소는 TCA회로에 들어가서 에너지원으로 이용된다.

3. 운동 시 영양필요량

1) 에너지

운동 시의 섭취 에너지는 성별, 연령, 체격, 체구성, 훈련 형태, 경기 형태 등에 따라 큰 차이가 있다. 적당한 에너지 공급은 운동수행능력의 유지를 위한 필수 조건이므로, 식사 섭취량 조사나 체중이나 체지방의 변화를 통해 에너지 섭취의 과·부족을 지속적으로 평가해야 한다. **표 10-4**는 운동종목별 에너지 소모량을 보여준다. 모든 신체활동은 대사당량metabolic equivalents, METs을 통하여 평가할 수 있는 데 1 METs는 안정 시 산소섭취량으로 0.0175kcal/kg/min이며, 신체활동의 에너지 소비량 공식은 다음과 같이 계산할 수 있다.

에너지 소비량(kcal/min) = (0.0175 kcal/kg/min/MET) × METs × 체중(kg)

예 : 체중이 50kg인 사람이 8km/hr의 속도로 달리기를 1시간 동안 한다면, 운동강도는 안정 시 산소섭취량의 8배인 8METs에 해당한다. 이 속도로 운동한 에너지 소비량은 다음과 같다.

- 에너지 소비량(kcal/min)

  0.0175kcal/kg/min/METs × 8.0METs × 50kg = 7.0kcal/min

- 1시간 에너지 소비량

  7.0 × 60min = 420kcal

운동 시의 에너지 필요량은 운동종목에 따라 대사량이 크게 차이가 나서 최대 5,000~6,000kcal/일까지도 필요한 경우가 있으므로 운동 종류, 운동 시간 및 체격 등을 고려하여 하루에 필요한 에너지를 계산하여 제공해야 한다.

표 10-4 운동 종목별 에너지 소모량

운동종목	대사량(METs)
달리기(8km/hr)	8.0
배드민턴 시합	7.0
농구(경기)	8.0
축구(경기)	10.0
테니스 단식	7.0
배구(경기)	4.0
인라인스케이트	12.5
수영 시합	10.0
스키(가벼운 정도)	4.0

자료 : 차연수 외, 2006

2) 단백질

운동의 에너지원은 주로 탄수화물과 지방으로부터 공급되고, 단백질은 2차적 에너지원으로 사용된다. 따라서 단백질이 에너지원으로의 사용되는 것을 제한하기 위해서는 충분한 에너지 공급이 우선되어야 한다. 운동 시에는 근육단백질 분해가 증가되고, 단백질 대사도 항진된다. 단백질은 근육이나 혈액 등의 구성성분으로서, 운동선수의 경우 성장기나 운동 훈련 시 근육의 발달이 촉진되기 때문에 단백질이 부족하지 않도록 주의해야 한다. 운동의 종류에 따라 단백질 필요량이 달라, 지구력과 순발력이 요구되는 운동에는 1일 1.2~1.5g/kg의 단백질이 필요하고, 순발력을 요하는 운동에는 1.5g/kg의 단백질이 필요하다.

심한 운동과 강도 높은 훈련은 혈관 내 용혈현상을 유발하여 분변이나 소변으로 철의 손실과 저장철의 고갈을 일으킴으로써 혈액 중의 헤모글로빈의 농도가 감소하게 되는 운동성 빈혈을 유발할 수 있다. 한 연구에서는 높은 강도의 훈련이 지속된 빈혈 경향을 보인 장·단거리 선수에게 6개월 동안 단백질을 보충한 결과 혈색소와 혈청단백질의 증가로 빈혈이 교정되었다는 보고도 있다.

운동 시에는 단백질 섭취량과 함께 단백질의 질도 고려해야 한다. 과격한 운동 시 단백질 섭취량이 부족하거나 질이 낮으면 운동성 빈혈을 일으킬 뿐만 아니라 산소 섭취량이나 산소 이용률이 저하되어 훈련 시의 운동효율도 감소한다. 따라서 운동성 빈혈을 예방하고 교정하기 위해서는 충분한 양질의 단백질이 공급되어야 한다. 그러나 식품이나 보충제를 통한 과량의 단백질 섭취는 여분의 아미노산이 지방으로 전환되게 하여 고칼슘뇨증이나 아미노산 불균형을 초래할 수 있으므로 건강상 이점보다는 지장을 초래할 수 있다.

3) 비타민과 무기질

운동수행 시 비타민의 부족은 신체 활동력 저하, 권태감, 저항력 저하, 식욕부진, 두통, 불면, 변비, 주의 산만 등 운동선수의 컨디션을 악화시키는 요인으로 작용한다. 또한 운동 시에는 비타민의 결핍 증상이 안정 시보다 빨리 나타나서, 섭취량 부족은 운동능력의 저하와 피로를 유발하게 되므로 대사조절에 관여하고 있는 비타민이 부족하지 않도록 주의해야 한다.

에너지 대사에 관련된 티아민은 RMR(휴식대사량resting metabolic rate)이 증가한 경우 소변으로의 배설이 감소하므로 운동 시 더 많은 양의 섭취가 필요하며, 당질의 산화에 조효소로 작용하는 리보플라빈도 운동 시 일반 성인 권장섭취량 이상으로 섭취할 것을 권장하고 있다. 또한 지구력을 요하는 운동선수는 민첩성이나 근력을 주로 하는 운동선수보다 티아민, 리보플라빈, 비타민 C 등의 비타민류가 더 많이 필요한 것으로 보고되었다. 운동과 비타민의 투여 효과에 대한 연구에서는 훈련기간에 비타민 B와 C의 투여로 젖산과 같은 피로물질이 감소하고 피로회복에 효과가 있었다는 보고도 있다.

비타민 E는 다가 불포화지방산의 항산화 기능이 있어 운동선수에게 비타민 E 보충 시 적혈구막 인지질의 산화를 방지하여 적혈구의 수명을 연장할 수 있으며, 최대산소소비량의 증가와 산소소비량의 감소 등 바람직한 결과를 나타낸다는 연구 결과가 있다. 국내에서도 비타민과 운동수행능력에 관한 여러 연구가 진행되고 있으나, 아직까지 선수에게 적용할 영양소 섭취기준은 설정되어 있지 않다.

우리나라 국민에게 가장 부족하기 쉬운 영양소인 칼슘은, 특히 저체중을 유지해야 하는 종목의 여성 운동선수의 경우, 저칼로리 섭취로 말미암아 칼슘이 더욱 부족하기 쉽다.

더욱이 심한 운동연습으로 성호르몬 생성이 억제되어 운동성 무월경증athletic amenorrhea으로 생리가 멈춘 여성은 골질량의 감소 때문에 향후 골다공증의 위험이 높으므로 칼슘의 보충이 필요하다. 인은 근육운동에서 에너지 생산에 중요한 역할을 하고, 또한 격심한 운동을 할 때는 소변 중 인의 배설량이 증가하므로, 운동선수의 인 섭취는 1일 1,000~1,500mg 정도로 유지되어야 한다.

철은 운동할 때 산소의 운반이나 호흡의 촉매작용에서 중요한 성분으로서, 특히 운동선수에게는 중요한 무기질 중 하나이다. 그러나 운동을 심하게 하는 여성이나 청소년, 채식주의자, 장거리 달리기 선수의 경우 철 부족에 의한 운동성 빈혈sports anemia에 주의해야 한다. 한 연구에 의하면 사춘기 여성 육상선수의 약 1/2이 철 저장량이 적은 것으로 보고되었다. 운동선수가 1년에 한 번씩 철 영양상태 판정에 따른 철 보충을 하면 운동수행능력의 향상에 도움이 될 수 있다.

알칼리염류는 체액의 산성화를 방지하는 역할을 하며, 특히 무산소 근육운동에 구연산나트륨, 구연산칼륨, 중탄산소다 등을 투여하여 효과를 올렸다는 사례도 보고되었다.

4) 수분과 전해질

수분은 에너지 발현과 직접적인 연관은 없으나, 생명유지와 운동수행에 중요한 역할을 한다. 장시간 운동하는 동안 움직이는 근육은 열을 발산하며, 이는 땀으로의 수분 손실을 유발하여 혈장량을 감소시키는 원인이 된다(땀 1L는 600kcal의 열에너지를 소실시킴). 근육과 피부 내로 혈류 유입이 감소되면 신체에 산소와 영양소를 순환시키는 능력이 저하되어 최대산소소비량과 운동능력의 저하가 발생한다. 체중의 5~7%에 해당하는 땀의 손실은 근육의 경련, 열손실, 쇠약 등을 야기하며, 7~10%의 수분 손실은 생명까지도 위협할 수 있다. 또한 탈수로 수분이 부족하게 되면 혈압이 떨어지게 되고, 이를 보완하기 위해 심박수가 증가하며 이는 심장에 스트레스 요인으로 작용한다.

그러므로 장시간 운동할 때에는 탈수, 체온의 상승, 그리고 심혈관의 스트레스를 최소화하여 운동수행을 지속시키기 위하여 수분을 보충하는 것이 중요하다. 일반적으로 운동

스포츠음료란?

스포츠음료는 다양한 양의 전해질과 당질과 같은 영양소를 포함하고 있으므로 생체의 항상성을 유지하여 경기력을 향상시키는 데 도움을 준다. 스포츠음료에는 전해질을 보충하기 위해서 나트륨, 칼륨, 칼슘 등의 양이온과 음이온인 염소를 첨가하였으며, 혈액이나 체액과 같은 농도인 0.9%의 염분이 들어 있다. 첨가 에너지원으로 가장 흡수가 빠른 포도당, 인슐린 분비 자극이 낮은 과당과 구연산이나 젖산 등을 첨가하여 농도는 6~8%로 맞춰 물보다 30% 정도 더 빨리 체내로 흡수되도록 개발되었다.

최대산소섭취량의 70~80%로 1~3시간의 마라톤과 같은 지구력 운동을 하는 동안, 당질이 고갈되어 피곤하게 되는 것을 방지하기 위하여 스포츠음료를 섭취하면 근육이 에너지원으로 혈당을 사용할 수 있어 피로를 지연시킬 수 있다. 운동수행능력을 증가시키려면 30분마다 약 24g의 당질을 보충해야 하며, 이는 6%의 당질이 들어 있는 음료를 15분마다 1컵씩 마시면 된다.

중 1kcal가 소모될 때마다 1~1.5mL의 수분이 필요하다. 그러나 60~90분 이상 지속되는 운동에서 수분만 공급할 경우 전해질 농도와 삼투압은 급격하게 떨어지고 심한 경우 저나트륨혈증을 일으켜 정신의 혼란, 혼동, 그리고 발작을 일으킬 수도 있다. 따라서 유실되는 무기질의 손실을 보충하기 위한 전해질 용액의 공급도 필요하다.

아울러 에너지의 감소는 바로 운동강도의 지속에도 문제가 생기기 때문에 지구력을 요구하는 운동의 경우, 당질의 고갈이 피로감을 유발하는 중요한 요소이기 때문에 포도당이나 과당 등의 당질의 공급도 매우 중요하다.

4. 운동 시 식사관리

운동선수의 영양을 체계적으로 관리하기 위해서는 연간계획을 작성하여 실시하며 준비기, 시합기, 이환기로 나누어 영양목표를 설정하여 관리해야 한다. 주로 준비기에는 심폐능력과 호흡량 및 전반적인 체력 육성에 목표를 두어 균형 잡힌 영양소를 공급하며, 시합기에는 영양소와 수분섭취량을 조절하여 최대한의 운동수행능력을 발휘할 수 있도록 한다**그림 10-7**. 시합기에는 특별히 운동수행능력의 최대화를 위하여 탄수화물을 축적시키는 식사요법을 하기도 한다.

⌛ 운동수행능력 향상을 위하여 식사 조절은 어떻게 할까요?

지구력과 파워를 요구하는 피겨스케이팅 김연아 선수

피겨스케이터는 필요시 일시에 상당한 파워를 생성하는 것이 요구된다. 피겨 스케이팅에서 높게 점프할 때는 크레아틴 인산과 근육 글리코겐에 많이 의존한다. 따라서 당질로부터의 충분한 에너지 섭취와 규칙적인 육류(크레아틴과 크레아틴을 만드는 단백질 제공) 섭취가 피겨스케이팅 선수에게 중요하다.

100m, 400m 수영 박태환 선수

수영에서 질주(sprint) 시에는 에너지원을 당질과 크레아틴인산에 의존한다. 따라서 에너지를 충족하고 충분한 단백질과 당질을 섭취하면 글리코겐과 인산을 충분하게 저장할 수 있다. 특히 보충제인 크레아틴 모노하이드레이트를 공급하면 수영선수가 고강도 질주를 할 수 있는 횟수를 증가시킬 수 있다. 또한 수영선수는 수분을 충분히 섭취해야 한다. 수영선수는 수영장 물이 공기보다 차가운 저온 환경에서 운동을 하므로, 운동 시 생성되는 열이 증발하기 쉽다. 따라서 수분을 충분히 보충하지 않은 경우, 혈액량이 적어져서 심장이 세포로 산소와 영양소를 공급하기가 더 어렵게 되므로, 운동수행능력에 영향을 미칠 수 있다. 그러므로 수영선수는 수분이나 스포츠음료를 조금씩 자주 먹어야 한다.

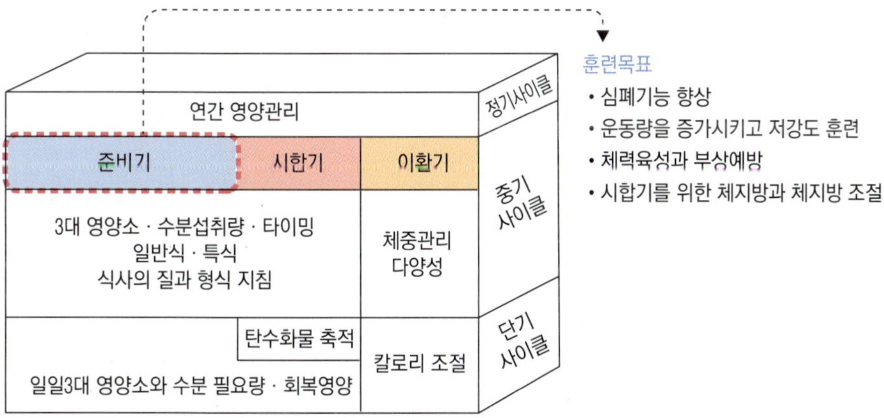

그림 10-7 연간 영양원리 사이클

1) 경기 전 식사

음식이 소화·흡수되는 과정에서 많은 혈액공급이 요구되므로, 운동 시의 식사는 근육으로 보내져야 하는 혈액 공급에 지장을 유발할 수 있다. 따라서 경기를 시작할 때는 가능한 한 위가 완전히 비워진 상태를 유지해 근육에 혈액이 충분히 공급되도록 해야 한다.

따라서 위장의 팽만감, 구토, 매스꺼움, 경련 등을 고려하여 경기하기 3~4시간 전에, 선수의 기호에 맞는 저지방·탄수화물 위주의 식사를 소화시킬 시간이 충분하도록 시간적 여유를 갖고 섭취하게 한다. 지구력 운동 2~4시간 전에는 300~1,000kcal의 가벼운 식사를 공급하는 것이 바람직하며, 곡류는 장내 가스 발생을 막기 위해서 식이섬유가 많은 식품은 제외한다. 탈수예방을 위하여 경기 2~3일 전부터 충분한 수분 섭취가 중요하다.

액상의 식사는 고형식보다 더 빨리 위를 비우기 때문에 경기 직전에 섭취하면 좋으나 가능한 한 경기하기 전 30~90분 전에는 섭취하지 않는 것이 좋다. 이는 소화작용에 의해 체내 인슐린 분비가 촉진되어 지방산의 동원이 저하되고 포도당을 주 에너지원으로 이용하게 되므로 혈당농도가 빨리 떨어져 운동에 역효과를 가져올 수 있기 때문이다. 그러나 경기 바로 직전(10분 내)에 50~60g의 포도당 다당체를 40~50% 용액으로 섭취하는 것은 인슐린이 혈당을 낮추려는 반응을 하기 전이므로 경기력에 큰 영향을 주지 않는다.

2) 경기 중 식사

근육이 글리코겐을 다 쓰고 나면 혈당의 일부가 에너지로 쓰이며 운동시간이 길어질수록 혈당을 더 많이 이용하여 저혈당 증세가 나타나고 결국 근육피로가 일어나서 운동강도를 감소시키게 된다. 따라서 60~90분 이상 경기를 할 경우 경기 중에 땀을 통해 소모된 수분을 보충해 주고, 탄수화물을 섭취함으로써 근육에 포도당을 공급하면 지구력을 증가시킬 수 있다. 수분 공급은 약 15~20g의 탄수화물이 함유된 5~10%의 음료를 15~20분 간격으로 마셔 1시간당 100~300kcal의 에너지를 공급하여 저혈당 상태를 예방하도록 한다.

경기 바로 전이나 경기 중 과당을 섭취하는 것은 근육 글리코겐 절약에 도움이 되지 않는다. 오히려 과당은 장관에서 천천히 흡수되기 때문에 삼투압 상승으로 설사를 유발할 수 있다**표 10-5**.

표 10-5 경기 시 영양권장량

영양소	경기 전	경기 중
에너지	50kcal 이상/kg/일	100~150kcal 이상/kg/일(훈련 2회 이상)
수분	운동하기 30분 전 300~500mL (10~15분전 최대 600mL까지 허용)	500~1000mL/시간 (10~15분마다 150~250mL)
단백질	1.0g/kg/일 총 열량의 14% 이하	1.5~2.0g/kg/일 총 열량의 10~12%
당질	8~10g/kg/일(1일 500g 이상) (90분 이상 운동 시 70~80%) 총 열량의 60% 이상	12~13g/kg/일 총 열량의 65~75%
지방	총 열량의 25% 이하	총 열량의 0%
무기질, 비타민	권장섭취량	권장섭취량

자료 : 조성숙, 2002

3) 경기 후 식사

운동선수는 힘든 경기를 끝낸 후 소모된 글리코겐을 재저장하는 것이 중요하다. 운동 후 근육의 글리코겐이 재저장되는 비율은 1시간에 5%이고, 완전히 저장되려면 최소한 20시간이 걸린다. 그러나 운동 직후는 근육으로 흐르는 혈액량이 많고, 운동 후 근육세포가 인슐린에 대해 민감성이 높아 더 많은 포도당을 근육으로 흡수하여 글리코겐 저장률이 시간당 7~8%까지 증가한다.

운동 후 당질 섭취가 늦어지면 근육 글리코겐으로의 저장량이 감소하여 회복이 늦어지므로, 가급적 운동 후 빠른 시간 내에 탄수화물을 공급해야 한다. 일반적으로 운동 후 15~30분 이내에 100g의 탄수화물을 섭취토록 하며, 이 시기에는 배가 고프지 않고 소화액의 분비도 감소된 상태이므로 고탄수화물 음료인 스포츠음료와 과일주스를 섭취하면 좋다. 그 후에는 2~4시간마다 100g의 탄수화물을 더 섭취할 것을 권장하며, 이때는 고탄수화물 음료보다는 식사 형태가 좋으며, 인슐린 작용에 따른 포도당의 근육으로의 이동을 촉진하기 위하여 적당량의 단백질도 공급해야 한다.

땀 손실에 따른 전해질 보충은 운동 후 섭취한 음료나 식사만으로도 양이 충분하며, 별도로 소금 정제나 칼륨 보충제를 따로 복용할 필요는 없다.

4) 글리코겐 비축을 위한 식사요법

훈련 시 고탄수화물식을 섭취한 선수는 저탄수화물식을 섭취한 선수보다 근육 글리코겐을 효율적으로 유지할 수 있으며, 이는 지구력의 증가를 의미한다. 따라서 고탄수화물식이는 근육이 글리코겐을 더 많이 저장할 수 있게 하며 지구력을 향상시킬 수 있다.

글리코겐 비축 식사요법은 90분 이상의 지구력을 요하는 운동종목에서 운동경기를 대비하여 근육 글리코겐 저장량을 최대로 하려는 탄수화물 비축방법으로 고안되었다. 방법으로는 경기 1주일 전부터 저탄수화물식사를 하여 글리코겐을 고갈시킨 후 3일간 고탄수화물식을 하는 방법이 과거에 활용되었으나 저혈당증, 케톤증 같은 부작용을 유발하게 되어, 더 안전한 방법으로 3일간 50%의 탄수화물/고지방식(4g/일/kg)을 한 후 3일간 70% 고탄수화물식을 하는 방법이 개발되었다. 이러한 방법은 근육 내 글리코겐을 평상시 80~120mmol/kg 수준에서 160~200mmol/kg 수준까지 증가시킬 수 있다.

또한 최근에는 3분간의 최대강도 운동으로 글리코겐을 고갈시킨 후 1일간의 고탄수화물식(10g/일/kg)을 통해 95mmol/kg 수준에서 180mmol/kg수준까지 근육 내 글리코겐 양을 증가시킬 수 있다는 연구결과도 있다.

5) 운동경기력 향상 보충제

경기력 향상을 위하여 운동선수의 경우 다양한 제품의 보충제를 복용하고 있는데, 보충제는 인간의 운동수행능력에 효과적이라는 과학적 근거가 미약하지만, 동물실험이나 생체 외 실험을 통해 그 가능성이 입증된 것들도 많다. 시중에 유통되는 대표적인 보충제의 주요 기능은 세포 내 에너지 대사의 항진과 동화작용을 촉진하는 것이다**표 10-6**.

표 10-6 운동 경기력 보충제

기능	성분	작용	효과
에너지 대사 관련	크레아틴	• 근육세포 내에서 인산화되어 포스포크레아틴의 형태로 ADP를 ATP로 복원시켜주는 작용 • creatine-phosphate 운반의 주요 효소(creatine kinase isoenzyme)가 근육의 미토콘드리아에 많이 존재하므로 골격근의 에너지 대사에서 항상성 조절에 중추적 역할을 하며 계속적인 근력 생성에도 중요한 역할을 함	• 무산소성 단기간의 고강도 운동에서 운동수행능력 증진 • 지구력을 요하는 운동에서는 효과에 대하여 회의적 • 장기간 보충 시 안전성 문제 대두 • 국제올림픽위원회에서 크레아틴 사용 허용
	카르니틴	• 지방산의 미토콘드리아 내부로의 이동을 촉진 • 지방산 산화에 필수 성분 • 젖산 생성을 감소시켜 운동수행능력을 향상	• 카페인과 동시 투여 시 더욱 효과적으로 운동능력 향상 • 보충효과는 확실치 않음
	아스파테이트 (aspartate)	• 간에서 요소회로에 질소를 공여하는 물질 • 운동 시 혈중 암모니아 제거에 도움	• 보충효과는 확실치 않음
	캡사이신 (capsaicin)	• 교감신경계 및 부신수질에서 카테콜아민의 분비를 촉진하여 에너지 소비 증대를 통한 체지방 감소 효과	• 저·중강도의 운동 시 지방산화를 촉진하는 효과는 아직 확실치 않음
	하이드록시 시트르산(HCA)	• 가르시니아 식물의 열매에서 추출 • 근육세포의 malonyl-CoA의 상승을 억제하여 지방산화를 촉진	• 저·중강도의 운동 중 지방산화를 촉진하여 지구력을 증대시키는 것으로 보고됨
	코엔자임 Q_{10}	• 세포 내 호흡작용 증진을 통한 산화적 대사를 촉진	• 보충효과는 확실치 않음
	카페인	• 흥분제로의 약리작용 • cAMP를 증가시켜 체지방 분해 능력을 향상 • 에피네프린 분비 증가를 통한 지방분해 촉진 • 혈중 증가된 유리지방산은 간과 근육 중의 글리코겐 절약	• 저강도 운동 시 지방산화 촉진, 지구력 향상에 도움 • 국제올림픽위원회에서 요중 카페인 농도를 12mg/L로 제한
	크롬(Cr)	• 인슐린의 작용에 필수	• 포도당 및 에너지 대사에 관여, 혈당량 유지에 기여
동화작용	단백질/아미노산	• 성장호르몬과 인슐린 분비 촉진 • 트립토판/곁가지아미노산의 농도 변화는 중추신경계의 피로유발물질인 세로토닌의 형성에 매우 중요한 조절 요인으로 작용	• 운동 직후에 섭취하는 것이 단백질 합성속도를 증가시켜 근육량 형성에 도움 • 곁가지아미노산은 지구성 운동 시 트립토판/곁가지아미노산의 농도 증가를 억제시켜 피로감 감소 및 운동수행 시간을 향상시키는 것으로 보고됨 • 단점 : 소변을 통한 칼슘의 다량 방출과 암모니아 생성을 증가시켜 신장의 과부하를 일으키는 부작용

참고문헌

교육부 · 보건복지부 · 질병관리청. 2020 제16차 청소년건강행태조사통계, 2021

구재옥, 모수미, 최혜미, 이정원. 생활주기영양학. 방송대 출판부, 2001

구재옥, 이정원, 최영선, 김정희, 이종현. 생활주기영양학. 도서출판 효일, 2001

구재옥, 최경숙, 김원경. 모유영양아와 인공영양아의 성장과 에너지 및 단백질대사에 관한 종단적 연구. 대한지역사회영양학회지 1(1) : 47-60, 1996

김남익. 운동에 있어서 활성산소의 역할. 코칭능력개발지 8(1) : 3-10, 2006

김을상, 금혜경. 수유부의 아연 분비량과 모유 영양아의 아연 섭취량에 관한 연구. 한국영양학회지 32(1) : 75-82, 1999

김을상, 이종숙. 모유영양아의 수유기간별 에너지, 단백질, 지질과 유당 섭취량. 한국영양학회지 35(7) : 771-778, 2002

김정희, 문정숙. 흡연여대생의 식이섭취실태 및 영양상태 평가에 관한 연구 II. 항산화 비타민의 영양상태 평가. 지역사회영양학회지 2(2) 159-168, 1997

김정희, 임경숙, 이홍미, 조성숙, 김창선. 운동과 영양. 파워북, 2011

노만 크레츠머, 마이클 짐머만 저, 임현숙 외 역. 발달의 관점에서 본 생애주기영양학. 교문사, 2000

대한소아과학회 · 질병관리본부. 한국소아 및 신체발육표준치, 2017

대한영양사협회. 임상영양관리지침서. 제3판 II 소아 및 청소년기, 2008

대한지역사회영양학회. New dimensions of nutritional management for the elderly. 8th IABMG satellite symposium 초록집, 2000

대한지역사회영양학회. Nutritional management for the elderly. 국제심포지엄 초록집, 2002

모수미, 구재옥, 박양자, 박영숙, 손숙미, 서정숙. 지역사회영양학. 교문사, 2001

모자영양연구회. 임신, 수유 및 영유아기 영양-최근연구동향. 교문사, 2000

박영숙, 이정원, 서정숙, 이보경, 이혜상. 영양교육과 상담. 5판. 교문사, 2013

박진선, 이준호. 대전지역 학령기 아동의 건강기능식품 섭취실태 및 부모의 요구도. 대한지역사회영양학회지 13(4) : 163-475, 2008

보건복지부. 2009 보육사업안내, 2009

보건복지부. 2022년도 사업안내 영양플러스+, 2022

보건복지부. 국민영양관리기본계획 1차(2012~2016), 2차(2017~2021)

보건복지부. 바른 건강 생활 「술·음주·건강」,1996

보건복지부. 한국 여성의 모유수유 증진을 위한 전략 개발 보고서, 2000

보건복지부. 한국인을 위한 식생활지침, 2021

보건복지부 노인정책과. 2010 노인보건복지사업 안내, 2010

보건복지부·질병관리청. 2019 국민건강통계. 국민건강영양조사 제1차년도(2019), 2020

보건복지부·한국보건사회연구원. 제3차 국민건강증진종합계획2020 수립을 위한 세부전략에 관한 연구, 2011

보건복지부·한국영양학회. 2020 한국인 영양소 섭취기준, 2020

보건복지부·한국영양학회. 2020 한국인 영양소 섭취기준 활용연구, 2021

서울대학교병원. 2008년도 전국 치매노인 유병률 조사 보고서, 2008

심유진, 김진순, 지세만, 손태용, 황진아, 정은정. 초등학교 건강한 학교 만들기 사업에서 수행한 영양 및 신체상 교육 프로그램의 효과. 한국영양학회지 43(4) : 382-394, 2010

아기에게 친근한 병원만들기 위원회. 성공적인 모유수유를 위한 교육지침서. 유니세프한국위원회, 1993

오지홍, 정복미. 가족 동거 여부에 따른 남녀 노인의 식행동과 영양소 섭취 실태 비교 분석: 국민건강영양조사 2013-2016. 대한지역사회영양학회 24(4) : 209-320, 2019

우진희. 수분 보충과 전해질 균형 시스템. 한국체육학회지 42(6) : 905-913, 2003

유경희, 윤진숙. 한국영양학회지 33(5) : 532-539, 2000

유니세프 한국위원회(www.unicef.or.kr/unicef/bfhi)

이명천. 스포츠영양학과 스포츠현장의 Q&A, 2010스포츠과학자통합대회지, 2010

이삼식 외. 2015년 전국 출산력 및 가족보건·복지실태조사. 한국보건사회연구원, 2015

이연숙, 임현숙, 안홍석, 장남수. 생애주기영양학. 교문사, 2006

이정실, 최경순, 김을상. 강원도 일부지역 수유부의 기간별 모유분비량의 변화. 한국영양학회지 29(10) : 1105-1111, 1996

이정원, 이미숙, 김정희, 손숙미, 이보숙. 영양판정, 4판. 교문사, 2016

임기원, 서혜경. 경기력 향상을 위한 식품과 영양처방. 한국체육학회지 41(1) : 519-531, 2002

임현숙, 이정아, 허영란, 이종임. 모유 영양아와 인공 영양아의 에너지, 단백질, 지방 및 유당 섭취. 한국영양학회지 26(3) : 325-337, 1993

조대승, 남병기, 류승필, 윤신중, 이수천. 고탄수화물 섭취가 암·수 흰쥐의 글리코겐 함량과 운동능력에 미치는 영향. 운동영양학회지 7(3) : 311-316, 2003

조성숙. 스포츠영양학. 효일, 2002

질병관리본부, 2005년 청소년건강행태조사, 2009

질병관리청·대한소아과학회. 소아청소년성장도표, 2017

차연수, 박현, 이경혜, 김연수. 실천을 위한 식생활과 운동. 라이프사이언스, 2006

최영선. 유아영양, 건강 – 그 현황과 문제점. 대한지역사회영양학회지 13(5): 737-748, 2008

최영선, 정효지, 이난희, 조성희. 영유아보육시설의 영양관리 시범사업결과보고서. 보건복지부(대한영양사회), 1998

최영선, 조성희, 이난희, 정효지. 영육아 보육시설의 영양관리. 보건복지부, 1999

최태희 외. 발육발달학. 대한미디어, 2007

최혜미 외. 21세기 영앙학. 교문사, 2011

통계청. 국가통계포털 : 인구·가구, 보건·사회·복지, 2016

통계청. 장래인구추계: 2022-2027년, 2023

한국보건사회연구원. 건강길라잡이(www.healthguide.re.kr)

한국지질·동맥경화학회. 2018

한영희. 모유, 조제분유, 액상대두영아식을 먹은 영아의 엽산, 철, 아연, 구리 영양상태평가. 3년 종단연구. 충북대학교 대학원 박사학위논문, 2009

Albaness AA. Nutrition for the elderly. Alan R. Liss Inc., 1980

Alessio HM. Exercise-induced oxidative stress. Med. Sci. Sports. Exerc 25(2) : 218-224, 1993

Alford BB, Bogle ML. Nutrition during the Life Cycle. Prentice-Hall, I 1982

American Academy of Pediatrics. Pediatric Nutrition Handbook. 6th ed. 2009

Brown JE. Nutrition through the life cycle, 4th ed., Wadsworth, 2010

CDC. Recommendations to Prevent and Control Iron Deficiency in the United States MMWR 47(RR-3);1-36, 1998

Cooperman JM, Dweck HS, Newman LJ, Garbarino C, Lopez R. The folate in human milk. Am J Clin Nutr 36(4) : 576-580, 1982

Dewey KG, Lovelady CA, Nommsen-Rivers LA, McCrory MA, Lonnerdal B. A randomized study of effects of aerobic exercise by lactatating women on breastmilk volume and compositon. New England J Med 330(7) : 449-453, 1994

Dusdieker LB, Booth BM, Stumbo PJ, Eichenberger JM. Effect of supplemental fluids on human milk production. J Pediatr 106:207-211, 1985

Faruque O, Khan MR, Rahman M, Ahmed F. Relationship between smoking and antioxidant nutrient status. Br J NUtr 73: 625-632, 1995

Forbes GB. Human Body Composition : growth, aging, nutrution and activity. Spinger · Vering, 1987

Fries JF. Aging, natural death and the compression of morbidity. N Engl J Med 303 : 130-135, 1980

Ganong WF. Review of Medical Physiology. 10th ed, Lange, 1981

Ho E, Collantes A, Kapur B, Moretti M, Koren G. Alcohol and breast feeding: calculation of time to zero level in milk. Biol Neonate 80 : 219-222, 2001

Hole JW Jr. Human anatomy and physiology. 5th ed. Wm.C. Brown Publ., 1987

Hopkinson JM, Schanler RJ, J. Fraley K, Garza C. Milk production by mothers of premature Infants: influence of cigarette smoking. Pediatrics 90: 934-938, 1992

Insel P, Tunner NE, Ross D. Discovering Nutrition, 2nd ed., 2006

Katch FI, McArdle WD. Nutrition, Weight Control and Exercise. 3rd ed. Lea & Febiger, 1998

Knopp RH, Walden CE, Wahl PW, Bergelin R, Chapman M, Irvine S, Albers JJ. Effect of postpartum lactation, lipids and apoproteins. J Clin Endocrinol. Metabolism 60(3) : 542-427, 1985

Kohrs MB, Kamath SK. eds, Symposium on aging. Am J Clin Nutr 36 : 735-822, 1982

Kretchmer N, Zimmermann M. Developmental Nutrition. Allyn & Bacon, 1997

Lawrence R. Breast Feeding. A guide for the medical procession. 3rd ed, Mosby, 1989

Lieber CS. Medical and nutritional complications of alcohoism: mechanism and management. Plenum Press, 1992

Mahan LK, Ross JM. Nutrition in adolescence. Mirror/Mosby, 1984

Marshall WA, Tanner JM. Variations in the pattern of pubertal changes in boys. Arch Dis Child. 45(239):13-23. 1970

Marshall WA. Growth and sexual maturation in normal puberty. Clinical Endocrinol. Metabolisim 4(4)3-25, 1975

Miller SL, Wolfe RR. Physical exercise as a modulator of adaptation to low and high carbohydrate and low and high fat intakes. Eur J Clin Nutr 53, suppl 1 : S112-S119, 1999

Mitchell MK. Nutriton Across the Life Span. 2nd ed, Saunders, 2003

Müller D, Kretzschmar M. Aging, training and exercise. A reviewof effects on plasma glutathione and lipid peroxides. Sports Med 15(3) : 196-209, 1993

Munro H, Schlierf G. eds, Nutrition of the elderly. Raven Press, 1992

Park SC, Kim JH, Kim CJ. A study on the physical Growth and development of Korean based on the '92 National Anthropometric survey. Korean J. Phys. Anthrop 6:177~189, 1993

Pipes PL. Nutrition in Infancy and Childhood. 4th ed, Times Mirror/Mosby, 1989

Rolfes SR, Debruyne LK, Whitney EN. Life Span Nutrition Conception through Life. 2nd ed, West/Wadsworth, 1998

Samour PQ. King K. Handbook of pediatric Nutrition 3rd Ed. Jones & Banlen Publishers, 2003

Scammon RE. The measurement of the body in childfood. In the measurement of man(p.193) by Harris JA, Jackson CM. Paterson DG, Scammon RE.

University of Minnesota Press, 1930

Shinohara T, Moriuchi S, Hosoya N. eds, Aging and nutrition. 日本第一出版社, 東京, 1982

Sinclair D, Dangerfield P. Human growth after birth. 6th ed, Oxford University Press, Oxford, 1998

Singh VN. A current perspective on nutrition and exercise. J Nutr 122 : 760-765, 1992

Strode MA, Dewey KG, Lonnerdal B. Effects of short-term caloric restriction on lactational performance of well-nourished women. Acta Paediatr. Scand 75;222-229, 1986

Tang BM, Eslick GD, Nowson C, Smith C, Bensoussan A. Use of calcium or calcium in combination with vitamin D supplementation to prevent fractures and bone loss in people aged 50 years and older. a meta-analysis. Lancet 370(9588) : 657-666, 2007

The National Academy of Science Institute of Medicine, food and nutrition board, committee on nutritional status during pregnancy and lactation, subcommittee on nutrition during lactation. Nutrition during lactation. Washington D.C., National Academy, 1997

Vander AJ. Shermen JM. Luciano DS. Human Physiology : The mechanism of body function 3rd ed. MaGraw-Hill Co., 1980

Wardlaw GM, Kessel M. Perspectives in Nutrition. 5th ed, McGraw Hill Co., 2002

Whitney EN, Cataldo CB, DeBruyne LK, Rolfes SR. Nutrition for Health and Health Care. West Pub Co., 1996

Whitney EN, Rolfes SR. Understanding Nutrition. West/Wadsworth, 2002

Wilkin SL. The diagnosis and treatment of disorders in childhood and adolescence. 3th ed, Thomas, 1966

Williams SR, Worthington-Roberts BS. Nutrition throughout the Life Cycle. 2nd ed, Mosby Year Book, Inc., St. Louis, MO, U.S.A., 1992

Winick M. ed, Nutrition and aging. Wiley & Sons, New York, 1976

Wooldridge NH. Toddlers and preschooler nutrition. In: Brown JE. Ed. Nutrition Through the Life Cycle. Wadsworth Publishing, 2007

World Health Organization/Food and Agriculture Organization of the United Nations/ United Nations University(WHO/FAO/UNU), Protein and amino acid requirements in human nutrition. Report of a Joint WHO/FAO/UNU Expert Consultation. WHO Technical Report Series, No 935, 2007

Worthington-Roberts BS, Williams SR. Nutrition Throughout the Life Cycle 4th ed. McGraw hill, 2000

Yu BP, Masoro Ej, McMahan CA. Nutritional influences on aging of Fisher 344 rats: I. Physical, metabolic, and longevity characteristics. J Gerontlolgy 40(6):657-670, 1985

http://knhanes.cdc.go.kr

찾아보기

저자 소개

구재옥
서울대학교 대학원 영양학 박사
현재 한국방송통신대학교 생활과학부 명예교수

김형숙
서울대학교 대학원 영양학 박사
현재 수원대학교 식품영양학과 교수

변기원
서울대학교 대학원 영양학 박사
전 부천대학교 식품영양학과 교수

손정민
서울여자대학교 대학원 영양학 박사
현재 원광대학교 식품영양학과 교수

이종현
서울대학교 대학원 영양학 박사
현재 동남보건대학교 식품영양학과 교수

최경숙
서울대학교 대학원 영양학 박사
현재 대진대학교 식품영양학과 교수

이해하기 쉬운
생애주기영양학

2022년 9월 5일 초판 발행
2024년 3월 5일 2쇄 발행

지은이 | 구재옥 · 김형숙 · 변기원 · 손정민 · 이종현 · 최경숙
발행인 | 유제구
발행처 | 파워북
주 소 | 경기도 고양시 일산동구 호수로 358-25
동문타워 2차 529호
전 화 | (02) 730-1412
팩 스 | (031) 908-1410
등 록 | 1997. 1. 31. 제2014-000067호

정 가 25,000원
ISBN 978-89-8160-474-5 (93590)

잘못된 책은 바꿔드립니다.